Guy Coughlan
James Dodd

Elementarteilchen

Guy Coughlan
James Dodd

Elementarteilchen

Eine Einführung für Naturwissenschaftler

Aus dem Englischen übersetzt
von Massimo Malvetti
Herausgegeben von Hening Genz

Titel der engl. Originalausgabe:
The ideas of particle physics, 2nd edition

Der Verlag Vieweg ist ein Unternehmen der Bertelsmann Fachinformation GmbH.

Umschlag: Klaus Birk, Wiesbaden

Gedruckt auf säurefreiem Papier

ISBN-13: 978-3-528-06621-5 e-ISBN-13: 978-3-322-83120-0
DOI: 10.1007/ 978-3-322-83120-0

Vorwort

In den letzten zwanzig Jahren hat unser Verständnis des Mikrokosmos enorm zugenommen. Wir besitzen jetzt ein überzeugendes Bild der grundlegenden Struktur der Materie, beschrieben durch wenige Sorten punktförmiger Elementarteilchen. Wir kennen auch eine umfassende Theorie der Kräfte, die zwischen diesen Teilchen wirken, von der wir glauben, daß sie die gesamte Physik mit Ausnahme der Schwerkraft beschreibt.

Es scheint, als bestünde die Materie aus zwei Spezies von Teilchen: Quarks und Leptonen. Dies sind die Grundbausteine der Materie, uns Menschen inbegriffen. Für die Theorie, die das mikroskopische Verhalten dieser Teilchen beschreibt, hat sich in den letzten Jahrzehnten der Name *Standardmodell* eingebürgert. Das Standardmodell liefert eine genaue Beschreibung der elektromagnetischen Kraft, der Schwachen Kernkraft (die für den radioaktiven Zerfall verantwortlich ist) und der Starken Kernkraft (die die Atomkerne zusammenhält) und ist dabei erstaunlich erfolgreich; alle Experimente haben seine detaillierten Voraussagen bestätigt.

Das Standardmodell beruht auf dem Prinzip der *Eichsymmetrie*. Dies bedeutet, daß die Eigenschaften und die Wechselwirkungen der Elementarteilchen durch fundamentale Symmetrien und den mit ihnen zusammenhängenden Erhaltungssätzen bestimmt werden. Die Starke, die Schwache und die elektromagnetische Kraft sind allesamt *Eichkräfte*. Sie werden durch den Austauch von sogenannten Eichbosonen übermittelt: Letztlich sind diese z.B. für die Wechselwirkung zweier elektrisch geladener Teilchen oder für die Kernprozesse im Innern der Sonne verantwortlich. Versuche, die vierte verbliebene Kraft — die Schwerkraft — im Rahmen der Eichtheorien zu verstehen, sind bislang fruchtlos geblieben. Obwohl wir einige makroskopische Erscheinungsweisen der Schwerkraft bestens verstehen, ist es bisher nicht gelungen, eine mikroskopische Theorie zu finden.

Das eben skizzierte Bild der Teilchenphysik entstand ab dem Ende der 60er Jahre. Davor war nur die elektromagnetische Kraft gut verstanden. Dieses Buch ist den dann folgenden Entdeckungen gewidmet. Dabei gehen wir im Grunde chronologisch vor, aber, wo es geeignet erscheint, werden Themengebiete lieber in logischer Folge in abgeschlossenen Einheiten behandelt. So sind die Entwicklungen aus den Kapiteln V bis VIII mehr oder weniger gleichzeitig entstanden, aber auf eine genaue Historie wurde hier verzichtet. Stattdessen legen wir auf die logischen Zusammenhänge Wert und deuten die historischen Verbindungen nur an.

Das Hauptanliegen dieses Buches ist die Vermittlung der wesentlichen Konzepte der Teilchenpyhsik. Wir haben versucht, dem Leser eine umfassende Übersicht über das Gebiet zu geben, welche über die Vereinfachungen und Verallgemeinerungen der populärwissenschaftlichen Literatur hinausführt. Das Buch wendet sich hauptsächlich an fortgeschrittene Studenten der Physik, der Mathematik, der Ingenieurwissenschaften und verwandter Gebiete. Aber, und dies wollen wir unterstreichen, es handelt sich hierbei <u>nicht</u> um ein Lehrbuch. Es wird kein Anpruch auf Genauigkeit und Strenge erhoben, wie ein Lehrbuch sie erfordert. Es gibt in diesem Buch keinerlei mathematische Herleitungen, und die wenigen komplizierten Formeln, die es enthält, dienen bloß der Illustration. Einfache mathematische Formeln werden hingegen häufig verwendet, um gewisse Konzepte zu erklären. Vorausgesetzt wird, daß der Leser mit den grundlegenden physikalischen Begriffen (etwa Masse, Impuls, Energie, usw.) vertraut ist.

Dieses Buch gliedert sich in neun Kapitel mit je vier bis sechs kurzen Abschnitten. Nur Kapitel IX ist etwas umfangreicher angelegt. Es behandelt die interessantesten neuen Entwicklungen der Forschung und besteht aus sieben Abschnitten, die etwas länger als der Durchschnitt sind und vom Leser mehr Zeit und Aufmerksamkeit einfordern. Wir möchten den Leser auch auf das Glossar (Abschnitt 47) aufmerksam machen, in dem er knappe Definitionen der wichtigsten Begriffe der Teilchenphysik findet. Es sollte sowohl als Erinnerungsstütze als auch als eigenständige Informationsquelle dienen.

Zu Beginn beschreibt Kapitel 0 die Physik der Jahrhundertwende, als man einen ersten Einblick in den wahrhaft bemerkenswerten Aufbau der gewöhnlichen Materie erhielt. In dieser Zeit wurden die beiden für das Verständnis der Mikrowelt wichtigsten Theorien entwickelt: die spezielle Relativitätstheorie und die Quantenmechanik. Dies sind die unerschütterlichen Grundpfeiler, auf denen der Rest der Teilchenphysik ruht.

Kapitel I stellt die vier fundamentalen Kräfte vor; darauf folgt in den Kapiteln II bis IV eine detailliertere Beschreibung der Starken und der Schwachen Kernkraft. Insbesondere der Wunsch, die Schwache Wechselwirkung zu verstehen, führte letztlich zur Anerkennung der zentralen Rolle der Eichsymmetrien in den physikalischen Theorien der Mikrowelt. Die Eichtheorie wird in Kapitel V behandelt, in dem das Modell von Glashow-Weinberg-Salam für die elektromagnetische und die Schwache Wechselwirkung vorgestellt wird. Diese Theorie, die man auch das *elektroschwache Modell* nennt, wurde durch eine Reihe von Experimenten in den letzten zwei Jahrzehnten eindrucksvoll bestätigt. Am spektakulärsten war im Jahr 1983 die Entdeckung am CERN der schweren $W^{\pm}$- und Z^0-Eichbosonen, die die Schwache Kraft übermitteln.

Zur gleichen Zeit, in der das elektroschwache Modell entwickelt wurde, erforschten die Physiker das Innere des Protons durch die *tiefinelastische Streuung*. Diese Experimente, die in Kapitel VI vorgestellt werden, wiesen erstmals darauf hin, daß das Proton nicht wirklich elementar ist, sondern aus punktförmigen Teilchen (sogenannten Quarks) zusammengestezt sein sollte. Als die Quarks als physikalische Teilchen mehr und mehr akzeptiert wurden, entwarf man eine neue Eichtheorie, um die Starke Kraft, die zwischen ihnen wirkt, zu erklären. Diese Theorie heißt *Quantenchromodynamik* und führt die Starke Kraft auf den Austausch von Eichbosonen zurück, die man Gluonen nennt. Kapitel VII ist ihr gewidmet. Die Quantenchromodynamik und das elektroschwache Modell von Glashow-Weinberg-Salam bilden zusammen das *Standardmodell* der Teilchenphysik.

Kapitel VIII schließt unsere Betrachtung des Standardmodells mit der Beschreibung von Elektron-Positron-Experimenten ab. Diese wichtige Klasse von Experimenten hat in zwei Jahrzehnten die physikalische Existenz der Quarks nachgewiesen und viele Voraussagen der Quantenchromodynamik und der elektroschwachen Theorie bestätigt.

Aber kaum war das Standardmodell ausgearbeitet und hatte erste Unterstützung durch das Experiment erhalten, machten sich die Theoretiker auf neue Wege. Die Großen vereinheitlichten Theorien sind ein Versuch, die Theorien des Stardardmodells gemeinsam zu beschreiben. Supervereinheitlichte Theorien versuchen, darüber hinaus die Schwerkraft einzubeziehen. Als eine solche *Theorie aller Kräfte* wurde in den letzten Jahren die Theorie der Superstrings vorgeschlagen. Diese und andere aktuelle Themen der Forschung werden in Kapitel IX vorgestellt.

Diese zweite Auflage verdankt viel den Gesprächen, die wir mit Graham Ross, Tim Hollowood, Jonathan Evans, Tien Kieu und Paul Tod und jenen, die in der ersten Auflage erwähnt wurden, geführt haben. Ihre Kommentare, Vorschläge und bohrenden Fragen haben wir sehr geschätzt. Wir danken ebenfalls Robert Taylor für die gewissenhafte Durchsicht des gesamten Manuskripts und die vielen Vorschläge zur Verbesserung und Klärung des Textes.

Oxford *Guy Coughlan*
James Dodd

Geleitwort zur deutschen Übersetzung

Die Kulturtechnik des Umgangs mit Formeln bringt demjenigen, der sie beherrscht, außerhalb seines Berufes im allgemeinen keine Vorteile. Will einer wissen, was es mit dem Kosmos, den Schwarzen Löchern oder den Elementarteilchen auf sich hat, muß er entweder zu Publikationen greifen, die von Experten für Experten geschrieben wurden, oder sich mit Büchern herumschlagen, die Seiten für die Erklärung eines Sachverhaltes brauchen, der durch eine einfache Formel einfach ausgedrückt werden kann. Hier klafft eine Lücke (nicht nur) im deutschsprachigen Schrifttum, und jedes Buch muß dankbar begrüßt werden, das den Versuch unternimmt, sie zu schließen.

Coughlan und Dodd leisten dies in ihrem Buch, das hier in deutscher Übersetzung von Massimo Malvetti — selbst promovierter Teilchenphysiker — vorliegt, für die Physik der Elementarteilchen. Leser, die das schiere Vorkommen einer anderen Gleichung als $E = mc^2$ abschreckt, sollten nicht zu ihm greifen. Für die erfolgreiche Lektüre vorauszusetzen ist die Fähigkeit, Gleichungen wie $\ell_P = \sqrt{G\hbar/c^3}$ zu verstehen. Das reicht nicht ganz und für alles, aber für vieles. Am wichtigsten ist, daß der Leser bereit ist, sich auf Symbole einzulassen. Verfügt er über die Mathematik der Oberschule — Sinus, Cosinus, differenzieren und integrieren —, kann er alles im Buch verstehen.

Und das ist nicht wenig! Natürlich müssen auch Coughlan und Dodd zu verbalen Umschreibungen greifen; die Dinge so darzustellen, wie sie tatsächlich sind, ist auch noch auf dem Niveau des Buches unmöglich. Aber überall erleichtert formale Schulung dem Leser die Lektüre — Beherrschung der Kulturtechnik des Umgangs mit Gleichungen erweist sich endlich einmal als nützlich.

Wem also ist das Buch zu empfehlen? Jedem, der mit einfachen Formeln umgehen kann, und sich für die Physik der Elementarteilchen interessiert. Elementare Physikkenntnisse, die hiermit wohl immer einhergehen, erleichtern die Lektüre. Die Adressaten reichen folglich von Schülern der oberen Klassen der Oberschulen bis zu ausgebildeten Physikern anderer Fachgebiete, die sich einen Überblick über die Physik der Elementarteilchen verschaffen wollen. Hierzu kann das Buch auch Studenten der Physik dienen, die erwägen, ihre Diplomarbeit in der Physik der Elementarteilchen anzufertigen. Und Doktoranden aus anderen Gebieten der Physik, die über Elementarteilchenphysik geprüft werden sollen, kann das Buch eine wertvolle Hilfe sein.

Geschrieben haben Coughlan und Dodd ihr Buch insbesondere für Adepten anderer Wissenschaften als der Physik — für *scientists*, wie sie auf Englisch heißen. Sie wie alle, die die Voraussetzungen *Interesse für Elementarteilchenphysik* und *Umgang mit einfachen Formeln* erfüllen, werden das Buch mit Gewinn lesen.

Karlsruhe, im Januar 1995 *Henning Genz*

Der Übersetzer dankt Dr. A. Diestelhorst aus Karlsruhe für logistische Unterstützung.

Inhalt

VII Quantenchromodynamik — die Theorie der Quarks

VIII Elektron-Positron-Streuung

IX Aktueller Forschungsstand

Anhänge

Register

0 Einführung

1 Materie und Licht

1.1 Einleitung

Die physikalische Welt, die uns umgibt, besteht hauptsächlich aus Materie und Licht. Dieses Buch ist einer modernen Erklärung dieser beiden Bestandteile gewidmet. Dazu werden im weiteren Verlauf Materieteilchen und die zwischen ihnen wirkenden Kräfte eingeführt und wir werden zwangsläufig neuen und exotischen Teilchen und Kräften begegnen. Es kann sein, daß die komplizierten und uns größtenteils völlig fremden Begriffe aus der Mikrowelt uns ab und zu verwirren oder irreführen werden. Dann sollten wir uns daran erinnern, daß der ursprüngliche Antrieb und die Motivation für diese Anstrengungen der Versuch ist, eine Erklärung für die Materie und das sichtbare Licht, wie wir sie aus dem Alltag kennen, zu finden.

Da die Entwicklung sinnigerweise um die Jahrhundertwende beginnt, haben wir es in Wirklichkeit mit einer Errungenschaft des zwanzigsten Jahrhunderts zu tun. Zur Erinnerung, und um uns für die daraus entstehende Erfolgsgeschichte vorzubereiten, sollten wir uns den Stand der Erklärungsversuche von Materie und Licht um 1900 und die daraus folgenden Verständnisschwierigkeiten ansehen.

1.2 Die Natur der Materie

Um 1900 waren die meisten Wissenschaftler davon überzeugt, daß alle Materie aus verschiedenen Sorten von Atomen aufgebaut ist, wie bereits vor Jahrtausenden die alten Griechen es vermutet und wie die Experimente der Chemie der vergangenen zwei Jahrhunderte es nahegelegt hatten. In diesem Atombild bestehen unterschiedliche Substanzen aus unterschiedlichen Anordnungen von Atomen. In Festkörpern sind die Atome ziemlich unbeweglich und in Kristallen sind sie nach einem feststehenden Muster mit einer beeindruckenden Regelmäßigkeit angeordnet. In Flüssigkeiten rollen sie lose umher, während sie in Gasen weit voneinander entfernt sind und mit einer Geschwindigkeit herumfliegen, die von der Temperatur des Gases abhängt (Bild 1.1). Heizt man eine Substanz auf, kann das Phasenübergänge hervorrufen, bei denen die Atome ihr Verhalten ändern, während Wärmeenergie in kinetische Energie der Teilchenbewegungen verwandelt wird.

Viele gewöhnliche Stoffe bestehen nicht aus einzelnen Atomen, sondern aus gewissen Zusammensetzungen verschiedener Atome, die man Moleküle nennt. In diesem Fall sind es die Moleküle, die sich gemäß dem Zustand des Stoffes bewegen. Wasser, zum Beispiel, besteht aus Molekülen mit zwei Wasserstoff- und einem Sauerstoffatom. Es sind die Moleküle, die in Eis in einer bestimmten Form angeordnet sind, in Wasser übereinander hinwegrollen und in Wasserdampf umherfliegen.

Die Gesetze der Chemie, von denen die meisten auf empirischem Wege zwischen 1700 und 1900 gefunden wurden, lassen viele Schlüsse auf die Art der Bewegung von Atomen oder Molekülen zu. Sehr grob vereinfacht kann man die wichtigsten wie folgt zusammenfassen:

(i) Atome verbinden sich zu Molekülen, wie man aus der Tatsache sieht, daß chemische Elemente nur in festen Proportionen Bindungen eingehen (Richter und Dalton).

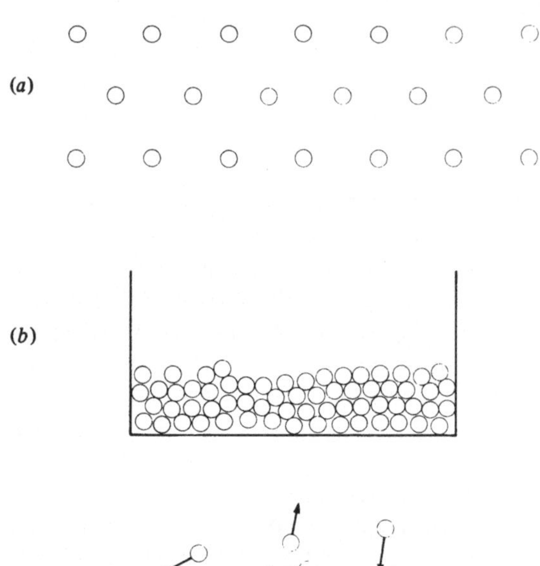

Bild 1.1 *(a)* Atome, statisch im Kristall angeordnet *(b)* Atome, die in einer Flüssigkeit umherrollen *(c)* Atome, die in einem Gas herumfliegen

(ii) Bei gleicher Temperatur und gleichem Druck enthalten gleiche Volumina verschiedener Gase die gleiche Zahl von Molekülen (Avogadro).
(iii) Die relativen Gewichte der einzelnen Atome sind näherungsweise Vielfache des Gewichts des Wasserstoffatoms (Prout).
(iv) Die bei Elektrolyse erzeugte Stoffmenge hängt, für eine vorgegebene Ladung, vom Atomgewicht (und von der Wertigkeit) ab (Faraday).
(v) Elemente mit unterschiedlichem Atomgewicht können zu Familien mit ähnlichen Eigenschaften zusammengefaßt werden (Mendeleevs Periodensystem).
(vi) Atome haben einen Durchmesser von etwa 10^{-10} m, wie die innere Reibung von Gasen zeigt (Loschmidt).

Ein philosophischer Hintergrund der Atomtheorie war der Wunsch, die Vielfalt der Materie durch einige wenige fundamentale und unteilbare Atome zu erklären (eine Motivation, der wir später wieder begegnen werden). Um 1900 kannte man jedoch bereits um die 90 Atomsorten: ein bißchen viel für einen vermeintlich fundamentalen Baustein. Man hatte ebenfalls den Beweis für den Zerfall (also die Teilbarkeit) des Atoms erbracht. Dies ist die Bruchstelle, an der die *alte* Atomtheorie versagt und die moderne Physik entsteht.

1.3 Atomstrahlung

Elektronen

In den späten 1890er Jahren führte J. J. Thomson im Cavendish Laboratory in Cambridge Experimente durch, um das Verhalten eines Gases in einem Glasrohr zu untersuchen, an das man ein elektrischen Feld legte. Er kam zu dem Schluß, daß das Rohr eine Wolke von kleinen negativ geladenen Teilchen — Elektronen — enthält. Da er das Rohr vorher mit ganz gewöhnlichen Gasatomen gefüllt hatte, mußte Thomson folgern, daß die Elektronen den bis dahin für unteilbar gehaltenen Atomen entstammen mußten. Und da das Atom als Ganzes elektrisch neutral ist, muß der Restteil — das Ion —, nach Abgabe des negativ geladenen Elektrons, eine gleichgroße, aber positive Ladung tragen. All dies stimmte bestens mit den seit langem bekannten Ergebnissen Faradays zur Elektrolyse überein, die der Atommasse eine bestimmte elektrische Ladung zuordneten.

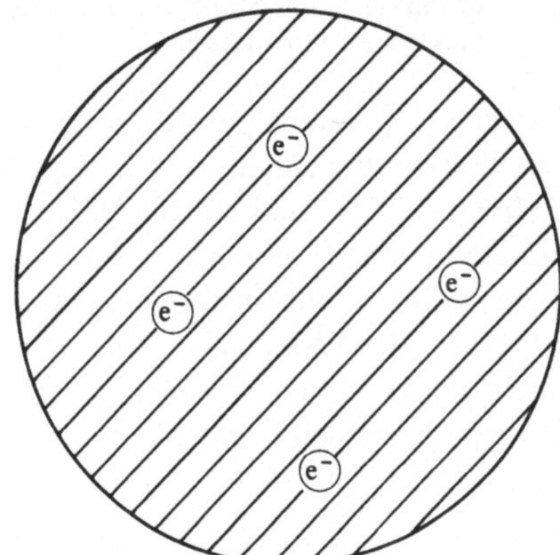

Bild 1.2 Thomsons Bild des Atoms als *Rosinenbrötchen*

1897 konnte Thomson das Verhältnis e/m der Ladung zur Masse des Elektrons messen, indem er dessen Verhalten im Magnetfeld betrachtete. Verglichen mit dem Verhältnis bei Ionen stellte er fest, daß die Masse der Letzteren Tausende mal größer war (allein das leichteste Atom, das des Wasserstoffs, ist 1837 mal schwerer als das Elektron). Thomson schuf daraufhin das Bild des Atoms als *Rosinenbrötchen**, in dem die kleinen negativ geladenen Elektronen im massereichen positiven Rumpf des Atoms eingebettet waren (Bild 1.2).

Röntgenstrahlen

Zwei Jahre zuvor, 1895, hatte Wilhelm Conrad Röntgen in Würzburg eine neue Form durchdringender Strahlen entdeckt, die er selbst X-Strahlen nannte. Diese Strahlung entstand, wenn ein Bündel schneller Elektronen (die noch nicht als solche erkannt worden waren) auf feste Materie traf und dabei abrupt abgebremst wurde. Die Elektronen wurden durch Erhitzen aus einer Metallelektrode in einer luftleeren Röhre gewonnen und auf eine zweite Elektrode beschleunigt, indem ein elektrisches Feld zwischen den beiden Platten angelegt wurde wie in Bild 1.3. Die Röntgenstrahlen wurden ziemlich schnell als eine weitere Form

* Original: *plum-pudding* (d.Üb.)

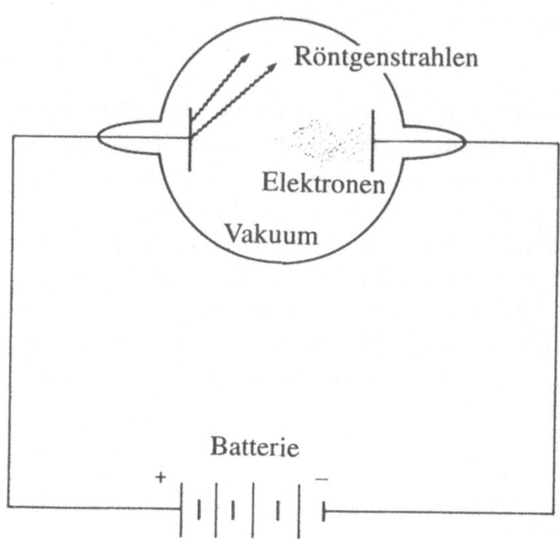

Bild 1.3 Entstehung von Röntgenstrahlung durch Stöße von schnellen Elektronen mit Materie

elektromagnetischer Strahlung entlarvt, das heißt, daß sie im Grunde die gleiche Strahlung wie sichtbares Licht sind, nur daß ihre Frequenz um vieles höher und ihre Wellenlänge viel kürzer ist. Sehr eindrucksvoll bestätigte 1912 der Physiker Max von Laue die Wellennatur der Röntgenstrahlen, indem er sie auf einen Kristall einfallen ließ. Es entstanden daraufhin regelmäßige Beugungsmuster, wie sie entstehen, wenn eine Welle ein Gitter durchdringt, dessen Bausteine einen Abstand untereinander haben, der der Wellenlänge der Welle vergleichbar ist. Obwohl Röntgenstrahlen eigentlich nicht aus dem Inneren der Materieteilchen stammen, werden wir gleich sehen, daß sie eng mit jenen Strahlen verwandt sind, die von dort kommen.

Radioaktivität

Gleichzeitig zu den Arbeiten über Elektronen und Röntgenstrahlen experimentierte der französische Physiker Henri Becquerel mit schweren Atomen. 1896 stellte er bei der Untersuchung von Uransalzen eine Strahlung fest, die der von Röntgen entdeckten ähnlich war. Becquerel hatte sein Uran in Frieden gelassen; es strahlte völlig spontan. Pierre und Marie Curie wurden durch diese Entdeckung angeregt, die neue Strahlung zu untersuchen. 1898 fanden die Curies, daß das Element Radium ebenfalls erheblich strahlte.

Die frühesten Experimente stellten die Strahlung durch Schwärzung von fotographischen Platten fest. Andere Methoden zur Detektion der Strahlung wurden wenig später entwickelt, unter anderem Szintillationsdetektoren, Elektroskope und ein primitiver Geigerzähler. Der große Durchbruch kam 1912 mit der Erfindung der Nebelkammer durch C.T.R. Wilson am Cavendish Laboratory. Dieses Gerät fördert die Entstehung von sichtbaren Wassertröpfchen in der Nähe von Atomen, die durch die Strahlung ionisiert wurden (das heißt, denen die Strahlung ein Elektron entrissen hat). Man erhält eine Übersicht über den Pfad der Strahlung und somit ein klares Gesamtbild der Situation. (Ausgeklügelte Varianten dieses Geräts sind die bis heute gebräuchlichen großen Blasenkammern bei Experimenten an Hochenergie-Teilchenbeschleunigern.)

Bringt man eine radioaktive Quelle, etwa Radium, in die Nähe einer Nebelkammer, so erzeugt die Strahlung Spuren in der Kammer. Legt man in der Kammer ein Magnetfeld an,

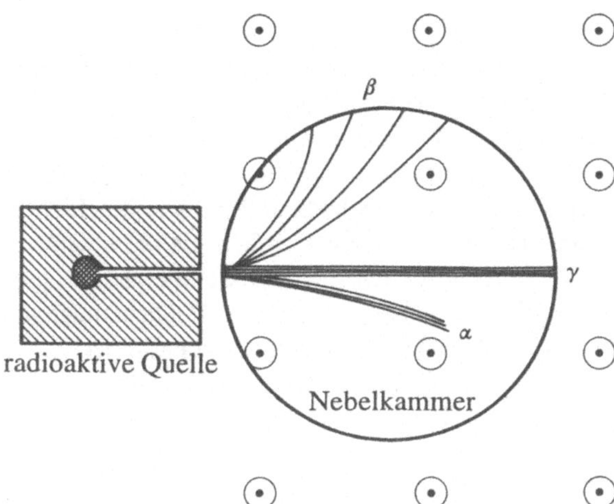

Bild 1.4 Die drei Bestandteile der Radioaktivität, wie sie in der Nebelkammer zu Tage treten. ⊙ bedeutet, daß das angelegte Magnetfeld senkrecht zur Zeichenebene in Richtung des Betrachters zeigt.

werden drei Gruppen von Spuren sichtbar, die jeweils für einen Strahlungstyp charakteristisch sind, (Bild 1.4). Die erste Gruppe (α genannt) wird vom Magnetfeld leicht abgelenkt und gibt damit preis, daß sie elektrisch geladen ist. Mißt man für ein gegebenes Magnetfeld den Krümmungsradius der Bahn, so erfährt man, daß die Strahlung aus schweren Teilchen mit einer zweifachen positiven Elementarladung besteht. Diese Teilchen sind in der Tat Heliumkerne, auch α-Teilchen genannt. Hinzu kommt, daß diese α-Teilchen immer eine feste Strecke zurücklegen, bis sie durch Stöße mit Luftmolekülen zum Stillstand kommen. Dies legt nahe, daß sie immer mit der gleichen Energie die Quelle verlassen und daß alle α-Teilchen der gleichen internen Reaktion der Atome der Quelle entstammen.

Die zweite Gruppe (γ genannt) wird durch das Magnetfeld gar nicht beeinflußt; sie ist also ungeladen und wird durch Stöße mit Luftmolekülen nicht abgebremst. Diese γ-Strahlen wurden sehr bald als enge Verwandte der Röntgenschen Strahlen erkannt: nur ist ihre Frequenz noch höher und ihre Wellenlänge noch kürzer. γ-Strahlen werden erst nach vielen Zentimetern in Blei absorbiert. Sie werden in den Atomen der Quelle durch spontane Reaktionen erzeugt, bei denen eine große Energiemenge freigesetzt, aber kein Materieteilchen emittiert wird. Dies legt nahe, daß es sich hier um einen anderen Mechanismus als bei der Erzeugung von α-Teilchen handeln muß.

Die dritte Gruppe (β genannt) wird im Magnetfeld stark in die, bezüglich der α-Strahlen, entgegengesetzte Richtung abgelenkt. Man erklärt dies durch einfach negativ geladene Teilchen, die viel leichter sind als α-Teilchen. Man begriff schnell, daß es sich wie bei J. J. Thomsons Entdeckung um Elektronen handelte, die von den Atome der Quelle in einem weiten Energiebereich abgestrahlt werden. Sie stammen aus einer weiteren Klasse von Reaktionen, die sich von denen, die die α- und γ-Strahlen erzeugen, unterscheidet.

Für unsere Geschichte haben die drei Sorten von Radioaktivität eine doppelte Bedeutung. Einerseits werden sie von den drei fundamentalen Kräften der Natur hervorgebracht, die im Inneren von Atomen wirken. Die Radioaktivität ist somit die Wiege all dessen, was folgt. Andererseits waren es, praktisch besehen, die radioaktiven Zerfallsprodukte, die es den Physikern erlaubten, das Innere der Atome erstmals zu erforschen, und die später auf vollständig neue Formen der Materie hindeuteten, wie wir zu gegebener Zeit sehen werden.

1.4 Das Atom nach Rutherford

Im ersten Jahrzehnt des zwanzigsten Jahrhunderts wurde Ernest Rutherford zum Pionier in der Verwendung der natürlichen Radioaktivität zur Erforschung der inneren Struktur des Atoms. 1909 schlug er seinen Kollegen Geiger und Marsden von der Universität Manchester vor, α-Teilchen aus einem radioaktiven Element durch eine dünne Folie aus Gold zu schießen und ihre Ablenkung vom anfänglichen Pfad zu beobachten (Bild 1.5). Nach Thomsons Rosinenbrötchen-Modell des Atoms erwartete er eine ziemlich kleine Ablenkung, denn das elektrische Feld sollte im ganzen, recht gleichförmigen Atombereich nirgends übermäßig groß werden. Überraschenderweise wurden die schweren α-Teilchen manchmal sehr stark abgelenkt und prallten bisweilen sogar in Richtung Quelle zurück. Rutherford soll unbestätigten Gerüchten zufolge dies mit einer 15-Zoll-Granate verglichen haben, die, auf ein Blatt Papier abgefeuert, zum Schützen zurückfliegt.

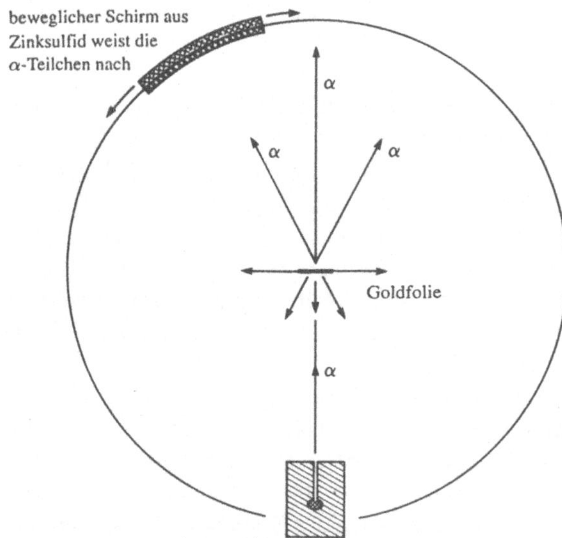

Bild 1.5 Das Experiment von Geiger und Marsden. Nach Rutherfords Formel ist die Zahl der um einen gewissen Winkel abgelenkten α-Teilchen umso geringer, je größer dieser Winkel ist.

Diese Beobachtung zwingt den Schluß auf, daß im Atom eine stark abstoßende Kraft am Werk sein muß. Die Elektronen können dafür nicht die Ursache sein, denn die α-Teilchen sind über siebentausendmal schwerer als sie und lassen sich von ihnen kaum in ihrer Bahn stören. Die einzige befriedigende Erklärung für das Experiment ist, daß die gesamte positive elektrische Ladung in einem kleinen Kern in der Mitte des Atoms konzentriert ist, den die Elektronen in einiger Entfernung umkreisen. Unter der Annahme, daß die gesamte Ladung mit der ganzen Masse des Atoms in einem kleinen Kern versammelt ist, konnte Rutherford die berühmte, nach ihm benannte Formel herleiten, die für Stöße mit Atomen die relative Anzahl der α-Teilchen, die um einen gegebenen Winkel abgelenkt werden, angibt (Bild 1.5).

Rutherfords Atommodell steht im Gegensatz zu der scheinbar *dichten* Materie wie wir sie kennen. Aus den Experimenten konnte er zeigen, daß der Atomkern mit 99,9% der Atommasse einen Durchmesser von etwa 10^{-15} m hat, während das Atom selbst etwa 10^{-10} m mißt. Stellen wir uns einen Atomkern von der Größe einer Orange vor, so finden wir die Elektronen als Erbsen in 5 Kilometer Entfernung! Dieses Bild veranschaulicht bestens, wie dünn unsere scheinbar dichte Materie ist und welche Dichte dann der Kern selbst haben muß. Das Experiment lieferte also ein deutliches Bild des Atoms, aber es blieb überaus diffizil, seine Wirkungsweise zu deuten, wie wir in Abschnitt 3 sehen werden.

1.5 Zwei Probleme

Während diese frühen Experimente den unerwarteten Reichtum der Struktur der Materie belegten, zwangen auch theoretische Probleme die Physiker, nach wesentlich tieferen Beschreibungen der Naturphänomene zu suchen. Die spezielle Relativitätstheorie und die Quantenmechanik entstanden, als die Physiker merkten, daß die klassische Mechanik, die Thermodynamik und der Elektromagnetismus einige Rätsel im Verhalten von Materie und Licht nicht erklären konnten. Diese Rätsel ließen sich in zwei Problemen zusammenfassen, die beide um die Jahrhundertwende eifrig untersucht wurden.

Die Konstanz der Lichtgeschwindigkeit

Trotz vieler Versuche hat man keine Schwankung der Lichtgeschwindigkeit feststellen können. Licht aus einer ruhenden Taschenlampe pflanzt sich mit der gleichen Geschwindigkeit fort, wie Licht aus einer Lampe, die sich mit beliebig hoher Geschwindigkeit bewegt. Die ist ganz und gar nicht die Art, wie wir Geschwindigkeiten in unserem täglichen Leben kennen. Aber wir haben ja auch gar kein Gefühl für die Geschwindigkeit des Lichts: Sie ist einfach zu groß! Dieses unerwartete Verhalten steht nicht im Widerspruch zu unserer Erfahrung, sondern ganz außerhalb von ihr. Die Erklärung dieses Verhaltens ist der Grundstein der speziellen Relativitätstheorie, die immer dann gebraucht wird, wenn die beschriebenen Objekte sehr schnell sind (wie fast immer bei Elementarteilchen); siehe Abschnitt 2.

Die Wechselwirkung von Licht mit Materie

Alles Licht, etwa Sonnenlicht, ist eine Form von Wärme, und so versuchte man die Emission und Absorption von Strahlung durch Materie mit Hilfe der Thermodynamik zu beschreiben. Im Jahr 1900 fand jedoch Max Planck, daß die klassische thermodynamische Theorie diese Prozesse nicht korrekt wiedergab. Die klassische Theorie kam zu dem Schluß, daß, falls Licht von jeder Farbe (also Wellenlänge) durch Materie in beliebig kleinen Energiemengen abgegeben werden kann, die gesamte durch Materie abgestrahlte Energie unendlich wird. Gegen seine Überzeugung mußte Planck annehmen, daß Licht einer gegebenen Farbe nicht in beliebig kleinen Quantitäten emittiert werden kann, sondern nur in Vielfachen eines fundamentalen Energiequants, der dem kleinsten Energiepaket bei gegebener Wellenlänge entspricht. Hier beginnt die Quantenmechanik, die man zur Beschreibung des sehr Kleinen (also aller Atome und Elementarteilchen) braucht; siehe Abschnitt 3.

Da Elementarteilchen schnell *und* klein sind, braucht man zu ihrer Beschreibung sowohl die Gesetze der speziellen Relativitätstheorie als auch der Quantenmechanik. Beide zusammen ergeben die relativistische Quantentheorie, die in Abschnitt 4 kurz beschrieben wird.

2 Spezielle Relativitätstheorie

2.1 Einleitung

Ein Relativitätsprinzip ist einfach ein Verfahren, die Sichtweisen von zwei Betrachtern, die sich physikalisch in verschiedenen Umständen befinden, zur Deckung zu bringen. Die klassische Physik baut auf Galileo Galileis Relativitätsprinzip auf, das uns in unserer gewöhnlichen Umgebung völlig ausreichent. Die moderne Physik benützt jedoch Einsteins Relativitätsprinzip, da diese Theorie das Verhalten physikalischer Gesetze beschreibt, wenn sehr hohe Gechwindigkeiten im Spiel sind (das heißt Geschwindigkeiten, die nahe an der Lichtgeschwindigkeit c sind).

Die Genialität Einsteins wird dadurch unterstrichen, daß er die spezielle Relativitätstheorie fast vollständig ohne die heute bekannten experimentellen Fakten aufzubauen verstand. Er ist in der Lage gewesen, diese Theorie aus äußerst dürftigen Indizien zu konstruieren.

Für uns gewöhnliche Sterbliche ist es bereits Herausforderung genug, das Verhalten von Elementarteilchen im Lichte der speziellen Relativitätstheorie zu betrachten, umso mehr, als unserere Erfahrungen allein der *normalen* Galileischen Relativität entstammen. Wir können hier nicht viel mehr versuchen, als die Relativitätstheorie grob zu skizzieren. Es gibt viele hervorragende Bücher über das Thema, und zu den besten zählt mit Sicherheit das von Einstein selber.

2.2 Die Galileische Relativität

Jede *Relativitätstheorie* handelt von den Beziehungen zwischen verschiedenen Koordinatensystemen, bezüglich derer physikalische Ereignisse gemessen werden. Koordinaten sind Zahlen, die die Lage eines Punktes im Raum (und in der Zeit) angeben. Damit diese Zahlen einen Sinn ergeben, müssen wir darüber hinaus das Koordinatensystem (oder Bezugssystem) spezifizieren, auf die sie sich beziehen. So können wir als Ursprung unseres Koordinatensystems die Pyramide auf dem Marktplatz zu Karlsruhe wählen und als Koordinaten die Abstände in nördlicher und östlicher Richtung, sowie die Höhe über der Spitze. Die Wahl eines Koordinatensystems erfordert also die Angabe (i) eines Ursprungs (hier die Spitze der Pyramide) und (ii) dreier Richtungen (hier nach Norden, nach Osten und nach oben). Bezüglich eines beliebigen Koordinatensystems ist die Lage eines Punkt im Raum durch die Angabe von drei unabhängigen Koordinaten festgelegt, die wir (x, y, z) nennen. Als Sammelbezeichnung können wir den Vektor $\boldsymbol{x} = (x, y, z)$ einführen. Die Zeit wird durch eine weitere Koordinate, t, bezeichnet.

Eine der deutlichsten Beschreibungen, was Relativität eigentlich sei, stammt immer noch von Galilei selbst. Läßt ein Mann von der Spitze eines Schiffsmastes einen Stein los, so sieht er ihn geradewegs nach unten fallen und auf das Deck auftreffen, da er durch die Schwerkraft eine konstante Beschleunigung erfährt. Ein anderer Mann an Land, an dem das Schiff vorbeisegelt, sieht, wie der Stein eine Parabel beschreibt, da er im Augenblick des Loslassens ja bereits die horizontale Geschwindigkeit des Schiffes hat. Der Matrose und die Landratte können beide ihre Beobachtung der Bewegung des Steines mit den mathematischen Hilfsmitteln der geraden Linie beziehungsweise der Parabel beschreiben. Da beide Gleichungen das gleiche Ereignis beschreiben (die gleiche Kraft wirkt auf den gleichen Stein), muß es eine Beziehung zwischen ihnen geben. Galileis Transformationen verknüpfen die Meßergebnisse für die Lage $\boldsymbol{x}'$, die Zeit t' und die Geschwindigkeit $\boldsymbol{v}'$ im Koordinatensystem S' des Matrosen mit den Meßwerten $(\boldsymbol{x}, t, \boldsymbol{v})$ im System S des Beobachters am Ufer. In Bild 2.1 ist genau diese Situation dargestellt, unter der Annahme, daß das Schiff sich mit der Geschwindigkeit u in x-Richtung bewegt.

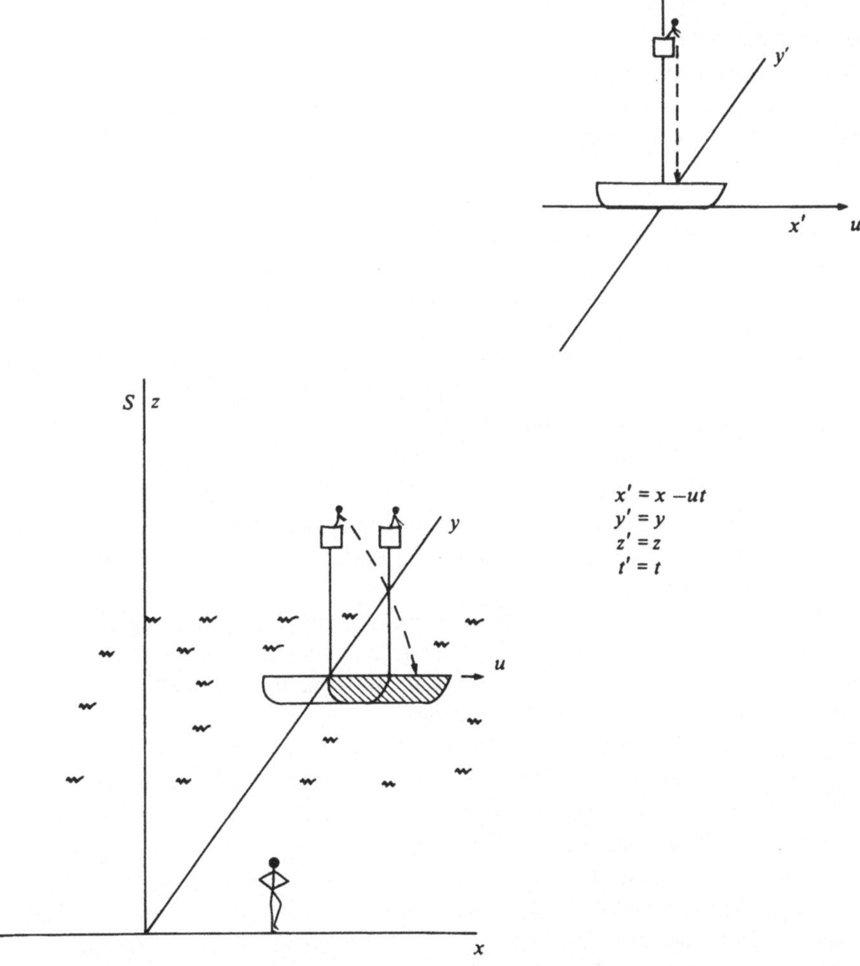

Bild 2.1 Die Transformationen der Galileischen Relativitätstheorie

Wichtige Eigenschaften von Galileis Transformationen sind, daß die Geschwindigkeiten sich einfach addieren und daß die Zeit in beiden Systemen die gleiche ist. Wirft der Matrose den Stein mit der Geschwindigkeit von 10 m/s in die Richtung, in der das Schiff sich mit ebenfalls 10 m/s bewegt, wird der Mann am Ufer den Stein sich mit 20 m/s fortbewegen sehen. Dauert für den Matrosen eine Fahrt eine Stunde, dauert sie für den zweiten Mann genauso lang.

Ist der Leser jetzt von der Trivialität dieses Beispieles bestürzt, wollen wir ihn gleich warnen: In der speziellen Relativitätstheorie wird es sich anders verhalten. Bei den hohen Geschwindigkeiten, wie sie in der Mikrowelt gang und gäbe sind, summieren sich Geschwindigkeiten keineswegs auf und die Zeit ist keine unveränderliche Größe mehr. Aber bevor wir zu Feinheiten gelangen, wollen wir die Entstehung der Theorie betrachten.

2.3 Der Ursprung der speziellen Relativitätstheorie

Da Galileis Transformationen die Beobachtungen aus verschiedenen Koordinatensystemen miteinander verbinden, folgt, daß jedes Inertialsystem (ein ruhendes oder sich mit gleichförmiger Geschwindigkeit bewegendes System) gleich gut ist, um darin die Gesetze der Physik zu beschreiben. Die Physiker des 19. Jahrhunderts fanden das für die Mechanik durchaus in Ordnung, hatten aber beim Elektromagnetismus, und insbesondere bei der Lichtausbreitung, ihre Bedenken.

Das Licht als Wellenphänomen (wie die Beugungs- und Interferenzexperimente der Optik es nahelegten) verleitete die Physiker, an die Existenz eines Medium namens *Äther* zu glauben, in dem sich diese Wellen fortpflanzen sollten (weil man sich eine Welle nur als Auslenkung eines Mediums aus seinem Gleichgewichtszustand vorstellen konnte). Existierte der Äther, mußte es auch ein bevorzugtes Sytem geben: nämlich jenes, in welchem der Äther ruhte. In allen anderen, relativ zu diesem Äther gleichförmig bewegten Systemen, sollten die Messungen und die physikalischen Gesetze (etwa das Gesetz der Schwerkraft) eine Überlagerung des zu messenden Effekts mit der Relativbewegung gegenüber dem Äther (eine Art Reibung) feststellen. Die Gesetze der Physik sollten in jedem Inertialsystem wegen der unterschiedlichen Relativbewegungen bezüglich des Äthers anders aussehen. Das bevorzugte Bezugssystem wäre somit das einzige, in dem sich die Gesetze der Natur wahrhaft offenbaren würden.

Die Existenz des Äthers und das Gesetz der Geschwindigkeitsaddition legten eine gewisse Schwankung der Geschwindigkeit des Lichtes aus verschiedenen irdischen Quellen nahe. Die Erde zieht mit etwa 30 km/s eine Kreisbahn im Weltall: sie muß also eine gewisse Relativgeschwindigkeit gegenüber dem Äther aufweisen. Addiert man diese Geschwindigkeit einfach zur Geschwindigkeit, mit der das Licht die Quelle verläßt (wie bei Galileis Transformationen), dann hat Licht, das in zwei aufeinander senkrechten Richtungen emittiert wird, zwei verschiedene Geschwindigkeiten, die den beiden relativen Geschwindigkeiten des Lichts gegenüber dem Äther entsprechen (Bild 2.2).

Eines der brühmtesten Experimente der Physik ist jenes der beiden amerikanischen Physiker Michelson und Morley, die 1887 versuchten, diese Unterschiede in der Lichtgeschwindigkeit zu messen. Die erwartete Abweichung war um einiges größer als die Präzision der Meßgeräte, aber man fand keine. Dieses Experiment erbrachte den klaren Beweis, daß es einen Äther nicht geben kann und daß das Licht sich unabhängig von der Bewegung der Quelle immer mit der gleichen Geschwindigkeit bewegt.

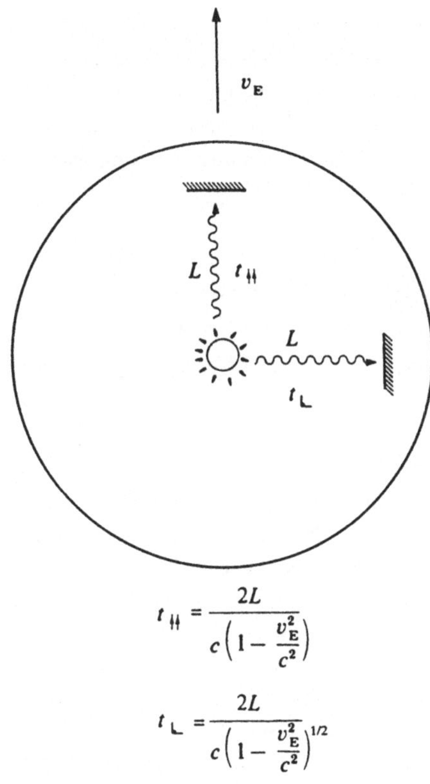

Bild 2.2 Erwartete Schwankung der Lichtgeschwindigkeit aufgrund der Geschwindigkeit V_E der Erdbewegung im Raum für Licht, das nach der Strecke L zurückreflektiert wird.

2.4 Die Lorentz-Fitzgerald-Kontraktion

Um die Jahrhundertwende wollten viele Physiker das Nullergebnis des Michelson-Morley-Experiments interpretieren. Der niederländische Physiker Hendrik Antoon Lorentz und der irische Physiker George Fitzgerald fanden eine Erklärung unter der Annahme, daß die in einem gegebenen System gemessenen Längen- und Zeitintervalle gegenüber den Werten in anderen, relativ zu diesem bewegten Systemen verkürzt sind, und zwar um einen Faktor, der von der Relativgeschwindigkeit der beiden Systeme abhängt. Sie sagten einfach, daß die Veränderung der Lichtgeschwindigkeit durch die Änderungen von Länge und Dauer des Lichtwegs exakt kompensiert würde und somit die scheinbare Konstanz entstünde. Aus geometrischen Argumenten ergibt sich, daß dann ein Intervall der Länge x in einem Bezugssystem in einem anderen Bezugssytem, das sich mit der Geschwindigkeit v gegenüber dem ersten bewegt, der Wert x' entspricht, mit

$$x = \frac{x'}{\sqrt{1 - v^2/c^2}} .$$

Hier bedeutet c die Lichtgeschwindigkeit von etwa 2.998×10^8 m/s. Genauso gilt für die Zeitintervalle:

$$t = \frac{t'}{\sqrt{1 - v^2/c^2}} .$$

Diese empirischen Beziehungen, von Lorentz und Fitzgerald *ad hoc* vorgeschlagen, scheinen zu behaupten, daß nicht nur unser *gewöhnliches* Gesetz der Galileischen Geschwindigkeitsaddition bei Werten in der Nähe der Lichtgeschwindigkeit versagt, sondern, in diesem Bereich, unsere gängigen Empfindungen von Raum und Zeit überhaupt. Einstein war es, der ziemlich unabhängig davon diesen Schluß zog und diese Beziehungen in den Rang einer echten Theorie erhob.

2.5 Die spezielle Relativitätstheorie

Die spezielle Relativitätstheorie ist das Ergebnis von zwei Einsichten Einsteins in fundamentale physikalische Tatsachen, die er zum Grundstein seiner Theorie machte:

(i) Jedes Inertialsystem (also alle Bezugssysteme, die sich gleichförmig gegeneinander bewegen) ist gleichberechtigt, was Beobachtung und Beschreibung physikalischer Gesteze angeht.

(ii) Die Lichtgeschwindigkeit im leeren Raum ist eine Konstante.

Der erste Punkt ist nichts weiter als Galileis Relativität auf die Lichtausbreitung ausgedehnt und damit die Ablehnung des vermuteten Äthers. Wir Nachgeborenen müssen schon staunen, daß alle Physiker des 19. Jahrhunderts zwar in der Mechanik am Relativitätsprinzip festhielten, es aber für die Lichtausbreitung zugunsten eines bevorzugten Systems (des Äthers) opferten. Einsteins Tat war es, das Konzept der Relativität auf den Elektromagnetismus auszudehnen, nachdem alle Versuche, den Äther zu finden, fehlgeschlagen waren.

Das zweite Prinzip trägt der gänzlich unerwarteten physikalischen Realität Rechnung, daß die Lichtgeschwindigkeit wirklich unabhängig von der Geschwindigkeit der Quelle ist, was unseren gewöhnlichen Erfahrungen vollständig zuwiderläuft. Einsteins Verdienst ist es, dieses scheinbar unsinnige Resultat ernst genommen zu haben. Die Relativitätstheorie, die das moderne Denken so nachhaltig beeinflußt hat, ist also aus den konservativsten Annahmen entstanden, die noch mit dem Experiment kompatibel waren.

Wenn wir in allen Inertialsystemen nicht nur gleiche physikalische Gesetze fordern, sondern auch, daß diese befremdliche Konstanz der Lichtgeschwindigkeit gelten soll, ist es intuitiv verständlich, daß Lage- und Zeitmessungen in den verschiedenen Systemen unterschiedlich ausfallen müssen. Die Beziehungen zwischen den Meßwerten von Ort, Zeit und Geschwindigkeit in den unterschiedlichen Bezugssystemen werden, wie bei der Galileischen Relativität, erneut durch mathematische Transformationen gegeben, aber um den absoluten Charakter der Lichtgeschwindigkeit zu wahren, enthalten diese Formeln in der speziellen Relativitätstheorie die Lorentz-Fitzgeraldschen Kontraktionsfaktoren (Bild 2.3).

Die erste auffallende Eigenschaft dieser Transformationen ist, daß man bei Relativgeschwindigkeiten, die klein gegenüber der Lichtgeschwindigkeit sind (also bei allen Geschwindigkeiten aus unserem Alltag), $u/c \approx 0$ hat und damit die Transformationen wieder in unsere gewohnten Galileischen Formeln übergehen.

Die ungewöhnlichen Aspekte der Transformationen der speziellen Relativitätstheorie kann uns ein entfernter Nachfahre von Galileis Matrose, der Raumfahrer in einem sich fast mit Lichtgeschwindigkeit c bewegenden Raumschiff wurde, erklären.

Die Transformationen zeigen, daß man Geschwindigkeiten nicht mehr einfach addieren darf. Sendet der Astronaut ein Lichtzeichen (mit der Geschwindigkeit c) in Flugrichtung ab, während sich das Raumschiff sich mit $0.95c$ bewegt, so erreicht das Licht den unbewegten Beobachter auf einem Planeten nicht mit der Summe der Geschwindigkeiten, $1.95c$, son-

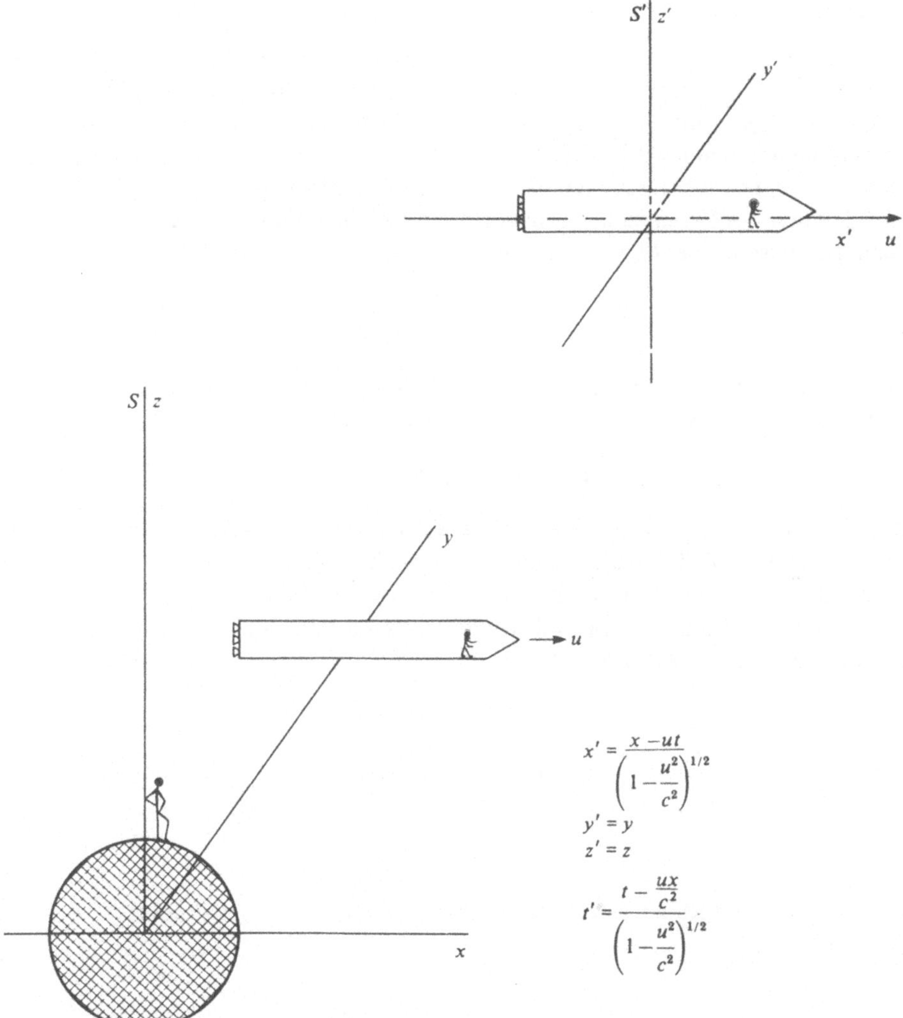

Bild 2.3 Die Lorentztransformationen der speziellen Relativitätstheorie

dern wieder mit c, weil die Lichtgeschwindigkeit ja konstant ist. Hinzu kommt, daß die Zeit gedehnt wird. Eine Reise, die für den Astronauten eine gewisse Zeit in Anspruch nimmt, scheint dem ruhenden Beobachter länger zu dauern.

Recht seltsam ist auch, daß man durch Verbindung von beliebig vielen Geschwindigkeiten, die kleiner als c sind, nie die Lichtgeschwindigkeit überschreiten kann. Das heißt, daß es unmöglich ist, durch sukzessive Beschleunigungen ein Teilchen auf Überlichtgeschwindigkeit zu bringen. Für Geschwindigkeiten jenseits der Lichtgeschwindigkeit verlieren die Transformationsgleichungen ihre Aussagekraft, da sie für $u > c$ imaginär und damit zur Beschreibung unserer physikalischen Welt untauglich werden. Die spezielle Relativitätstheorie kennt also eine Grenzgeschwindigkeit, jenseits derer man nichts beschleunigen kann.

2.6 Masse, Impuls und Energie

Die Transformationen der speziellen Relativitätstheorie zeigen also, daß die Wirkung von Beschleunigungen (durch irgendwelche Kräfte) auf die Geschwindigkeit des Teilchens nach und nach geringer wird. Es ist also vernünftig, einen anderen Effekt zu erwarten, der die Energieerhaltung retten wird. Diese Kompensation ist die berühmte Massenzunahme eines Teilchens, wenn es auf Geschwindigkeiten nahe c beschleunigt wird.

Fordert man bei Lorentztransformationen Energie- und Impulserhaltung, kann man eine Beziehung zwischen der Masse m und der Geschwindigkeit v eines Teilchens herstellen:

$$m = \frac{m_0}{\sqrt{1 - v^2/c^2}},$$

wenn m_0 die Masse des Teilchens in seinem Ruhesystem ist. Multipliziert man die Gleichung mit c^2 und entwickelt man die Wurzel erhält man

$$mc^2 = m_0c^2 + \tfrac{1}{2}m_0v^2 + \cdots$$

Der zweite Term auf der rechten Seite dieser Gleichung ist die klassische kinetische Energie des Teilchens. Die folgenden Terme sind dann relativistische Korrekturen zur Energie, während der erste die Energie angibt, die mit der Masse selbst verbunden ist.

Dies ist der Ursprung der Äquivalenz von Masse und Energie in der speziellen Relativitätstheorie, die ihren Ausdruck in der berühmtesten Formel aller Zeiten findet:

$$E = mc^2 .$$

Aus dieser Formel kann man einige andere sofort herleiten. So findet man, wenn man den Impuls $\boldsymbol{p} = m\boldsymbol{v}$ in die Entwicklung von m einführt,

$$E^2 = m_0^2c^4 + p^2c^2 .$$

Für ein Teilchen mit Ruhemasse Null, zum Beispiel das Photon, erhält man

$$\frac{E}{p} = c .$$

2.7 Physikalische Effekte der speziellen Relativitätstheorie

Die bisher erwähnten Effekte sind unserer gewöhnlichen Erfahrung so entgegengesetzt, daß es selbst heute noch skeptische Zeitgenossen gibt, die der Relativitätstheorie nicht glauben (Bild 2.4). Die Effekte sind jedoch real und wurden alle nachgewiesen.

Gehen wir diese Effekte noch einmal durch: Es wird nützlich sein, sie später im Gedächtnis zu haben, wenn es an die Eigenschaften der Elementarteilchen geht.

Die Grenzgeschwindigkeit c

Die Geschwindigkeit von Elektronen zwischen zwei Elektroden kann direkt über die Flugdauer bestimmt werden. Man hat beobachtet, daß die Geschwindigkeitszunahme mit der Energie nicht nach der klassischen Newtonschen Formel geht, sondern daß sie gegen die Grenzgeschwindigkeit c tendiert.

Folgende Anfrage möchte ich Ihnen vorlegen,ob Sie gewillt sind,meine nachfolgend grundlegende Forschungsarbeit von mir in Druck und Vertrieb als Broschüre oder Heft o.ä. zu übernehmen (in DIN A5 etwa):

DIE KLÄRUNG
DES MICHELSON-VERSUCHS,DER LICHTGESCHWINDIGKEIT UND DER WELTÄTHER-FRAGE
Mathematische Beweise und deutliche Beispiele
DIE ABSOLUTTHEORIE DES WELTÄTHERS .

Meine Ausarbeitung umfaßt 33 Seiten (ohne Titelblatt),davon 32 Seiten mit Schreibmaschine engstens geschrieben.
Es sind Jahrhundert-Probleme gelöst,so auch endlich das Fundamental-Problem der Raum-Zeit-Ordnung,
was Naturphilosophen und Mathematiker,nicht zuletzt auch die Physiker begrüßen werden.
Die Probleme in o.g. Überschrift in ihrer Eigenart machten es möglich,daß erstmalig in der Physik mathematische Beweise möglich werden konnten,was zu unübersehbar günstigen Aussichten für die Theorie der an sich empirischen Physik führt.
Bereits sehr wichtige Probleme sind hier grundlegend gelöst und werden damit noch gelöst werden,wobei Hypothesen fallen und fallengelassen werden.
Es sind eigentlich dieselben Probleme,die als ungelöst) zur spez. Relativitätstheorie von EINSTEIN führten,die damit überholt ist und an passend geeigneten Stellen zusätzlich widerlegend interpretiert wird.
Meine Ausarbeitung ist theoretisch einfachster Art,so daß auch die Nichtkenner (sogar auch nicht wenige Physiker) der spez.Relativitätstheorie sie verstehen und so auch erleichtert aufatmen werden. (Nachweislich wie auch EINSTEIN selbst es erhofft hatte: "Mit aller Zuversicht ... die Realisierung des mathematisch denkbar Einfachsten")
Es liegt allein an Ihrer Grundeinstellung,ob Sie sich zur spez. Relativitätstheorie (wie viele Dozenten und Fachzeitschriften) irgendwie verbunden fühlen. (Es gab schon s.Z. bereits überaus viele Proteste - zu Ihrer Kenntnisnahme - gegen EINSTEIN,die aber nichts Besseres bis heute zu bieten vermochten.)
Daher zuerst meine Anfrage (aus Erfahrung) ohne Zusendung meiner vollen Ausarbeitung,weil ich keine Zeit mehr verlieren möchte,wegen eines notwendig evtl. Studiums.
Aber ich lege Ihnen bei den "Inhaltsüberblick" (Seite 4 u.5),woraus Sie alles Wertvolle gleich übersehen können und worüber Sie nur noch staunen können. Machen Sie sich davon beliebig viele Photokopien, aber schicken Sie mir diese Seiten gleich wieder zurück!!
Ohne Zweifel wird mit meiner Ausarbeitung von Ihnen als Druck einen begehrenswerten Auftrieb Ihr Verlag erleben (so schon reklamemäßig).
Zwangsläufig wird Übersetzung in andere Sprachen notwendig werden.
Ich hoffe doch,daß Sie auch ohne EINSCHREIBEN meine Anfrage doch genügend verbindlich ernstnehmen werden und beantworten werden.

Bild 2.4 Die Relativitätstheorie in Gefahr? Kaum eine andere physikalische Theorie erregt so viel Widerspruch (aus dem Vieweg-Archiv).

Addition von Geschwindigkeiten

Die spezielle Relativitätstheorie besagt, daß man Geschwindigkeiten nur dann einfach addieren kann, wenn sie viel kleiner als c sind. In der Nähe der Lichtgeschwindigkeit müssen die Geschwindigkeiten nicht durch Addition, sondern auf kompliziertere Weise verknüpft werden, so daß das Endergebnis c nie überschreitet. Dies kann man mit Hilfe einer Reaktion aus der Teilchenphysik nachprüfen. Ein Teilchen, dem wir später wieder begegnen werden, ist das neutrale Pion π^0, das am liebsten in zwei Photonen zerfällt. Bewegt sich das Pion vor dem Zerfall mit $0.99c$, dann müßte man Photonen erwarten, die (nach Galilei) Geschwindigkeiten bis zu $1.99c$ haben. Dies wird nicht festgestellt. Photonen haben immer die Geschwindigkeit c und bestätigen somit, daß sehr hohe Geschwindigkeiten nicht einfach addiert werden, sondern entsprechend der Formel

$$V_{\text{tot}} = \frac{v_1 + v_2}{1 + v_1 v_2 / c^2}$$

verknüpft werden.

Die Zeitdilatation

Dieser Effekt läßt bewegte Uhren nachgehen und wurde in einem Experiment mit einem anderen Elementarteilchen direkt nachgewiesen. Das Experiment benutzt Teilchen, die Myonen genannt werden und in der oberen Atmosphäre durch Wechselwirkung mit kosmischer Strahlung aus dem Weltraum entstehen. Das Myon zerfällt in andere Teilchen nach einer mittleren Lebensdauer von etwa 2.2×10^{-6} s, wenn es im Labor ruht. Mißt man die Anzahl der Myonen auf der Zugspitze, kann man sich ausrechnen, wieviele in Flensburg niedergehen. Tatsächlich findet man dort viel mehr Myonen als erwartet, was andeutet, daß für die bewegten Myonen viel weniger Zeit verstrichen ist, als wenn sie stillgestanden hätten. Für Myonen mit einer Geschwindigkeit von $0.99c$ ist die verstrichene Zeit nur etwa ein Viertel von der des ruhenden Beobachters.

Die relativistische Massenzunahme

Als letzten Effekt wollen wir die wohlbekannte Massenzunahme eines Teilchens bei ansteigender Geschwindigkeit betrachten. Diese kann man direkt messen, indem man sich die Ablenkung von Elektronen in elektrischen und magnetischen Feldern bei verschiedenen Energien ansieht (Bild 2.5).

2.8 Angewandte Relativität

Wir haben bereits gesehen, daß die Relativität uns sagt, wie die physikalischen Gesetze in verschiedenen Bezugssystemen aussehen. Diese Gesetze in einem speziellen System aufzustellen, ist Sache der übrigen Physik. Dabei müssen die dynamischen Variablen kinematischen Regeln, die die spezielle Relativitätstheorie festlegt, genügen.

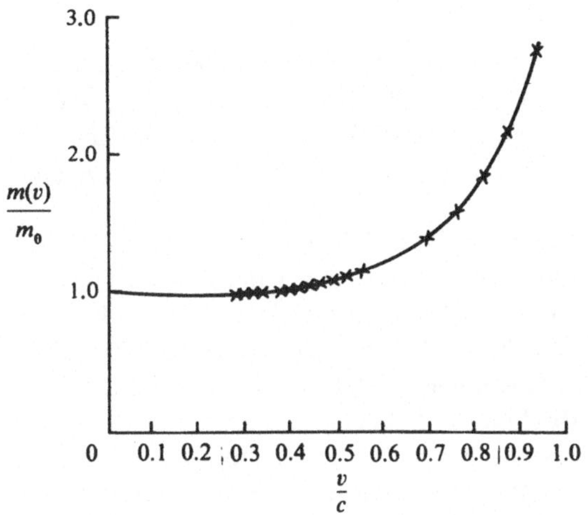

Bild 2.5 Relativistische Massenzunahme als Funktion der Geschwindigkeit.

Raum-Zeit-Diagramme

Die klassische Relativität macht einen deutlichen Schnitt zwischen Raum und Zeit. Die spezielle Relativitätstheorie behandelt sie gleichberechtigt, und in den Lorentztransformationen werden sie sogar gemischt. Ein Abstand im Raum in einem gegebenen Bezugssystem wird in einem anderen durch Abstände in Raum und Zeit wiedergegeben. Es ist also wenig hilfreich, sich die Ereignisse nur im Raum anzuschauen. Viel besser kann man sie in Raum-Zeit-Diagrammen darstellen; allerdings müssen wir uns dabei aus Gründen der Anschaulichkeit auf eine räumliche Dimension, höchstens zwei, beschränken (Bild 2.6). Ein Punkt in einem Raum-Zeit-Diagramm wird häufig *Ereignis* genannt.

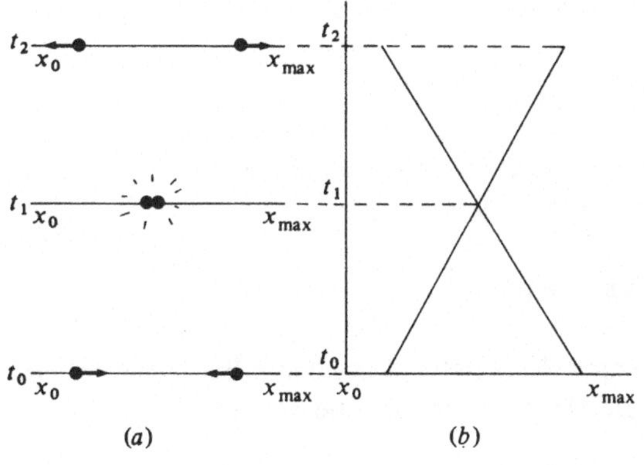

Bild 2.6 Ein Stoß zwischen Teilchen *(a)* im Raum-Zeit-Diagramm dargestellt *(b)*.

Vierervektoren

Genauso wie man gewöhnliche Vektoren $\boldsymbol{x} = (x, y, z)$ (Dreiervektoren) benutzt, um einen Ort im Raum anzugeben, kann man sich einen Vierervektor $(\boldsymbol{x}, ct) = (x, y, z, ct)$ definieren, der ein Ereignis in Raum und Zeit festlegt. Die vierte Komponente ist die Zeitkoordinate, mit c multipliziert, um ihr wie den anderen drei Koordinaten die Dimension einer Länge zu geben.

Eine Gleichung, die sich mit Hilfe von Dreiervektoren schreiben läßt, hat den Vorteil, kovariant gegenüber Raumdrehungen zu sein. (*Kovarianz* ist nicht ganz dasselbe wie Invarianz, bei der sich eine Gleichung gar nicht ändert. Kovarianz bedeutet, daß beide Seiten einer Gleichung sich auf gleiche Weise verändern, so daß sie weiterhin gültig bleibt.) Dies erlaubt die freie Wahl der Ausrichtung des Koordinatensystems und ist für die Erhaltung des Drehimpulses verantwortlich (siehe Abschnitt 6). Lassen sich die Gesetze der Physik in Gleichungen mit Vierervektoren kleiden, sind sie kovariant gegenüber Rotationen in der Raum-Zeit (die nichts anderes als die Lorentztransformationen der speziellen Relativitätstheorie sind).

Außer dem Ortsvektor $\boldsymbol{x}$ ist auch der Impuls $\boldsymbol{p}$ eines Teilchens ein Vektor. Untersucht man die Wirkung einer Lorentztransformation auf Impuls und Energie eines Teilchens, wird deutlich, daß beide zu einen Vierervektor $(\boldsymbol{p}, E/c)$ zusammengefaßt werden können. Dieser Vierervektor bezeichnet nicht ein Ereignis in der Raum-Zeit, sondern gibt den dynamischen Zustand eines Teilchens an.

Relativistische Invarianten

Obwohl die spezielle Relativitätstheorie davon handelt, wie die Wahrnehmung von Raum und Zeit vom Bezugssystem des Beobachters abhängt, enthält sie auch absolute Größen, die wir in der Galileischen Relativität eher als Veränderliche vermuten würden. Die Lichtgeschwindigkeit im Vakuum ist die offensichtliche Invariante, auf der die ganze Theorie beruht. Eine andere invariante Größe ist das Quadrat eines Raum-Zeit-Intervalls zwischen einem Ereignis und dem Ursprung des Bezugssystems

$$s^2 = \boldsymbol{x}^2 - (ct)^2 = \boldsymbol{x}'^2 - (ct')^2 .$$

Dies ist ein Sonderfall des Raum-Zeit-Intervalls zwischen zwei beliebigen Ereignissen, das durch die Differenz $(\Delta\boldsymbol{x}, c\Delta t)$ ihrer Vierervektoren definiert ist:

$$\Delta s^2 = (\Delta\boldsymbol{x})^2 - (c\Delta t)^2 .$$

Eine weitere Invariante ist die Ruhemasse eines Materieteilchens. Jeder Beobachter findet in seinem jeweiligen Ruhesystem für das gleiche Teilchen dieselbe Masse:

$$m_0^2 = \frac{E^2}{c^4} - \frac{p^2}{c^2} .$$

Relativistische Invarianten sind wichtig in der Hochenergiephysik, weil diese Größen, wenn sie einmal gemessen wurden, unter allen Umständen gleich bleiben. Man bedenke übrigens, daß die Hochenergiephysik ausgiebig von Lorentztransformationen Gebrauch macht. Ein

Experiment, zum Beispiel, kann zwei Protonen in entgegengesetzte Richtungen beschleunigen und dann aufeinanderprallen lassen, während ein anderes ein Proton auf eine feststehende Probe auftreffen läßt. Die Massenschwerpunkte in beiden Fällen haben eine Relativgeschwindigkeit, die einen guten Teil der Lichtgeschwindigkeit betragen kann. Dann braucht man die Lorentztransformationen, wenn man die Ergebnisse beider Expreimente vergleichen will.

Hiermit beschließen wir unseren kurzen Abriß der Relativitätstheorie und gehen zum zweiten Pfeiler der Physik des 20. Jahrhunderts über: zur Quantenmechanik.

3 Quantenmechanik

3.1 Einleitung

Es ist bemerkenswert, daß die Grundpfeiler sowohl der Quantenmechanik als auch der speziellen Relativitätstheorie in den ersten fünf Jahren dieses Jahrhunderts gelegt wurden, und interessant die Entwicklung der beiden zu vergleichen. Während die spezielle Relativitätstheorie als Ganzes (1905) ein Geniestreich Einsteins war, entwickelte sich die Quantenmechanik in einer Reihe von kleinen Schritten während eines Vierteljahrhunderts (1900-25). Eine Erklärung dafür ist, daß es, während in der speziellen Relativitätstheorie das Verhalten von Raum und Zeit einzig und allein aus zwei Prinzipien folgt, in der Quantentheorie keine solch einfachen Prinzipien gab, von denen ausgehend alle Quantenphänomene abgeleitet werden konnten. Vielmehr war jeder Schritt eine weitere Hypothese, die entweder auf einem neuen experimentellen Ergebnis beruhte oder ein solches vorhersagte, was nicht unbedingt in einer logischen Reihenfolge geschah und schon gar nicht in Folge eines oder zweier Prinzipen. Die Quantenmechanik entstand also abwechselnd aus Hypothesen und Experimenten, in etwa fünfundzwanzig Jahren. Wie die Überschriften der folgenden Abschnitte zeigen, können die meisten Schritte auf diesem Weg eng mit einer Person in Verbindung gebracht werden; die Beschäftigung mit ihnen wird uns hier als Einführung in die Quantenmechanik dienen.

3.2 Plancks Vermutung

Wie in Abschnitt 1.5 bereits erwähnt, entstand die Quantenmechanik aus Max Plancks Versuch, die Wechselwirkung von Licht mit Materie zu erklären; das heißt, wie beispielsweise glühendes Metall Licht emittiert und Materie Licht absorbiert.

Mit Hilfe der wohlbekannten und höchst zuverlässigen klassischen Theorien der Thermodynamik und des Elektromagnetismus leitete Planck eine Formel her, die die Leistung vorhersagte, die ein Körper beim Erhitzen in Form von Strahlung emittiert. Um die gesamte abgestrahlte Leistung zu ermitteln, muß man über alle Frequenzen, die abgestrahlt werden können, integrieren. Als Planck aber seine klassische Formel anzuwenden versuchte, stellte er fest, daß sie die abgestrahlte Leistung als unendlich groß voraussagte — ein offensichtlicher Unsinn!

Planck konnte diese Schlußfolgerung nur vermeiden, indem er das Konzept einer minimalen Energiemenge für jede Strahlungsfrequenz einführte — das *Quant*. Indem er annahm, daß Materie nur Lichtquanten emittieren oder absorbieren kann, konnte er eine Formel herleiten, die die gesamte abgestrahlte Leistung eines heißen Körpers richtig vorhersagte. Ein passendes Bild hierfür könnte der materielle Reichtum eines Menschen sein, den man sich gemeinhin als eine kontinuierliche Variable vorstellt. Wenn dieser Mensch jedoch in eine wirtschaftliche Wechselwirkung tritt (soll heißen: er geht einkaufen), ist sein Reichtum in der kleinsten verfügbaren Münzeineiheit quantisiert. Die kleinste Energiemenge E für eine gegebene Frequenz ν ist, laut Plancks Formel,

$$E = h\nu \ ,$$

wobei h die Plancksche Konstante ist, deren Dimension die einer Energie pro Frequenz ist und den winzigen Wert von 6.625×10^{-34} Js hat. Das Auftreten der Planckschen Konstanten in physikalischen Gleichungen ist ein wertvolles Diagnosemittel. Wenn wir $h = 0$ setzen, ignorieren wir die Existenz der Quanten und sollten das klassische Ergebnis wiederfinden. Wenn wir andererseits Formeln (oder Teile davon) untersuchen, die zu h proportional sind, betrachten wir einen wahren Quanteneffekt, den die klassiche Physik nicht vorauszusagen vermag.

3.3 Einsteins Erklärung des photoelektrischen Effekts

Den nächsten großen Schritt in der Quantentheorie machte Einstein im selben Jahr, in dem er seine spezielle Relativitätstheorie formulierte. Es handelt sich dabei um die Erklärung des photoelektrischen Effekts, also wieso ein Metall Elektronen aussenden kann, wenn es mit Licht beschienen wird. Planck hatte gemutmaßt, daß, bei niedrigen Energien, das Licht erst in Wechselwirkung mit Materie seine Quanteneigenschaften offenbaren würde. Wieder war es Einstein überlassen, diese Idee zu verallgemeinern (wie er schon die Relativität verallgemeinert hatte, um den Elektromagnetismus mit einzuschließen). Seine Annahme war, daß alles Licht nur in Quanten existierte, und mit ihr wollte er den photoelektrischen Effekt erklären.

Er nahm an, daß die Elektronen einen gewissen Mindestbetrag an Energie benötigen, um das Metall zu verlassen. Wenn das Licht einer gewissen Farbe, mit dem man das Metall beleuchtet, eine große Anzahl von Quanten, jedes mit der Energie $h\nu$, enthält, werden diese den Elektronen die nötige Energie durch Stöße übertragen. Die Elektronen, die das Metall verlassen, haben dann eine Energie, die der Differenz zwischen der Energie des Lichtquants und der Minimalenergie entspricht, die zum Verlassen des Metalls notwendig ist. Benutzt man Licht mit einer zu niedrigen Frequenz, wird kein Quant in der Lage sein, ein Elektron freizusetzen, ganz gleich wie groß die Intensität des Lichts ist. Vernachlässigt man Vielfachstöße zwischen Elektron und Quanten, wird überhaupt kein Elektron das Metall verlassen. Erhöht man hingegen die Frequenz des Lichts, indem man im Spektrum von Rot nach Blau fährt, wird man Elektronen sehen, sobald die Quanten genug Energie haben, um jene freizusetzen. Bei noch höherer Frequenz werden die Elektronen mit immer höherer Energie entlassen.

Der von Lenard 1902 experimentell entdeckte photoelektrische Effekt paßt genau in dieses Bild. In der Tat ist die Energie der Elektronen nur von der Frequenz, aber nicht von der

Intensität (also der Anzahl der Quanten) des Lichts abghängig, und die Anzahl der emittierten Elektronen hängt nur von der Intensität, nicht aber von der Frequenz ab.

Einsteins Erklärung des photoelektrischen Effekts bestägtigte die Quantentheorie des Lichts (und brachte ihm den Nobelpreis ein). Die Wiederauferstehung einer Korpuskulartheorie des Lichtes bringt jedoch sofort begriffliche Probleme mit sich, denn Licht ist ein wohlbekanntes kontinuierliches Wellenphänomen (wie Streuungs- und andere Interferenzexperimente deutlich zeigen). Licht scheint sowohl ein diskretes Teilchen (ein *Photon*) als auch eine ausgedehnte Welle zu sein! Wie ist dies möglich?

Die Auflösung dieses vermeintlichen Paradoxons erfordert die Einführung einer weiteren Größe, die in verschiedenen Situationen sowohl zu einem Teilchen, als auch zu einer Welle werden kann. Diese Größe ist ein *Feld*, wie wir in Abschnitt 4 genauer sehen werden. Bevor wir dazu kommen, werden wir jedoch sehen, daß nicht nur Licht ein solch ambivalentes Verhalten an den Tag bringt.

3.4 Das Bohrsche Atom

In Abschnitt 1 sahen wir, wie Rutherfords Streuexperimente zu einem Bild des Atoms führten, in dem die leichten, negativ geladenen Elektronen um den kleinen, schweren, positiv geladenen Kern im Mittelpunkt kreisen; der größte Teil des Atoms bestand aus leerem Raum. Dieses verlockende Bild hat gravierende Schwächen. Zunächst gibt es da die klassische Theorie der Elektrodynamik, nach der jedes beschleunigte elektrisch geladene Teilchen eine elektromagnetische Strahlung aussendet. Jedes Teilchen, das in einer festen Bahn eingebunden ist, wird durch die Kraft beschleunigt, die diese Bewegung erzwingt. Das Elektron in Rutherfords Atom müßte ständig strahlen. Dadurch verlöre es aber Energie, und müßte folglich auf einer Spirale in tiefere Bahnen sinken und schließlich in den Kern selbst fallen. Dieser *Strahlungskollaps* des Atoms ist eine unsausweichliche Konsequenz der klassischen Physik und demonstriert ihre Unzulänglichkeit auf dem Gebiet des Atoms. Andererseits kann Rutherfords Modell nicht erklären, warum alle Atome eines Elements identisch sind. Die klassische Physik macht keine Vorhersage über die Besetzung der Elektronenbahnen, außer, daß die Gesamtenergie des Systems minimal sein muß. Die Gleichheit aller Atome eines Elements wird nicht erklärt. Rutherfords Atom mußte grundlegend überdacht werden.

Der dänische Physiker Niels Bohr schlug 1913 eine neue Quantentheorie des Atoms vor, die mit einem Schlag das Problem des Strahlungskollapses löste, den Strahlungsmechanismus, mit dem Atome Licht emittieren, erklärte und Plancks und Einsteins neue Konzepte berücksichtigte.

Bohrs eigentliche Hypothese war die allereinfachste Anwendung des Konzepts der Quanten auf das Atom. Hatte Planck das Licht in Form von diskreten Quanten vorausgesetzt, so sollte nach Bohr das Atom ebenfalls nur in diskreten Quantenzuständen, die durch endliche Energieabstände voneinander getrennt sind, existieren, und *in diesen Zuständen nicht strahlen*. Eine einfache Art, sich diese Zustände vorzustellen, ist eine Menge von erlaubten Bahnen um den Kern, wobei der Raum zwischen den Bahnen für das Elektron verboten ist.

Die erlaubten Bahnen sind jene, auf denen das Elektron als Bahndrehimpuls ein ganzes Vielfaches von Plancks Konstante geteilt durch 2π, auch mit $\hbar$ bezeichnet, besitzt. Zunächst erscheint es merkwürdig, daß der Drehimpuls eine der wenigen quantisierten Größen sein sollte (wie die Energie, oder die elektrische Ladung, aber im Gegensatz zu Masse, Impuls

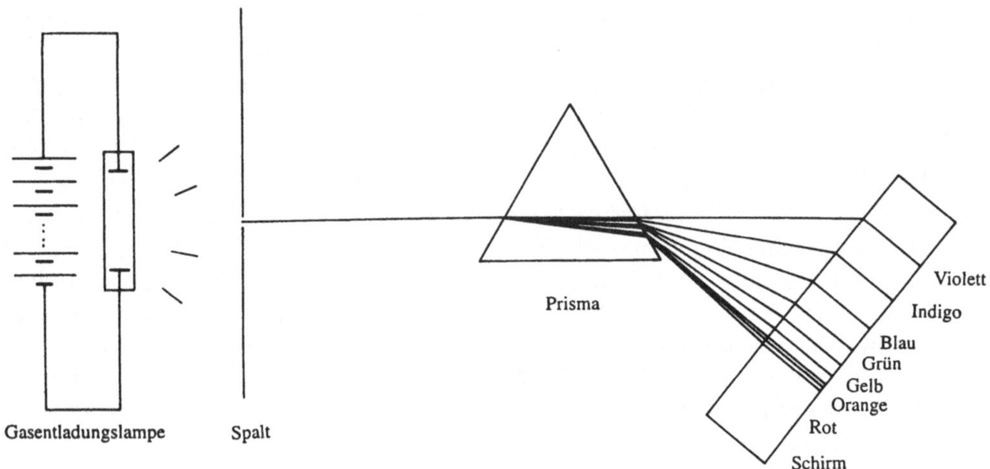

Bild 3.1 Typisches Spektrum einer Gasentladungslampe

oder Zeit). Wir hätten es uns aber bereits beim ersten Treffen mit Plancks Konstante denken können. Die eher ungewöhnliche Dimension Energie pro Frequenz ist in der Tat die des Drehimpulses.

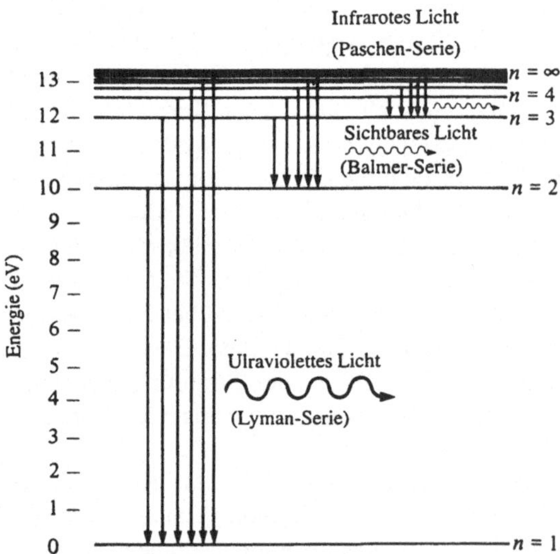

Bild 3.2 Das diskrete Linienspektrum eines Elements (hier Wasserstoff) entsteht durch Übergänge zwischen Quantenbahnen. Die Zustände werden durch die Hauptquantenzahl n numeriert.

Im Bohrschen Modell strahlt das Atom zwar nicht, wenn all seine Elektronen fest ihre Quantenbahnen ziehen, aber sehr wohl, wenn ein Elektron von einer erlaubten Bahn zu einer anderen übergeht. Dieser Emissionsprozeß sollte die Entstehung von Licht in der real existierenden Welt erklären. Das Licht einer Entladungslampe, sagen wir einer Neon- oder Quecksilberdampfröhre, hat ein charakteristisches Spektrum. Die Atome im Gas oder im Dampf sind räumlich voneinander getrennt und wechselwirken ziemlich selten untereinander. Dies bedeutet, daß das emittierte Licht für die gegebene Atomsorte bezeichnend ist.

Es ist eine Mischung einiger weniger Frequenzen, die ein Prisma aufspalten kann. Das daraus entstehende Linienspektrum ist eine eindeutige Eigenschaft des Elements, das das Licht emittiert (Bild 3.1). Im späten 19. Jahrhundert haben Forscher wie Balmer, Lyman und Paschen die Spektren vieler verschiedener Elemente untersucht und festgestellt, daß die Linien, die sie enthielten, sich in mathematisch einfach zu beschreibende Klassen gruppieren lassen; zu jedem Element gehörten einige dieser Klassen. Diese Klasseneinteilung blieb lange Zeit unverstanden, vor allem, weil die auftretenden Frequenzen diskret verteilt sind, während man in der klassichen Physik meist in stetig variierenden Größen denkt. Bohr aber konnte mit seiner Quantentheorie eine überzeugende Erklärung für diese Linien geben. Jede Frequenz einer Klasse entsprach der Energiedifferenz zwischen einem gegebenen Quantenzustand und einem der anderen Quantenzustände des Atoms, von denen aus das Elektron durch Aussenden von Licht ersteren erreichen kann (Bild 3.2).

Das Bohrsche Atommodell erlaubte es den Physikern, eine Großzahl von spektroskopischen Befunden aus Experimenten der vorangegangenen Jahrzehnte sehr genau zu deuten. Bohr selber konnte mit Hilfe seines Modells sogar eine vorläufige Erklärung für Mendeleevs Periodensystem der Elemente vorschlagen. Das Periodensystem, das die Elemente nach ihren chemischen Eigenschaften in Gruppen klassifiziert, war eine Folge davon, welche Elektronenbahnen bei den verschiedenen Elementen besetzt waren. Die chemischen Eigenschaften eines Elements werden in erster Linie durch die Anzahl der Elektronen in der äußersten Bahn bestimmt und die Einführung der Quantenbahnen für die Elektronen kann das Periodensystem erklären (Bild 3.3).

Obwohl das Borsche Atom einen kapitalen Fortschritt darstellte, sind die Elektronenbahnen eine Krücke für unsere Vorstellung, die sich in ein ihr so fremdes Gebiet vorwagen muß; man sollte sich im klaren sein, daß dieses nur das einfachste Quantenmodell des Atoms ist, und daß man viel ausgefeiltere Beschreibungen für das Verhalten der Elektronen braucht, wie wir gleich sehen werden.

3.5 De Broglies Elektronenwellen

Der nächste größere begriffliche Fortschritt in der Quantentheorie kam viel später, erst 1924. Der junge französische Physiker Louis de Broglie meinte in seiner Doktorarbeit, man solle, in Umkehrung der Tatsache, daß Licht sich in ausgewählten Situationen wie ein Teilchen verhält, den Teilchen ebenfalls ein Wellenverhalten zuerkennen. Insbesondere schlug er vor, daß Elektronen, die man bis dahin für harte, undurchdringliche, geladene Kugeln hielt, sich auch wie ausgedehnte Wellen verhalten könnten, die wie Licht oder Wasserwellen streuen und interferieren sollten.

De Broglie zufolge sollte die Wellenlänge des Teilchens umgekehrt proportional zu seinem Impuls sein, mit der Planckschen Konstanten als Proportionalitätskonstanten:

$$\lambda = \frac{h}{p} .$$

Je größer also der Impuls des Teilchens ist, umso kleiner sollte seine Wellenlänge sein. Man bedenke, daß de Broglies Hypothese für alle Teilchen gilt, nicht nur für das Elektron oder andere Elementarteilchen. Ein Billiardball, zum Beispiel, hat ebenfalls eine Wellenlänge, die aber nur etwa 10^{-34} m beträgt, weil Plancks Konstante so klein und der Impuls des Balles im Vergleich dazu so groß ist. Diese Wellenlänge ist also um so viele Größenordnungen

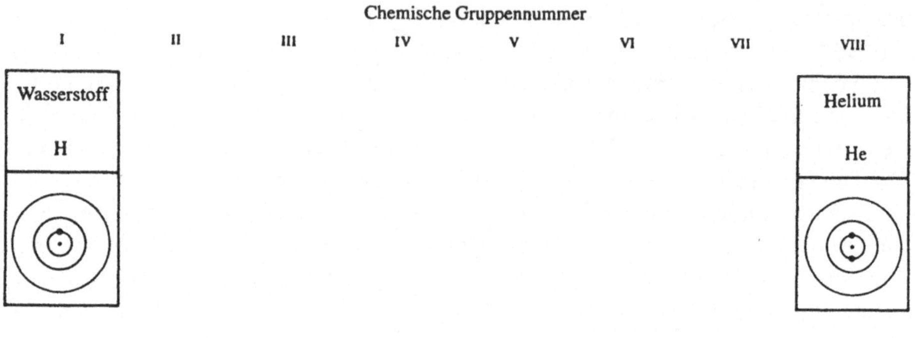

Bild 3.3 Ein Ausschnitt aus dem Periodensystem der Elemente mit den zugehörigen Elektronenkonfigurationen.

kleiner als das Billiard selber, daß der Wellencharakter des Balles nie zu beobachten sein wird. Für Elektronen hingegen kann die Wellenlänge, für typische Impulse, in den Bereich von 10^{-10} m, also von atomaren Abständen, kommen. Man kann folglich annehmen, daß Elektronen bei ihrer Wechselwirkung mit Atomen ihren Wellencharakter offenbaren.

Dieser Wellencharakter wurde von den amerikanischen Physikern Clinton Davisson und Lester Germer 1927 und, unabhängig von ihnen, von G. P. Thomson (dem Sohn J. J. Thomsons), seinerzeit Professor an der Universtät Aberdeen in Schottland, gefunden. Sie zeigten, daß Elektronen in einem Kristall gebeugt werden, genauso wie Licht an einem Gitter. Davisson und Thomson erhielten dafür 1937 zusammen den Nobelpreis.

De Broglies Hypothese lieferte auch die erste Grundlage für Bohrs Atommodell. Die wenigen erlaubten Elektronenbahnen sind jene, deren Länge ein ganzes Vielfaches der de Broglieschen Wellenlänge beträgt. Somit ist auch der Impuls des Elektrons berücksichtigt (und damit eine Erklärung für die Energie gefunden, die der Bahn zugeschrieben wird; siehe Bild 3.4).

De Broglies Idee kann man nur verstehen, wenn man sich mit der Dualität von Teilchen und Welle anfreundet. In der Mikrowelt gibt es für jedes Objekt Situationen, in denen man es sich besser als Welle vorstellt und andere, in denen es besser durch ein Teilchen beschrieben wird. Weder das eine, noch das andere Bild entspricht voll der Wahrheit, denn beide sind nur unvollständige Gebilde unserer makroskopischen Vorstellung.

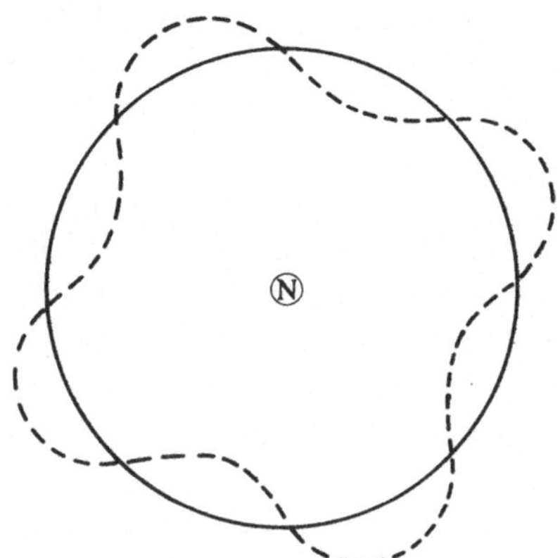

Bild 3.4 Erlaubte Bahnen enthalten eine ganze Zahl von de-Broglie-Wellenlängen

De Broglies Hypothese war der eigentliche Funke, der den geistigen Flächenbrand namens Quantentheorie auslöste. Bis zum Beginn der zwanziger Jahre war die Quantentheorie eine Sammlung von (wenn auch revolutionären) Rezepten, nicht aber eine dynamische Theorie der Mechanik, die über die von Newton hinausging. Die zweite Epoche der Quantenrevolution (1924-27) wird diese Theorie nachliefern.

3.6 Schrödingers Wellenfunktion

Unmittelbar auf de Broglies Ideen aufbauend, entwickelte der österreichische Physiker Erwin Schrödinger aus den Teilchenwellen eine richtige Wellenmechanik. Schrödinger startete von der Wellengleichung, die das Verhalten von Lichtwellen in Raum und Zeit beschreibt und eine genaue Darstellung der optischen Phänomene (die durch die Licht*strahlen* der geometrischen Optik beschrieben werden) erlaubt. Er formulierte eine Gleichung für Materiewellen, die das Verhalten von Materie (wie es die Teilchendynamik recht gut beschreibt) erklären sollte. Die Schrödinger-Gleichung (Bild 3.5), in der ein Teilchen durch eine Wellenfunktion ψ beschrieben wird, legt fest, wie diese Wellenfunktion sich unter gegeben Umständen in Zeit und Raum verändert.

$$-\frac{\hbar^2}{2m}\frac{\partial^2\psi}{\partial x^2}+V\psi=i\hbar\frac{\partial\psi}{\partial t}$$

Bild 3.5 Die Schrödinger-Gleichung

Eine Situation von besonderem Interesse liegt vor, wenn das Teilchen ein Elektron ist, das sich im elektrischen Feld eines Protons bewegt. Mit Hilfe seiner Gleichung konnte Schrödinger zeigen, daß der Elektronwellenfunktion in diesem Fall nur diskrete Energiewerte zugeschrieben werden können, und daß diese Energien genau jenen entsprechen, die die Elektronen auf den Bohrschen Bahnen im Wasserstoffatom annahmen.

Die Wellenfunktion eines Teilchens ist ein eminent wichtiges Konzept, das im folgenden oft auftauchen wird. Es ist eine mathematische Größe, die alle beobachtbaren Eigenschaften eines Teilchens enthält. Teilchenstöße sind also nicht mehr eine Variante des Billiardspiels, sondern eine Interferenz von Wellenfunktionen, die Effekte produziert, die den optischen Interferenzeffekten verwandt sind.

Jetzt haben wir also eine Wellenfunktion für ein Teilchen eingeführt und behauptet, daß die Gleichung, der die Wellenfunktion gehorcht, das Verhalten des Teilchens voraussagen kann. Aber welches ist die genaue Bedeutung der Wellenfunktion? Ist das Elektron nun ein Materiebällchen oder eine ausgedehnte Welle? Und wenn es eine Welle ist, was schwingt denn eigentlich? Eigentlich gibt es ja auch keine Lichtwellen: das ist nichts anderes als eine geschickte Umschreibung für elektrische und magnetische Felder, die in Zeit und Raum sich verändern. Was ist dann eine Materiewelle?

Bevor wir zu diesen bohrenden Fragen kommen, müssen wir noch etwas über ein weiteres Prinzip der Quantentheorie erfahren, nämlich über das *Unschärfeprinzip*, das der deutsche Physiker Werner Heisenberg aus seiner Formulierung der Quantenmechanik gewann, die er zeitgleich mit Schrödinger entwickelte, aber von einem ganz anderen Startpunkt aus.

3.7 Die Heisenbergsche Mechanik und das Unschärfeprinzip

Heisenberg ging vom Quantenzustand des Systems, das er betrachten wollte (also das einzelne Elektron, das Atom, das Molekül etc.), aus und behauptete, daß nur eine Mechanik, die den Vorgang der Beobachtung des Systems beschreibt, sinnvoll sei. Das Wort *Beobachtung* heißt in diesem Zusammenhang irgendeine Wechselwirkung, in die das System tritt, etwa indem Licht oder ein Elektron an ihm streuen. Ohne Wechselwirkung wäre das System vollständig von der Außenwelt abgeschnitten und somit gänzlich irrelevant. Das System existiert in einem bestimmten Zustand nur, weil es wechselwirkt.

Heisenbergs Zugang nimmt sozusagen den Schlußsatz aus Wittgensteins *Tractatus logico-philosophicus* wörtlich: *Wovon man nicht sprechen kann, darüber muß man schweigen.* Wir können nur von Dingen sprechen (oder Gleichungen darauf anwenden), die wir gesehen haben; die Beobachtung hat also in der Quantentheorie einen Ehrenplatz.

Heisenberg stellte die Beobachtung eines Systems als mathematische Operation auf dem Quantenzustand dar. Dies erlaubte ihm, Gleichungen aufzustellen, die das Quantensystem erfüllen mußte; die Ergebnisse, die er erhielt, waren mit denen aus Schrödingers etwas leichter zugänglichen Wellenmechanik identisch (zum Beispiel was die Voraussage der Energieniveaus des Wasserstoffatoms angeht). Daß beide Zugänge äquivalent sind, ist folgendermaßen einzusehen: Heisenberg beschrieb die Wirklichkeit, indem er Differentialoperatoren auf die Wellenfunktion, die den Quantenzustand darstellt, wirken ließ. Dies wird im Endeffekt zu einer Differentialgleichung für die Wellenfunktion führen, die mit jener Gleichung identisch ist, die Schrödinger in Analogie zur Wellengleichung des Lichts erfand.

Das Heisenbergsche Unschärfeprinzip folgt aus der Tatsache, daß jede Beobachtung des Quantensystems dieses beeinflußt, und somit eine absolute Kenntnis des Systems verhindert. Am besten sieht man das beim Versuch, den Ort eines Elektrons in einer atomaren Bahn dadurch zu messen, daß man ein Photon an ihm streut (Bild 3.6). Die Wellenlänge des Photons hängt, wie für jedes Teilchen, mit seinem Impuls durch die Gleichung $\lambda = h/p$ zusammen. Je größer der Photonimpuls ist, desto kürzer ist die Wellenlänge und umgekehrt. Wollen wir den Aufenthaltsort des Elektrons so genau wie nur möglich bestimmen, brau-

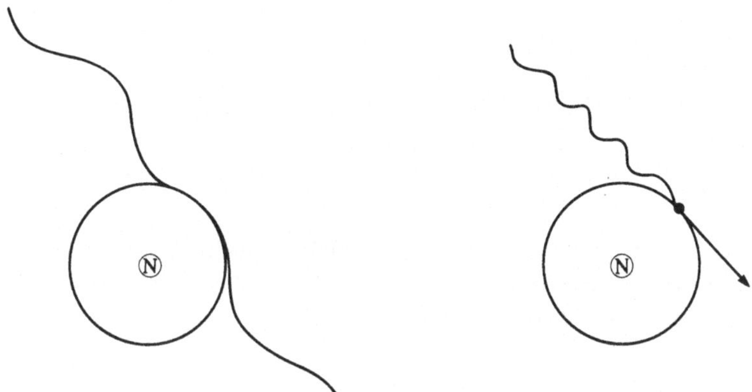

Bild 3.6 Ein langwelliges Photon (mit kleinem Impuls) kann die Position des Elektrons nur grob abschätzen. Ein kurzwelliges Photon (mit großem Impuls) lokalisiert das Elektron sehr genau, stört es aber auch stark.

chen wir Photonen mit größtmöglichem Impuls, denn die Genauigkeit, mit der man eine Position messen kann, ist von der Größenordnung der Wellenlänge des verwendeten Lichts. Mit einem Photon großen Impulses kann man also den Aufenthaltsort eines Elektrons zum Zeitpunkt der Messung ziemlich gut bestimmen, aber gleichzeitig erhält das Elektron einen starken Stoß durch das Photon und sein Impuls wird nicht mehr gut bekannt sein. Dies ist das Wesen von Heisenbergs Unschärfeprinzip. Kennt man einen Parameter recht genau, verliert man das Wissen über einen anderen, sogenannten *konjugierten* Parameter. Mathematisch bedeutet das, daß das Produkt der Streuungen zweier konjugierter Parameter immer größer oder gleich dem Maß der Störung durch die Beobachtung ist. Dieses Maß, wie könnte es anders sein, enthält die allgegenwärtige Konstante von Planck:

$$\Delta p \Delta x \geq \hbar \,, \quad \text{mit} \quad \hbar = \frac{h}{2\pi} \,.$$

Ähnliches passiert, wenn man versucht, die Energie eines Quantensystems zu einem gegebenen Zeitpunkt zu messen. Eine instantane Messung erfordert eine hochfrequente Sonde (eine Wellenlänge in möglichst kurzer Zeit), aber das bedeutet gleichzeitig eine Sonde hoher Energie, die die Energie des Quantenzustands selbst beeinträchtigt. Umgekehrt ist eine Sonde niedriger Energie, die die Energie des Quantenzustands nicht über Gebühr stört, gleichzeitig niederfrequent, das heißt, daß der Zeitpunkt der Messung nur ungenau bekannt ist, also:

$$\Delta E \Delta t \geq \hbar \,.$$

Heisenbergs Unschärfeprinzip ist ein überaus mächtiges Resultat, wenn man bedenkt, daß die Unschärfe einer Größe eine gute Abschätzung für den minimalen Wert dieser Größe liefert. Zum Beispiel wird ein Teilchen mit einer Unschärfe von 1 s in der Lebenszeit kaum weniger als $\frac{1}{2}$ s leben können, um der Unschärfe noch Rechnung zu tragen. Ähnlich kann man sagen, daß ein Teilchen, das in einem Atomkern von 10^{-15} m eingesperrt ist, einen Impuls haben muß, der größer ist als

$$p_{\min} \approx \frac{\Delta p}{2} \approx \frac{\hbar}{2\Delta x} \approx 100 \, \frac{\text{MeV}}{c} \,.$$

Damit hat man einen Anhaltspunkt für die Stärke der Kräfte (die Energie), die nötig ist, um ein Teilchen im Kern zu behalten.

So gewappnet können wir uns jetzt der schwierigen Frage zuwenden, was eine Materiewelle eigentlich ist.

3.8 Die Interpretation der Wellenfunktion

Überlegen wir uns als erstes, ob ein Elektron als lokalisiertes Kügelchen oder als ausgedehnte Welle zu betrachten sei. Welche der beiden Beschreibungen zutrifft, hängt ganz von den Umständen ab, in denen wir das Elektron antreffen (Bild 3.7).

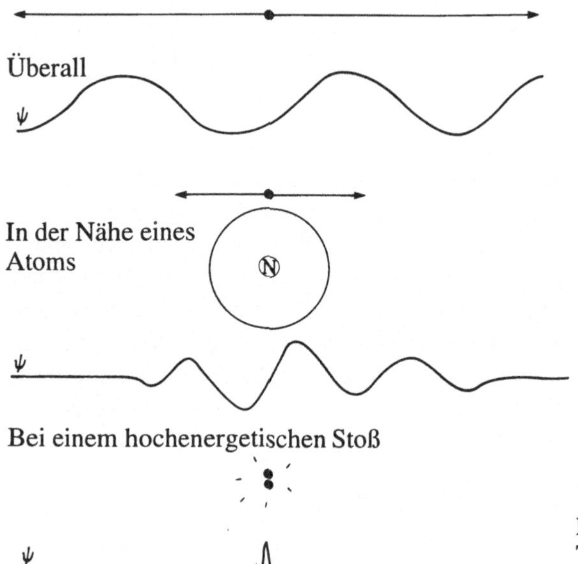

Bild 3.7 Die Wellenfunktion eines Teilchens gibt seine Aufenthaltswahrscheinlichkeit an (siehe Text).

Ein Elektron, das sich mit festem Impuls ($\Delta p = 0$) durch den leeren Raum bewegt und an keinerlei Wechselwirkung teilhat, hat eine unendliche Unschärfe im Ort. Seine Wellenfunktion ist ein Sinus mit gegebener Wellenlänge, der sich im ganzen Raum erstreckt. Das Elektron ist also völlig unlokalisiert. Ist ein Elektron halbwegs lokalisiert, weil wir zum Beispiel wissen, daß es mit einem Atom zusammengestoßen ist, dann ist Δx von der Größenordnung des Atoms, und wir wissen ebenfalls, daß seine Impulsunschärfe (die durch den Stoß entsteht) Δp ist, was zu einer Unschärfe $\Delta\lambda = h/\Delta p$ in der Wellenlänge der Funktion führt. Diese Unschärfe der Wellenlänge (und damit der Frequenzen) läßt lokalisierte Wellenpakete entstehen, die das lokalisierte Elektron beschreiben.

Ist die Position eines Elektrons fast punktförmig, wie das bei sehr hochenergetischen Kollisionen mit anderen Teilchen der Fall ist, dann ist die Unschärfe im Impuls (und damit in der Wellenlänge) groß und das Wellenpaket zieht sich auf einen kleinen Raumbereich zusammen; in diesem Fall ist es sinnvoll, das Elektron als Teilchen anzusehen.

Dieses Bild des Elektrons läßt Bohrs einfaches Modell von kreisenden Elektronen ziemlich bescheiden aussehen. Die Ausdehnung der Wellenfunktion des Elektrons ist mit der des Atoms vergleichbar. Solange das Elektron durch eine Messung nicht besser lokalisiert wurde, ist es sinnlos, ihm eine genauere Position zuzuschreiben. Diese Erklärung ist jedoch nicht ganz zufriedenstellend, denn wir haben die Rolle des Elektrons im Atom nicht sehr gut definiert. Ein besseres Verständnis dafür hängt mit unserer eigentlichen Frage nach der Wellenfunktion zusammen: Was ist sie genau?

Aus dem Jahre 1926 stammt der Versuch des deutschen Physikers Max Born, das Quadrat der Amplitude der Wellenfunktion in jedem Punkt in Zusammhang mit der Wahrscheinlichkeit zu bringen, das Teilchen in diesem Punkt vorzufinden. Die Wellenfunktion selber sollte keine weitere physikalische Interpretation haben, außer der einer *Wahrscheinlichkeitswelle*. Quadriert ergibt sie die Wahrscheinlichkeit, bei einer Messung das Teilchen an einem gegebenen Ort zu finden. Die Wahrscheinlichkeitsdichte, ein Teilchen mit Wellenfunktion ψ am Orte $\boldsymbol{x}$ zur Zeit t zu finden, ist

$$\text{Wahrscheinlichkeitsdichte} = |\psi(\boldsymbol{x}, t)|^2 \ .$$

Die Position des Elektrons ist also nicht völlig unbestimmt. Die Lösung der Schrödinger-Gleichung für ein Elektron im elektrischen Feld eines Protons gibt die Amplitude der Wellenfunktion als Funktion des Abstandes vom Proton (und ebenfalls die bereits oben erwähnten Energieniveaus). Quadriert ergibt die Amplitude die Wahrscheinlichkeit, ein Elektron in irgendeinem Punkt vorzufinden. Wir können also nur eine Wahrscheinlichkeit dafür angeben, das Elektron in seiner Bohrbahn zu finden oder in einem gewissen Punkt der Bahn oder gar im Raum zwischen zwei Bahnen. Es gibt sogar eine sehr geringe Wahrscheinlichkeit, dieses sogenannte Orbitalelektron innerhalb des Kerns zu finden!

Schrödingers Wellenfunktion ordnet jedem Punkt im Raum (und in der Zeit) zwei Zahlen zu: die *Amplitude* der Wellenfunktion und ihre *Phase*. Allgemein ausgedrückt gibt die Phase die genaue Lage im Wellenzug an, das heißt, sie ist ein Maß dafür, wie weit man von einem Wellenkamm oder -tal entfernt ist. Gewöhnlicherweise wird sie durch einen Winkel angegeben. Im Gegensatz zur Amplitude (die mit der Wahrscheinlichkeit zusammenhängt) kann die Phase nicht direkt beobachtet werden — sie ist unbeobachtbar. Nur Phasendifferenzen sind beobachtbar (zum Beispiel als Interferenzmuster in der Optik).

3.9 Der Elektronenspin

Obwohl wir gerade ein ziemlich ausgeklügeltes Bild einer Elektronenwellenfunktion entworfen haben, kehren wir nun zu unserem vertrauten Bohratom mit seinen Bahnen zurück, um den nächsten wichtigen Fortschritt der Quantentheorie zu erklären.

Um 1925 stellten die Physiker, die die Atomspektren zu deuten versuchten, fest, daß nicht alles verstanden war. Bisweilen fand man dort, wo das Bohrsche Modell eine Linie voraussagte, zwei Linien in geringem Abstand. Um dieses und ähnliche Rätsel zu lösen, schlugen die niederländischen Physiker Goudsmit und Uhlenbeck vor, dem Elektron einen Spin, also eine Eigendrehung, zu verleihen, zusätzlich zur Rotation um den Kern (so wie die Erde sich um ihre Nord-Süd-Achse dreht, während sie die Sonne umkreist; siehe Bild 3.8).

Die Aufspaltung der Linien erklärt sich dann durch magnetische Effekte im Inneren des Atoms. Die Elektronenbahn um den Kern bildet eine kleine Schleife, in der ein elektrischer Strom ein Magnetfeld aufbaut; das Atom verhält sich wie ein kleiner Magnet. Der Elektronenspin ist eine noch kleinere Stromschleife, die ein noch kleineres Magnetfeld aufbaut, welches als *magnetisches Moment des Elektrons* bezeichnet wird. Dieses kann man jetzt zum Hauptmagnetfeld des Atoms addieren oder von ihm subtrahieren, je nachdem in welche Richtung die Drehachse des Elektrons zeigt. Je nach Elektronenspin führt dies also zu leicht unterschiedlichen Energiewerten für die Elektronenbahn und damit zu einer Aufspaltung der Spektrallinie dieser Bohrbahn.

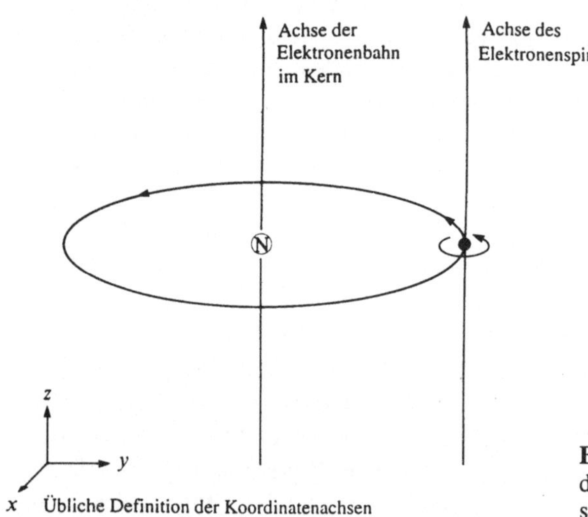

Bild 3.8 Im Bohrschen Modell wird der Spin als Rotation des Elektrons um seine eigene Achse gedeutet.

Dieses klassische Bild ist zwar hübsch, hat aber seine Grenzen. Da die Linie nur in zwei Komponenten aufspaltet, sieht man, daß das Elektron nicht mit beliebigem Drehimpuls rotieren kann, sondern nur mit zwei ganz bestimmten Werten für seine Projektion auf die Achse des atomaren Magnetfelds (beziehungsweise, für ein freies Elektron, bezüglich der Richtung des angelegten Magnetfeldes). Die Komponenten des Spins entlang dieser Richtung nennt man die *z-Komponenten* (Bild 3.8) oder *dritten Komponenten* des Spins, und Messungen ergeben als Wert die Hälfte der Planckschen Konstanten (geteilt durch 2π):

$$s_z = \pm\tfrac{1}{2}\hbar \,.$$

Obwohl das Bild eines sich drehenden Balles für das Elektron verlockend ist, sollte man sich vergegenwärtigen, daß es sich hier um ein sehr simples Modell handelt. Der Elektronenspin ist nämlich ein reiner Quanteneffekt (er ist zu $\hbar$ proportional). Wir müssen uns das Elektron ebenfalls als Welle vorstellen, die außer dem Quant der elektrischen Ladung auch ein Quant des Eigendrehimpulses mit sich führt.

Es gibt noch mehr Teilchen, die einen Spin haben. Proton und Neutron tragen, wie das Elektron, einen Spin vom Wert einer halben Planckschen Konstanten. Das Photon hat ebenfalls Spin, jedoch vom Wert einer ganzen Planckschen Konstanten. Das Photon ist ja nichts weiter als ein Paket von elektrischen und magnetischen Feldern, was zeigt, daß der Eigendrehimpuls auch eine Eigenschaft von Feldern sein kann, die nicht aus Materie bestehen. Wie wir bald sehen werden, ist der Unterschied im Spin von großer Bedeutung. Grundsätzlich erlaubt der Spin eine Klassifizierung des Verhaltens der Wellenfunktion von Teilchen unter den Lorentz-Transformationen der speziellen Relativitätstheorie (diesen Zusammenhang werden wir in Abschnitt 6 weiterverfolgen). Praktisch ist er für das Verhalten eines Ensembles von Teilchen verantwortlich (siehe nächster Abschnitt).

3.10 Das Paulische Ausschließungsprinzip

Ein kurzer Blick auf das Bohrsche Atommodell zeigt, daß uns ein fundamentales Prinzip noch fehlen muß. Nichts scheint den Elektronen zu verbieten, sich alle auf der gleichen Bahn einzufinden. Trotzdem wissen wir, daß die Elektronen der Atome über viele verschiedene Bahnen verteilt sind; andernfalls gäbe es ja nur wenige Übergänge, was den Beobachtungen der Atomspektren widerspräche. Es muß also eine Regel geben, die die Elektronen auf die verschiedenen Bahnen verteilt.

1925 stellte der österreichische Physiker Wolfgang Pauli die Behauptung auf, daß zwei Elektronen nie im gleichen Quantenzustand (das heißt gleicher Impuls und Spin im gleichen Raumgebiet) sein dürfen. Als er das Spektrum von Helium sorgfältig untersuchte, sah er, daß Übergänge in gewisse Zustände immer fehlten, und folgerte daraus, daß die Zustände selber verboten sein müssen. So ist die tiefste Bahn (der Grundzustand) von Helium mit beiden Elektronen im gleichen Spinzustand nicht vorhanden. Der Zustand, in dem die Elektronen entgegengesetzten Spin haben, wird jedoch beobachtet.

Die Tragweite dieses Prinzips in der Atomphysik kann gar nicht überschätzt werden. Da sie sich nie paarweise im gleichen Zustand befinden dürfen, füllen die Elektronen nach und nach die äußeren Elektronenschalen, ohne die inneren zu überfüllen. Im Grundzustand können sich immer nur zwei Elektronen befinden, da sie sich hier nur durch den Wert des Spins unterscheiden können. In höher gelegenen Zuständen sind mehr Elektronen erlaubt, weil die Quantenzustände sich hier noch durch den Wert des Bahndrehimpulses um den Kern (der ebenfalls quantisiert ist) unterscheiden können. Das Paulische Ausschließungsprinzip ist für das gleiche chemische Verhalten aller Atome eines Elements verantwortlich, da es die erlaubte Anordnung der Elektronen festlegt.

Wir haben uns hier zwar auf das Atom konzentriert, aber das Ausschließungsprinzip gilt für alle Quantensysteme; ihre Ausdehnung wird hauptsächlich durch die Wellenfunktion der sie zusammensetzenden Teilchen bestimmt. Im Falle von nicht wechselwirkenden Elektronen, deren Wellenfunktionen sich über den gesamten Raum ausbreiten, bedeutet das Ausschließungsprinzip, daß nur zwei Elektronen mit entgegengesetztem Spin den gleichen Impuls haben dürfen. Sind die Elektronen in einem Kristall gefangen (was also heißt, daß ihre Wellenfunktionen außerhalb des Kristalls verschwinden), gilt das Prinzip für alle Elektronen im Kristall.

Das Paulische Ausschließungsprinzip kann auch als Eigenschaft der Wellenfunktion des Quantensystems formuliert werden. Zwar haben wir bislang nur von der Wellenfunktion eines einzelnen Teilchens gesprochen, aber man kann diese so zusammensetzen, daß sich daraus die Wellenfunktion des Gesamtsystems ergibt. So beschreibt zum Beispiel die Gesamtwellenfunktion des Heliumatoms gleichzeitig das Verhalten beider Elektronen. Während die Wellenfunktion eines Teilchens ein Wellenpaket ist, das den Aufenthaltsort dieses Teilchens beschreibt, enthält eine Wellenfunktion für zwei Teilchen zwei Wellenpakete, die die Position beider Elektronen beschreiben. Das Ausschließungsprinzip für eine Mehr-Elektronen-Wellenfunktion besagt, daß diese, bei Vertauschung zweier Elektronen, ihr Vorzeichen ändern muß. Wo die Wellenfunktion positiv war, muß sie nach Vertauschung negativ werden, und umgekehrt. Man sagt, die Wellenfunktion sei antisymmetrisch unter Vertauschung zweier Elektronen. Das können wir anhand des Heliumatoms verstehen. Da beide Elektronen nicht im gleichen Zustand (Spin eingeschlossen) sein dürfen, müssen sie durch Vertauschung unterschieden werden können, und die Wellenfunktion muß dies merken. Andererseits ändern wir dabei ja nur die Numerierung der Elektronen, was physikalisch keinen Unterschied machen darf (das heißt, daß die Energien und Wahrscheinlichkeitsdichten sich nicht ändern dürfen). Die Antisymmetrisierung der Wellenfunktion leistet uns genau diesen Dienst. Alle physikalischen Größen sind zum Quadrat der Wellenfunktion proportional, und somit wird der Vorzeichenwechsel unbeobachtbar.

Teilchen mit Spin $\frac{1}{2}\hbar$, wie das Elektron und das Proton, (und etwas exotischere mit höherem halbzahligen Spin, $\frac{3}{2}\hbar, \frac{5}{2}\hbar, \ldots$, die wir später kennenlernen werden) erfüllen das Ausschließungsprinzip; ihre Wellenfunktionen sind antisymmetrisch bei Vertauschung von zwei identischen Teilchen und sie werden *Fermionen* genannt. Ein Ensemble von Fermionen gehorcht nämlich einer Statistik, die von dem italienischen Physiker Enrico Fermi und von dem Engländer Paul Dirac entdeckt wurde. Die Fermi-Dirac Statistik sagt, welche Impulse die Teilchen des Ensembles annehmen. Das Ausschließungsprinzip begrenzt für jedes System die Anzahl der Teilchen, die einen gegebenen Impulswert annehmen dürfen; die Teilchen verteilen sich also über viele verschiedene Impulswerte. Teilchen mit Spin $\hbar$, wie das Photon (und andere mit ganzzahligen Spin $0, 2\hbar, 3\hbar, \ldots$) kennen das Ausschließungsprinzip nicht; sie heißen *Bosonen*. Bei Vertauschung zweier Bosonen ändert sich ihre Wellenfunktion nicht. Ein Ensemble von Bosonen befolgt eine Statistik, die der indische Physiker Satiendranath Bose und Albert Einstein vorgeschlagen haben. Die Bose-Einstein Statistik beschränkt die Anzahl von Teilchen mit gegebenem Impuls nicht, was es Bosonen erlaubt, sich als Ensemble kohärent zu verhalten, wie zum Beispiel in Laserlicht.

Somit haben wir unseren kurzen Ausflug in die Quantenmechanik abgeschlossen. Trotz seiner Kürze haben wir alle wesentlichen neuen Konzepte der Theorie kennengelernt. Im weiteren Verlauf wird uns vor allem das Konzept der Wellenfunktion eines Teilchens interessieren; das Unschärfe- und das Ausschließungsprinzip werden uns von Zeit zu Zeit zu Hilfe kommen. Wie die Relativitätstheorie verlangt auch die Quantenmechanik von uns, unsere Alltagserfahrung in der Mikrowelt abzulegen und zu lernen, mit neuen, ungewohnten Begriffen umzugehen. Bevor wir aber zum Hauptgegenstand dieses Buches kommen, müssen wir noch sehen, was geschieht, wenn wir Relativität und Quantenmechanik zusammenführen.

4 Quantenfeldtheorie

4.1 Einleitung

Die Quantenmechanik muß, wie die klassische Mechanik und die Elektrodynamik, den Prinzipien der speziellen Relativitätstheorie gehorchen. Da die Objekte (Teilchen, Atome), die Gegenstand der Quantenmechanik sind, sich oft mit Geschwindigkeiten nahe c fortbewegen, ist dies sogar wesentlich. Es geht hier nicht nur um Korrekturen an der konventionellen Mechanik Newtons, sondern um wesentliche, unkonventionelle relativistische Effekte.

Die Verbindung von Relativität und Quantenmechanik sagt völlig neue und unerwartete physikalische Konsequenzen (z.B. die Antimaterie) voraus. Dazu müssen wir eine neue

Betrachtungsweise der Materie kennenlernen, und zwar die *Quantenfelder*. Sind wir dann in der Lage, eine Mechanik von wechselwirkenden Quantenfeldern zu entwickeln, erhalten wir eine höchst zufriedenstellende Beschreibung des Verhaltens von Materie (sowohl der üblichen, die wir bisher betrachtet haben, als auch der unüblichen Antimaterie, die einzuführen wir genötigt sein werden).

4.2 Die Dirac-Gleichung

Zur gleichen Zeit wie Schrödinger und Heisenberg versuchte auch Paul Dirac eine Quantenmechanik zu entwickeln, die er jedoch zusätzlich in Einklang mit Einsteins spezieller Relativitätstheorie zu bringen trachtete. Dazu muß man die beiden folgenden Anforderungen beachten: (i) die Theorie muß die korrekte Energie-Impulsbeziehung

$$E^2 = m_0^2 c^4 + p^2 c^2$$

für relativistische Teilchen liefern, und (ii) der Spin muß auf Lorentz-kovariante Art eingeführt werden.

Dirac dachte nach, schrieb die Lösung einfach hin — und sicherte sich einen Platz in der Wissenschaftsgeschichte! Auf dem Weg dazu merkte er, daß die Schrödinger-Gleichung für eine Elektronenwellenfunktion unmöglich den Erfordernissen der speziellen Relativitätstheorie nachkommen kann, weil Raum und Zeit in gänzlich verschieder Art in die Gleichung eingehen (nämlich als zweite beziehungsweise erste Ableitung). Schrödingers Gleichung ist für Teilchen mit Geschwindigkeiten viel kleiner als c hervorragend geeignet, und die Newtonsche Energie-Impuls-Beziehung für Teilchen,

$$E = p^2/2m = mv^2/2 \, ,$$

wird korrekt reproduziert. Da aber Raum und Zeit unterschiedlich behandelt werden, kann aus ihr die korrekte relativistische Beziehung nicht folgen, und auch nicht die Äquivalenz von Energie und Masse.

Im Geiste der speziellen Relativitätstheorie suchte Dirac nach einer Gleichung, die Raum und Zeit gleichbehandelte. Die Suche war erfolgreich; jedoch war die Wellenfunktion ψ fortan nicht mehr eine einfache Zahl. Die Gleichbehandlung von Raum und Zeit verlangte eine Wellenfunktion ψ, die zwei Zahlen enthält, die man als Wahrscheinlichkeit ansehen kann, das Elektron mit Spin rauf (Spinquant $\frac{1}{2}\hbar$) oder Spin runter (Spinquant $-\frac{1}{2}\hbar$) vorzufinden. Man schreibt ψ dann als zweikomponentigen *Spinor* $\psi = \begin{pmatrix} a \\ b \end{pmatrix}$. Die vollständige Theorie verlangt sogar ein vierkomponentiges Objekt, wie wir im nächsten Abschnitt sehen werden.

Die Einbindung der speziellen Relativitätstheorie in die Quantenmechanik erforderte also die Erfindung des Spins! Man kann sich die Frage stellen, ob der Elektronenspin, wenn er nicht schon experimentell entdeckt gewesen wäre, an dieser Stelle postuliert worden wäre. Und hätte man dann von Elektronenspin gesprochen, oder nicht vielmehr von einer Art *Lorentz-Ladung*?

Man kann die Dirac-Gleichung zu den gleichen Zwecken wie die von Schrödinger verwenden, nur mit viel größerem Gewinn. In Abschnitt 3.9 sahen wir, daß der Spin eine Aufspaltung der Energieniveaus im Wasserstoffatom bewirkt, weil das magnetische Moment des Elektrons dem Magnetfeld, das vom Bahndrehimpuls des Elektrons herrührt, hinzugefügt oder von ihm abgezogen werden kann. Experimentell stellte man fest, daß die Drehimpulseinheit $\hbar/2$ des Spins ein Magnetfeld erzeugt, das genau so groß war wie jenes, das von einer Drehimpulseinheit $\hbar$ des Bahndrehimpulses herrührte (d.h. daß der Spin ein doppelt so großes Magnetfeld aufbaut wie ein gleich großer Bahndrehimpuls). Man beschreibt dies, indem man dem Elektron einen gyromagnetischen Faktor (g-Faktor) 2 gibt. Dies ist die Proportionalitätskonstante zwischen dem Elektronenspin und dem entsprechenden magnetischen Moment. In der nichtrelativistischen Quantenmechanik wird $g = 2$ als empirisches Faktum hingenommen. Die Dirac-Gleichung sagt es voraus.

Die Dirac-Gleichung erklärt ebenfalls die Fein- und die Hyperfeinstruktur der Energieniveaus im Wasserstoff. Sie stammen von der Wechselwirkung zwischen dem Bahndrehimpuls des Elektrons und den Spins des Elektrons und des Protons.

4.3 Antiteilchen

Eine unmittelbare Folge der gelungenen Voraussage der relativistischen Energie-Impuls-Beziehung für die Elektronwellenfunktion ist, daß die Dirac-Gleichung Lösungen sowohl mit positiver als auch mit negativer Energie zuzulassen scheint:

$$E = \pm\sqrt{m_0^2c^2 + p^2c^2}\ .$$

Diracs intellektueller *salto mortale* war es wohl, die Lösungen mit negativer Energie nicht gleich auf den Müll zu werfen, sondern als ein erstes Anzeichen auf ein verborgenes Universum aus Antimaterie zu sehen.

Das Konzept von Lösungen mit negativer Energie ist unserem Verständnis der Physik eigentlich völlig zuwider. Jedes Objekt von physikalischem Belang ist mit einer gewissen positiven Energie verbunden. Dirac gestand diesen Lösungen negativer Energie denn auch nicht eine unmittelbare Existenz zu. Stattdessen betrachtete er das Energiespektrum aller Elektronen des Universums (Bild 4.1). Dieses Spektrum besteht aus allen Elektronen mit einer positiven Energie, die größer als die Ruhemasse m_0c^2 ist, bis hinauf zu beliebig hohen Energien. Dies sind die üblichen Elektronen, die wir im Labor beobachten und deren Verteilung im Spektrum durch das Paulische Ausschließungsprinzip geregelt wird. Dirac schlug nun vor, daß das Spektrum ebenfalls alle Lösungen negativer Energie kleiner als $-m_0c^2$ enthalten sollte, hinunter zu beliebig großen negativen Werten. Weiterhin sollten die Elektronen mit negativer Energie nicht beobachtbar sein. Um gewöhnliche Elektronen mit positiver Energie zu hindern, in diese Zustände mit negativer Energie abzutauchen, muß man annehmen, daß das gesamte Spektrum mit negativer Energie randvoll gefüllt ist und daß das Pauliprinzip die doppelte Belegung dieser Zustände verhindert. In der Lücke zwischen m_0c^2 und $-m_0c^2$ gibt es keine verfügbaren Zustände (da es ja keine Teile von Elektronen gibt).

Bildlich gesprochen scheint die physikalische Realität auf einem unsichtbaren See von Elektronen mit negativer Energie zu schwimmen.

Wenn aber jetzt dieser See unsichtbar bleiben soll, wie kann er die Realität beeinflussen? Die Antwort ist, daß gewisse Elementarteilchenreaktionen bisweilen einem Elektron mit negativer Energie genügend Energie mitteilen, daß es über die Barriere in unsere Welt hineinspringen kann. Zum Beispiel kann ein Photon mit einer Energie $E \geq 2m_0c^2$ ein solches Elektron mit negativer Energie treffen und ihm zur Realität verhelfen. Das kann aber

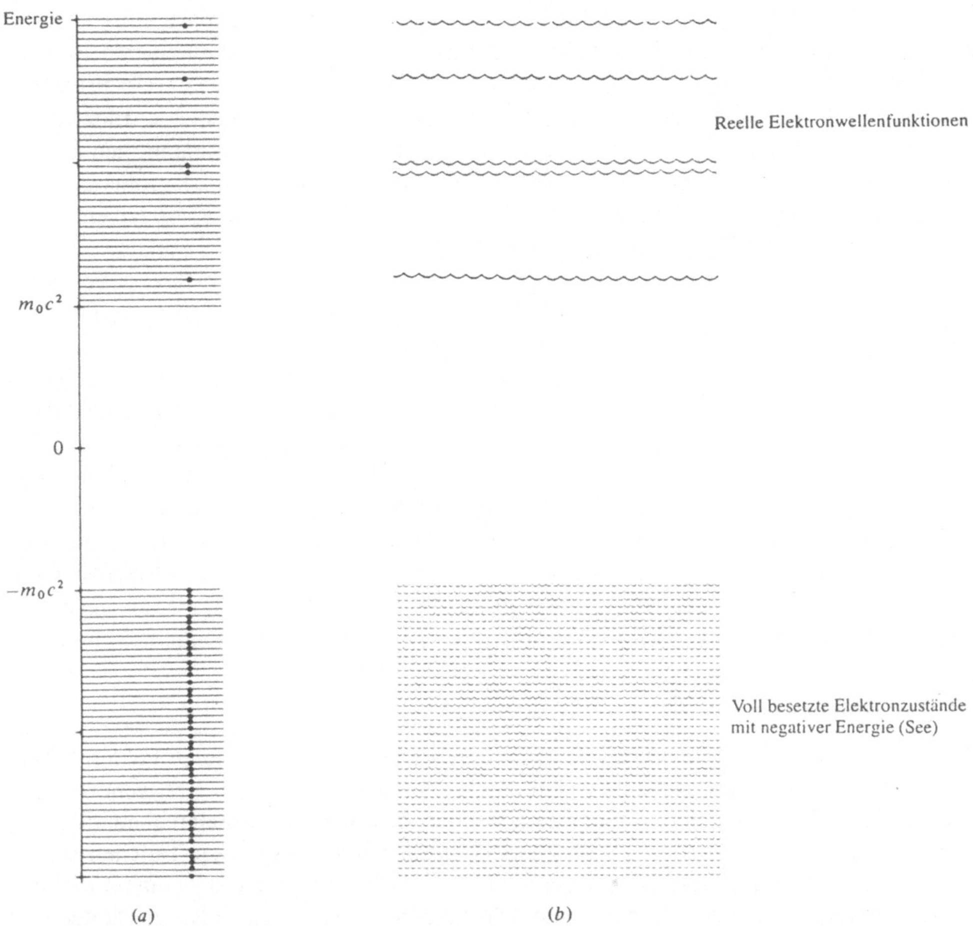

Bild 4.1 Diracs Energiespektrum der Elektronenzustände *(a)* und seine Interpretation *(b)*

nicht die ganze Geschichte sein, denn offenbar haben wir jetzt ein geladenes Teilchen geschaffen, während wir überzeugt sind, daß die elektrische Ladung unter allen Umständen erhalten bleibt. Auch sind wir mit einem Photon der Energie $E \geq 2m_0c^2$ gestartet und haben ein Elektron mit einer Energie knapp über m_0c^2 geschaffen. Wo bleibt der Rest? Die Energie, so glauben wir, bleibt ebenfalls erhalten; sie verschwindet nicht in irgendeinem See negativer Energie.

Diese Interpretationsprobleme können dadurch behoben werden, daß man das Loch im See der negativen Energien jetzt als wahres Teilchen positiver Energie mit der dem Elektron entgegengesetzten Ladung interpretiert. (Die Abwesenheit eines Teilchens mit negativer Energie wird also als Teilchen positiver Energie gedeutet.) Dieses Teilchen nennt man das *Antiteilchen* des Elektrons; es heißt *Positron* und sein Symbol ist e^+.

Das Positron wurde im Jahr 1931 von dem amerikanischen Physiker Carl Anderson in einer Nebelkammeraufnahme von kosmischer Strahlung nachgewiesen.

Obgleich hier immer nur von Elektronen und Positronen die Rede war, ist es wichtig zu erkennen, daß die Dirac-Gleichung für alle relativistischen Spin-$\frac{1}{2}$-Teilchen gilt und somit auch das Konzept der dazugehörigen Teilchen negativer Energie und Antiteilchen. Sowohl das Proton p als auch das Neutron n kann man mit der Dirac-Gleichung beschreiben, und die Seen von Protonen und Neutronen negativer Energie existieren neben dem der Elektronen. Die entsprechenden Löcher in diesen Seen, die Antiprotonen $\overline{\mathrm{p}}$ und Antineutronen $\overline{\mathrm{n}}$, wurden erst etwas später entdeckt, da hier die Energiebarriere $2m_0c^2$ erheblich größer ist. Man benötigt Hochenergiebeschleuniger, um Teilchen ausreichend Energie zu verleihen, damit sie Antiprotonen entstehen lassen. Dies war erst Mitte der 50er Jahre der Fall.

Die Elektronenwellenfunktion der Dirac-Gleichung können wir nun in ihrer vollen, vierkomponentigen Form betrachten. Diese Komponenten beschreiben die Zustände mit Spin rauf und Spin runter des Elektrons und des Positrons.

Das Verhalten von Teilchen und Antiteilchen liefert einen weiteren Schlüssel zum Verständnis der Mikrowelt. Wie wir erwähnten, kann ein Photon mit genügend Energie ein Elektron mit negativer Energie aus dem See fischen und dort ein Loch hinterlassen. Ein Photon kann also ein Elektron-Positron-Paar aus dem Vakuum entstehen lassen. (Eigentlich muß es in der Nähe eines weiteren Teilchens geschehen, damit Energie und Impuls erhalten bleiben; siehe Bild 4.2.) Genau so können ein Elektron und ein Positron annihilieren und Photonen erzeugen. Das Wesentliche hieran ist nun, daß Teilchen wie das Elektron nicht mehr als unveränderlich und fundamental angesehen werden können. Man kann sie erzeugen und vernichten, genau so wie die Quanten des elektromagnetischen Felds, die Photonen.

4.4 Die Quantenfeldtheorie

Die ausgereifteste Form der Quantentheorie beschreibt alle Teilchen durch Felder. Genau so, wie das elektromagnetische Feld sich durch Photonen zu erkennen gibt, gehören zum Elektronfeld Elektronen und Protonen zum Protonfeld. Haben wir uns einmal an die Elektronenwellenfunktion, die (durch Heisenbergs Unschärfebeziehung für ein Teilchen mit definiertem Impuls) im ganzen Raum definiert ist, gewöhnt, ist der Schritt zu einem Elektronenfeld im ganzen Raum nicht mehr weit. Die einzelnen Elektronenwellenfunktionen sind dann gewisse Frequenzanregungen des Feldes, die man, abhängig von ihren Wechselwirkungen, mehr oder weniger lokalisieren kann.

Das Elektronenfeld ist dann die (Fourier-)Summe von Wellenfunktionen, die jeweils ein Teilchen mit definierter Wellenlänge (und demnach mit definiertem Impuls) darstellen; und die Koeffizienten vor jedem Summanden geben die Wahrscheinlichkeit an, daß dieses Quant an einem gegebenen Punkt erzeugt oder vernichtet wird. Die Darstellung eines Feldes als Summe über seine Quanten, mit der Wahrscheinlichkeit der Erzeugung oder Vernichtung dieser Quanten als Koeffizienten, wird *zweite Quantisierung* genannt.

Die erste Quantisierung war die Beschreibung einer Welle im Teilchenbild beziehungsweise eines Teilchens im Wellenbild (die Hypothesen von Planck-Einstein und von de Broglie). Die zweite Quantisierung berücksichtigt die Möglichkeit, bei Reaktionen Quanten zu erzeugen oder zu vernichten.

Es gibt ein recht einfaches Bild, das uns helfen sollte, die Natur des Quantenfeldes und seine Beziehung zu den Teilchen zu begreifen. Ein Quantenfeld besteht, zumindest mathematisch, aus unendlich vielen harmonischen Oszillatoren. Diese Oszillatoren kann man sich als eine Reihe von Massen vorstellen, die mit Federn verbunden sind. Regt man einige Os-

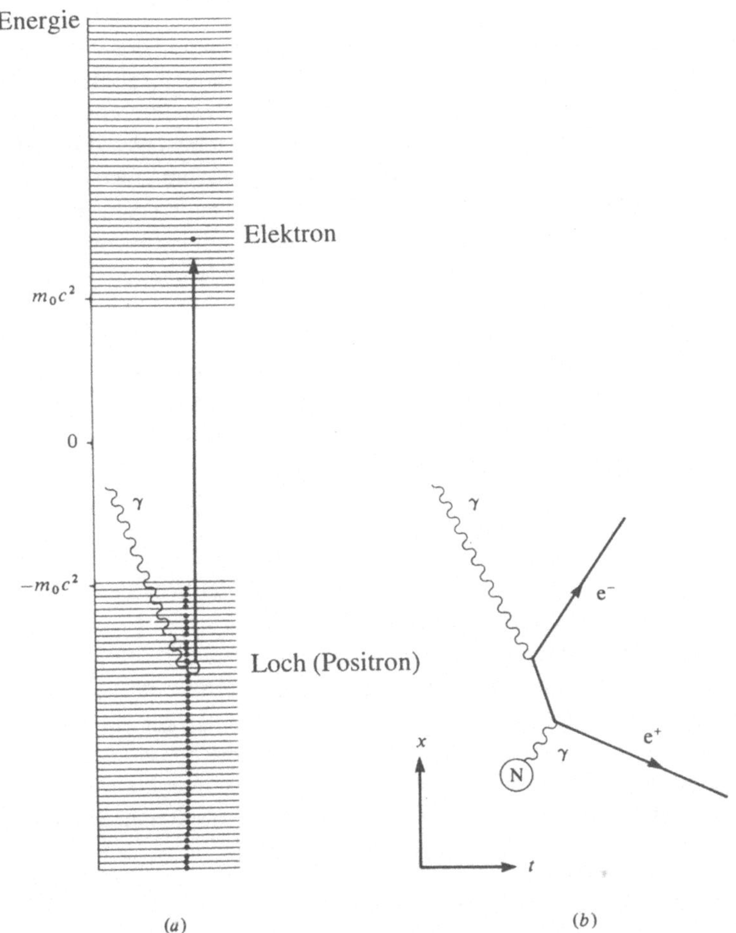

Bild 4.2 Paarerzeugung durch ein Photon γ im Dirac-Bild *(a)* und als Raum-Zeit-Diagramm *(b)*. Energie-und Impulserhaltung erfordern außerdem die Anwesenheit eines Kerns.

zillatoren an, schwingen sie mit einer gegebenen Frequenz. Die Schwingungen entsprechen einer gewissen Anregung des Quantenfelds und stellen somit Teilchen, also Feldquanten, dar.

Das elektromagnetische Feld oder das Gravitationsfeld sind uns deswegen so geläufig, weil ihre Quanten Bosonen sind und es dadurch keine Beschränkung in der Anzahl von Quanten in einem bestimmten Energiezustand gibt. Dadurch können große Mengen von Quanten kohärent überlagern und makroskopische Effekte erzielen. Elektron- und Protonfeld sind hingegen weniger auffällig, da sie als Fermionen Paulis Ausschließungsprinzip unterliegen und somit nicht kooperieren können, um makroskopisch sichtbare Wirkungen zu erzielen. Es gibt intensive Strahlen kohärenter Photonen (Laserstrahlen), aber keine entsprechenden Elektronenstrahlen. Diese ähneln eher normalem inkohärentem Licht (etwa einer Taschenlampe) mit einer großen Energiestreuung im Strahl.

4.5 Wechselwirkende Felder

Nachdem wir dieses reichlich verschwommene neue Konzept des Quantenfelds eingeführt haben, wollen wir zur Anwendung schreiten. Unser Ziel ist letztendlich, physikalische Größen vorherzusagen, die im Experiment gemessen werden können, wie Streuquerschnitte, Lebensdauern von Teilchen, Energieniveaus von gebundenen Systemen usw. Mit Hilfe der Quantenfelder hoffen wir, einerseits die Wahrscheinlichkeiten, daß ihre Quanten in gegebenen Reaktionen erzeugt oder vernichtet werden, ausrechnen und andererseits das Verhalten der Quanten zwischen ihrer Erzeugung und ihrer Vernichtung mit Hilfe von Wellenfunktionen beschreiben zu können: Dann werden wir die Wahrscheinlichkeiten für physikalische Prozesse berechnen können.

Um dies zu bewerkstelligen, lassen wir uns von einem Prinzip leiten, aus dem jede Art von Mechanik folgt. Dies ist das Hamiltonsche Variationsprinzip, aus dem sowohl die Newtonsche Mechanik, als auch die Quantenmechanik und die Quantenfeldtheorie hergeleitet werden können. Die Langrangefunktion L eines Systems ist die Differenz zwischen seiner kinetischen Energie (E_K) und seiner potentiellen Energie (E_P):

$$L = E_K - E_P \ .$$

Für klassische Teilchen, Fußbälle etwa, die sich im Gravitationsfeld der Erde bewegen, ist die potentielle Energie proportional zur Höhe x über dem Spielfeld ($E_P = mgx$), während die kinetische Energie von seiner Geschwindigkeit abhängt ($E_K = \frac{1}{2}mv^2$).

Das Hamiltonsche Prinzip besagt nun, daß jedes System sich so verhält, daß sein L, unter Berücksichtigung von Randbedingungen, minimal wird. Der Weg, den der Fußball zwischen zwei festen Punkten (an denen seine Geschwindigkeit vorgeschrieben ist) einschlägt, führt durch jene Orte x mit den Geschwindigkeiten v, mit denen L seinen kleinsten Wert annimmt. Andersherum gesagt: Minimiert man L bezüglich x und v, erhält man die Bewegungsgleichung des Fußballs:

$$\delta L(x, v) = 0 \Longrightarrow F = ma \ .$$

Dies ist ein sehr allgemeines Prinzip, das man auch in der Quantenmechanik anwenden kann. (In der Quantenmechanik haben wir es mit Wellenfunktionen, oder besser mit Feldern, zu tun, die im ganzen Raum definiert sind; deshalb betrachtet man dort nicht die Lagrange-Funktion L, sondern die Lagrange-Dichte $\mathcal{L}$. Die Lagrange-Funktion geht aus der Lagrange-Dichte durch Integration über den ganzen Raum hervor. Auch wenn wir später von den Eigenschaften der Lagrange-Funktion sprechen, gelten die Aussagen eigentlich für die Lagrange-Dichte, was wir durch die Benutzung des Symbols $\mathcal{L}$ verdeutlichen wollen.)

Man kann die Lagrange-Dichte eines freien Elektrons als Funktional der freien Wellenfunktion des Elektrons hinschreiben. Indem man $\mathcal{L}$ bezüglich der Wellenfunktion und ihrer räumlichen und zeitlichen Ableitungen minimiert, erhält man die Dirac-Gleichung des freien Elektrons, die man kurz $D\psi_e = 0$ schreibt:

$$\delta\mathcal{L}(\psi_e) \Longrightarrow D\psi_e = 0 \ .$$

Sowohl in der klassischen Mechanik als auch in der Quantenmechanik wurden die Bewegungsgleichungen allerdings vor der Lagrange-Funktion gefunden.

Weil es sich aber besser verallgemeinern läßt, wollen wir uns direkt von der Lagrange-Funktion aus vorarbeiten. Für *wechselwirkende* Elementarteilchen kennen wir in der Regel die Bewegungsgleichungen nicht, und falls wir sie kennen, können wir sie nicht lösen. Wir können die uns interessierenden Größen also nicht aus den Bewegungen der Teilchen ausrechnen.

4.6 Störungstheorie

Um Elementarteilchenreaktionen zu beschreiben, bei denen Quanten erzeugt oder vernichtet werden, braucht man eine Lagrange-Funktion für wechselwirkende Quantenfelder. Betrachten wir der Einfachheit halber nur die Wechselwirklung von Elektron- und Photonfeld. Die Lagrange-Funktion enthält Teile, die das freie Elektron $\mathcal{L}_0(\psi_\mathrm{e})$ und das freie Photon $\mathcal{L}_0(A)$ darstellen, wenn A der Vierervektor des elektromagnetischen Feldes ist. Es enthält auch einen Teil, der die Wechselwirkung zwischen Elektron und Photon beschreibt, $\mathcal{L}_\mathrm{WW}(\psi_\mathrm{e}, A)$, und dessen Form aus allgemeinen Prinzipien folgt. Zu diesen gehören, wie wir sehen werden, die Lorentz-Invarianz und diverse Erhaltungssätze, die die betrachtete Wechselwirkung befolgt (z.B. die Erhaltung der elektrischen Ladung). In Abschnitt 21 werden wir sehen, wie diese Prinzipien aus Symmetrien der Lagrange-Funktion unter verschiedenen Transformationsgruppen folgen.

Die Lagrange-Funktion ist die Summe folgender Teile:

$$\mathcal{L} = \mathcal{L}_0(\psi_\mathrm{e}) + \mathcal{L}_0(A) + \mathcal{L}_\mathrm{WW}(\psi_\mathrm{e}, A) \ .$$

Dies ist die allgemeinste Beschreibung der teilnehmenden Felder und ihrer Wechselwirkung. Hieraus kann man jetzt versuchen, die Werte von physikalischen Größen zu bestimmen, indem man das Hamiltonsche Variationsprinzip entsprechend anwendet. Statt der freien Bewegungsgleichungen für Elektron und Photon erhält man dann Gleichungen, die durch die Wechselwirkung verändert wurden. Das Variationsprinzip beschreibt die Fortpflanzung der Felder durch die Angabe (i) der Wahrscheinlichkeiten, daß Feldquanten erzeugt oder vernichtet werden, und (ii) der Wellenfunktionen der Quanten (hier auch Propagatoren genannt).

In den späten 40er Jahren leitete der amerikanische Physiker Richard Feynman einen Satz von Regeln her, die die Fortpflanzung der Felder als Summe von zunehmend komplizierteren Subprozessen mit Beteiligung der wechselwirkenden Quanten beschreibt. Jeder Subprozeß der Summe kann durch ein sogenanntes Feynman-Diagramm dargestellt werden. Die Regeln ordnen jedem Diagramm eine mathematische Formel zu. Um die Wahrscheinlichkeit P eines physikalischen Prozesses mit gegebenen Quanten zu berechnen, braucht man zunächst die Angabe des Anfangs- und Endzustands, $|i\rangle$ und $\langle f|$ genannt, sowie alle Feynman-Diagramme, die diese Zustände verknüpfen. Dann wird der zu jedem Diagramm gehörige mathematische Ausdruck geschrieben: Im wesentlichen werden die Wellenfunktionen der am Diagramm beteiligten Quanten miteinander multipliziert, und man erhält eine quantenmechanische *Amplitude m* für den entsprechenden Subprozeß. Die Amplituden der Subprozesse können dann zu einer Gesamtamplitude M aufaddiert werden, die quadriert wird, um die gewünschte Wahrscheinlichkeit zu bekommen:

$$\begin{aligned} P &= |\langle f|M|i\rangle|^2 \\ M &= m_1^{(1)} + m_2^{(1)} + m_1^{(2)} + m_2^{(2)} + m_3^{(2)} + \ldots \end{aligned}$$

In dieser Schreibweise bezeichnet $m_i^{(1)}$ die Diagramme *erster Ordnung*, die nur zwei Photon-Elekton-Treffpunkte, Vertices genannt, enthalten; $m_i^{(2)}$ sind die Diagramme *zweiter Ordnung* mit vier Photon-Elektron-Vertices, $m_i^{(3)}$ die Diagramme *dritter Ordnung*, usw.

In der elastischen Elektron-Positron-Streuung, zum Beispiel, sind die Anfangs- und Endzustände $|e^+e^-\rangle$ und $\langle e^+e^-|$. Einige der einfachsten Feynman-Diagramme, die diese beiden Zustände verbinden, werden in Bild 4.3 gezeigt. Der erste Subprozeß mit Amplitude $m_1^{(1)}$ ist der Austausch eines Photons zwischen Elektron und Positron; der zweite mit Amplitude $m_2^{(1)}$ ist die Annihilation von Elektron und Positron in ein Photon mit anschließender Paarerzeugung; der dritte ($m_1^{(2)}$) ist der Austausch zweier Photonen, usw.

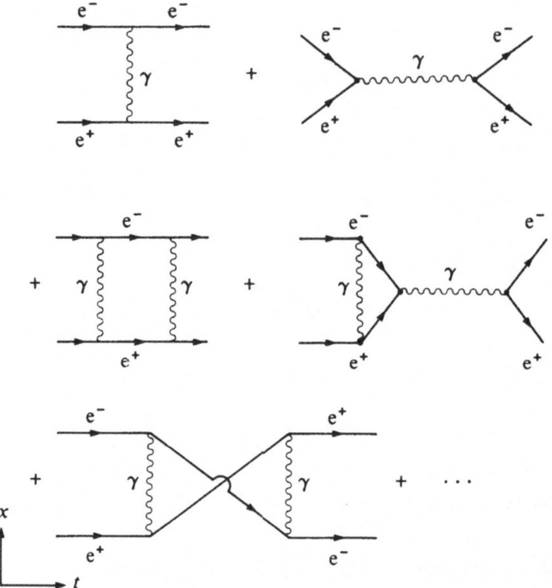

Bild 4.3 Die einfachsten Subprozesse der Störungsreihe für die Elektron-Positron-Streuung

Die Gesamtwahrscheinlichkeit, daß aus dem gegebenen Anfangszustand ein bestimmter Endzustand wird, kann dann in einen Wirkungsquerschnitt für den Stoß zweier Teilchen, eine mittlere Lebenszeit eines Teilchens oder einen anderen meßbaren Parameter umgerechnet werden. Dazu müssen noch geeignete kinematische Vorschriften, befolgt werden, die den einlaufenden Teilchenfluß, die Materialdichte der stationären Probe oder ähnliches berücksichtigen.

Dieser Ansatz führt zum Erfolg, weil es ausreicht, nur die ersten einfachen Feynman-Diagramme aus der unendlichen Reihe zu betrachten. Dies wiederum ist der Fall, weil die Energie der Elektron-Photon-Wechselwirkung (die Stärke der elektromagnetischen Kraft) so gering ist gegenüber der der freien Teilchen, daß sie als Störung des freien Falls betrachtet werden kann. Anders gesagt: Die Wahrscheinlichkeit der Wechselwirkung eines Elektrons mit einem Photon ist klein. Für jeden Elektron-Photon-Vertex eines Diagramms enthält die entsprechende Wahrscheinlichkeit einen Faktor $e/\sqrt{\hbar c}$. Da jede weitere Ordnung eine zusätzliche Photonlinie mit zwei Vertices enthält, ist der Beitrag der Diagramme einer Ordnung um den Faktor $e^2/\hbar c = 1/137$ gegenüber der vorhergehenden unterdrückt. Man braucht also nur die allerersten Subprozesse zu berechnen, um eine akzeptable Näherung an die exakte Lösung zu bekommen.

Zusammenfassung

Die *Lagrange-Funktion* L enthält die Form der Wechselwirkung von Feldern. Das *Variationsprinzip* ergibt aus L die Bewegungsgleichungen. Die *Störungstheorie* nähert die Bewegungsgleichung durch eine Reihe von *Feynman-Diagrammen* an, die Subprozesse zwischen gegebenen Anfangs- und Endzuständen darstellen und aus denen *Wahrscheinlichkeiten für physikalische Prozesse* berechnet werden. Aus diesen ergeben sich dann die Wirkungsquerschnitte, Lebensdauern, usw.

4.7 Virtuelle Prozesse

Ein wichtiger Punkt ist, daß die Dynamik der einzelnen Feldquanten eines Subprozesses der Störungsentwicklung nicht der Energie- und Impulserhaltung unterliegt, wohl aber der Subprozeß als Ganzes. Diese mikroskopische Anarchie wird von Heisenbergs Unschärfeprinzip gestattet, welches besagt, daß für eine Zeitspanne Δt die Energieunschärfe ΔE beträgt, mit

$$\Delta E \Delta t \geq \hbar \, .$$

Ein Elektron kann also ein hochenergetisches Photon emittieren, und ein Photon kann für eine mikroskopische Zeit in ein Elektron-Positron-Paar zerfallen, vorausgesetzt, die Energie bleibt auf Dauer erhalten.

Diese eigentlich verbotenen Prozesse nennt man *virtuell*. Sie bilden die Zwischenzustände der Elementarteilchenreaktionen. Obwohl wir sie nicht beobachten können, müssen wir die zugehörigen Wahrscheinlichkeiten berechnen und aufaddieren, um die gesamte Reaktion von einem gegebenen Anfangs- in einen gegebenen Endzustand zu berechnen. Ein gutes Beispiel für einen virtuellen Prozeß ist die Annihilation eines Elektron-Positron-Paares in ein Photon. Die Energie des e^+e^--Paares ist

$$E_{e^+e^-} = \sqrt{m_{e^+}^2 c^4 + p_{e^+}^2 c^2} + \sqrt{m_{e^-}^2 c^4 + p_{e^-}^2 c^2} \, ,$$

während die Energie des Photons

$$E_\gamma = p_\gamma c$$

beträgt. Man kann also nicht sowohl

$$E_{e^+e^-} = E_\gamma$$

als auch

$$p_\gamma = p_{e^+} + p_{e^-}$$

haben, wegen der Ruhemasse des e^+e^--Paares. Dies bedeutet, daß das virtuelle Photon nur als unbeobachtbarer Zwischenzustand existieren kann und dann in eine Reihe von Teilchen zerfällt, die insgesamt die Energie- und Impulserhaltung sicherstellen. Virtuelle Teilchen liegen, wie man sagt, *weg von der Massenschale*, weil sie die Beziehung $E^2 = p^2c^2 + m^2c^4$ nicht erfüllen. Masselose Teilchen liegen *weg von der Massenschale* falls $E \neq pc$.

4.8 Renormierung

Schreiben wir die Feynman-Diagramme aller Subprozesse auf, finden wir welche, deren Amplitude (das Produkt der Wellenfunktionen) scheinbar unendlich groß wird. Diese Diagramme enthalten in der Regel Schleifen von virtuellen Teilchen (Bild 4.4) und liefern Unendlichkeiten, weil Schwierigkeiten bei der Definition von Elektron und Photon auftreten.

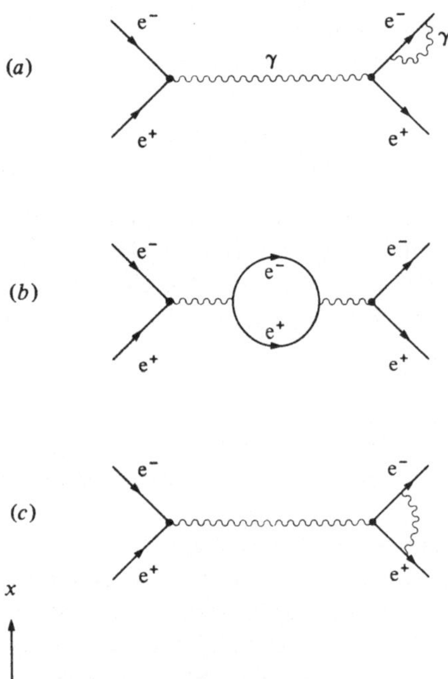

Bild 4.4 Diagramme mit Schleifen, die unendliche Beiträge zur Störungsreihe geben

Ein Elektron, das durch den Raum zieht, emittiert und absorbiert ständig virtuelle Photonen. Es wechselwirkt mit dem elektromagnetischen Feld, das aus seiner eigenen Ladung stammt. Die Wellenfunktion des Elektrons ist somit mit diesen virtuellen Photonen *bekleidet* (Bild 4.5(a)). Analog dazu, kann ein freies Photon auch in Form eines virtuellen e^+e^--Paares existieren; die vollständige Photonwellenfunktion berücksichtigt die Wahrscheinlichkeit für diese virtuellen Umwandlungen (Bild 4.5(b)). Die elektrische Ladung e des Elektrons enthält ebenfalls bereits die Quantenkorrekturen aus dem Diagramm aus Bild 4.4(c).

Feynman, Schwinger, Dyson und Tomonaga zeigten 1949, wie man die Unendlichkeiten aus der Störungsreihe eliminieren kann, indem man Quantenkorrekturen in der Definition des Elektrons, des Photons und der Ladung berücksichtigt. Wenn reelle Elektronen,

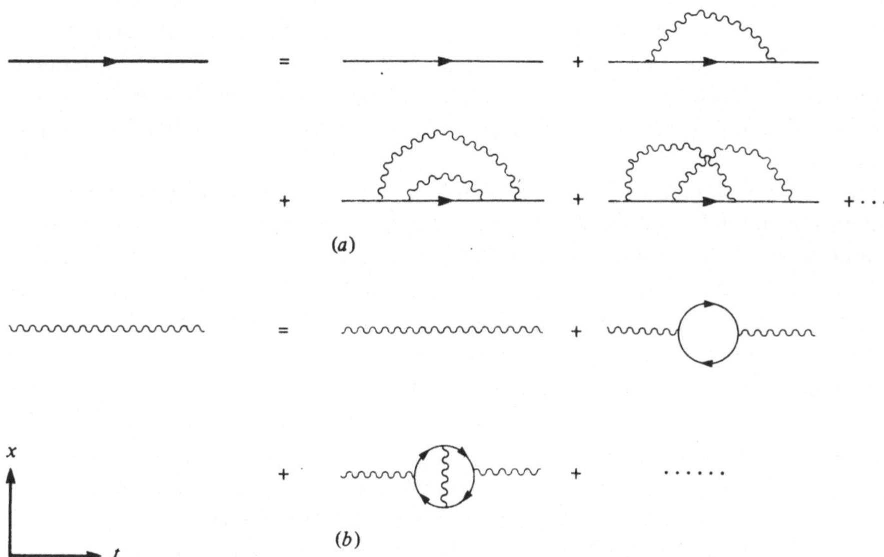

Bild 4.5 *(a)* Die vollständige (*bekleidete*) Elektronwellenfunktion enthält bereits ihre Quantenkorrekturen (durch die Wechselwirkung mit virtuellen Photonen). *(b)* Analog dazu der Photonpropagator.

Photonen und Ladungen auftauchen, sind die unendlichen Diagramme bereits enthalten und dürfen nicht wieder mitgezählt werden. Der mathematische Beweis dieses Sachverhaltes ist als *Renormierung* bekannt.

Renormierung ist ein notwendiger Formalismus, der zeigt, daß die Teilchen einer Theorie und ihre Wechselwirkungen mit den Prinzipien der Quantentheorie verträglich sind. Für die wohlbekannte Wechselwirkung von Elektronen mit Photonen klingt dies eher trivial. Aber in etwas esoterischeren Quantenfeldtheorien, denen wir noch begegnen werden, sind sowohl die Teilchen der Theorie als auch ihre Wechselwirkungen weitgehend unbekannt. In diesen Fällen ist die Existenz eines Renormierungsverfahrens für die Störungstheorie der Lagrange-Funktion ein guter Hinweis auf die Zulässigkeit der Theorie.

4.9 Das Quantenvakuum

In der klassischen (nicht quantischen) Physik wird die leere Raum-Zeit *Vakuum* genannt. Das klassische Vakuum ist äußerst eigenschaftslos. In der Quantenmechanik jedoch ist das Vakuum etwas sehr viel Komplizierteres: Es ist nicht eigenschaftslos und schon gar nicht leer. In der Tat ist das Quantenvakuum nur ein möglicher Zustand des Quantenfeldes, und zwar derjenige, der keine angeregten Feldquanten, also keine Teilchen, enthält. Es ist also der *Grundzustand* des Quantenfeldes, der Zustand geringster Energie.

Erinnern wir uns an die in Abschnitt 4.4 eingeführte Analogie zwischen einem Quantenfeld und einer unendlichen Anzahl von harmonischen Oszillatoren (durch Federn aneinandergekoppelte Massen). Im Vakuum ist jeder Oszillator im Grundzustand. Für den klassischen Oszillator bedeutet dies, daß er sich in Ruhe befindet: Die Federn halten die Masse in einer gewissen Lage fest. Das Unschärfeprinzip der Quantenmechanik aber besagt, daß weder Ort noch Impuls genau bestimmt sind und daß beide zufälligen Quantenfluktuationen unterliegen. Diese Fluktuationen heißen Nullpunktoszillationen oder -vibrationen. Das Quantenvakuum ist also mit fluktuierenden Quantenfeldern angefüllt. Es sind keine reellen, sondern nur virtuelle Teilchen beteiligt. Ständig entstehen virtuelle Teilchen-Antiteilchen-Paare aus dem Vakuum, propagieren eine kurze Zeit (solange die Unschärferelation es zuläßt), und annihilieren erneut.

Diese Nullpunktvibrationen bedeuten, daß im Vakuum — dem Zustand geringster Energie — jedem Quantenfeld eine Nullpunktenergie zugeordnet wird. Da es pro Einheitsvolumen eine unendliche Anzahl von Oszillatoren gibt, ist die Nullpunktenergiedichte tatsächlich unendlich groß. Wir haben bereits gesehen, daß die Renormierung einigen Unendlichkeiten durchaus einen Sinn verleihen kann. Im üblichen Verfahren schreibt man dem Standard-Quantenvakuum die Energiedichte Null zu.

Es ist überaus schwer, die Quantenfluktuationen zu beobachten, da es keinen Zustand geringerer Energie gibt, mit dem das Vakuum verglichen werden könnte. Es gibt jedoch eine Situation, in der man es indirekt beobachten kann. 1948 sagte Hendrik Casimir voraus, daß zwei saubere, neutrale, parallele, bis auf mikroskopische Ebene flache Metallplatten einander mit einer sehr schwachen Kraft anziehen, die mit der vierten Potenz des Abstandes der Platten abnehmen sollte. Der *Casimir-Effekt* wurde 1958 experimentell nachgewiesen. Man kann ihn wie folgt verstehen: Die Nullpunktenergie, die das Vakuum füllt, übt einen gewissen Druck aus. Meistens kann man den Druck nicht spüren, da er in alle Richtungen gleich wirkt und sich somit wegmittelt. Zwischen den Metallplatten jedoch, hat das Quantenvakuum andere Eigenschaften. Einige der Nullpunktvibrationen des elektromagnetischen Feldes sind verboten, nämlich jene, deren Wellenlänge nicht zwischen die Platten paßt. Die Dichte der Nullpunktenergie zwischen den Platten ist dann *kleiner* als im Standardvakuum, d.h. sie ist negativ. Daraus folgt, daß der Druck außen größer ist und die Platten eine anziehende Kraft erfahren.

4.10 Quantenelektrodynamik

Dies ist der Name (oft mit QED abgekürzt) der relativistischen Quantenfeldtheorie, die die Wechselwirkung von elektrisch geladenen Teilchen mit Photonen beschreibt. Die Entdeckung der Störungsreihe zeigte die Existenz einer unendlichen Anzahl von immer kleiner werdenden Störtermen zu jedem elektromagnetischen Prozeß. Die Renormierbarkeit der QED bedeutet, daß man scheinbar unendliche Beiträge zur Störungsreihe umgehen kann, indem man Elektron und Photon geeignet definiert. Somit kann man die beobachtbaren Größen von elektromagnetischen Prozessen mit beliebiger Genauigkeit berechnen; einziges Hindernis ist der Aufwand, den man betreiben muß, um die Hunderte von Feynman-Diagrammen zu berechnen, die bereits in den ersten Ordnungen (die ersten Potenzen von $e^2/\hbar c$) der Störungsreihe auftauchen. Die Übereinstimmung von theoretischer Vorhersage und genauen Meßergebnissen ist bisweilen geradezu spektakulär.

Der g-Faktor des Elektrons ist in der Tat nicht genau 2 (wie die Dirac-Gleichung es voraussagt); es gibt Abweichungen, die von den Quantenkorrekturen des Elektronpropagators herrühren, die wir aus Bild 4.5(a) kennen. Im wesentlichen führen die virtuellen Photonen der Quantenkorrekturen etwas Masse vom Elektron ab, ohne seine Ladung zu ändern. Dies beeinflußt wiederum das magnetische Moment des Elektrons. Das Maß der Übereinstimmung zwischen QED und Experiment wird durch die Zahlen für den modifizierten g-Faktor belegt:

$$g/2 = 1.001\,159\,652\,41 \pm 0.000\,000\,000\,20 \quad \text{Experiment}$$

$$g/2 = 1.001\,159\,652\,38 \pm 0.000\,000\,000\,26 \quad \text{Theorie}$$

Es gibt noch weitere erstaunliche Belege für den Erfolg der QED, zum Beispiel ähnlich präzise Rechnungen zum g-Faktor des Myons (des Elektrons schwerer Bruder, den wir bald kennenlernen werden) oder zur noch kleineren Verschiebung der exakten Lage einiger Energieniveaus im Wasserstoffspektrum, die man Lambsche Verschiebung nennt.

Durch diese Erfolge ist die QED die präziseste Theorie überhaupt, die Vorgänge aus der Natur, nämlich die elektromagnetischen, beschreibt. In Kapitel VI werden wir versuchen, die fundamentalen Prinzipien hinter der elektromagnetischen Wechselwirkung von Feldern zu ergründen, um die erfolgreichen Konzepte der QED auch auf die anderen Kräfte der Natur anwenden zu können.

4.11 Postskriptum

Wir haben jetzt die äußerste Grenze der Physik der Jahrhundertwende abgeschritten und gesehen, wie Relativitätstheorie und Quantenmechanik aus der Unkenntnis der Bereiche jenseits der Grenze entstanden sind. Der Versuch, Relativitätstheorie und Quantenmechanik konsistent zu machen, führte zur Entdeckung der Antiteilchen, die wiederum den Begriff des Quantenfelds hervorgebracht haben. Die Theorie wechselwirkender Quantenfelder ist die befriedigendste Darstellung des Verhaltens von Elementarteilchen. Die korrekte Lagrange-Funktion der Wechselwirkung, die man für alle Rechnungen im Rahmen der Quantenfeldtheorie benötigt, erhält man aus den Erhaltungssätzen, die für die untersuchte Kraft gelten.

Wir haben bisher unser Verständnis der Welt fast ausschließlich auf elektromagnetisch wechselwirkende Teilchen beschränkt. Jetzt müssen wir uns anderen Kräften der Natur zuwenden und schauen, ob sie ein ähnliches Vorgehen vertragen.

Nachfolgend werden wir häufiger die Sprache der Wellenfunktionen als die der Quantenfelder benutzen. Für unsere Belange ist dies durchaus zulässig, denn wenn erst einmal Feynman-Regeln für eine Theorie hergeleitet wurden, ist die Herkunft der Wellenfunktionen aus den zugrundeliegenden Quantenfeldern eigentlich nur noch von historischem Interesse. Wellenfunktionen für Teilchen sind in den meisten Fällen das geeignetere und einsichtigere Konzept. Wir werden jedoch später noch Fragestellungen betrachten, deren richtiges Verständnis die Benutzung der Quantenfelder statt der Wellenfunktionen erfordert.

I Grundlagen der Teilchenphysik

5 Die fundamentalen Kräfte

5.1 Einleitung

Den überzeugendsten Beweis ihrer Fähigkeit zur Vereinheitlichung erbringt die Physik, indem sie alle Phänomene der Natur mit Hilfe von nur vier fundamentalen Kräften beschreibt. Von diesen sind uns zwei geläufig, die Schwerkraft und die elektromagnetische Kraft; die beiden anderen, die Schwache und die Starke Kernkraft (meistens kurz *Schwache* und *Starke Kraft* genannt), sind es weniger. Noch erstaunlicher ist, daß unser Alltag nur von den ersten beiden bestimmt wird, von der Schwerkraft und vom Elektomagnetismus, weil nur sie einen Einfluß von makroskopischer Reichweite besitzen. Die Schwache und die Starke Kraft wirken nur bis zu einem Abstand von maximal 10^{-15} m um ihrem Ursprung herum.

Dies vorausgeschickt, ist es nützlich, die wichtigsten Eigenschaften dieser vier Kräfte Revue passieren zu lassen, bevor wir uns die zahlreichen experimentellen Fakten genauer anschauen. Für jede Kraft suchen wir die Ursache und die intrinsische Stärke der Wechselwirkung, die ihr entstammt. Auch an den raum-zeitlichen Eigenschaften der Kräfte sind wir interessiert: Wie breiten sie sich im Raum aus, wie werden Teilchen von ihnen beeinflußt? Dabei sollten wir die Kräfte letztlich unter zwei Gesichtspunkten betrachten: den makroskopischen (klassischen), wenn angebracht, und den mikroskopischen (quantenmechanischen), wenn möglich.

5.2 Die Schwerkraft

Die Schwerkraft ist die dem Menschen bei weitem geläufigste Kraft. Sie bewegt sowohl fallende Äpfel als auch kollabierende Galaxien. Der Ursprung der Schwerkraft ist die Masse, und weil es keine negativen Massen gibt, ist die Schwerkraft immer anziehend. Sie ist unabhängig von allen anderen Eigenschaften der Körper, auf die sie wirkt, wie elektrische Ladung, Spin, Richtung der Bewegung, usw.

Klassisch wird die Schwerkraft durch Newtons berühmtes Gesetz beschrieben: Es besagt, daß die Kraft zwischen zwei Teilchen dem Produkt ihrer Massen direkt und dem Quadrat ihres Abstandes umgekehrt proportional ist:

$$F = G\frac{m_1 m_2}{r^2} \ .$$

Die Stärke der Kraft ist durch die Newtonsche Gravitationskonstante G gegeben und ist, mit den anderen Kräften verglichen, überaus gering (siehe Tabelle 5.1). Wir bemerken die Schwerkraft nur deswegen, weil sie die *einzige* Kraft von langer Reichweite ist, welche zwischen elektrisch neutralen Körpern wirkt. In der Mikrowelt kann man den Einfluß der Schwerkraft im wesentlichen vergessen. Nur in ganz exotischen Sitationen, etwa am Rand eines Schwarzen Loches oder im Anfangsstadium des Universums, spielt die Schwerkraft in der Teilchenphysik eine Rolle.

Das klassische Bild des Mechanismus, der diese Kraft hervorruft, ist das Gravitationsfeld, das von der Quelle, einer Masse, bis ins Unendliche reicht. Eine Probe wird nicht

Tabelle 5.1 Relative Stärke der verschiedenen Kräfte in natürlichen Einheiten. (Um ein dimensionsloses Maß für die intrinsische Stärke der Kräfte zu erhalten, wurden geeignete Potenzen von $\hbar$ und c abdividiert. Für die Schwerkraft und die Schwache Kraft muß auch noch eine Masse eingeführt werden. In der Tabelle wurde die Protonmasse benutzt.)

Kraft	Reichweite	Stärke	Wirkungsbereich
Schwerkraft	∞	$G \approx 6 \times 10^{-39}$	alle Teilchen
Schwache Kernkraft	$< 10^{-18}$ m	$G_F \approx 10^{-5}$	Leptonen, Hadronen
Elektromagnetismus	∞	$\alpha = 1/137$	geladene Teilchen
Starke Kernkraft	$\approx 10^{-15}$ m	$g^2 \approx 1$	Hadronen

mit der Masse selber wechselwirken, sondern mit deren Gravitationsfeld. Jeder Raumpunkt weiß von der Masse der Quelle und kennt das Potential (und somit die Kraft), das auf die Probe wirken soll. Die Newtonsche Theorie sagt aber auch, daß das Feld einer sich bewegenden Quelle sich instantan ändert, um der neuen Position Rechnung zu tragen. Diese augenblickliche Veränderung steht in grundlegendem Widerspruch zur speziellen Relativitätstheorie, die besagt, daß kein Signal sich schneller als Licht fortpflanzt. Dies war Einsteins Ausgangspunkt für seine allgemeine Relativitätstheorie, die er 1915 fertigstellte.

Eine weitere Besonderheit der Newtonschen Theorie ist, daß für jeden Körper die Größe, die die Quelle der Schwerkraft charakterisiert — die *schwere Masse* —, identisch ist mit der Größe, die die Antwort auf eine angelegte Kraft festlegt — die *träge Masse* —; in Newtons berühmter Formel:

$$F = ma \, .$$

Diese Gleichheit zwischen schwerer und träger Masse, die schon Generationen von Physikern bekannt war, führte Einstein dazu, über den Zusammenhang von Schwerkraft und Beschleunigung nachzudenken, dessen Krönung das *Äquivalenzprinzip* ist, das den begrifflichen Übergang von der speziellen zur allgemeinen Relativitätstheorie markiert.

Die allgemeine Relativitätstheorie

Wir haben bereits gesehen, wie in der speziellen Relativitätstheorie die Wahrnehmung des Raumes und der Zeit durch zwei Beobachter von deren Relativbewegung abhängt. Das heißt aber auch, daß, bei Beschleunigung (Änderung der Geschwindigkeit) eines Beobachters, sich seine Maßstäbe für Zeit und Raum verändern müssen. Das Äquivalenzprinzip besagt, daß eine Beschleunigung die gleiche Wirkung hat wie ein Schwerefeld, und somit muß auch letzteres die Raum-Zeit beeinflussen. Einsteins allgemeine Relativitätstheorie erklärt das Schwerefeld als Verwerfung der Raum-Zeit um eine Massenquelle herum. Eine Masse krümmt die Raum-Zeit wie eine Bleikugel die Gummimatte, auf die man sie legt. Die durch die Schwerkraft beeinflußte Bahn eines vorbeikommenden Teilchens ähnelt der Bahn einer Murmel auf der belasteten Gummimatte (Bild 5.1).

Die allgemeine Relativitätstheorie ersetzt also das Bild von Körpern, die der Schwerkraft unterliegen, durch dasjenige von Körpern, die sich frei, aber in einer verzerrten, gekrümmten Raum-Zeit bewegen. Die Schwerkraft ist also nichts anderes als die gekrümmte Geometrie der Raum-Zeit. Die Gesetze der Geometrie sind, wie wir wissen, auf gekrümmten Flächen anders als auf ebenen. Auf der gekrümmten Erdoberfläche zum Beispiel werden zwei am Äquator parallel nach Norden verlaufende Linien (Längenkreise) sich

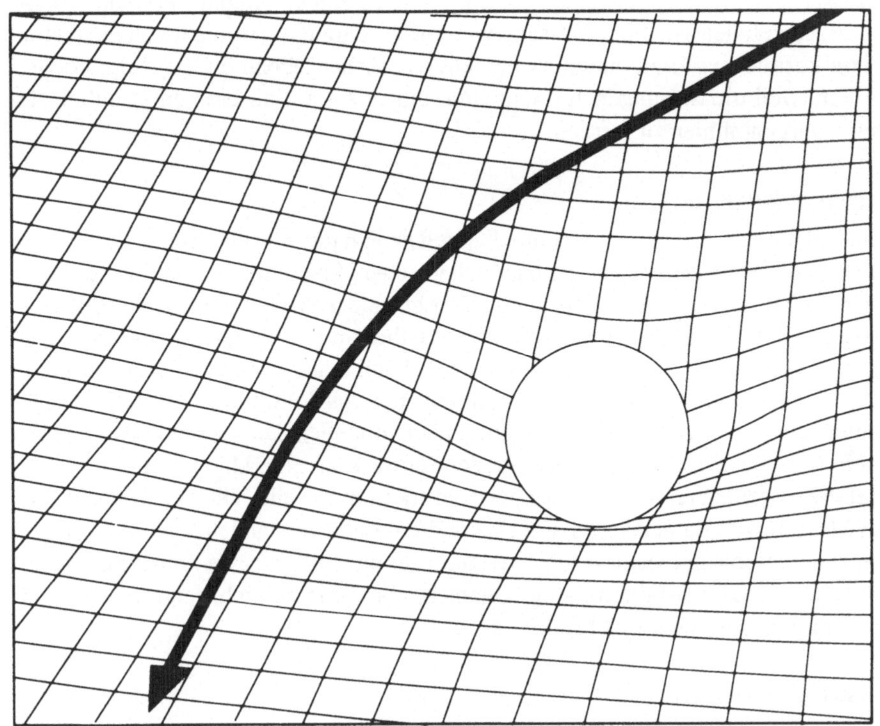

Bild 5.1 Die allgemeine Relativitätstheorie besagt, daß Massen die Raum-Zeit krümmen und so die mit der Schwerkraft zusammenhängenden Bahnen entstehen.

tatsächlich am Nordpol treffen; auf einer ebenen Fläche treffen sich zwei Parallelen nie. In der gekrümmten Raum-Zeit werden gerade Linien als kürzeste Verbindung zweier Punkte durch *Geodäten* ersetzt; freie Teilchen bewegen sich entlang von Geodäten. (Auf der Erdoberfläche sind die Geodäten Großkreise.) In den Feldgleichung der allgemeinen Relativitätstheorie interpretierte Einstein die Schwerkraft in geometrischer Weise:

$$G_{\mu\nu} = 8\pi G T_{\mu\nu} ,$$

was frei übersetzt etwa heißt:

$$(\text{Geometrie der Raum-Zeit}) = 8\pi G \times (\text{Masse und Energie}) .$$

Masse und Energie bestimmen also die Krümmung der Raum-Zeit; und die Krümmung der Raum-Zeit bestimmt die Bewegung der Materie. In anderen Worten: *Die Materie sagt der Raum-Zeit, wie sie sich krümmen soll* und *die Raum-Zeit sagt der Materie, wie sie sich bewegen soll.*

Weiterhin behauptet die Theorie die Existenz von *Gravitationswellen*, die als Folge von Veränderungen der Massequellen (zum Beispiel des Kollapses eines Sterns zu einem Neutronenstern oder einem Schwarzen Loch) sich durch den Raum fortpflanzen. In diesem Fall breiten sich die Störungen im Raum kugelförmig mit Lichtgeschwindigkeit um die Quelle aus, wie Wasserwellen sich kreisförmig um die Stelle in einem Teich ausbreiten, wo ein Stein ins Wasser gefallen ist. Man hat sehr viel Arbeit darauf verwendet, solche Wellen als Folge von kosmischen Ereignissen zu detektieren, bisher jedoch ohne Erfolg, höchstwahrscheinlich, weil die Störungen zu klein sind, um selbst mit unseren empfindlichsten Meßgeräten wahrgenommen zu werden.

Die Quantengravitation

Bei Einsteins allgemeiner Relativitätstheorie handelt es sich um eine klassische Theorie; sie beschreibt nicht die Schwerkraft in quantenmechanischer Umgebung. Es gibt bisher keine gültige Quantentheorie der Schwerkraft, und es ist eines der großen ungelösten Probleme der theoretischen Physik, die allgemeine Relativitätstheorie mit der Quantenmechanik zu vermählen. In Analogie zur Quantenelektrodynamik kann man die ersten Schritte auf dem Weg zu einer solchen Theorie skizzieren. Wir können uns das Schwerefeld aus mikroskopischen Quanten, die wir *Gravitonen* nennen, aufgebaut vorstellen. Diese Gravitonen müssen masselos sein (um die unendliche Reichweite der Schwerkraft zu erklären) und Spin 2 haben (um mit der allgemeinen Relativitätstheorie verträglich zu sein). Die Schwerkraft zwischen zwei Massen wird dann als Austausch von Gravitonen verstanden. Probleme entstehen, weil, im Gegensatz zur Quantenelektrodynamik, einige Subprozesse immer mit unendlicher Wahrscheinlichkeit auftreten — die Quantengravitation ist nicht renormierbar. Zur Quantengravitation kehren wir in Abschnitt 40 zurück.

5.3 Die elektromagnetische Kraft

Obwohl diese Kraft von ihrer Natur her recht kompliziert ist, verstehen wir sie noch am besten. Dies verdanken wir vermutlich ihren physikalischen Eigenschaften: Dank ihrer unendlichen Reichweite existieren makroskopische Phänomene, die uns zum Verständnis der klassischen Elektrodynamik verhelfen, und ihre Stärke reicht aus, um mikroskopische Phänomene sichtbar zu machen und uns beim Entwurf der QED zu leiten. Die Stärke der elektromagnetischen Kraft wird durch die *Feinstrukturkonstante* $\alpha = e^2/\hbar c = 1/137$ charakterisiert.

Die Quelle der Kraft ist natürlich die elektrische Ladung, die sowohl positiv als auch negativ sein kann und zu einer Anziehung führt, wenn die Ladungen unterschiedlich sind, und zu einer Abstoßung, wenn sie gleichnamig sind. Zwischen zwei ruhenden Ladungen wirkt das Coulombsche Gesetz, welches dem Newtonschen der Schwerkraft sehr ähnlich ist. In der Tat ist der Betrag der Kraft propotional zum Produkt der beteiligten Ladungsmengen (die, wie die Beobachtung zeigt, immer Vielfache der Ladung eines Elektrons sind) und zum Kehrwert des Quadrats des Abstandes der Ladungen:

$$F = K\frac{(N_1 e)(N_2 e)}{r^2},$$

wobei N_1 und N_2 die Vielfachen der Elektronladung e angeben und die Konstante K von der Dielektrizitätskonstanten des Mediums abhängt. Der Begriff der elektrischen Ladung birgt neue Rätsel. Was ist sie, außer ein Name für die Quelle einer Kraft, die wir beobachten? Warum tritt sie nur gequantelt auf? Warum heben sich Elektron- und Protonladung exakt

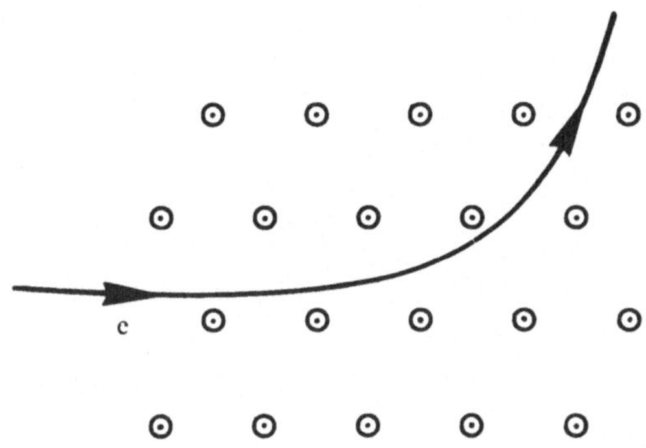

Bild 5.2 Die Bewegung eines elektrisch geladenen Teilchens in einem Magnetfeld, das auf den Betrachter zeigt

auf? Diese Fragen werden von der klassichen Elektrodynamik kaum beantwortet; erst die modernen Theorien, die wir in Kapitel IX vorstellen werden, schlagen Lösungen vor.

Anders als bei der Schwerkraft treten qualitativ neue Phänomene auf, sobald die Ladung sich zu bewegen beginnt. Zu einer sich bewegenden Ladung gehört außer einem elektrischen Feld auch ein Magnetfeld. Eine Probe wird in Richtung (oder Gegenrichtung) der elektrischen Feldlinien (also entlang der Verbindungslinie der beiden Ladungen) angezogen (oder abgestoßen) werden. Die Wirkung des Magnetfelds auf die Ladung ist jedoch eine andere: Die zusätzliche Kraft wirkt in eine Richtung, die sowohl auf der Bewegungsrichtung der Quelle, als auch auf der Richtung des Magnetfeldes senkrecht steht (Bild 5.2). Diese versammelten Eigenschaften zeigen, daß die Kraft nicht einfach durch die Angabe der Zahl, die ihre Größe angibt, festgelegt ist, sondern daß zu ihrer Beschreibung eine Vektorgröße benötigt wird, die die Kraft in alle drei Raumrichtungen angibt.

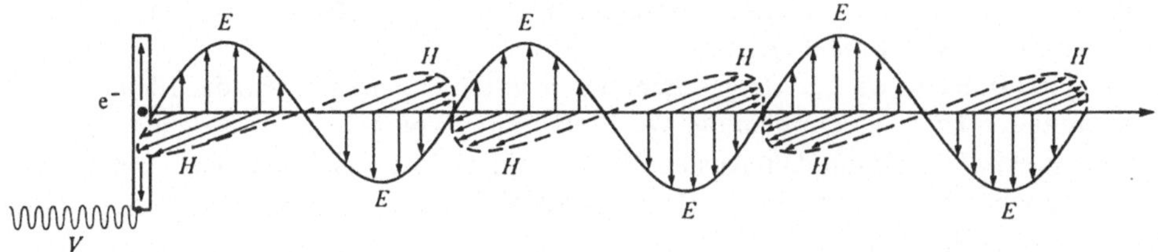

Bild 5.3 Die Fortpflanzung einer elektromagnetischen Welle als Folge der regelmäßigen Beschleunigung einer Ladung

Wird eine Ladung beschleunigt, teilt eine sich im Raum ausbreitende Veränderung der elektrischen und magnetischen Felder dies mit. Sind die Beschleunigungen regelmäßig, etwa wenn man eine Wechselspannung an eine Radioantenne anlegt, emittiert die Ladung eine elektromagnetische Welle, die aus veränderlichen elektrischen und magnetischen Feldern besteht, die senkrecht auf der Ausbreitungsrichtung der Welle stehen (Bild 5.3). Je nach Oszillationsfrequenz der Felder treten die elektromagnetischen Wellen als Radiowellen, infrarote Wellen, sichtbares Licht, ultraviolette Strahlung, Röntgenstrahlung oder γ-Strahlung auf, die gemeinsam das elektromagnetische Spektrum bilden (Bild 5.4).

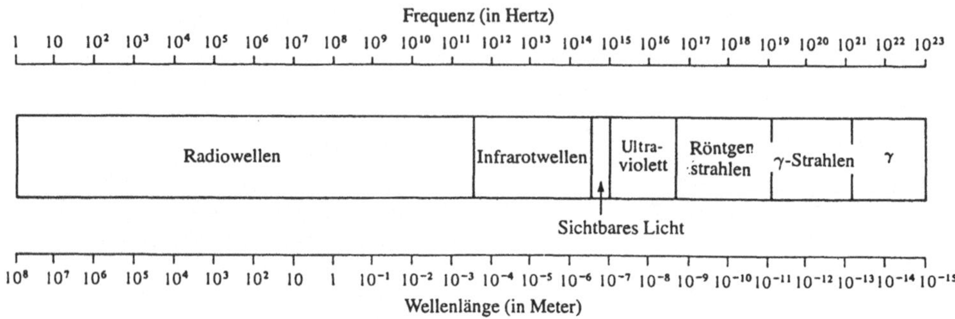

Bild 5.4 Das elektromagnetische Spektrum

Im klassischen Bereich werden alle elektromagnetischen Phänomene durch die Maxwellschen Gleichungen beschrieben. Mit ihrer Hilfe kann man beispielsweise aus einer Anordnung von Ladungen das elektrische Feld berechnen oder die Wellengleichung für die Fortpflanzung von elektrischen und magnetischen Feldern herleiten.

Interessant an diesen Gleichungen ist, daß sie durch das Fehlen einer fundamentalen magnetischen Ladung asymmetrisch sind. Man kann sich eine Quelle eines magnetischen Feldes vorstellen, welche zu einer elementaren magnetostatischen Kraft führt. Eine solche magnetische Ladung würde einen einzelnen magnetischen Pol erzeugen, im Gegensatz zu allen bekannten Magneten, die immer aus einer Kombination von Nord- und Südpol bestehen. Diese konventionellen Magneten sind eigentlich magnetische Dipole, die von der Bewegung atomarer elektrischer Ladungen herrühren. Spekulationen über die Existenz von wahrhaft fundamentalen magnetischen Monopolen haben jüngst wieder Auftrieb erhalten, nachdem sie von modernen Theorien postuliert und vermeintlich sogar experimentell gefunden wurden (siehe Kapitel IX).

In Kapitel 0 haben wir bereits gesehen, wie man die Quantentheorie der Elektrodynamik formulieren kann, indem man die Wechselwirkung von geladenen Teilchen über das elektromagnetische Feld mit dem Austausch von Feldquanten, den Photonen, durch die beteiligten Teilchen beschreibt. Die QED ist das Vorbild, an dem sich die Beschreibung der anderen Kräfte orientiert.

5.4 Die Starke Kernkraft

Als James Chadwick 1932 das Neutron entdeckte, war es offensichtlich, daß es noch eine Kraft geben mußte, die Protonen und Neutronen (zusammen auch *Nukleonen* genannt) im Kern aneinander bindet. (Vor dieser Entdeckung hatte man ernsthaft die Möglichkeit bedacht, daß der Kern aus elektromagnetisch aneinander gebundenen Protonen und Elektronen besteht.) Einige Eigenschaften der neuen Kraft traten schnell ans Licht.

Zunächst stellte man fest, daß im Kern positive Protonen und neutrale Neutronen auf allerengstem Raum (etwa 10^{-15} m) zusammengepfercht sind, und daß deshalb die Starke Kraft wirklich sehr stark sein mußte, um die elektrische Abstoßung der Protonen zu überwinden. Die Bindungsenergie von zwei Protonen durch die Starke Kraft wird in Millionen von Elektronvolt (MeV, Mega-Elektronvolt) gemessen, im Gegensatz zu den typischen atomaren Bindungsenergien von einigen Elektronvolt (siehe Abschnitt 46 zur Definition der Energieeinheiten).

Zweitens bemerkte man, daß die Reichweite dieser Kraft extrem kurz ist. Wir wissen, daß die elektromagnetische Kraft für den Aufbau der Elektronenhülle im Atom (mit typischen Radien von etwa 10^{-10} m) verantwortlich ist. Auch Rutherfords Streuexperimente mit α-Teilchen konnten allein mit der elektromagnetischen Kraft beschrieben werden. Nur bei sehr hohen Energien, wenn das α-Teilchen dem Kern nahe kommen kann, wird der Einfluß der Starken Kraft sichtbar. Man kann sich vorstellen, daß die Kraft nur wirkt, wenn die Protonen einander berühren; das heißt, daß die Reichweite der Starken Kraft im Bereich des Kerndurchmessers, 10^{-15} m, liegen muß.

Eine weitere Eigenschaft der Starken Kraft ist ihre Ladungsunabhängigkeit: Sie bindet Protonen und Neutronen im Kern gleichermaßen.

Aus der rein mikroskopischen Natur der Starken Kraft schließen wir, daß sie ein reines Quantenphänomen ist. Wir können nicht auf eine klassische Interpretation hoffen, sondern nur auf eine Wahrscheinlichkeitsdeutung im quantentheoretischen Sinn.

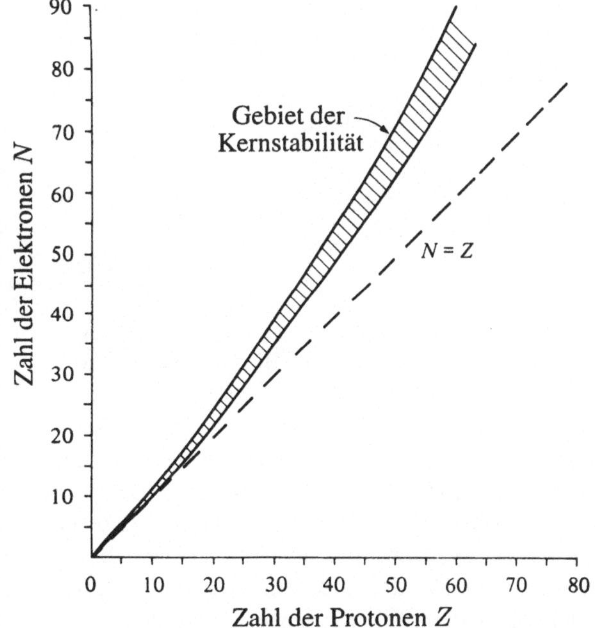

Bild 5.5 Region der gegen radioaktiven Zerfall stabilen Kerne

Die Hauptquelle für die ersten Informationen über die Starke Kraft war die Radioaktivität und die Frage nach der Stabilität der Atomkerne. Dabei muß das Neutron-zu-Proton-Verhältnis von stabilen oder nahezu stabilen Kernen erklärt werden. Diese Kerne bilden ein Stabilitätsband in der Ebene, die durch die Neutronenzahl N und die Protonenzahl Z der Kerne aufgespannt wird (Bild 5.5).

Die Tatsache, daß schwere Kerne eher zerfallen als leichte, bestätigt unsere Ansicht über die sehr kurze Reichweite der Starken Kraft. Stellen wir uns einen Kern naiverweise wie einen Sack sich berührender Murmeln vor, und lassen wir die Kraft, die von einem Nukleon ausgeht, gleichmäßig auf alle vorhandenen Nukleonen wirken, so müßten Kerne mit mehr Nukleonen proportional eine höhere Bindungsenergie aufzeigen und somit stabiler sein. (Fügt man zu einem Kern ein $n$tes Nukleon hinzu, entstünden $n-1$ weitere Kernbindungen, und die Bindungsenergie nähme mit n zu.) Dies wird nicht beobachtet. Gerade die schwereren Kerne zerfallen radioaktiv, was auf eine mangelnde Bindungsenergie der Nukleonen hinweist. Der Grund dafür ist, daß die Kernkraft nur zwischen benachbarten Nukleonen, den sogenannten *nächsten Nachbarn*, wirkt. Jedes weiter hinzukommende Nukleon trägt nur einen konstanten Betrag an Bindungsenergie bei, während die elektrische Abstoßung der Protonen eine große Reichweite hat und mit der Anzahl der Protonen wächst.

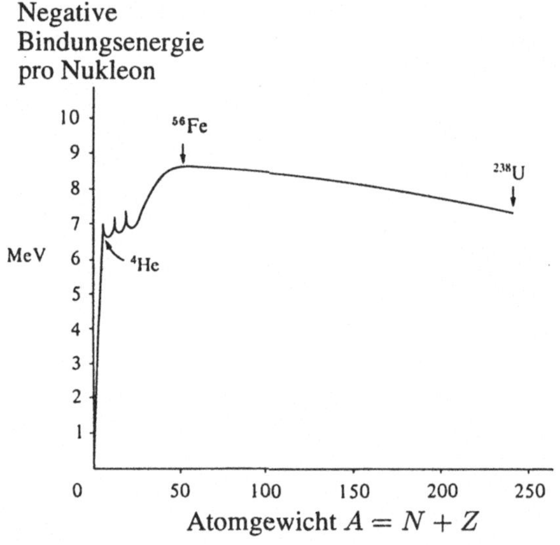

Bild 5.6 Die Stabilität von Kernen kann durch die Bindungsenergie pro Nukleon ausgedrückt werden.

Die Frage nach der Stabilität von Kernen ist also zum Teil die nach der des Gleichgewichts zwischen elektrischer Abstoßung und anziehender Starker Kraft. Für jeden Kern kann man die Summe dieser Kräfte und somit die durchschnittliche Bindungsenergie pro Nukleon berechnen: Je stärker negativ diese Bindungsenergie ist, um so stärker sind die Nukleonen im Kern gebunden. Bild 5.6 stellt dies graphisch dar. Die ziemlich geringe negative Bindungsenergie der leichten Kerne entsteht durch die zu kleine Anzahl der Nukleonen, die es nicht erlaubt, die Starke Kraft aus der Nächsten-Nachbarn-Wechselwirkung vollständig auszunutzen. Die am stärksten gebundenen Kerne sind die aus dem mittleren Bereich, Eisen zum Beispiel, die die Starke Kraft gut ausnutzen, aber noch nicht zu sehr unter elektrischer Abstoßung leiden. Die schweren Kerne sind wieder im Nachteil, weil hier die elektrische Abstoßung mit der Zahl der Protonen wächst.

Versucht die Natur immer größere Kerne zu konstruieren, ist irgenwann der Punkt erreicht, wo es für einen schweren Kern energetisch vorteilhafter ist, sich in zwei leichtere, aber fester gebundene Kerne aus dem mittleren Bereich zu spalten. Dies erklärt die obere

Grenze der Atomgewichte in der Natur: Sie ist bei Uran (^{238}U) mit 92 Protonen und 146 Neutronen erreicht. Versucht man diesem Kern ein weiteres Neutron hinzuzufügen, ist die natürliche Stabilitätsgrenze überschritten und der Uran-plus-Neutron-Kern zerfällt in zwei Teile. Dies ist das Prinzip der Kernspaltung.

Der radioaktive α-Zerfall tritt dann auf, wenn der Kern zwar nicht schwer genug ist um zu zerfallen, aber durch Ablegen von etwas Atomgewicht die Energiekurve in Richtung größerer Stabilität steigen kann. Das α-Teilchen (ein Heliumkern mit je zwei Protonen und Neutronen) ist vor dem Zerfall so etwas wie ein *Kern im Kern*. Durch das Heisenbergsche Unschärfeprinzip kann es sich für kurze Zeit soviel Energie leihen, daß es aus dem Anziehungsbereich der Starken Kraft gerät und dann nur noch die Abstoßung des Restkerns verspürt. Man sieht dann, wie der Kern ein α-Teilchen ausstößt (Bild 5.7). Weil die ausgeliehene Energie den Wahrscheinlichkeiten der Quantentheorie folgt, kann man keine Zeitdauer für den Zerfall des α-Teilchens angeben, sondern z.B. nur die Zeit, nach der der Kern mit 50% Wahrscheinlichkeit zerfallen ist (das heißt, daß die Hälfte der Kerne einer Probe zerfallen sind). Diese Zeit nennt man *mittlere Lebensdauer* des Kerns und bezeichnet sie mit $\tau_{1/2}$.

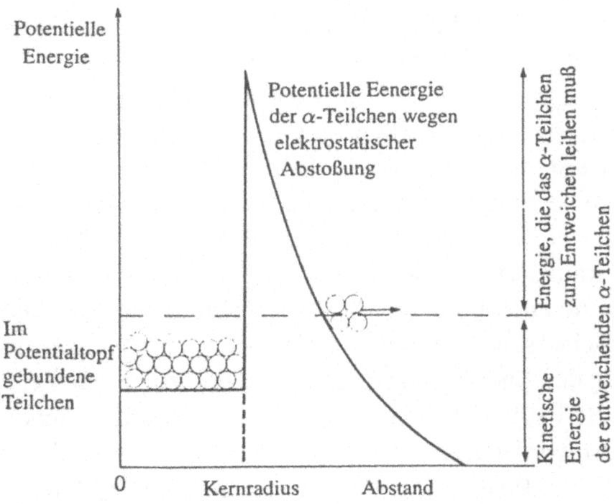

Bild 5.7 Radioaktiver α-Zerfall. Das α-Teilchen im Innern des Kerns leiht sich gemäß dem Heisenbergschen Unschärfeprinzip genügend Energie, um die potentielle Bindungsenergie der Starken Kernkraft zu überwinden.

Eine weitere Tatsache, die Stabilität von Kernen betreffend, kann durch ein anderes Prinzip der Quantentheorie erklärt werden. Zwar haben wir gezeigt, warum eine zu große Anzahl von Protonen zum Zerplatzen des Kerns führt, aber wir haben nicht erklärt, warum dies nicht durch Hinzufügen von Neutronen und der damit einhergehenden Erhöhung der Bindungsenergie verhindert werden kann. Der Grund dafür ist das Paulische Ausschließungsprinzip. Weil Protonen und Neutronen Fermionen sind, können zwei Protonen oder zwei Neutronen nie im gleichen Quantenzustand sein. Wir können die Abstoßung der Protonen nicht einfach durch eine beliebige Zahl von Neutronen aufwiegen, weil das Ausschließungsprinzip die Neutronen in immer höhere Energiezustände zwingt, die zu einer Senkung der negativen Bindungsenergie pro Nukleon führt und die Stabilität verringert.

Wir haben zwar einige Eigenschaften der Starken Kraft (kurze Reichweite, Ladungsunabhängigkeit, Spinabhängigkeit durch das Ausschließungsprinzip, usw.) kennengelernt, aber ihre Wirkungsweise können wir uns noch nicht erklären. Wir wissen nur, daß dieses mikroskopische Phänomen eine quantentheoretische Beschreibung benötigt. Die Yukawasche Mesonentheorie für die Starke Kraft ist der Übergang von den kernphysikalischen Phänomenen, die wir gerade kennengelernt haben, zur Teilchenphysik im eigentlichen Sinne. Wir werden in Abschnitt 7 näher darauf eingehen.

5.5 Die Schwache Kernkraft

Eine der offensichtlichsten Eigenschaften des Neutrons ist sein spontaner Zerfall in ein Proton und ein Elektron mit einer Halbwertszeit von etwa 10 Minuten. Dies ist wesentlich länger als die durchschnittliche Dauer von Prozessen der Starken Kraft und es ist auch schwer, die elektromagnetische Kraft für einen solch langsamen Prozeß verantwortlich zu machen. Die Konsequenz ist, den Neutronzerfall einer weiteren, qualitativ neuen Kraft zuzuschreiben.

Die *Schwache Kraft*, die den Neutronzerfall verursacht, steckt auch hinter dem radioaktiven β-Zerfall der Kerne aus Abschnitt 1. Die Umwandlung eines Neutrons in ein Proton erlöst den Kern von einem Neutronenüberschuß, der aufgrund des Paulischen Ausschließungsprinzips die Bindungsenergie des Kerns ziemlich senkt.

Dieselbe Wechselwirkung erlaubt auch die umgekehrte Reaktion: Ein Proton des Kerns absorbiert ein Elektron und wird zum Neutron. (Dies kann passieren, weil sich das Elektron mit einer, wenn auch sehr kleinen Wahrscheinlichkeit im Innern des Kerns befindet, da die Elektronwellenfunktion immer mit einer Unsicherheit im Ort verbunden ist.) Diese Reaktion wird es einem protonreichen Kern, der unter der elektrischen Abstoßung leidet, gestatten, seinen Protonengehalt etwas zu verringern und somit seine Bindung zu stärken.

Bei der Erklärung des radioaktiven β-Zerfalls tauchte bald das Problem auf, daß die Energie der emittierten Elektronen nicht immer der Massendifferenz der Kerne im Anfangs- und Endzustand entspricht, sondern daß sie auch geringere Werte annehmen kann. Haben die Elektronen nicht die maximal mögliche, scheint irgendwo Energie verlorengegangen zu sein. Um diese scheinbare Verletzung des Energiesatzes (und, wie sich zeigt, auch des Drehimpulsessatzes) zu vermeiden, führte Pauli 1930 ein weiteres, unsichtbares Teilchen ein, das beim Zerfall ebenfalls produziert werden und die Energie- und Drehimpulsbilanz ins Lot bringen sollte. Da die ursprünglichen Reaktionen die elektrische Ladung erhalten, sollte das neue Teilchen neutral sein. Fermi nannte es deshalb *Neutrino*.

Einige Eigenschaften des Neutrinos sind aus dem β-Zerfall ersichtlich. Um die Energieerhaltung zu gewährleisten, muß das Neutrino sehr leicht oder gar masselos sein (weil ja einige Elektronen die durch die Massendifferenz maximal erlaubte Energie haben). Die Erhaltung des Drehimpulses erzwingt einen Spin von $\frac{1}{2}\hbar$. Eine weitere interessante Eigenschaft des Neutrinos ist, daß es mit anderen Teilchen nur mittels der Schwachen Kraft und der Schwerkraft wechselwirkt (da die Starke Kraft beim Neutronzerfall offensichtlich nicht wirkt und das ungeladene Neutrino nicht elektromagnetisch wechselwirken kann).

Die extrem geringe Stärke der Schwachen Kraft (siehe Tabelle 5.1) führt letztlich zur scheinbaren Unsichtbarkeit des Neutrinos. Seine Abneigung gegnüber Wechselwirkungen erlaubt es ihm, die gesamte Erde zu durchdringen: Seine Wahrscheinlichkeit, zwischendurch hängenzubleiben, ist verschwindend gering. Deswegen blieb es auch lange Zeit unbeobachtet (das heißt, die durch Neutrinos erzeugten Kollisionen wurden nicht bemerkt) bis Kernreaktoren hohe Neutrinoflüsse zu liefern begannen. Die Entdeckung stammt von Reines im Jahr 1956, 26 Jahre nach Paulis Vorschlag.

Die Schwache Kraft, wie die Starke Kraft, wirkt nur über mikroskopische Entfernungen. In der Tat scheint sie nur dann irgendwelche Auswirkungen zu haben, wenn Teilchen in einem Punkt zusammentreffen (das heißt jenseits des Auflösungsvermögens der physikalischen Instrumente, also etwa unterhalb 10^{-18} m). Nur eine quantenmechanische Beschreibung kommt somit in Frage, wie wir in Kapitel III, IV und V weiter sehen werden.

6 Symmetrien in der Mikrowelt

6.1 Einleitung

Die Symmetrien unserer Umwelt üben auf die Menschen eine zeitlose Faszination aus. In der Natur scheint die Symmetrie eines Schneekristalls oder des Musters von Schmetterlingsflügeln ein Indiz für die Hand Gottes zu sein, während in der Kunst die Schönheit einer Zeichnung oder einer Fuge in der Nachahmung von Symmetrie liegen kann. Symmetrie wird allgemein als anspreched empfunden, aber ihre wahre Bedeutung bleibt oft unerkannt.

In der Physik im allgemeinen und in der Physik der Mikrowelt im besonderen hängen Symmetrien eng mit der Dynamik der untersuchten Systeme zusammen. Sie sind mehr als nur interessante Muster oder eine künstlerische Verkleidung der Vorliebe der Wissenschaftler für Klassifikation. Es ist nicht übertrieben zu behaupten, daß Symmetrien die grundlegendsten Erklärungen dafür sind, wie die Dinge sich verhalten (also für die Naturgesetze).

Historisch ist dies nicht immer so erkannt worden. So beobachten Physiker die Natur und finden ab und zu Bewegungsgleichungen, um sie zu beschreiben (siehe Newton, Einstein und Dirac, um einige der herausragendsten zu benennen). In der Mikrowelt ist es aber meist zu schwierig, die Bewegungsgleichungen gleich hinzuschreiben; die Kräfte sind zu ungeläufig und die Experimente sind wie Fenster, durch die man ins Erdgeschoß des Wolkenkratzers der Hochenergiephysik sehen kann. Deshalb muß man zunächst aus den vorliegenden Beobachtungen die zugrundeliegenden Symmetrien erkennen, die sich im allgemeinen durch Erhaltungssätze (zum Beispiel der Energie, des Impulses, der Ladung) bemerkbar machen. Diese Symmetrien leiten uns dann bei der Erforschung der Natur der Kräfte, durch die sie hervorgebracht werden.

Symmetrie wird in der Mathematik durch die *Gruppentheorie* beschrieben. Eine Gruppe ist eine Menge von Elementen, die durch die Gruppentransformationen miteinander verbunden werden. Nichttrivial wird der Begriff durch die Forderung, daß zwei aufeinanderfolgende Transformationen der Elemente äquivalent sind zu einer weiteren Transformation, die den Anfangszustand direkt in den Endzustand überführt. Wird ein physikalisches Phänomen durch eine bestimmte Symmetriegruppe beschrieben (das heißt, daß die Lagrange-Funktion durch die Gruppentransformationen nicht verändert wird), folgt daraus, daß es eine erhaltene Größe gibt. Den mathematischen Beweis dafür liefert das Theorem von Emmy Noether, das besagt, daß es für jede kontinuierliche Symmetrie einer Lagrange-Funktion eine Größe gibt, die von der Dynamik des Systems unverändert gelassen wird. Diese Größe ist die *Erzeugende* der Gruppe.

Wir wollen dieses theoretische Gerüst etwas auffüllen, indem wir vier Beispiele für Symmetrien betrachten, die in der Physik sehr verbreitet sind: (i) kontinuierliche Raum-Zeit-Symmetrien, (ii) diskrete Symmetrien, (iii) dynamische Symmetrien und (iv) innere Symmetrien. Nachher wollen wir noch sehen, wie selbst gebrochene Symmetrien noch eine gute Hilfe zur Formulierung von physikalischen Gesetzen sein können.

6.2 Raum-Zeit-Symmetrien

Die wichtigsten Raum-Zeit-Symmetrien sind die Translationen in Raum und Zeit und die Rotationen um eine gegebene Achse. Bei der Aufstellung von physikalischen Gesetzen hat man einen bestimmten Ursprung und ein bestimmtes Koordinatensystem im Visier: Für die Erdanziehung, zum Beispiel, wird man als Ursprung den Erdmittelpunkt wählen, und für die Gesetze der Planetenbewegung den Mittelpunkt der Sonne.

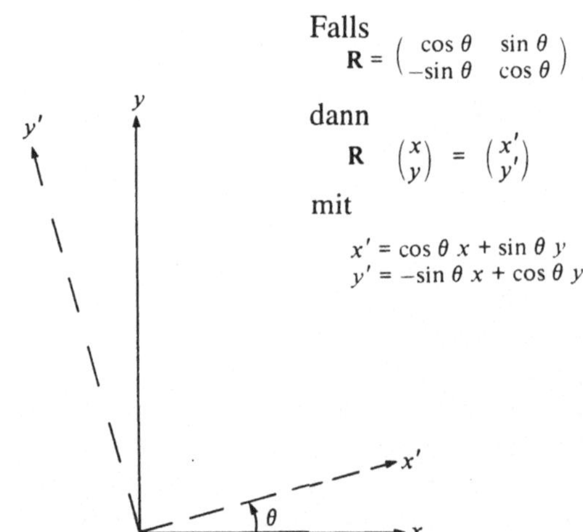

Bild 6.1 Rotationen verändern das Koordinatensystem. Invarianz der Naturgesetze gegen solche Rotationen führt auf die Drehimpulserhaltung.

Die Naturgesetze selber aber sollten dieselben bleiben, ganz gleich welches Koordinatensystem man wählt, und ihre mathematische Formulierung sollte sich durch diese Transformationen nicht ändern. Das Noethersche Theorem ergibt dann die zu den jeweiligen Invarianzen gehörenden erhaltenen Größen. Invarianz gegen Translationen in der Zeit (das heißt, daß die physikalischen Gesetze den gleichen Ablauf vorhersagen, ganz gleich wann ein Prozeß beginnt) führt zur Erhaltung der Energie. Invarianz gegen Translationen im Raum (daß die Physik in Karlsruhe und in Ulan Bator dieselbe ist) ergibt die Erhaltung des Impulses. Invarianz gegen Raumdrehungen führt schließlich zur Erhaltung des Drehimpulses (Bild 6.1).

Die Gesetze der Physik sind invariant gegen die Lorentz-Transformationen der speziellen Relativitätstheorie (Bild 2.3). Allgemein gesagt werden die Naturgesetze durch Kombinationen von Lorentz-Transformationen und Raum-Zeit-Translationen nicht verändert.

Diese Transformationen werden Poincaré-Transformationen genannt, nach dem französichen Mathematiker Henri Poincaré. Invarianz gegen alle Transformationen der Poincaré-Gruppe faßt alle obigen Raum-Zeit-Symmetrien zusammen.

6.3 Diskrete Symmetrien

Die kontinuierlichen Raum-Zeit-Symmetrien werden *eigentliche* Lorentz-Transformationen genannt, weil sie als Folge von infinitesimal kleinen Transformationen zusammengesetzt werden können. Es gibt aber auch *uneigentliche*, oder *diskrete*, Symmetrien, die nicht auf diese Weise aufgebaut werden können; ihnen entsprechen nicht so wichtige Erhaltungssätze wie den kontinuierlichen Symmetrien. Sie haben sich aber als sehr nützlich erwiesen, um Reaktionen, die eine Kraft erlaubt, von solchen, die sie verbietet, zu unterscheiden. Wir wollen jetzt die drei wichtigsten diskreten Symmetrien besser kennlernen.

Parität oder Raumspiegelung

Bei dieser durch $\mathcal{P}$ bezeichneten Operation wird das betrachtete Objekt (etwa eine Wellenfunktion) am Ursprung des Koordinatensystems gespiegelt, wie in Bild 6.2(a). Das gleiche Ergebnis erhält man, wenn man stattdessen das Koordinatensystem von einem rechtshändigen in ein linkshändiges spiegelt, wie in Bild 6.2(b). Die Parität entspricht einer Spiegelung an einer Ebene, gefolgt von einer Rotation um 180 Grad.

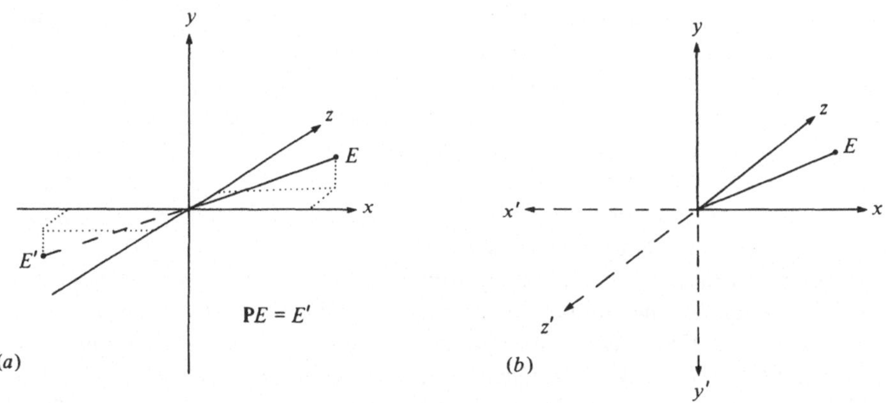

Bild 6.2 Die Raumspiegelung kehrt das Vorzeichen der räumlichen Koordinaten eines Ereignisses E um *(a)*. Das gleiche Ergebnis erhält man, wenn man das rechtshändige Koordinatensystem in ein linkshändiges verwandelt *(b)*.

Wird ein System durch eine Wellenfunktion $\psi(\boldsymbol{x}, t)$ beschrieben, dann kehrt die Parität das Vorzeichen der *räumlichen* Koordinaten um:

$$\mathcal{P}\psi(\boldsymbol{x}, t) = \psi(-\boldsymbol{x}, t) .$$

Soll das System gegen diese Transformation unverändert bleiben, dann ist die invariante Größe die Wahrscheinlichkeitsdichte, die ja gleich dem Betrag des Quadrats der Wellenfunktion ist:

$$|\psi(\boldsymbol{x}, t)|^2 = |\psi(-\boldsymbol{x}, t)|^2 .$$

Beschreibt ψ einen Zustand bestimmter Parität, bekommen wir

$$\psi(\boldsymbol{x},t) = \pm\psi(-\boldsymbol{x},t) \; ,$$

oder

$$\mathcal{P}\psi(\boldsymbol{x},t) = \pm\psi(\boldsymbol{x},t) \; .$$

Soll das System gegen Raumspiegelungen invariant bleiben, muß die Wellenfunktion entweder unverändert bleiben, $\mathcal{P}\psi = +\psi$ (man spricht dann von einem Zustand *gerader* Parität), oder sie muß ihr Vorzeichen umkehren, $\mathcal{P}\psi = -\psi$ (*ungerade* Parität).

Erhalten die wirkenden Kräfte die Parität, kann ein Zustand gerader Parität nie in einen ungerader Parität übergehen, und umgekehrt. Dies hilft bei der Voraussage der zeitlichen Entwicklung eines Systems.

Betrachten wir zum Beispiel Licht, das von einem Atom ausgestrahlt wird. Jeder Zustand, den das Elektron einnehmen kann, hat eine bestimmte Parität, gerade oder ungerade. Sie wird durch den Bahndrehimpuls des Elektrons gegenüber dem Kern und durch seinen Spin festgelegt. Da die elektromagnetische Kraft die Parität erhält und das Photon eine ungerade intrinsische Parität besitzt (siehe weiter unten), können Übergänge nur zwischen atomaren Zuständen entgegengesetzter Parität erfolgen. Dies beschränkt die möglichen Übergänge und somit die Energien der emittierten Photonen. Die Erhaltung der Parität kann somit in den Atomspektren untersucht werden.

Es gibt jedoch auch eine *intrinsische Parität* von Teilchen, die nicht so einfach mit Hilfe von Raumspiegelungen zu erklären ist. Man kann sich dies am Beispiel des Zerfalls eines Teilchens in zwei andere ansehen. Der Endzustand, in dem beide Teilchen eine wohldefinierte Relativbewegung haben, kann unter dem Gesichtspunkt der Parität untersucht werden und sich als gerade oder ungerade herausstellen. Wenn die für den Zerfall verantwortliche Kraft die Parität erhält, muß das Teilchen sich im Anfangszustand ebenfalls in einem Zustand wohldefinierter Parität befunden haben. Man kann dem Teilchen also eine instrinsische Parität gerade (+1) oder ungerade (−1) zuweisen, die zur räumlichen Parität hinzumultipliziert wird und die Gesamtparität des Zustands ergibt.

Die intrinsische Parität hat nur Bedeutung, weil Teilchen erzeugt oder vernichtet werden können. Blieben die Teilchen immer die gleichen, wäre das Produkt ihrer intrinsischen Paritäten in Anfangs- und Endzustand immer gleich und damit irrelevant. In dieser hypothetischen Welt könnte man jedem Teilchen nach Belieben eine intrinsische Parität verleihen. In der wirklichen Welt kann man die Parität mancher Teilchen frei wählen (in der Regel erhalten die Nukleonen gerade Parität), woraus dann die Parität aller anderen Teilchen aus dem Experiment folgt.

Ladungskonjugation

Eine weitere nützliche Symmetrie in der Teilchenphysik ist die Vertauschung aller Teilchen durch ihre Antiteilchen, Ladungskonjugation genannt und mit C abgekürzt. Diese Symmetrie besagt, daß die Gesetze, die das Verhalten von Teilchen beschreiben, für die Antiteilchen genau dasselbe Verhalten voraussagen. So soll der Stoß von Elektron und Proton genau so verlaufen wie jener von Positron und Antiproton (Bild 6.3).

Diese Symmetrie gilt auch für Antiteilchen von elektrisch neutralen Teilchen wie dem Neutron. Die Wechselwirkung von Proton und Neutron soll dieselbe sein, wie die von Antiproton und Antineutron.

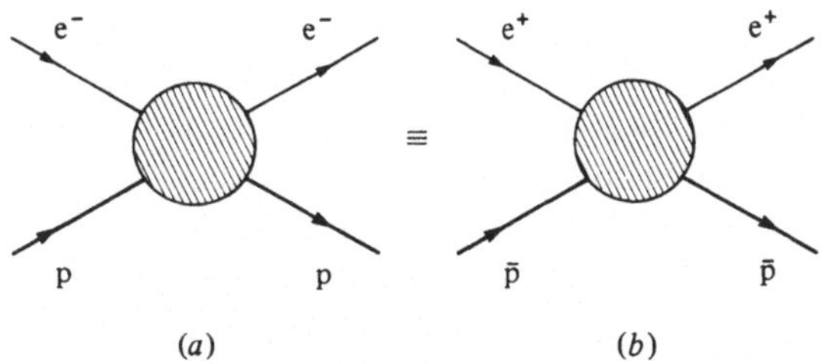

Bild 6.3 Symmetrie gegen Ladungskonjugation bedeutet, daß eine Reaktion mit Teilchen *(a)* und die entsprechende Reaktion mit Antiteilchen *(b)* identisch sind.

Wie für die Parität, kann die Wellenfunktion eines Systems gerade oder ungerade sein gegen die Operation der Ladungskonjugation:

$$\mathcal{C}\psi = \pm\psi\,.$$

Eine nützliche Anwendung ergibt sich beim elektromagnetischen Zerfall eines Teilchens in Photonen. Das Photon ist ungerade gegen $\mathcal{C}$. Beobachtet man den Zerfall eines Teilchens in zwei Photonen, muß es gerade Parität gegen Ladungskonjugation haben, da das Produkt der Symmetriefaktoren der beiden Photonen ja $(-1)^2$ ist. Man weiß dann auch, daß dieses Teilchen nicht in einen ungeraden Endzustand, zum Beispiel drei Photonen, zerfallen kann, wenn $\mathcal{C}$ erhalten bleiben soll.

Zeitumkehr

Die letzte der drei diskreten Symmetrien, die Zeitumkehr $\mathcal{T}$, verbindet einen Prozeß mit jenem, der in der Zeit rückwärts läuft. Trotz der ominösen Bezeichnung, ist dies lediglich der Prozeß, der sich ergibt, wenn alle Bewegungsrichtungen umgekehrt werden. Betrachtet man einen Prozeß mit gegebenen Anfangs- und Endzuständen, so besagt die Zeitumkehrsymmetrie, daß auch jener Prozeß existiert, den man durch Umkehrung aller Bewegungen der Teilchen des Systems erhält und der mit dem Endzustand beginnend zum Anfangszustand zurückkehrt.

6.4 Das $\mathcal{CPT}$-Theorem

Es ist auch möglich, Produkte von Symmetrien zu definieren, indem man mehr als eine dieser diskreten Symmetrien gleichzeitig anwendet. Man kann zum Beispiel ein System von Teilchen in einem Koordinatensystem der Raumspiegelung und der Ladungskonjugation gleichzeitig unterwerfen und somit das entsprechende Antiteilchensystem in einem Koordinatensystem mit verkehrter Händigkeit erhalten. Sind die Gesetze, die das System beschreiben, gegen $\mathcal{CP}$ invariant, verhalten sich beide Systeme gleich. Man kann dann ebenfalls von geraden oder ungeraden Zuständen gegen $\mathcal{CP}$-Symmetrie sprechen, die jeweils in Systeme mit gleicher Parität übergehen müssen.

Es gibt letztlich keinen tiefen Grund, warum die Kräfte der Natur die einzelnen diskreten Symmetrien erhalten sollten (das heißt, daß ein System sich wie sein Spiegelbild oder wie das entprechende System von Antiteilchen benehmen sollte). Es erschien jedoch als sinnvoll und wurde lange Jahre für sicher gehalten. Wir werden jedoch gleich sehen, daß diese Symmetrien *nicht* exakt sind, und daß es Phänomene gibt, die leichte Asymmetrien zwischen Prozeß und Spiegelbild und zwischen Prozeß und Antiprozeß aufweisen (siehe Abschnitt 12).

Es gibt jedoch sehr gute Gründe anzunehmen, daß die vereinigte $\mathcal{CPT}$-Symmetrie absolut exakt ist. Jeder Prozeß und sein im Zeitablauf umgekehrtes Spiegelbild mit Antiteilchen sehen exakt gleich aus. Dies ist das sogenannte $\mathcal{CPT}$-Theorem, das man aus den fundamentalsten Annahmen der Physik gewinnt, die da sind: Kausalität (Ursachen müssen Wirkungen vorausgehen), Lokalität (es gibt keine instantanen Fernwirkungen) und der Zusammenhang zwischen dem Teilchenspin und der Statistik, die das kollektive Verhalten regelt.

Zu den Konsequenzen des $\mathcal{CPT}$-Theorems gehört, daß Teilchen und Antiteilchen exakt gleiche Massen und Lebensdauern haben, was bisher auch jedesmal bestätigt wurde. Wenn eine diskrete Symmetrie (oder ein Paar) gebrochen ist, müssen die übrigbleibenden eine entgegengesetzte Asymmetrie produzieren, um exakte $\mathcal{CPT}$-Symmetrie zu gewährleisten.

6.5 Dynamische Symmetrien

Die Symmetrien in Raum und Zeit erzeugen universelle Erhaltungssätze, wie Energie-, Impuls- oder Drehimpulserhaltung. Da alle Prozesse diese Symmetrien befolgen müssen, muß die Lagrange-Funktion invariant gegen Translationen in Raum und Zeit und gegen Drehungen sein.

(i) $\psi(x)$ beschreibt eine Wellenfunktion.

(ii) Die Lagrangefunktion $\mathcal{L}(\psi)$ beschreibt die Wechselwirkung.

(iii) Die Gruppe $\mathcal{G}$ verschiebt die Phase der Wellenfunktionen:

$$\mathcal{G}\psi(x) = \psi^*(x), \quad \mathcal{G}\mathcal{L}(\psi) = \mathcal{L}(\psi^*).$$

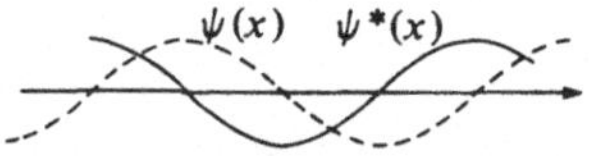

$\psi(x)$ $\psi^*(x)$

(iv) Aus Gründen der Invarianz muß $\mathcal{L}(\psi) = \mathcal{L}(\psi^*)$ gelten. Dies ergibt Einschränkungen auf die Form der Funktion $\mathcal{L}$.

Bild 6.4 Symbolische Darstellung einer dynamischen Symmetrie

Es gibt aber noch andere Erhaltungssätze, zum Beispiel den der elektrischen Ladung. Diesen erhält man, indem man fordert, daß die Lagrange-Funktion invariant sei gegen beliebige Veränderung der Phase der Wellenfunktionen der geladenen Teilchen, die in der Lagrange-Funktion auftauchen (Bild 6.4).

Wir werden sehen, daß es für die verschiedenen Kräfte noch viele andere erhaltenen Größen gibt. Die Lagrange-Funktionen für diese Wechselwirkungen sind dann gegen geeignete Symmetrietransformationen invariant. Die Invarianzen führen zu physikalisch relevanten Voraussagen wie die der Existenz neuer Teilchen und der Werte ihrer elektrischen Ladung, ihres Spins und anderer Quantenzahlen, die wir noch einführen müssen.

6.6 Innere Symmetrien

Die bisher eingeführten Symmetrien sind der Ursprung für die Erhaltungssätze, die man in der Teilchenphysik beobachtet. Symmetrien können aber auch Teilchen nach ihren inneren Eigenschaften sinnvoll klassifizieren.

Zusätzlich zu den Teilchen, die nur elektrische Ladung tragen, werden wir bald andere kennelernen, die völlig neue Quantenzahlen wie Seltsamkeit, *Charm* (engl., Zauber) usw. tragen. Je nach Wert dieser Quantenzahlen kann man Teilchen in feste Schemata oder *Multipletts* einordnen, wie wir in Kapitel II sehen werden.

An dieser Stelle möge der Hinweis genügen, daß auch in der Mikrowelt die Symmetrie ihre traditionelle Rolle, verstreute Elemente in regelmäßigen Mustern anzuordnen, erfüllt (siehe auch das Periodensystem der Elemente).

6.7 Gebrochene Symmetrien

Symmetrien sind so wertvoll, daß selbst gebrochene noch zu gebrauchen sind. Für viele Anwendungen ist ein gebrochener Spiegel eben so gut wie ein ganzer! Wir haben bereits erwähnt, daß die einzelnen diskreten Symmetrien $\mathcal{P}$, $\mathcal{C}$ und $\mathcal{T}$ für verschiedene Klassen von Prozessen gebrochen sein könnten (dies ist in der Tat bei der Schwachen Kernkraft der Fall). Für andere Kräfte, die diese Symmetrien nicht brechen, können sie immer noch eine verläßliche Hilfe bei der Unterscheidung von erlaubten und verbotenen Prozessen sein.

Auch Erhaltungssätze mit ihren entsprechenden inneren Symmetrien können gebrochen sein. Vom ersten erfolgreichen Schema, das mit Hilfe interner Symmetrien die stark wechselwirkenden Teilchen klassifizierte, wußte man von Anfang an, daß es stark gebrochen war: Trotzdem konnte es die beobachteten Reaktionen vernünftig ordnen.

Ein Fall ist besonders interessant: Eine Lagrange-Funktion, die die Dynamik für eine oder mehrere Kräfte beschreibt, kann bisweilen gegen eine gewisse Transformationsgruppe nur invariant sein, wenn man sich auf eine Teilgruppe beschränkt oder wenn man zusätzliche Teilchen einführt. Dies zeigt dann, daß die relativ komplizierten Kräfte, die sich aus unvollständigen Symmetrien ergeben, ihre Ursache in einer wahren Symmetrie (mit einfachen Kräften) haben, die sich unter den gegebenen Bedingungen nur nicht äußert. Dies ist die Quintessenz der Bemühungen um die vereinheitlichte Theorie aller Naturkräfte, die die näherungsweisen Symmetrien als Hinweise auf die Kräfte, die in uns unzugänglichen Umständen wirken (zum Beispiel unmittelbar nach dem Urknall), nutzen.

7 Mesonen

7.1 Einleitung

Die moderne Teilchenphysik beginnt eigentlich mit der Entdeckung der Mesonen. Diese sind im Gegensatz zu Proton und Neutron nicht am Aufbau gewöhnlicher Materie beteiligt, sondern wurden zunächst zur Erklärung der Kernkräfte eingeführt. Die sukzessive Entdeckung einer ganzen Schar von Mesonen kündigte einen unerwarteten Reichtum in der Struktur der Materie an, der erst Jahrzehnte später verstanden wurde.

7.2 Der Vorschlag von Yukawa

Um die Starke Kernkraft erklären zu können, mußten die Physiker der 30er Jahren zwei wesentliche Fakten berücksichtigen. Zunächst muß die Kraft von der elektrischen Ladung unabhängig sein, da sie ja auf Proton wie Neutron gleichermaßen einwirkt; und sie muß eine sehr kurze Reichweite haben, da sie nur innerhalb des Atomkerns zu verspüren ist. 1935 entwickelte der japanische Physiker Hideki Yukawa die Vorstellung, die Kernkraft zwischen den Protonen werde von einem massiven Teilchen, dem Pi-Meson, kurz Pion genannt und mit π abgekürzt, vermittelt, wie ihrerseits die elektromagnetische Kraft mit ihrer unendlichen Reichweite von dem masselosen Photon. Die endliche Reichweite der Kraft wird durch die Masse des Mittlerteilchens sichergestellt. Dies folgt aus Heisenbergs Unschärfeprinzip, das ja die Verletzung des Energiesatzes für kurze Zeiten erlaubt. Emittiert das Proton ein massives Pion, wird der Energiesatz um den Betrag dieser Masse verletzt. Die dafür zur Verfügung stehende Zeit setzt dann eine obere Grenze für die Strecke, die das Pion zurücklegen kann, und die Reichweite der Kraft ist dann von der gleichen Größenordnung.

Aus der Streung von α-Teilchen weiß man, daß die Reichweite der Starken Kraft etwa 10^{-15} m beträgt, was auf eine Pionmasse von etwa der 300fachen Elektronmasse schließen läßt, umgerechnet etwa 150 MeV. Um alle möglichen Wechselwirkungen zwischen Nukleonen abzudecken, muß das Pion in drei Ladungsvarianten existieren. Ein Proton kann zum Beispiel durch Abstrahlung eines positiven Pions zum Neutron werden, aber auch durch Absorption eines negativen Pions. Das Proton kann bei einem Kernprozeß auch unverändert bleiben, was man nur durch ein neutrales Pion erklären kann. Es müssen also drei Pionen existieren: ein positives, ein neutrales und ein negatives (π^+,π^0,π^-).

7.3 Das Myon

Fünf Jahre nach seiner Entdeckung des Positrons sah Anderson 1937 in seiner Nebelkammer erneut ein unbekanntes Teilchen aus der kosmischen Strahlung. Man stellte fest, daß das Teilchen sowohl positiv als auch negativ geladen sein konnte und etwa die 200fache Elektronmasse besaß, rund 106 MeV. Man dachte sofort an das Yukawasche Pion, und erst nach und nach merkte man, daß dies nicht der Fall sein konnte. Vor allem schien dieses vermeintliche Meson höchst ungern mit Atomkernen in Wechselwirkung zu treten, da es ja die ganze Erdatmosphäre durchmaß, um in der Nebelkammer Spuren zu hinterlassen. Für ein Teilchen, das die Starke Kraft vermitteln soll, wäre dies höchst ungewöhnlich. Man fand auch keinen Hinweis auf ein neutrales Meson. Die Theoretiker beschlossen, daß es nicht das gesuchte Pion war, und nannten es fortan *Myon*, abgekürzt μ.

Das Myon war eine verwirrende Entdeckung, weil es seinerzeit in kein Schema paßte. Es verhält sich genau wie ein Elektron in das es nach 2×10^{-6} s zerfällt; in gewöhnlicher Materie findet man es also nicht. Obwohl wir später sehen werden, daß das Myon sehr wohl einen Platz in der zweiten Elemtarteilchengeneration hat, gibt es bis heute keinen einleuchtenden Grund für diese Wiederholung. Das Myon ist also gar kein Meson, sondern, wie das Elektron, ein *Lepton*.

7.4 Das wahre Pion

Da das Yukawasche Pion stark mit Atomkernen wechselwirkt, kann man nicht erwarten, daß es die ganze Atmosphäre durchquert, ohne absorbiert zu werden. Experimente auf Meereshöhe werden es kaum registrieren können. C. Powell, C. Lattes und G. Occhialini von der Universität Bristol brachten 1947 photographische Platten auf einen Berg, um den Weg zu verringern, den die Pionen, die in der oberen Atmosphäre entstehen, bis zum Detektor zurückzulegen haben. So fanden sie das Yukawasche Meson, das sehr schnell in ein Myon zerfällt, das dann seinerseits zerfällt (Bild 7.1). Die Masse dieser geladenen Pionen ($\pi^{\pm}$) war die 273fache der Elektronmasse (140 MeV), in guter Übereinstimmung mit Yukawas Schätzung. Später bestätigte man, daß der Übergang des geladenen Pions in ein Myon und ein Neutrino in etwa 2×10^{-8} s tatsächlich die Hauptzerfallsart ist. Es gibt weitere *Zerfallsmoden*, aber deren Wahrschienlichkeiten liegen im Promillebereich.

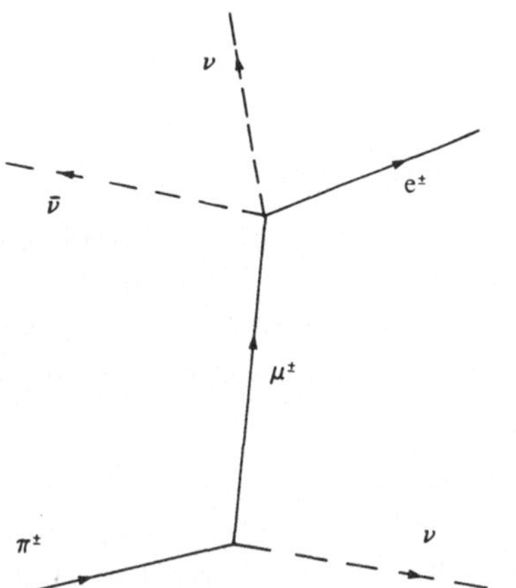

Bild 7.1 Das Pion zerfällt in ein Myon, das wiederum in ein Elektron zerfällt. Die emittierten Neutrinos stellen die Erhaltung von Energie und Impuls sicher.

Das ungeladene Pion π^0 wurde dann 1950 in Beschleunigerexperimenten gefunden. Die Verzögerung erklärt sich dadurch, daß ungeladene Teichen in den meisten Detektoren keine klaren Spuren hinterlassen und somit nicht direkt nachzuweisen sind. Das π^0 zerfällt hauptsächlich in zwei Photonen, was ebenfalls keine Spuren hinterläßt. Nur die Beobachtung von Elektron-Positron-Paaren, die die Photonen erzeugen können, gibt einen Hinweis auf die Existenz des π^0 (Bild 7.2). Die Masse des π^0 ist mit 264 mal der Elektronmasse etwas kleiner als die der geladenen Partner, aber die Lebenszeit ist wesentlich kürzer: nur 0.8×10^{-16} s. Der Grund für diesen großen Unterschied ist, daß das π^0 durch Einwirkung der elektromagnetischen Kraft zerfällt, wie die zwei Photonen zeigen, während geladene Pionen, wie das Neutrino zeigt, durch die Schwache Kraft zerfallen.

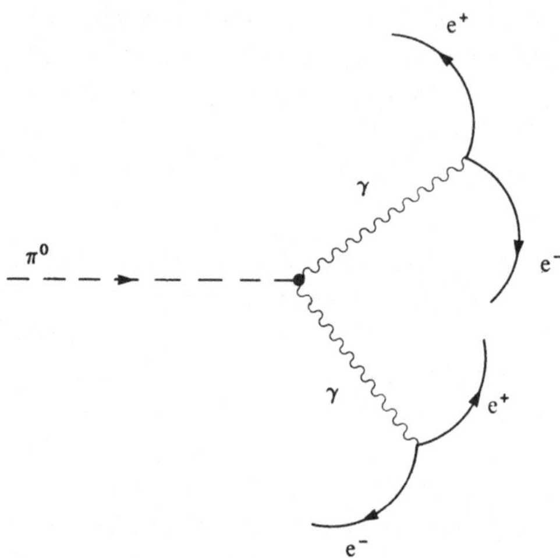

Bild 7.2 Der Zerfall des neutralen Pions

1953 stellte man fest, daß das Pion keinen Spin hatte, indem man die relativen Beträge der Querschnitte der Reaktionen

$$p + p \rightarrow d + \pi^+$$

und

$$d + \pi^+ \rightarrow p + p$$

verglich. Die relative Häufigkeit kann nur vom Spin der am Stoß beteiligten Teilchen abhängen, und da man den Spin des Protons (p) und den des Deuterons (d) kennt, kann man auf den des Pions (π^+) schließen. Aus solchen Experimenten kann man ebenfalls die intrinsische Parität des Pions (relativ zu den Nukleonen) bestimmen. Es stellt sich heraus, daß sie ungerade (-1) ist.

7.5 Terminologie

An diesem Punkt angelangt, ist es vielleicht nützlich, die Gattungsnamen all dieser Teilchen und ihre Haupteigenschaften aufzuzählen:

- ▷ *Nukleonen* Neutronen und Protonen;
- ▷ *Hadronen* alle Teilchen, die der Starken Kernkraft unterliegen;
- ▷ *Baryonen* Hadronen, die Fermionen sind (Teilchen mit halbzahligem Spin), beispielsweise die Nukleonen;
- ▷ *Mesonen* Hadronen, die Bosonen sind (Teilchen mit ganzzahligem Spin), beispielsweise das Pion;
- ▷ *Leptonen* alle Teilchen, die nicht der Starken Kernkraft unterliegen, beispielsweise das Elektron und das Myon.

Baryonen wird eine Baryonzahl B zugeordnet; für Nukleonen gilt $B = +1$, für Antinukleonen $B = -1$, Mesonen und Leptonen haben $B = 0$. Alle beobachteten Teilchenreaktionen erhalten die Baryonzahl (das heißt, daß die Summe der Baryonzahlen im Anfangs- und Endzustand gleich ist). Leptonen bekommen ganz analog dazu eine Leptonzahl, die ebenfalls erhalten ist. In Abschnitt 14 gehen wir näher darauf ein.

7.6 Der Isospin

Wir haben bisher zwei Sorten von Teilchen kennengelernt, die jeweils ähnliche Massen, aber verschiedene Ladungen haben: die Nukleonen (Proton und Neutron) und die drei Pionen. Die Starke Kraft scheint die Ladungsunterschiede überhaupt nicht wahrzunehmen und wirkt auf alle Nukleonen einerseits und auf alle Pionen andererseits gleichermaßen. Für die Starke Kraft angeht, gibt es nur *ein* Nukleon und *ein* Pion. Heisenberg beschrieb dies mathematisch durch den *Isospin*, den er 1932 einführte. Dieses Konzept ist der Prototyp sowohl eines Klassifikationsschemas für Elementarteilchen, als auch einer modernen dynamischen Theorie einer fundamentalen Kraft, und schon deswegen gebührt ihm Aufmerksamkeit.

Man erinnere sich an die beiden Einstellungen im (realen) Raum, die die *dritten Komponenten* des Elektronspins (siehe Abschnitt 3) annehmen können, um zwei Zustände zu definieren, in denen das Elektron (in Anwesenheit eines magnetischen Felds) existieren kann. Analog dazu schlug Heisenberg vor, in einem abstrakten Ladungsraum die Einstellungen der dritten Komponente eines imaginären Isospins als mathematische Beschreibung der Ladungszustände innerhalb einer Teilchenfamilie (in Anwesenheit von Elektromagnetismus) anzusehen (Bild 7.3). Wie ein magnetisches Feld die verschiedenen Einstellungen des Elektronspins trennt (indem es die Feinstruktur der Spektrallinien erzeugt), werden die Isospinskomponenten einer Teilchenfamilie durch elektromagnetische Effekte in verschiedene Massenzustände aufgespalten (was den Massenunterschied zwischen Proton und Neutron und zwischen den drei Pionen verursacht).

Die elektrischen Ladungen Q der Hadronen hängen mit dem Isospin über folgende einfache Formel zusammen:

$$Q = e(I_3 + \tfrac{1}{2}B) \; .$$

Die Pionen zum Beispiel haben keine Baryonzahl ($B = 0$), und ihre Ladungen sind also einfach die Vielfachen der Elektronenladung, die der *dritten Komponente* des Isospins I_3 ($+1,0,-1$) entspricht. Die Nukleonen haben die Baryonzahl $B = 1$, und die dritte Komponente des Isospins lautet $\pm\frac{1}{2}$, was für die Ladungen $+e$ und 0 ergibt.

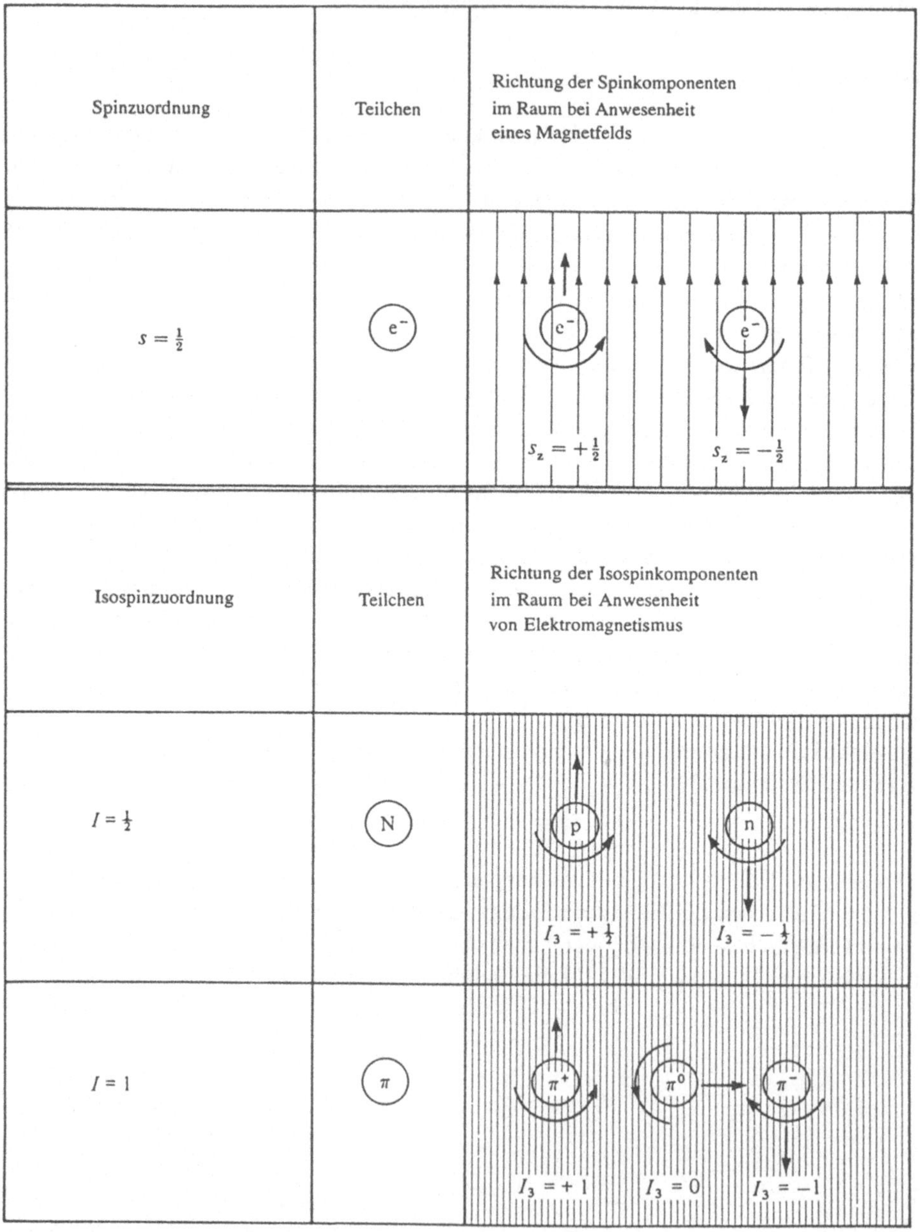

Spinzuordnung	Teilchen	Richtung der Spinkomponenten im Raum bei Anwesenheit eines Magnetfelds
$s = \frac{1}{2}$	e^-	e^- $s_z = +\frac{1}{2}$; e^- $s_z = -\frac{1}{2}$
Isospinzuordnung	Teilchen	Richtung der Isospinkomponenten im Raum bei Anwesenheit von Elektromagnetismus
$I = \frac{1}{2}$	N	p $I_3 = +\frac{1}{2}$; n $I_3 = -\frac{1}{2}$
$I = 1$	π	π^+ $I_3 = +1$; π^0 $I_3 = 0$; π^- $I_3 = -1$

Bild 7.3 Die Analogie von Spin im (realen) Raum und Isospin im abstrakten Ladungsraum

8 Seltsame Teilchen

8.1 Einleitung

Die britischen Physiker G. D. Rochester und C. C. Butler beobachteten 1947 auf ihren Nebelkammeraufnahmen von kosmischer Strahlung neue Teilchen mit der tausendfachen Elektronmasse. Da diese Teilchen oft V-förmige Spuren hinterließen, nannte man sie zunächst V-Teilchen (Bild 8.1). Ihre Herkunft und ihre Bedeutung blieben vorerst völlig im dunkeln. Erinnern wir uns, daß in demselben Jahr das wahre Pion und damit die Redundanz des Myons entdeckt wurden, so ist es wohl angebracht, hier das Zeitalter des Teilchenbarocks beginnen zu lassen, als immer neue Teilchen entdeckt wurden, die scheinbar nur dazu da waren, die Nebelkammern zu bevölkern. In den nächsten sechs Jahren, während denen die V-Teilchen in der kosmischen Strahlung untersucht wurden, lernte man zwei Typen zu unterscheiden. Es gab solche, unter deren Zerfallsprodukten sich stets ein Proton befindet, die *Hyperonen*, und solche, die nur in Mesonen zerfallen, die K-*Mesonen* oder *Kaonen*.

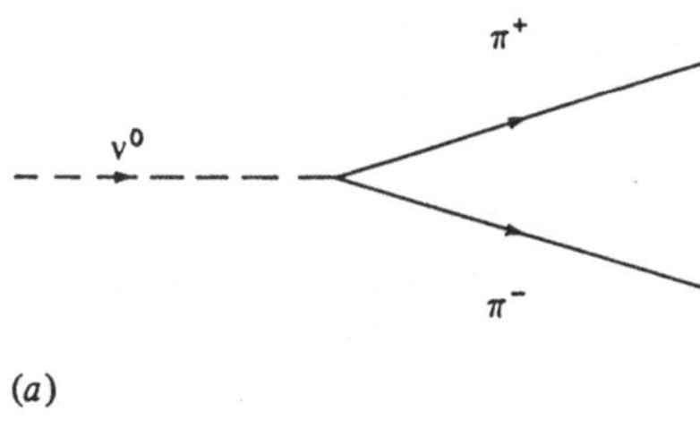

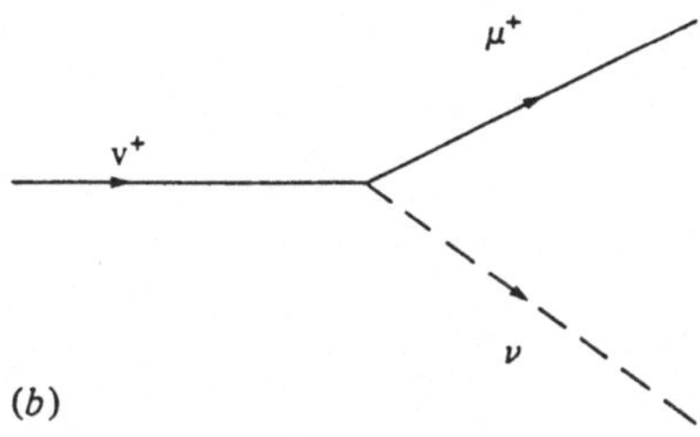

Bild 8.1 *(a)* Ein neutrales V^0-Teilchen zerfällt in Pionen. *(b)* Ein geladenes V^+ zerfällt in ein Myon und ein Neutrino. Diese V-Teilchen heißen heutzutage *Kaonen*, kurz K^0 und K^+.

Hyperonen und Kaonen wurden wegen ihres unkonventionellen Verhaltens schnell als *seltsame* Teilchen bekannt. Sie wurden häufig genug beobachtet, damit die Starke Wechselwirkung, etwa zwischen Protonen oder zwischen Pion und Proton, als Ursache in Frage kam, und so hätte man eine für einen Starken Kernprozeß typische Zerfallszeit von 10^{-23} s erwartet. Aus der Länge ihrer Spuren auf den photographischen Platten schloß man hingegen auf eine Lebensdauer von etwa 10^{-10} s, die Skala der Schwachen Prozesse. Dieses Verhalten schien der mikroskopischen Reversibilität zu widersprechen und verlangte eine Erklärung.

8.2 Gekoppelte Produktion

Den ersten Schritt in diese Richtung unternahm der amerikanische Physiker Abraham Pais im Jahr 1952. Seine These war, daß diese seltsamen Teilchen nicht einzeln, sondern immer nur paarweise erzeugt wurden. Dies konnte man am Beschleuniger von Brookhaven 1953 bestätigen, als die ersten seltsamen Teilchen im Labor produziert werden konnten. Sie tauchten immer paarweise auf, in Reaktionen etwa des Typs

$$\pi^- + \mathrm{p} \to \Lambda^0 + \mathrm{K}^0 \ .$$

Hier ist Λ^0 ein Hyperon und K^0 ein Kaon.

Im selben Jahr erklärten Gell-Mann und Nishijima den Mechanismus dieser gekoppelten Produktion, indem sie eine neue Erhaltungsgröße, die *Seltsamkeit*, einführten, die sich nur auf die Starke Kraft bezog. Jedes Teilchen erhält eine Quantenzahl für seine Seltsamkeit, wie es schon Quantenzahlen für Spin, intrinsische Parität oder Isospin trägt. Jeder Starke Prozeß hat Anfangs- und Endzustände mit gleicher Gesamtseltsamkeit.

Die gekoppelte Produktion erklärt sich nun, indem eines der produzierten Teilchen eine positive Seltsamkeit erhält und das andere eine negative, so daß die Seltsamkeit ingesamt verschwindet, wie schon im nicht-seltsamen Anfangszustand; für den obigen Prozeß:

$$\begin{array}{rc} & \pi^- + \mathrm{p} \to \Lambda^0 + \mathrm{K}^0 \\ \text{Seltsamkeit:} & (0) + (0) \to (-1) + (+1) \end{array}$$

Der Zerfall von seltsamen Teilchen in nicht-seltsame kann nicht über die Starke Kraft erfolgen, weil die Seltsamkeit ja verletzt wird. Solche Zerfälle erfolgen über die Schwache Kraft, die diese Beschränkung nicht kennt, dafür dem Teilchen aber eine ziemlich lange Lebensdauer beschert:

$$\Lambda^0 \xrightarrow{\Delta S=1} \pi^- + \mathrm{p} \quad (\tau \approx 10^{-10}\,\mathrm{s}) \ .$$

Die Seltsamkeit stark wechselwirkender Teilchen wird durch die Gleichung

$$Q = e(I_3 + \tfrac{1}{2}B + \tfrac{1}{2}S)$$

gegeben. Für $S = 0$ erhält man die Gleichung aus Abschnitt 7.6, die die Ladung von Pionen, Nukleonen und anderen nicht-seltsamen Teilchen mit ihrem Isospin verbindet.

$$S = 1, I = \tfrac{1}{2} \quad \begin{cases} I_3 = +\tfrac{1}{2} & \mathrm{K}^+ \\ I_3 = -\tfrac{1}{2} & \mathrm{K}^0 \end{cases}$$

$$S = -1, I = \tfrac{1}{2} \quad \begin{cases} I_3 = +\tfrac{1}{2} & \overline{\mathrm{K}^0} \\ I_3 = -\tfrac{1}{2} & \mathrm{K}^- \end{cases}$$

Bild 8.2 Die Isospindubletts der Kaonen

8.3 Kaonen

Es gibt zwei geladene seltsame Mesonen, K^+ und K^-, mit einer Masse von jeweils 494 MeV, sowie ein neutrales, das K^0, mit 498 MeV. Damit sind Kaonen etwa drei mal so schwer wie Pionen. Wie die Pionen haben die Kaonen keinen Spin und ungerade intrinsische Parität. Sie sind somit eng mit den Pionen verwandt. Die drei Ladungszustände des Pions (π^+,π^0,π^-) sind die Zustände mit verschiedenem I_3 des I=1-Pions, und das neutrale Pion ist sein eigenes Antiteilchen. Wegen der seltsamen Quantenzahl ist dies beim Kaon etwas verwickelter. Geben wir dem ungeladenen Kaon K^0 die Seltsamkeit $S = 1$, schließt die Formel aus Abschnitt 8.2 den Wert $I = 1$ für den Isospin aus: Die Kaonen können, anders als die Pionen, nicht in Tripletts auftreten. Stattdessen werden sie in zwei Isospindubletts wie in Bild 8.2 zusammengefaßt. Damit diese Rechnung aufgeht, muß das ungeladene Kaon in zwei Versionen mit entgegengesetzter Seltsamkeit existieren. Das K^- ist wohl das Antiteilchen zu K^+, aber das K^0 ist nicht sein eigenes Antiteilchen, denn dieses muß entgegensetzte Seltsamkeit tragen:

$$\overline{K^+} \equiv K^- \ , \quad \text{aber} \quad \overline{K^0} \not\equiv K^0 \ .$$

Da sich das K^0 vom $\overline{K^0}$ nur durch die Seltsamkeit unterscheidet, erwartet man bei diesen Teilchen Effekte, die nur mit der Seltsamkeit in Verbindung stehen. Bisher haben wir ja nur zerfallende Teilchen katalogisiert, indem wir ihnen hypothetische Quantenzahlen verliehen haben. Könnten wir physikalische Effekte dieser Quantenzahl beobachten, wären wir von ihrer Existenz eher überzeugt. So dachte Fermi, der Gell-Mann aufforderte, einen Unterschied zwischen K^0 und $\overline{K^0}$ zu finden. Hieraus entwickelten sich überaus wichtige Arbeiten, die wir in Abschnitt 15 betrachten.

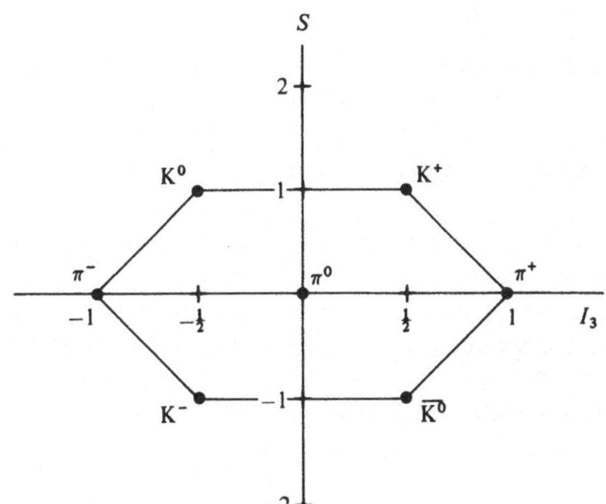

Bild 8.3 Das Multiplett von Pionen und Kaonen als Diagramm im abstrakten Raum von Seltsamkeit und dritter Isospinkoordinate

All unser Wissen über die Mesonen können wir fein säuberlich zusammenfassen, indem wir ihre Seltsamkeit gegen ihren Isospin auftragen (Bild 8.3). Diese Diagramme nennt man *Teilchenmultipletts* für gegebenen Spin und gegebene intrinsische Parität. Sie bilden das Rückgrat des Klassifikationsschemas der Elementarteilchen, das wir in Abschnitt 11 besprechen.

8.4 Hyperonen

Hyperonen sind seltsame Teilchen, die letztlich in Protonen zerfallen und die, wie das Proton, Spin $\frac{1}{2}$ und Baryonzahl $B = 1$ haben. Das Lambda-Hyperon Λ^0 ist mit 1115 MeV das leichteste Hyperon und hat keinen Isospin (es existiert nur als neutrales Teilchen). Das Sigma-Hyperon Σ hat eine Masse von 1190 MeV und Isospin $I = 1$; somit existieren drei Varianten von ihm $(\Sigma^+, \Sigma^0, \Sigma^-)$. Das Xi-Hyperon Ξ, auch Kaskadeteilchen genannt, hat eine Masse von 1320 MeV, Isospin $I = \frac{1}{2}$ und Seltsamkeit $S = -2$. Um in nicht-seltsame Teilchen zu zerfallen, muß es somit zweimal schwach wechselwirken, da die Schwache Kraft die Seltsamkeit jeweils nur um eine Einheit verändert:

$$\begin{aligned}\Xi^0 &\rightarrow \Lambda^0 + \pi^0 \quad |\Delta S = 1| \\ &\quad \hookrightarrow \pi^- + \mathrm{p} \quad |\Delta S = 1|\end{aligned}$$

Für Hyperonen ist es vorteilhafter, die *Hyperladung* Y als Quantenzahl einzuführen; sie ist die Summe der Baryonzahl und der Seltsamkeit:

$$Y = B + S\,.$$

Die gerade aufgezählten Λ-, Σ- und Ξ-Hyperonen mit Spin $\frac{1}{2}$ sind nur die Basismodelle. Es gibt noch viele massereiche Hyperonen mit Spin $\frac{3}{2}$, $\frac{5}{2}$ oder gar $\frac{7}{2}$. Diese Resonanzen sind sehr kurzlebig und zerfallen in der Regel schnell durch die Starke Kraft (also die Seltsamkeit, beziehungsweise die Hyperladung erhaltend) in Basishyperonen, die dann durch die Schwache Kraft in nicht-seltsame Baryonen zerfallen.

8.5 Zusammenfassung

Alle bisher erwähnten Teilchen sind, ihrer Masse entsprechend und samt ihren Gattungsnamen, in Bild 8.4 verzeichnet. Der Ursprung der Namen ist aus dem Diagramm ersichtlich: Leptonen sind die Leichtgewichte, Mesonen die Mittelgewichte, Baryonen die Schwergewichte. Angegeben ist ebenfalls, welche Kraft auf welche Teilchenkategorie wirken kann. Man kann sich denken, daß die stark wechselwirkenden Hadronen nicht zufällig die schwersten Teilchen stellen, wenn man glaubt, daß die Masse eines Teilchens irgendwie mit den Kräften zusammenhängt, die auf sie wirken können.

Wir wissen nun auch, daß allein die Masse für eine Klassifizierung nicht ausreicht. In neueren Experimenten hat man Leptonen und Mesonen gefunden, die schwerer als manche Baryonen sind. Heutzutage ordnet man die Teilchen nach den Kräften, die auf sie wirken können und die ein wesentlicheres Attribut sind als die bloße Masse.

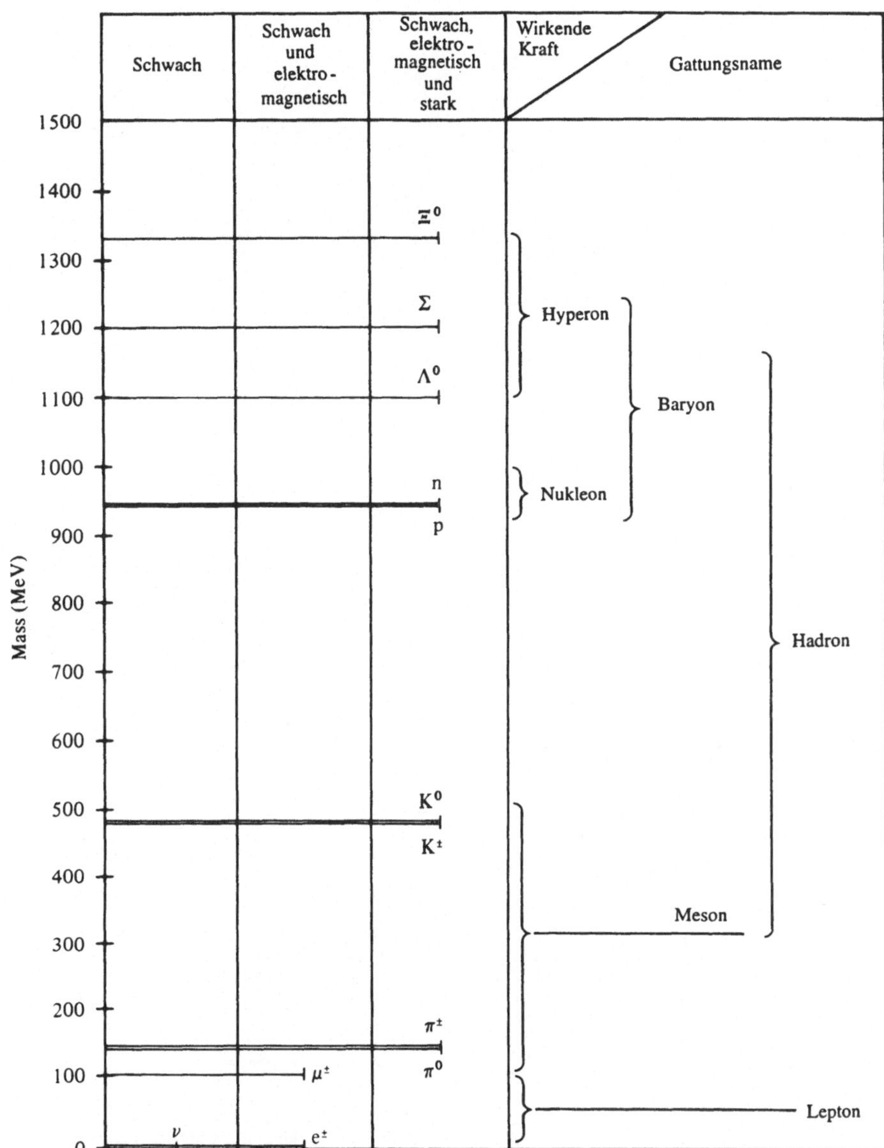

Bild 8.4 Die grundlegenden Elementarteilchen, wie sie Anfang der 50er Jahre bekannt waren

II Physik der Starken Wechselwirkung

9 Resonanzen

9.1 Einleitung

Die meisten Teilchen, die wir bisher kennengelernt haben, leben lange genug, um in einer Blasenkammer oder anderen Detektoren Spuren zu hinterlassen, nämlich länger als etwa 10^{-12} s. Es gibt jedoch keinen Grund, daß ein Teilchen diese Eigenschaft notwendigerweise besitzt. Es kann durchaus Teilchen geben, die nur sehr kurz leben und gleich in andere zerfallen. In diesem Fall können wir sie nicht direkt beobachten, sondern müssen aus ihren Zerfallsprodukten auf ihre Existenz schließen. Solch schnellebige Teilchen nennt man *Resonanzen*; man kennt sehr viele davon mit sehr unterschiedlichen Eigenschaften. Als man versuchte, alle Resonanzen zu klassifizieren, sah man schnell die Notwendigkeit eines grundlegenden Ordnungsschemas ein. Dies führte letztendlich zum Konzept der Quarks.

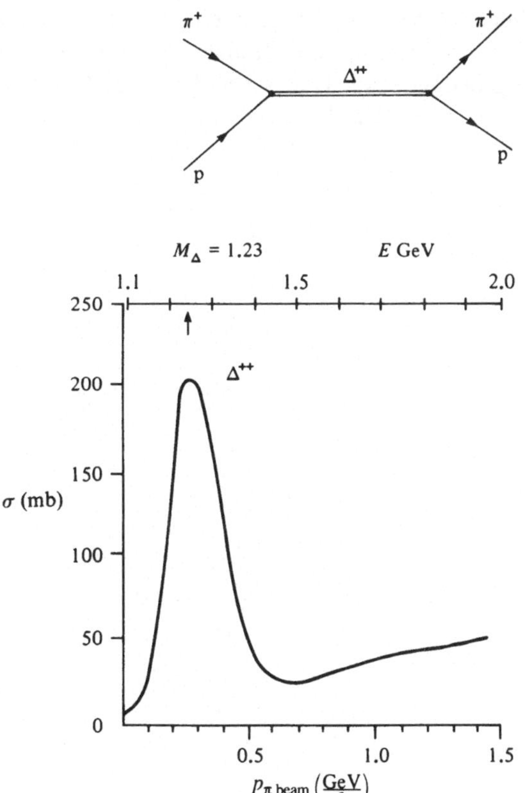

Bild 9.1 Ein Beispiel für Resonanzformation. Ein starker Anstieg des Pion-Proton-Wirkungsquerschnitts σ, aufgetragen über den Impuls des Pionenstrahls p_π, zeigt die Bildung einer Resonanz an.

9.2 Experimente mit Resonanzen

Resonanzen kann man in zwei verschiedenen Typen von Experimenten untersuchen: in Formations- und in Produktionsexperimenten. Bei der *Resonanzformation* prallen zwei Teilchen aufeinander und bilden als Zwischenzustand zwischen den einlaufenden und den auslaufenden Teilchen eine Resonanz. Die Anwesenheit einer Resonanz erkennt man im Wirkungsquerschnitt der Reaktion (das heißt in der effektiven Querschnittsfläche der kollidierenden Teilchen), welcher in dem Abschnitt, wo die Energie der stoßenden Teilchen etwa der Masse der Resonanz entspricht, sehr stark überhöht ist (Bild 9.1). Der Bereich der Energie, in dem die Resonanz ihre halbe Höhe übersteigt, nennt man *Breite* der Resonanz; sie entspricht der Unschärfe in der Masse des Teilchens.

Nur wenn das Teilchen absolut stabil ist, hat es eine perfekt definierte Masse, da man Zeit für die Messung der Energie braucht. Ein instabiles Teilchen hat immer einen unscharfen Wert für die Masse, wie aus Heisenbergs Unschärfeprinzip

$$\Delta E \Delta t \geq \hbar$$

folgt. Je schmäler also die Resonanz ist (kleines ΔE), desto größer wird die Unschärfe in der Lebenszeit und somit langlebiger das Teilchen. Umgekehrt bedeutet eine breite Resonanz auch kurze Lebensdauer. Die typische Breite von hadronischen Resonanzen, zum Beispiel der N*-Resonanz der Pion-Proton-Streuung, beträgt einige Hundert MeV, was Lebensdauern von etwa 10^{-23} s entspricht. Das macht sie zu den kurzlebigsten Phänomenen, die man bisher untersucht hat.

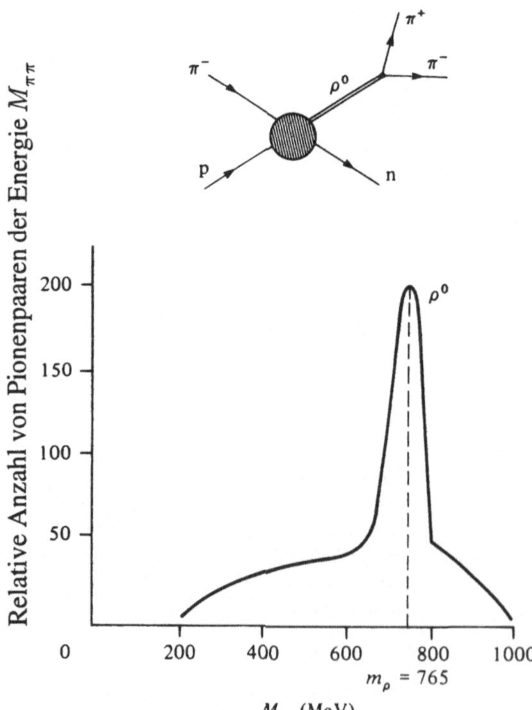

Bild 9.2 Ein Beispiel für Resonanzproduktion

Tabelle 9.1 Zwei Reihen von Mesonresonanzen

Meson	I	S	Masse (MeV)	Spin	zerfällt in	Kraft
π	1	0	140	0	$\mu\nu$	schwach
ρ	1	0	768	1	$\pi\pi$	stark
a_2	1	0	1320	2	$\rho\pi$	stark
ρ_3	1	0	1690	3	4π	stark
K	$\frac{1}{2}$	1	494	0	$\mu\nu$	schwach
K^*	$\frac{1}{2}$	1	892	1	$K\pi$	stark
K_2^*	$\frac{1}{2}$	1	1425	2	$K\pi$	stark

Bei *Resonanzproduktion* schließt man auf die Anwesenheit einer Resonanz, wenn die Gesamtenergie der auslaufenden Teilchen einen bevorzugten Wert besitzt. Resonanzen so zu finden, ist schwierig, weil man alle möglichen Kombinationen von auslaufenden Teilchen, die aus einer Resonanz entstanden sein könnten, untersuchen und ihre Energie (*invariante Masse*) auftragen muß, um zu sehen, ob ein Wert hervorsticht (Bild 9.2).

Ein Vorteil der Resonanzproduktion ist, daß man nicht auf Resonanzen der einlaufenden Teilchen beschränkt ist. In Hochenergieexperimenten entstehen jede Menge von neuen und interessanten Teilchen, und man kann nachprüfen, ob sie aus bisher unbekannten Resonanzen stammen. So kann man auch Resonanzen aus Pionen und Kaonen studieren, obwohl Experimente mit einlaufenden Pionen und Kaonen nicht möglich sind. Mit diesen Methoden ist es den Physikern gelungen, buchstäblich Hunderte von Resonanzen zu finden, von denen jede berechtigterweise als genau so elementar betrachtet werden kann wie das Neutron oder das Pion.

Mit den Jahren bemerkte man interessante Regelmäßigkeiten im Spektrum der Resonanzen. So entdeckte man, daß eine Reihe von Teilchen mit gegebenen Werten des Isospins und der Seltsamkeit, wie das Pion ($I{=}1, S{=}0$) oder das Kaon ($I{=}\frac{1}{2}, S{=}1$), Partner mit größerer Masse und höherem Spin haben. Durch die Starke Kraft zerfallen diese schweren Doppelgänger in der Regel sehr schnell in die leichtesten Teilchen mit den gleichen Quantenzahlen. Die leichten Teilchen zerfallen dann langsamer durch die Schwache Kraft unter Verletzung der Quantenzahlen (siehe Tabelle 9.1).

10 $SU(3)$ und Quarks

10.1 Einleitung

In den frühen sechziger Jahren waren hunderte sogenannter Elementarteilchen bekannt, jedes mit wohldefinierten Werten für die verschiedenen Quantenzahlen wie Spin, Isospin, Seltsamkeit oder Baryonzahl und mit Breiten, die in der Regel mit wachsender Masse zunehmen (und Lebensdauern, die entsprechend abnehmen). Die wichtigste Aufgabe der Physiker zu jener Zeit war, ein Ordnungsschema für diese Teilchen zu finden, ähnlich dem

Periodensystem der Elemente von Mendeleev im vorigen Jahrhundert. Damit zusammen hing die Frage, ob es wohl sinnvoll sei, eine solche Fülle von Teilchen als elementar zu betrachten. Die meisten Resonanzen sind, verglichen mit dem Elektron, sehr schwere Teilchen; sie besitzen einen endlichen Radius von etwa 10^{-15} m und meistens hohe Werte für Spin und innere Quantenzahlen. All dies spricht für die Existenz von grundlegenden Bestandteilen, die in vielen verschieden Kombinationen die bekannten Hadronen erzeugen sollten, wie einige atomare Grundbausteine (Elektronen, Protonen, Neutronen) die vielen verschiedenen chemischen Elemente entstehen lassen. Historisch ist es jedoch nicht möglich gewesen, diese grundlegenden Bausteine unmittelbar zu untersuchen, und ihre Existenz war lange Zeit sehr umstritten. Zunächst aber mußte man die verwirrende Vielzahl von Hadronen nach einem Symmetriemuster klassifizieren, aus dem Rückschlüsse auf die Natur der Konstituenten erhofft wurden.

10.2 Innere Symmetrie

Murray Gell-Mann und Yuval Ne'eman schlugen 1961 unabhängig voneinander eine interne Symmetriegruppe als Ordnungsschema vor, wie in Abschnitt 6 beschrieben. Ansatzpunkt dafür war die Ladungsunabhängigkeit der Starken Kernkraft, wie sie in Abschnitt 7 durch das Konzept des Isospins beschrieben wurde. Betrachtet man Neutron und Proton nur als *Isospin-runter-* und *Isospin-rauf-Komponenten* des Nukleons, kann die Tatsache, daß die Starke Kraft nicht zwischen Neutron und Proton unterscheidet, als Rotationsinvarianz im abstrakten Isospinraum gedeutet werden. Die Gruppe, die diese Rotationen beschreibt, ist die *S*pezielle *U*nitäre Gruppe der Dimension 2, abgekürzt $SU(2)$, die in dem zweidimensionalen Raum wirkt, der von Proton und Neutron aufgespannt wird und die transformierten Zustände als Mischung der ursprünglichen definiert:

$$\mathcal{G}^{SU(2)} \begin{pmatrix} \mathrm{p} \\ \mathrm{n} \end{pmatrix} = \begin{pmatrix} \mathrm{p}^* \\ \mathrm{n}^* \end{pmatrix} .$$

Das gleiche muß natürlich auch für die Pionen gelten, die einen dreidimensionalen Raum aufspannen (π^+, π^0, π^-), und für die Δ-Baryonen in einem vierdimensionalen Raum $(\Delta^{++}, \Delta^+, \Delta^0, \Delta^-)$. Man spricht dann von zwei-, drei- und vierdimensionalen Darstellungen der Gruppe $SU(2)$.

Nimmt man zur Erhaltung des Isospins die Erhaltung der Seltsamkeit als Eigenschaft der Starken Kraft hinzu, ist es klar, daß man eine größere Gruppe zur Beschreibung der stark wechselwirkenden Teilchen braucht. Obwohl es im nachhinein klar erscheint, daß man dazu die Gruppe $SU(3)$ braucht, bedurfte es doch großer Anstrengungen, um dies zu zeigen. Die Transformationen der $SU(3)$ erzeugen Darstellungen in vielen verschiedenen Dimensionen (Multipletts), z.B. die $\mathbf{1}, \mathbf{3}, \mathbf{6}, \mathbf{8}, \mathbf{10}, \mathbf{27}$ usw., jede davon mit einem festen Schema an erlaubten Quantenzahlen. Es war ein Triumph für die Urheber dieser Beschreibung, als sie feststellten, daß die beobachteten Teilchen genau in einige dieser Schemata paßten (Bild 10.1). Die Bestimmung der korrekten Symmetriegruppe für die Starke Wechselwirkung und die Zuordnung von Hadronen zu Multipletts führten 1962 zur Voraussage eines weiteren Hadrons, das nötig war, um das Spin-$\frac{3}{2}$-Dekuplett $\mathbf{10}$ zu vervollständigen. Es war das berühmte Ω^- mit der Seltsamkeit $S = -3$, dessen spektakuläre Entdeckung in Blasenkammerbildern am Beschleuniger von Brookhaven im Jahr 1964 die zuvor recht skeptische Physikergemeinde von der Richtigkeit der $SU(3)$ überzeugte.

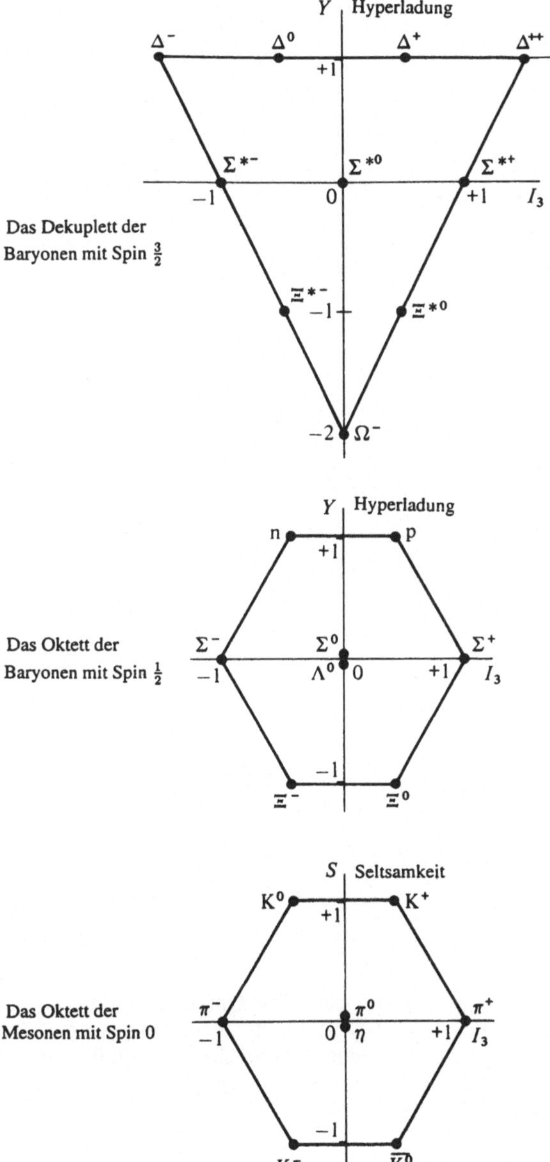

Bild 10.1 $SU(3)$-Darstellungen legen die erlaubten Quantenzahlen für Elementarteilchen fest.

Nachdem man die korrekte Symmetriegruppe gefunden hatte, blieb jedoch ein ernstes Problem zu lösen: Warum sind Mesonen in gewissen Multipletts angeordnet und Baryonen in anderen? Warum gibt es Multipletts, die leer bleiben? Es erschien besonders merkwürdig, daß gerade die fundamentale dreidimensionale Darstellung der $SU(3)$ ungenutzt bleiben sollte. Ein unfruchtbarer Versuch vor der Zeit von Gell-Mann und Ne'eman hatte das Proton, das Neutron und das Hyperon in diesem Triplett angeordnet, aber die logischen Konsequenzen, die sich daraus ergaben, widersprachen den experimentellen Befunden.

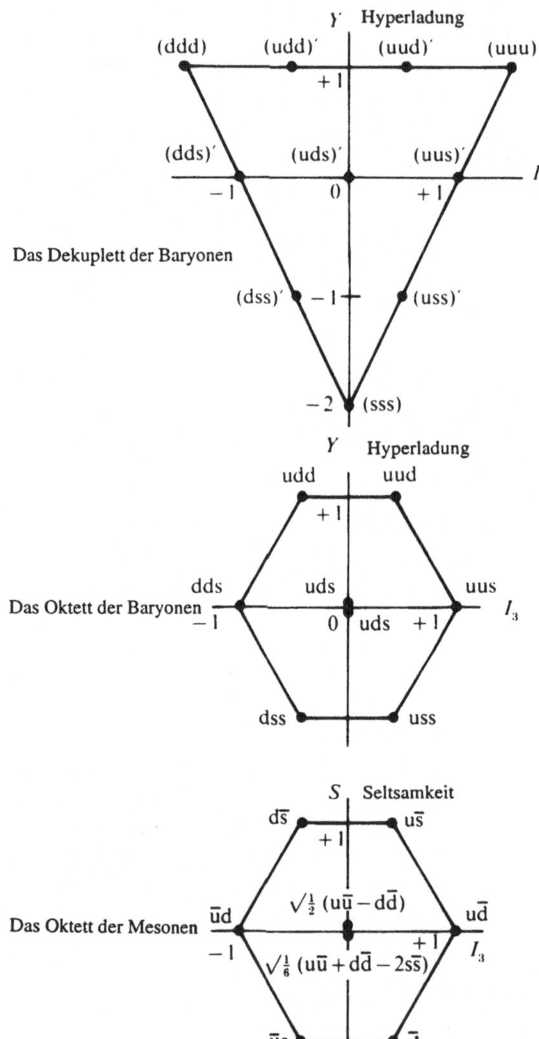

Bild 10.2 Der Quarkinhalt einiger $SU(3)$-Darstellungen. (qqq)′ bedeutet eine Summe über alle zyklischen Permutationen der Quarks.

10.3 Quarks

Gell-Mann und George Zweig zeigten 1964, daß von allen mathematisch erlaubten Darstellungen der $SU(3)$ nur jene Teilchen enthalten, die aus zwei bestimmten Kombinationen der fundamentalen Darstellung entstehen. Gell-Mann nannte die Elemente der fundamentalen Darstellung *Quarks* (ein Wort, das James Joyce in seinem Roman *Finnegan's Wake* ins Englische einführt). Es gibt also drei Sorten (oder engl.: *Flavours*, Geschmäcker) von

Quarks, für die sich die englischen Namen *Up* (rauf), *Down* (runter) und *Strange* (seltsam) eingebürgert haben. Up und Down beziehen sich dabei auf die Isospineinstellung des Quarks. Die Quarkkombinationen, die besetzte $SU(3)$-Darstellungen ergeben, sind Quark-Antiquark-Paare für die Mesonmultipletts und Drei-Quark-Verbindungen für die Baryonmultipletts. Mathematisch erhält man dies aus den Produkten der Grunddarstellungen der Gruppe:

$$\mathrm{q} \otimes \mathrm{q} \otimes \mathrm{q} = \mathbf{3} \otimes \mathbf{3} \otimes \mathbf{3} = \mathbf{1} \oplus \mathbf{8} \oplus \mathbf{8} \oplus \mathbf{10}$$

$$\mathrm{q} \otimes \overline{\mathrm{q}} = \mathbf{3} \otimes \mathbf{3}^* = \mathbf{1} \oplus \mathbf{8}$$

Die Quarkinhalte der Baryondekupletts und -oktetts und des Mesonoktetts sind in Bild 10.2 dargestellt.

Eine bedeutende Folgerung aus diesem Schema ist, daß, falls ein Baryon mit Baryonzahl $B = 1$ aus drei Quarks besteht, jedes dieser Quarks die Baryonzahl $B = \frac{1}{3}$ haben muß. Aus der Formel, die die elektrische Ladung mit dem Isospin und der Baryonzahl verbindet, ergibt sich dann eine Ladung, die ein Bruchteil der Elementarladung ist. Um zu gewährleisten, daß Baryonen Fermionen und Mesonen Bosonen sind, müssen Quarks Spin $\frac{1}{2}$ haben. Tabelle 10.1 zeigt eine knappe Übersicht über die Eigenschaften der Quarks.

Tabelle 10.1 Die ersten Quarks und ihre Quantenzahlen

Quark	Spin	Q	I	I_3	S	B
Up (u)	$\frac{1}{2}$	$\frac{2}{3}$	$\frac{1}{2}$	$\frac{1}{2}$	0	$\frac{1}{3}$
Down (d)	$\frac{1}{2}$	$-\frac{1}{3}$	$\frac{1}{2}$	$-\frac{1}{2}$	0	$\frac{1}{3}$
Strange (s)	$\frac{1}{2}$	$-\frac{1}{3}$	0	0	-1	$\frac{1}{3}$

Quarks sind auch nützlich, um einige hadronische Prozesse qualitativ zu verstehen. Dazu benutzt man das Konzept der *Quarkliniendiagramme*. Betrachten wir zum Beispiel den Zerfall des $\Delta^{++}(\mathrm{uuu})$ in ein Proton (uud) und ein Pion ($\mathrm{u\overline{d}}$), wie in Bild 10.3. Nach rechts zeigende Pfeile stehen für Quarks, nach links zeigende für Antiquarks. Man bemerke, daß es sich hier nicht um Feynman-Diagramme handelt, da die Quarks ja im Innern von Hadronen gebunden sind, aber die Starke Wechselwirkung zwischen ihnen im allgemeinen nicht gezeigt wird. Da die Baryonzahl erhalten bleibt, können Quarklinien nicht gebrochen werden.

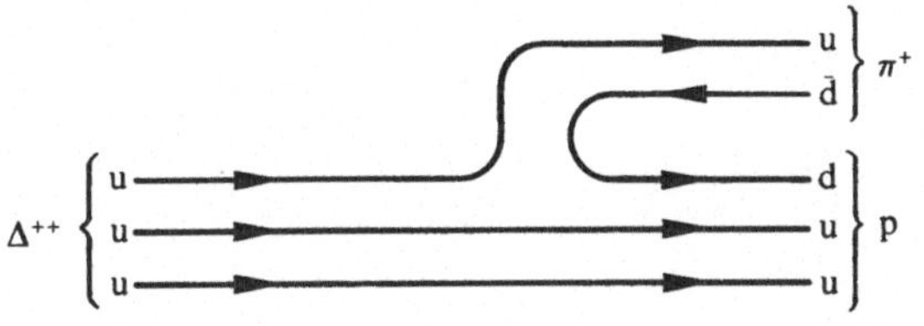

Bild 10.3 Quarkliniendiagramm für den Zerfall $\Delta^{++} \to \mathrm{p}\pi^+$. Nach rechts laufende Pfeile stellen Quarks, nach links laufende Antiquarks dar.

Wir haben vorhin die Quarks als Elemente einer Darstellung eingeführt und nicht als Teilchen, und dies aus gutem Grund. Um in den Genuß der Erfolge des $SU(3)$-Ordnungsschemas zu gelangen, braucht man ihre Existenz als beobachtbare Teilchen nicht zu fordern. Man kann sie sich als mathematische Größen vorstellen, die dieses Schema ermöglichen, ohne selbst eine physikalische Existenz zu haben. In der Frühgeschichte der Quarks war dies eine willkommene Ausflucht, da ihre gebrochene Ladung und ihre verfehlte Beobachtung in Experimenten die ohnehin konservative Gemeinde der Physiker eher skeptisch ließ. Später werden wir sehen, daß es mittlerweile sehr wohl gute indirekte Hinweise für die Existenz von Quarks gibt — obwohl sie noch nie einzeln nachgewiesen wurden. Erst seit 1968, als am SLAC-Beschleuniger in Stanford (Kalifornien) die ersten *tief inelastischen Streuexperimente* durchgeführt wurden, sind diese Anzeichen langsam zahlreicher geworden. Vorher hüteten sich die meisten Physiker, eine genaue Aussage über die physikalische Existenz der Quarks zu machen, und begnügten sich mit der Mathematik der $SU(3)$.

Dieser Zweifel ist der historische Hintergrund dafür, daß man die Ergebnisse, die nur die Gruppentheorie voraussetzen, als $SU(3)$-Schema bezeichnet, während die Folgerungen aus der physikalischen Existenz von Quarks *Quarkmodell* genannt werden. Die Mathematik der $SU(3)$ kann nicht nur die Multiplettstruktur der beobachteten Teilchen erklären, sondern auch einfache Voraussagen zu den Massen der Teilchen innerhalb der Multipletts machen. Wäre die $SU(3)$-Symmetrie vollkommen, hätten alle Teilchen eines Multipletts die gleiche Masse. Da dies jedoch nicht der Fall ist, wissen wir, daß $SU(3)$ gebrochen sein muß. Mit einigen Annahmen über die Art dieser Brechung kann man Massenformeln herleiten, die recht gut stimmen:

$$\begin{aligned} \text{Baryonen:} \quad & \tfrac{1}{2}(m_{\mathrm{N}} + m_{\Xi}) = \tfrac{1}{4}(3m_{\Lambda^0} + m_{\Sigma}) \,, \\ \text{Mesonen:} \quad & m_{\mathrm{K}}^2 = \tfrac{1}{4}(3m_{\eta}^2 + m_{\pi}^2) \,. \end{aligned}$$

Im *Quarkmodell* wird die Symmetriebrechung dadurch beschrieben, daß man dem Strange-Quark eine größere Masse als den gleichschweren Up- und Down-Quarks gibt. Man kann hier auch Annahmen über die Kraft machen, die die Quarks aneinander bindet, und somit das Massenspektrum für Teilchen mit gleichen Quantenzahlen und verschiedenem Spin berechnen. Die Rechnungen stimmen mit dem Experiment ziemlich gut überein, sogar besser, als es die Vereinfachungen des Modells erwarten lassen. Das einfache Quarkmodell aber konnte die wesentlichen Fragen, die das Quark betreffen, nicht lösen: Weshalb kann man sie nicht beobachten? Warum treten sie nur in gewissen Verbindungen auf? Welches ist die Kraft, die auf sie wirkt? Diese Fragen konnten erst beantwortet werden, als eine der QED entsprechende Theorie für die Quarks entstanden war.

11 Hadrondynamik

11.1 Einleitung

Die ungelösten Probleme mit dem Quarkmodell verleiteten die Physiker in den 60er, Jahren sich auf die Dynamik der bekannten Hadronen zu beschränken. Obwohl man ahnte, daß daraus keine grundlegende Theorie der Starken Wechselwirkung entstehen würde, schaffte man etwas Ordnung im Gestrüpp von Effekten, die man in Hadronkollisionen gesehen hatte, zum Beispiel bei Pion-Proton- (πp), Kaon-Proton- (Kp) oder Proton-Proton-Reaktionen (pp), mit denen in diesem Jahrzehnt hauptsächlich experimientiert wurde. Die Untersuchung der Hadrondynamik ergänzt somit die $SU(3)$-Klassifizierung, die die Hadronresonanzen nach ihren statischen Eigenschaften ordnet.

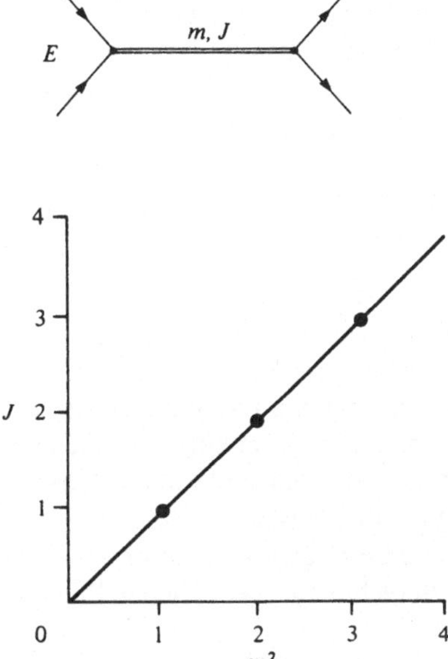

Bild 11.1 Teilchen mit gegebener Energie und gegebenem Drehimpuls bilden eine Resonanz mit Masse m und Spin J. Das Spektrum der Resonanzen liegt auf einer Regge-Trajektorie, die Masse und Spin verbindet.

11.2 Regge-Trajektorien

Für die einfache Zwei-Teilchen-Streuung beschreibt die Regge-Theorie, nach dem italienischen Physiker Tullio Regge benannt, wie der Drehimpuls des Zwei-Teilchen-Systems sich mit zunehmender Energie der kollidierenden Teilchen verhält. In der Nähe von Resonanzen sagt uns die Regge-Theorie den Spin der Resonanzen als Funktion ihrer Masse voraus. Kennt man die Kraft zwischen den Teilchen, kann man das Spektrum der Resonanzen in einem Spin-Masse-Diagramm eintragen und erhält die sogenannten *Regge-Trajektorien* (Bild 11.1).

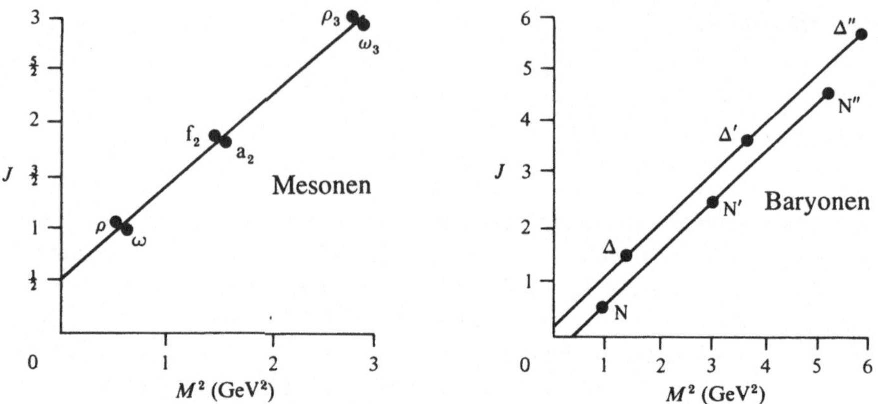

Bild 11.2 Regge-Trajektorien für Mesonen und Baryonen. Der Spin ist mit J bezeichnet.

Die Regge-Theorie wurde zunächst für Teilchenstreuung bei niedrigen Energien an einem bekannten Potential, etwa dem elektrischen Feld eines Atoms, angewendet. Streng genommen gibt es nur für diesen Fall einen Beweis für die Theorie. Um so erfreulicher war es, als man feststellte, daß bei Hochenergiereaktionen die Resonanzen auf besonders einfachen Regge-Trajektorien lagen, nämlich auf Geraden. So konnte man jetzt Resonanzen mit gleichen inneren Quantenzahlen nach Masse und Spin klassifizieren, während die $SU(3)$ Teilchen mit gleichem Spin und (ohne Symmetriebrechung) gleicher Masse ordnet. Einige Regge-Trajektorien für Mesonen und Baryonen zeigt Bild 11.2.

11.3 Hadronreaktionen

Die Regge-Theorie ist aber nicht nur nützlich, weil sie eine weitere Klassifikation der Resonanzen liefert, sondern auch, weil sie Hadronreaktionen beschreibt. In Abschnitt 7 haben wir gesehen, wie das erste Modell der Starken Kernkraft, in Analogie zum Photonaustausch bei elektromagnetischen Prozessen, das Pion als Mittler zwischen zwei kollidierenden Hadronen (etwa Protonen) vorsah. Leider hat dieses einfache Bild schwere Mängel. Erstens läßt die Stärke der Wechselwirkung die Vernachlässigung des Austauschs von zwei, drei oder mehr Pionen nicht zu; im Prinzip können sie größere Beiträge liefern als der einfache Pionaustausch. Zweitens ist die Übereinstimmung der Berechnung des einfachen Pionaustauschs mit dem Experiment unzureichend.

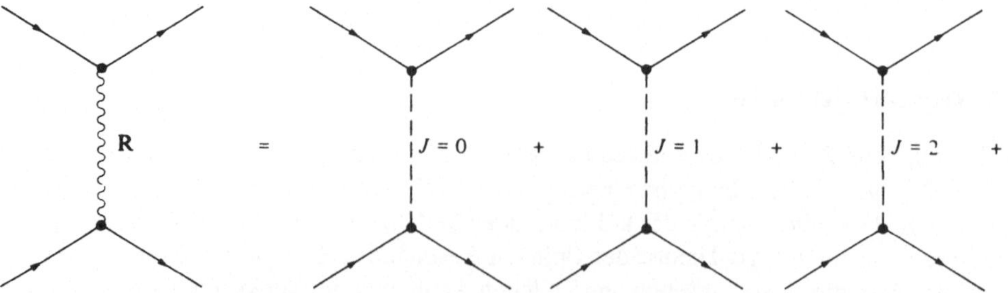

Bild 11.3 Der Austausch eines Reggeons ist äquivalent zum Austausch von vielen Resonanzen mit verschiedenem Spin.

Und drittens reicht der alleinige Austausch von Pionen nicht aus: Man kennt viele andere Mesonen und es ist unwahrscheinlich, daß sie keinen Anteil an den Hadronrekationen haben sollten. Hinzu kommt, daß für gewisse Reaktionen (etwa Pion-Proton-Streuung) der Pionaustausch wegen der Erhaltung der Parität oder anderer Quantenzahlen gänzlich verboten ist. All dies sind Anzeichen für andere Mechanismen.

Eine bessere Beschreibung von hochenergetischen Hadronreaktionen erhält man, wenn man nicht bloß ein Pion (oder ein anderes Meson) zwischen den kollidierenden Teilchen austauscht, sondern alle Teilchen einer oder mehrerer Regge-Trajektorien. Dies nennt man oft den Austausch von *Reggeonen*. Der Austausch eines Reggeons ist also gleichbedeutend mit dem einer ganzen Reihe von Resonanzen, die sich in Spin und Masse unterscheiden, aber ansonsten gleiche innere Quantenzahlen haben (Bild 11.3).

Die Rechnungen des Reggeonaustauschs sind weit weniger zuverlässig als die Feynman-Regeln der QED, aber ihre Zielsetzung ist ähnlich. Unter anderem sagen sie die näherungsweise Konstanz des totalen Wirkungsquerschnitts für Hadronreaktionen über einen weiten Energiebereich voraus, was durch Experimente auch bestätigt wird (Bild 11.4).

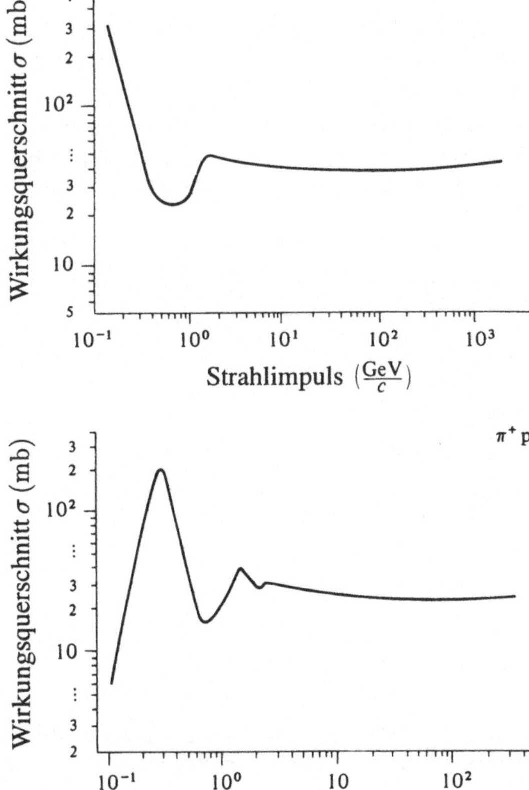

Bild 11.4 Beispiele für das Verhalten des Wirkungsquerschnitts in hochenergetischen Hadronreaktionen

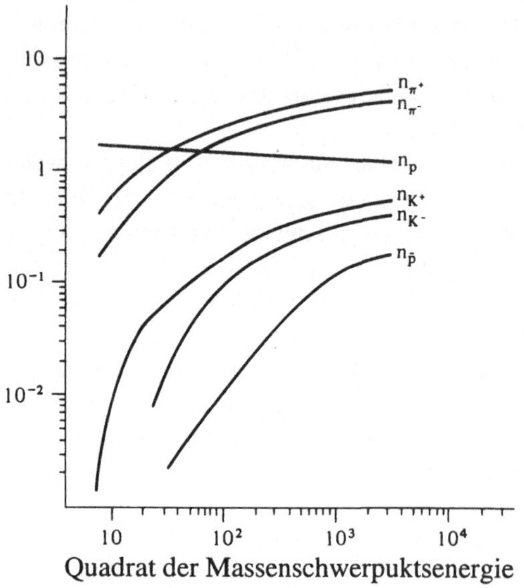

Bild 11.5 Multiplizitäten bei Hadronreaktionen

Bei sehr hohen Energien, etwa ab der fünfzigfachen Protonmasse, zeichnen sich Hadronreaktionen meist durch die schiere Anzahl an produzierten Teilchen aus. Man nennt diese die *Multiplizität* der betreffenden Reaktion (Bild 11.5). Um diese Reaktionen zu beschreiben, kann die Regge-Theorie durch Einführung des mehrfachen Reggeonaustauschs erweitert werden. Die Formeln, die diese Prozesse beschreiben, taugen als Grundlage für eine Feldtheorie mit Reggeonen, in denen diese die Rolle der Photonen in der QED spielen.

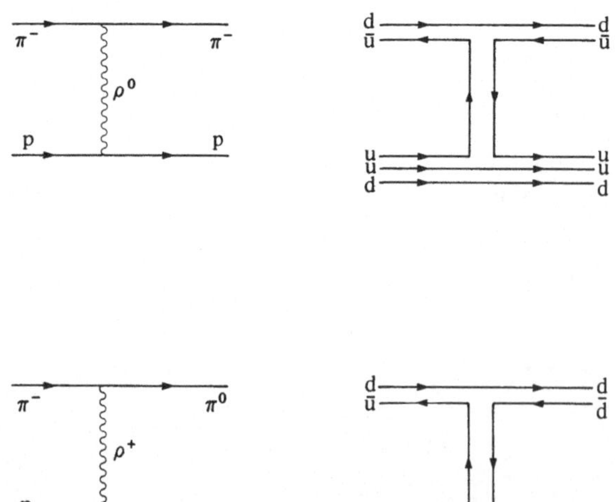

Bild 11.6 Quarkliniendiagramme für den Austausch von Reggeonen

Die Quarkliniendiagramme schließlich sorgen für die Verträglichkeit der Hadronreaktionen mit dem Ordnungsschema der $SU(3)$. Sie bilanzieren den internen Fluß der Quantenzahlen in einem Stoßprozeß, dessen Dynamik durch die Regge-Theorie beschrieben wird. Man kann somit sehen, wie ein Reggeon elektrische Ladung oder Seltsamkeit von einem äußeren Teilchen zu einem anderen bringt (Bild 11.6). Wie wir bereits oben erwähnt haben, setzt ein solches Diagramm keinesfalls die physikalische Existenz der Quarks voraus — man kann sie als reine Buchhaltung für die $SU(3)$-Symmetrie der beteiligten Hadronen betrachten. Die Benutzung dieser Diagramme legt aber schon eine grundlegende Rolle der Quarks nahe.

11.4 Zusammenfassung

Die Fülle von entdeckten Resonanzen in Hadronreaktionen war es, die zunächst die beiden Ordnungsschemata der $SU(3)$ und der Regge-Trajektorien inspirierten. Die $SU(3)$ verbindet erfolgreich Teilchen mit verschiedenen internen Quantenzahlen und selbem Spin miteinander und führt in ihrem Verlauf zu Grundbausteinen, die zusammengesetzt alle bekannten Hadronen erklären können. Diese Bausteine wurden später, wie wir sehen werden, mit neuen Teilchen, den Quarks, identifiziert. Die Regge-Theorie, andererseits verbindet Hadronen mit verschiedenen Massen und Spins, aber gleichen internen Quantenzahlen. Sie gibt auch eine mathematische Beschreibung von hochenergetischen Hadronreaktionen, aber keine wahre Erklärung. Die Regge-Theorie ist nur eine Art makroskopischer Näherung an die reale Dynamik der Quarks.

III Physik der Schwachen Wechselwirkung I

12 Die Verletzung der Parität

12.1 Einleitung

Der Zerfall des seltsamen Kaons sorgte Anfang der 50er Jahre für viel Verwirrung. Insbesondere schienen zwei Zerfallsarten so verschieden, daß man zeitweilig dachte, es mit zwei Teilchen, dem τ und dem θ, zu tun zu haben:

$$\tau^+ \rightarrow \pi^+ + \pi^+ + \pi^- \ ,$$
$$\theta^+ \rightarrow \pi^+ + \pi^0 \ .$$

Die eingehende Untersuchung der Zwei- und Drei-Pion-Endzustände zeigte aber, daß das τ und das θ beide mit dem positiv geladenen Kaon K^+ identisch sein mußten. Die Massen waren gleich, wie auch die Lebensdauern — etwa 10^{-8} s, eine Skala, die auf einen Zerfall durch Schwache Wechselwirkung hindeutet. Die Zerfälle erschienen inkompatibel, da die Endzustände verschiedene Parität haben. Stammen sie vom gleichen Teilchen, bedeutet das, daß die Kraft, die den Zerfall herbeiführt, die Parität verletzt. Anders gesagt: Die Kraft verhält sich in linkshändigen und rechtshändigen Koordinatensystemen verschieden; sie kann rechts und links, reale Welt und Spiegelbild unterscheiden.

Vor 1956 traute sich niemand einen solch revolutionären Schluß zu, bis T. D. Lee und C. N. Yang feststellten, daß es, im Gegensatz zur Starken Kraft und zum Elektromagnetismus, keinen Hinweis für die Erhaltung der Parität durch die Schwache Kraft gab. Das θ-τ-Rätsel zeigte, daß die Schwache Kraft die Parität sehr wohl verletzen konnte, und nach Lee und Yang sollte dies gar für alle Schwachen Prozesse gelten.

12.2 Der β-Zerfall von Kobalt

Einige Monate nach der Arbeit von Lee und Yang unternahm man Experimente, um die Erhaltung der Parität in anderen Schwachen Prozessen zu untersuchen. Das erste und berühmteste war die Untersuchung des β-Zerfalls von Kobalt durch C. S. Wu und E. Ambler am National Bureau of Standards in Washington. Dabei ging es darum, eine mögliche räumliche Asymmetrie der emittierten Elektronen aus dem β-Zerfall von Kobalt zu messen, um einen Unterschied zwischen dem β-Zerfall und seinem Spiegelbild festzustellen. Der untersuchte Prozeß war der gewöhnliche radioaktive β-Zerfall von Kobalt in Nickel:

$$^{60}\mathrm{Co} \rightarrow {}^{60}\mathrm{Ni} + \mathrm{e}^+ + \overline{\nu} \ .$$

Zunächst mußte man das Kobalt eine Richtung im Raum, bezüglich derer die Zerfallselektronen gemessen werden sollten, auszeichnen lassen. Dies geschah, indem ein Magnetfeld angelegt und das Kobalt stark abkühlt wurde. Unter diesen Bedingungen richtet sich der Kernspin vornehmlich nach der Richtung des Magnetfelds aus. Jetzt kann man eine Asymmetrie in der Verteilung der ausgesendeten Zerfallselektronen — in Richtung des Kernspins (das heißt des Magnetfelds) oder in Gegenrichtung — suchen. Man kann zeigen, daß sich weder die Richtung des Spins noch die des Magnetfelds bei Spiegelung verändert. Die Richtung, in der die Elektronen wegfliegen, ändert sich sehr wohl, und eine eventuelle Asymmetrie bezüglich der Magnetfeldrichtung würde im Spiegelbild umgekehrt werden (Bild 12.1).

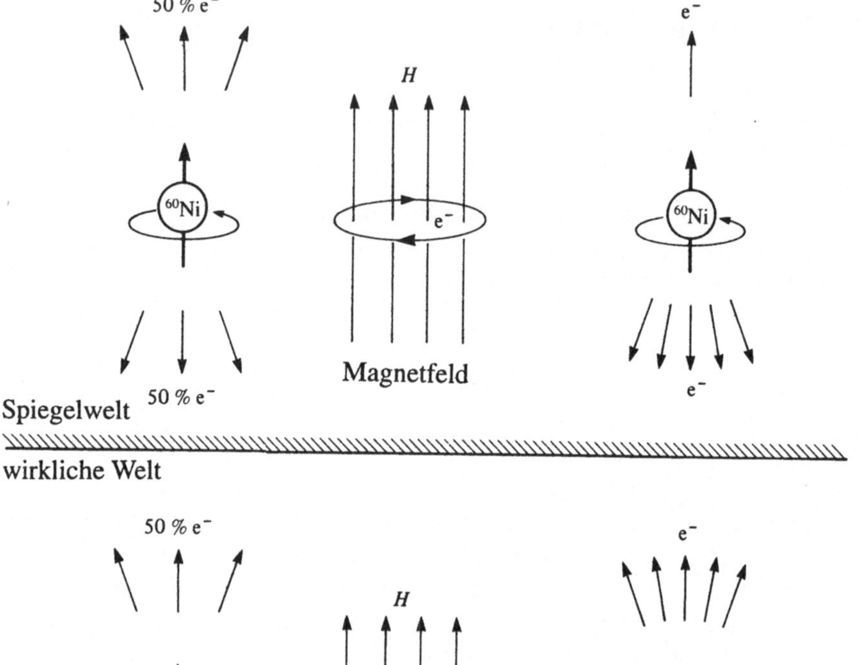

Bild 12.1 *(a)* Wird keine Asymmetrie bei den Zerfallselektronen festgestellt, kann die reale Welt nicht von ihrem Spiegelbild unterschieden werden. *(b)* Wird eine Asymmetrie gemessen, kann man beide Welten unterscheiden. Im Experiment findet man tatsächlich eine Asymmetrie.

Der Prozeß und sein Spiegelbild wären also unterscheidbar; die Schwache Kraft, die den β-Zerfall des Kernes verursacht, könnte also rechts von links unterscheiden.

Es ist schwer möglich, sich in der Physik eine größere Überraschung auszudenken, als die, die das Experiment von Frau Wu und Kollegen in der Folge der Arbeit von Lee und Yang auslöste. Seit der Entdeckung der Quantennatur des Lichts hatte man kein Naturphänomen gefunden, das der Erwartung so widersprach. Ein berühmter Physiker, sagt man, verdächtigte sogar Gott, *schwach linkshändig* zu sein.

Andere Experimente bestätigten bald die Paritätsverletzung. Ein Beispiel ist der Zerfall des Hyperons im Prozeß

$$\pi^- + \mathrm{p} \rightarrow \Lambda^0 + \mathrm{K}^0 \,.$$
$$\hookrightarrow \pi^- + \mathrm{p}$$

Man betrachtet dazu die Ebene, die durch die Flugrichtungen des einlaufenden Pions und des Hyperons gebildet wird. Bei erhaltener Parität müßten sich die auslaufenden Pionen je zur Hälfte ober- und unterhalb dieser Ebene befinden. In einem 1957 durchgeführten Experiment konnte aber auch hier eine Asymmetrie gemessen werden.

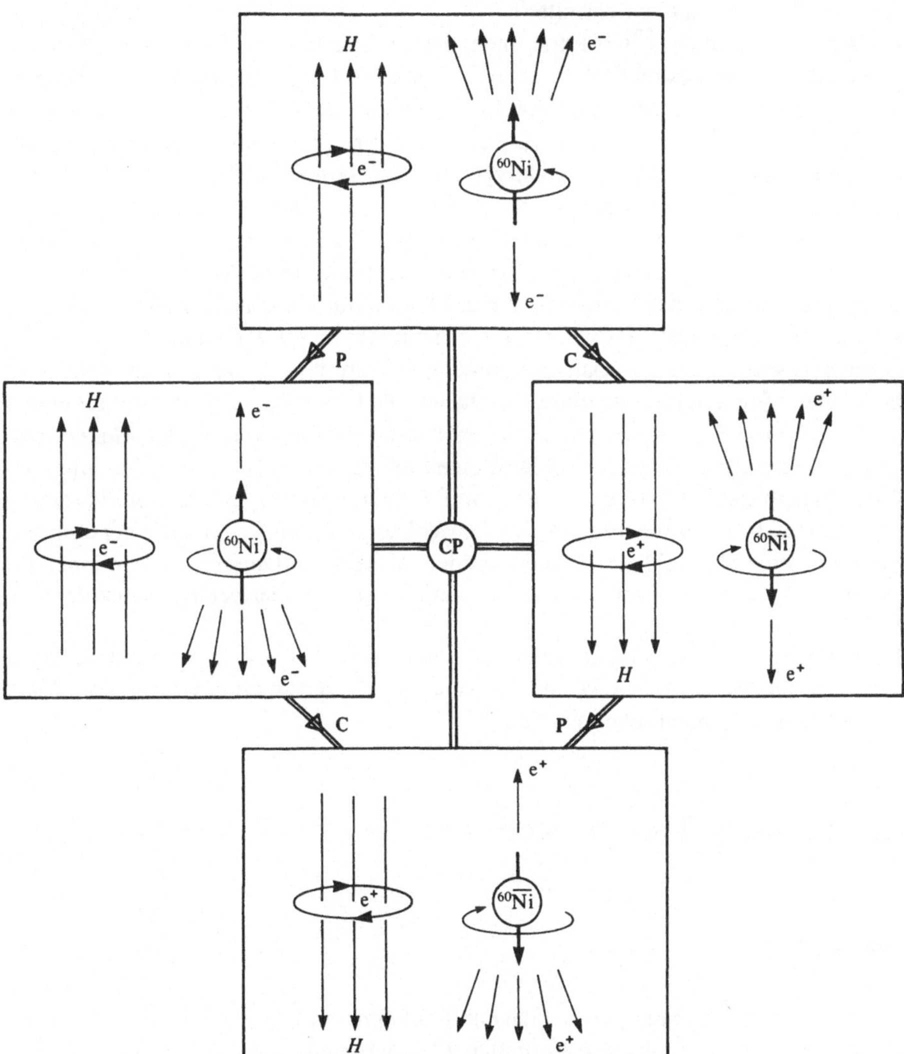

Bild 12.2 Das ^{60}Co-Experiment und seine $\mathcal{C}$- und $\mathcal{P}$-Transformationen

12.3 Absolute Händigkeit und $\mathcal{CP}$-Invarianz

Eine etwas akademische, wenngleich interessante Frage ist, ob man mit Hilfe der paritätsverletzenden Schwachen Kraft rechts und links in einem absoluten Sinn unterscheiden kann. Das bekannteste Gedankenexperiment hierzu ist, wie man es schaffen könnte, einem intelligenten Wesen in einer fernen Galaxie unsere Konvention für rechts und links (beziehungsweise für den Uhrzeigersinn) zu vermitteln.

So könnte man ihm das ^{60}Co-Experiment beschreiben und ihn die Richtung feststellen lassen, in der die wenigsten Elektronen beim β-Zerfall fliegen. Betrachtet er aus dieser Richtung die Spule, die das Magnetfeld aufbaut, sieht er die Elektronen in *unserem Uhrzeigersinn* kreisen. In unserer Galaxie wäre das voll ausreichend, aber vielleicht nicht für Wesen in weiter entfernten Teilen des Universums. Der Grund hierfür ist, daß diese Wesen aus Antimaterie bestehen könnten, und ihre Experimente mit Antikobalt durchführen würden: Unsere Anweisungen würden dann genau den falschen Umlaufsinn auszeichnen. In der Tat verletzt die Schwache Wechselwirkung nicht nur die Parität, sondern auch die Ladungskonjugation (also das Vertauschen von Materie mit Antimaterie) und zwar genau so, daß die zusammengesetzte Symmetrie, $\mathcal{CP}$ genannt, (fast) genau erhalten ist.

Ausgehend von unserem Kobalt-Experiment, in dem die meisten Zerfallselektronen in Richtung des Magnetfeldes austreten, sehen wir, daß eine Raumspiegelung zu einem beobachtbaren Unterschied führt: Die Elektronen werden nun entgegen der Magnetfeldrichtung emittiert. Führen wir jetzt *zusätzlich* eine Ladungskonjugation durch, erhalten wir eine Kopie des ursprünglichen Experiments: Die Teilchen entfliehen am Magnetfeld entlang (Bild 12.2). Unserem entfernten Freund gibt die Beobachtung der Asymmetrie der emittierten Elektronen keine Möglichkeit zu unterscheiden, ob seine und unsere Konventionen für (i) rechts und links und (ii) Materie und Antimaterie dieselben oder beide genau entgegengesetzt sind.

Man kann die $\mathcal{CP}$-Erhaltung natürlich nicht mit Antikobalt testen, aber andere Experimente zeigen, daß sie in hohem Maße gilt. Allerdings ist dies nicht das Ende vom Lied, wie wir in Abschnitt 15 noch sehen werden.

13 Die Fermische Theorie der Schwachen Wechselwirkung

13.1 Einleitung

Vor den frühen 60er Jahren kannte man nur drei Leptonen: das Elektron, das Myon und das Neutrino (jeweils mit ihren Antiteilchen). Am besten läßt sich die Schwache Kraft an solchen Prozessen untersuchen, an denen nur diese Teilchen beteiligt sind. Man hat dann keine Nebeneffekte der Starken Kraft, die das Bild stören. Die Untersuchung rein leptonischer Reaktionen beschränkte sich jedoch zunächst auf den Zerfall des Myons in Elektron und Neutrino. Die geläufigsten Reaktionen zur Erforschung der Schwachen Kraft waren der radioaktive β-Zerfall von Kernen und der Zerfall von Pion und Kaon (Schwache Zerfälle von Hadronen): Diese Reaktionen waren die empirische Basis für die erste Beschreibung der Schwachen Wechselwirkung durch Fermi im Jahre 1933.

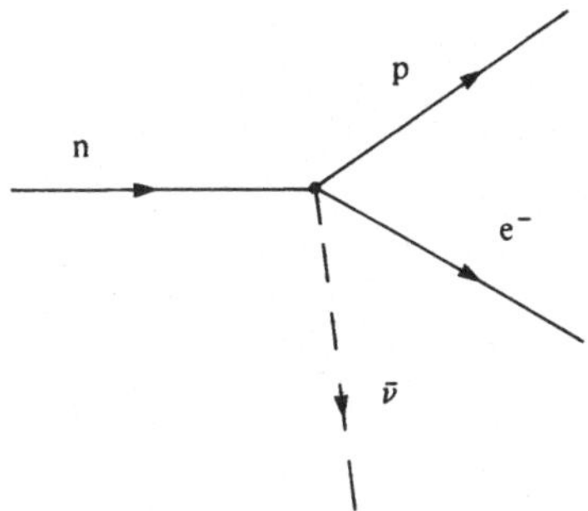

Bild 13.1 Der β-Zerfall des freien Neutrons

13.2 Die Fermische Theorie des β-Zerfalls

Das einfachste Beispiel eines β-Zerfalls ist der Übergang des freien Neutrons in ein Proton, ein Elektron und ein Antineutrino (Bild 13.1):

$$\mathrm{n} \rightarrow \mathrm{p} + \mathrm{e}^- + \overline{\nu}\,.$$

Fermi betrachtete diese Reaktion als Prototyp für die Schwache Wechselwirkung, die er als Wechselwirkung von vier Fermionen an einem Ort beschrieb. Mathematisch wird an einem Raum-Zeit-Punkt die quantenmechanische Wellenfunktion des Neutrons in die des Protons und die Wellenfunktion des einlaufenden Neutrinos (die zu der eines auslaufenden Antineutrinos identisch ist, wie wir sehen werden) in die des Elektrons verwandelt. Die vollständige Beschreibung dieser Reaktion erfordert noch unbekannte Faktoren Γ, die diese Umwandlungen durchführen, sowie einen weiteren Faktor, die Fermische Kopplungskonstante G_{F}. Diese legt letztlich die Stärke der Schwachen Wechselwirkung fest und damit auch die Zerfallsraten. Die Amplitude für den β-Zerfall lautet also

$$M = G_{\mathrm{F}}(\overline{\psi}_{\mathrm{p}}\Gamma\psi_{\mathrm{n}})(\overline{\psi}_{\mathrm{e}}\Gamma\psi_{\nu})\,.$$

Die Faktoren Γ sind charakteristisch für die Schwache Wechselwirkung und führen die Umwandlung der Teilchen durch. Die eigentliche Herausforderung war, diese Größen zu bestimmen (und ob es bloß gewöhnliche Zahlen, Skalare, oder aber vielleicht Vektoren oder Tensoren sind). Untersucht man die Winkel, unter denen die Zerfallsprodukte beim β-Zerfall auseinanderlaufen, kann man die Wahl etwas begrenzen. Es dauerte trotzdem viele Jahre, und die genaue Form erhielt man erst, als die Paritätsverletzung durch die Schwache Kraft bekannt wurde.

Feynman und Gell-Mann schlugen 1956 für die Faktoren Γ eine Mischung von Vektor- und Axialvektorgrößen vor, die den Effekt der Paritätsverletzung erklären konnte.

Eine Vektorgröße hat gegen Lorentztransformationen ein wohldefiniertes Verhalten. Sie wird zum Beispiel das Vorzeichen wechseln, wenn sie um 180 Grad gedreht wird, und bei einer Drehung um 360 Grad unverändert bleiben. Gegen Rotationen verhält sich eine Axialvektorgröße genau wie ein Vektor, aber gegen uneigentliche Lorentztransformationen, wie der Parität, verhält sie sich genau entgegengesetzt. Enthält eine Größe sowohl Vektor- als auch Axialvektorteile, wird sie nach einer Paritätstransformation anders aussehen als zuvor (zum Beispiel werden sich Komponenten summieren statt sich auszulöschen), wie es

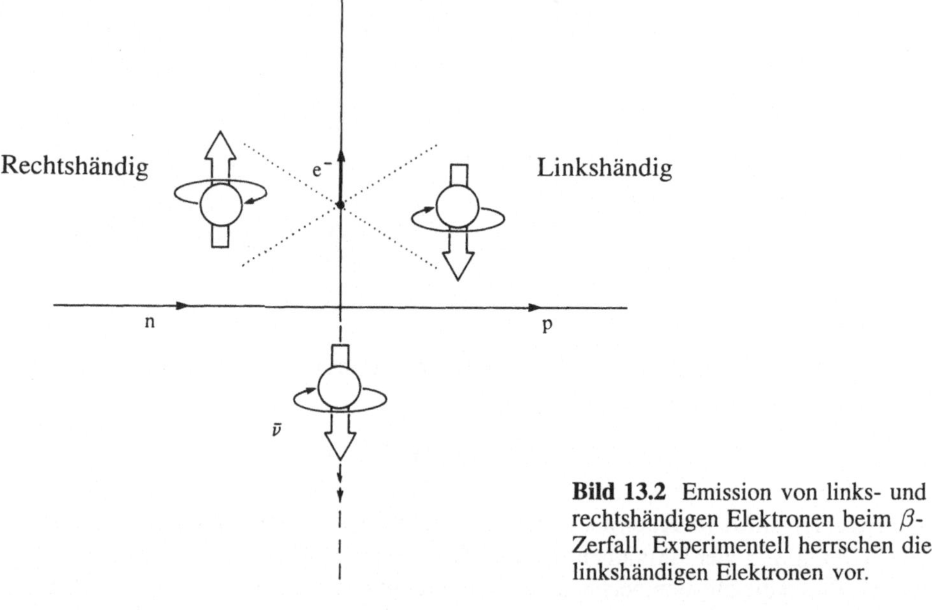

Bild 13.2 Emission von links- und rechtshändigen Elektronen beim β-Zerfall. Experimentell herrschen die linkshändigen Elektronen vor.

für die Schwache Kraft ja auch notwendig ist. Wählt man den Faktor Γ in der Amplitude M für den β-Zerfall in dieser Form, kann man die Einzelheiten des freien Neutronzerfalls berechnen.

13.3 Die Polarisation der β-Zerfallselektronen

Wir haben bereits gesehen, wie die Paritätsverletzung sich als Richtungsasymmetrie der Elektronen im β-Zerfall manifestiert. Der Spin der emittierten Elektronen ist jedoch ebenfalls betroffen. Ohne Verletzung der Parität werden rechts- und linkshändige Elektronen in gleicher Zahl produziert (Bild 13.2). Wegen der Verletzung findet man aber einen deutlichen Vorzug einer der beiden Richtungen. Um dies zu quantifizieren, definieren wir eine Polarisation P der Elektronen wie folgt:

$$P = \frac{N_R - N_L}{N_R + N_L} ,$$

wobei N_R (N_L) die Anzahl von rechtsdrehenden (linksdrehenden) Elektronen in der Messung ist. Ist $P = 1$ gibt es nur rechtsdrehende Elektronen, bei $P = -1$ sind alle Elektronen linksdrehend. Vernachlässigt man den Rückstoß des Protons im Endzustand, ergeben Rechnungen, daß die Polarisation gleich dem negativen Quotienten aus Elektron- und Lichtgeschwindigkeit ist:

$$P = -\frac{v_e}{c} .$$

Werden die Elektronen langsam emittiert, dann ist $v_e \approx 0$, und man hat so gut wie keine Polarisation. Erreichen die Elektronen relativistische Geschwindigkeiten, $v_e \approx c$, sind fast alle linkshändig. F. Frauenfelder und Mitarbeiter maßen 1957 die Polarisation der Zerfallselektronen aus dem ^{60}Co-Experiment, indem sie sie an einer Folie aus schweren Atomen streuten. Sie fanden für eine Elektrongeschwindigkeit von $0.49c$ eine Nettopolarisation von -0.4, was hinreichend genau mit der Voraussage übereinstimmt.

13.4 Die Helizität der Neutrinos

Die Vier-Fermion-Wechselwirkung stellt scharfe Anforderungen an die Kopplung der Spins in der Schwachen Wechselwirkung. Schauen wir uns die Neutrinospins an, die mit unserem Γ koppeln dürfen, so finden wir, daß nur linkshändige Neutrinos und rechtshändige Antineutrinos an der Schwachen Wechselwirkung teilnehmen. Da die Neutrinos aber weder der elektromagnetischen noch der Starken Wechselwirkung unterliegen, kann man nur diese beiden Sorten je beobachten (Bild 13.3). (Obwohl die Neutrinos und Antineutrinos mit der jeweils entgegengesetzten Parität nie beobachten werden, können sie trotzdem existieren. Sie könnten sich aber nur durch die Schwerkraft bemerkbar machen).

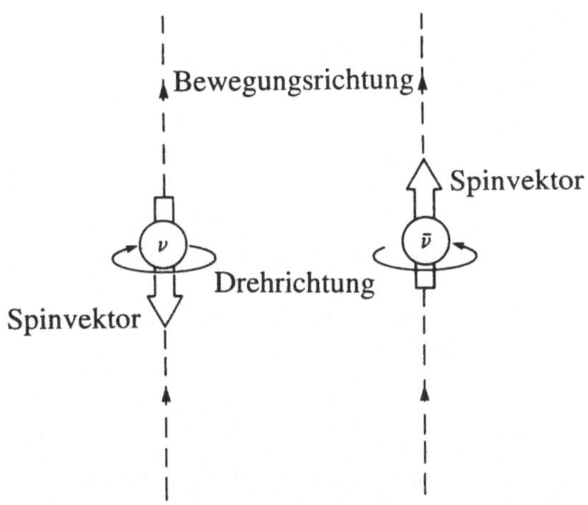

Bild 13.3 Man kennt nur Neutrinos mit linkshändiger Helizität (und rechtshändige Antineutrinos). Die Helizität ist die Spinkomponente entlang der Bewegungsrichtung und ist eine praktische Art, den Spin eines bewegten Teilchens zu definieren.

Um die Neutrinohelizität zu messen, brauchen wir einen besonders einfachen β-Zerfall, der es uns erlaubt, sie durch das Prinzip der Drehimpulserhaltung aus der Messung der Helizität der anderen Zerfallsprodukte zu bestimmen.

M. Goldhaber und Kollegen führten 1958 ein solches Experiment durch. Der Spin-0-Kern von ^{152}Eu geht mittels eines hybriden β-Zerfalls, bei dem ein Elektron eingefangen und ein Neutrino erzeugt wird, in einen angeregten Zustand des ^{152}Sm-Kerns mit Spin 1 über. Dieser zerfällt sodann in den Grundzustand mit Spin 0 unter Aussendung eines Photons (Bild 13.4):

$$^{152}\mathrm{Eu} + \mathrm{e}^- \to {}^{152}\mathrm{Sm}^* + \nu \,.$$
$$\hookrightarrow {}^{152}\mathrm{Sm} + \gamma$$

Die Kerne im Anfangs- und Endzustand haben keinen Spin; somit müssen die Spins von Neutrino und Photon entgegengesetzt sein, wenn diese Teilchen keinen relativen Drehimpuls haben. Aus der Photonhelizität kann man also auf die Neutrinohelizität schließen, die tatsächlich negativ (also linkshändig) ist.

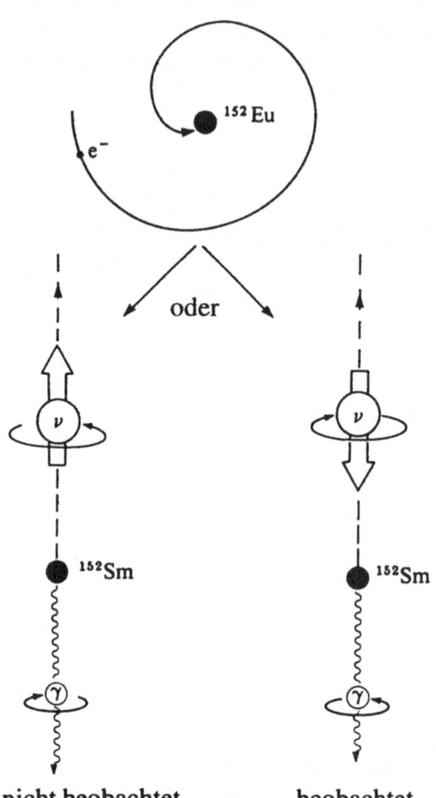

Bild 13.4 Die Helizität des emittierten Photons beim hybriden Zerfall von ^{152}Eu zeigt, daß das Neutrino nur in der linkshändigen Variante existiert.

13.5 Schlußfolgerungen

Die Experimente aus den späten 50er Jahren unterstützten Fermis ursprüngliche Idee einer punktförmigen Vier-Fermion-Wechselwirkung und die Beschreibung der Paritätsverletzung mittels geeigneter Faktoren Γ, die die Spineffekte richtig wiedergaben, so zum Beispiel, daß die linkshändigen Neutrinos (und die rechtshändigen Antineutrinos) bevorzugt an linkshändige Elektronen koppeln.

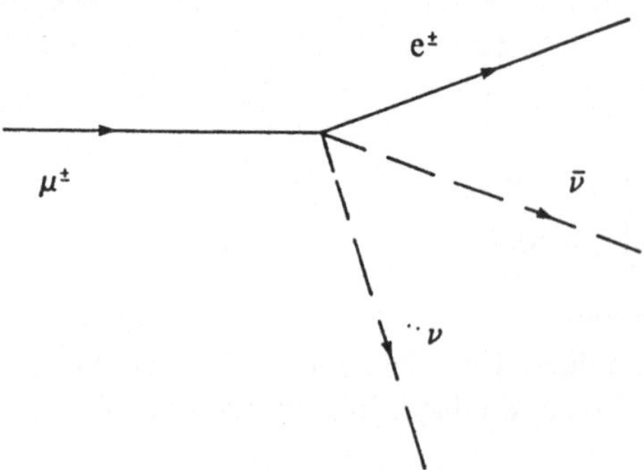

Bild 13.5 Das Vier-Fermion-Bild des Myonzerfalls

Andere Experimente bestätigten dieses Bild. Insbesondere ist der rein leptonische Myonzerfall (Bild 13.5) ein klarer Kandidat für die Fermische Vier-Fermion-Wechselwirkung:

$$\mu^{\pm} \rightarrow \mathrm{e}^{\pm} + \nu + \overline{\nu} \,.$$

Die Amplitude, die diesen Zerfall beschreibt, ist die gleiche, wie die des β-Zerfalls des freien Neutrons, mit entsprechend veränderten Wellenfunktionen. Man kann dann feststellen, daß der Wert von G_{F}, der für die Zerfallsrate des Myons nötig ist, auf 2% mit dem Wert übereinstimmt, den man aus dem β-Zerfall des Neutrons bekommt. So kann man sicher sein, daß diese beiden sehr verschiedenen Prozesse von der gleichen Kraft herrühren.

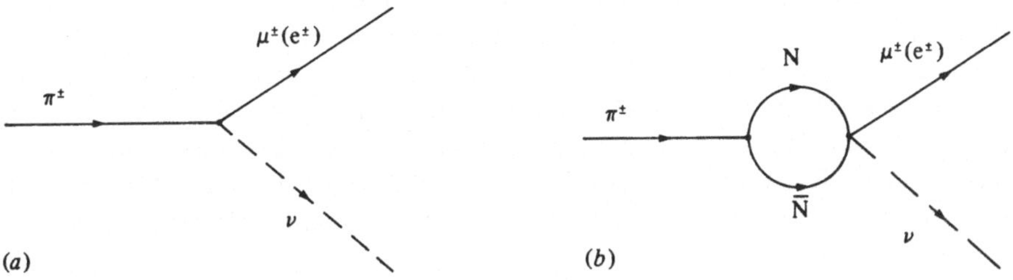

Bild 13.6 Der Schwache Zerfall des geladenen Pions *(a)* und seine Interpretation als Vier-Fermion-Prozeß *(b)*

Der Schwache Pionzerfall (Bild 13.6(a)) scheint zunächst nicht in das Vier-Fermion-Bild zu passen:

$$\pi^{\pm} \rightarrow \mu^{\pm} + \nu \quad \text{bzw.} \quad \pi^{\pm} \rightarrow \mathrm{e}^{\pm} + \nu \,.$$

Man kann sich behelfen, indem man sich für kurze Zeit Energie über das Heisenbergsche Unschärfeprinzip ausleiht und das Pion in ein virtuelles Nukleon-Antinukleon-Paar aufspaltet, so daß man folgenden Prozeß bekommt (Bild 13.6(b)):

$$\pi^{\pm} \rightarrow \mathrm{N} + \overline{\mathrm{N}} \rightarrow \mu^{\pm} + \nu \,.$$

Diese etwas gezwungene Beschreibung des Pionzerfalls kann man im Quarkbild des Schwachen Hadronzerfalls umgehen, wie wir bald sehen werden.

14 Zwei Neutrinos

14.1 Einleitung

Als der β-Zerfall noch nicht voll verstanden war, war es nicht klar, ob die Neutrinos aus dem β-Zerfall des Neutrons dieselben waren, wie die aus dem β-Zerfall des Protons oder ob es andere waren. (Man erinnere sich, daß der β-Zerfall des Protons nur innerhalb eines Kerns stattfinden kann: Das freie Proton ist uneingeschränkt stabil.) Da das Positron aus dem Protonzerfall das Antiteilchen zum Elektron aus den Neutronzerfall ist, entstand die Meinung, in dem einen Fall würde ein Neutrino und in dem anderen ein Antineutrino erzeugt. So kommt man zum Konzept der Leptonzahlerhaltung, das von Konopinski und Mahmoud aus dem Jahre 1953 stammt. Teilt man dem Elektron, dem negativ geladenen Myon und dem Neutrino die Leptonzahl $+1$, dem Positron, dem positiven Myon und dem Antineutrino die Leptonzahl -1 und allen anderen Teilchen die Leptonzahl 0 zu, dann ist in allen Reaktionen die Leptonzahlsumme erhalten. In Tabelle 14.1 sind diese Zuordnungen nochmals festgehalten. Wir können diese Regel in den bisher kennengelernten Schwachen Reaktionen nachprüfen:

$$\begin{aligned}
\text{Neutronzerfall:}\quad & \mathrm{n} \to \mathrm{p} + \mathrm{e}^- + \overline{\nu} \\
& (0) = (0) + (1) + (-1) \\
\text{Protonzerfall:}\quad & \mathrm{p} \to \mathrm{n} + \mathrm{e}^+ + \nu \\
& (0) = (0) + (-1) + (1) \\
\text{Pionzerfall:}\quad & \pi^\pm \to \mu^\pm + \overline{\nu}(\nu) \\
& (0) = (\mp 1) + (\pm 1)
\end{aligned}$$

Daß die Leptonzahl durchaus eine physikalische Bedeutung hat, zeigt sich daran, daß keine Reaktion existiert, die ihre Erhaltung verletzt. So gibt es beispielsweise die Reaktion

$$\overline{\nu} + \mathrm{p} \to \mathrm{e}^+ + \mathrm{n}\,,$$

im Gegensatz zur Reaktion

$$\overline{\nu} + \mathrm{n} \to \mathrm{e}^- + \mathrm{p}\,,$$

die nie beobachtet wird.

Tabelle 14.1 Zuordnung der einfachen Leptonzahlen

Teilchen	e^-, μ^-, ν	$e^+, \mu^+, \overline{\nu}$	Andere
Leptonzahl	1	-1	0

14.2 Ein Problem der Schwachen Wechselwirkung

Die Fermi-Theorie und das Erhaltungsgesetz der Leptonzahl in den β-Zerfällen sowie in den Schwachen Zerfällen des Pions und des Myons waren alles, was man bis 1960 von der Schwachen Wechselwirkung wußte. Die Theorie beschrieb zwar hinreichend gut, was man experimentell sah, aber erklärte nicht, warum man anderes nicht beobachetete. Insbesondere wurde der Zerfall des Myons in ein Elektron und ein Photon nicht gefunden, obwohl er elektromagnetisch durchaus erlaubt ist:

$$\mu^- \to e^- + \gamma\,.$$

Der Ausweg aus dieser Sackgasse besteht in der Einführung zweier Sorten von Neutrinos: eines, das dem Elektron zugeordnet ist, und eines, das dem Myon zugeordnet ist. Das Neutrino vom Elektrontyp ν_e wandelt sich nie in ein Myon um und das Neutrino vom Myontyp ν_μ nie in ein Elektron. Der β-Zerfall des Neutrons enthält somit nur ein Antineutrino vom Elektrontyp:

$$n \to p + e^- + \overline{\nu}_e\,,$$

während der Zerfall des Pions in ein Myon von einem Antineutrino vom Myontyp begleitet wird:

$$\pi^- \to \mu^- + \overline{\nu}_\mu\,.$$

Das Myon kann nur dann in ein Elektron zerfallen, wenn ein myonisches Neutrino den *Myontyp* abführt und ein elektronisches Antineutrino den *Elektrontyp* des Elektrons kompensiert:

$$\mu^- \to e^- + \overline{\nu}_e + \nu_\mu\,.$$

Der Zerfall des Myons in ein Elektron und ein Photon ist verboten, weil ein Teilchen vom Myontyp in eines vom Elektrontyp umgewandelt würde.

Tabelle 14.2 Zuordnung der Leptontypzahlen

Teilchen	e^-, ν_e	$e^+, \overline{\nu}_e$	μ^-, ν_μ	$\mu^+ \overline{\nu}_\mu$	Andere
Elektronzahl	1	−1	0	0	0
Myonzahl	0	0	1	−1	0

Dies heißt also, daß die Leptonzahlerhaltung durch die *Leptonentyp*zahlerhaltung ersetzt wird, die ansonsten genauso funktioniert. *Elektronzahl* und *Myonzahl* müssen beide für sich bei allen Reaktionen erhalten bleiben. Mit den Zuordnungen in Tabelle 14.2 können wir uns den Zerfall des Myons ansehen:

$$\begin{array}{rl} & \mu^- \to e^- + \overline{\nu}_e + \nu_\mu \\ \text{Myonzahl} & (1) = (0) + (0) + (1) \\ \text{Elektronzahl} & (0) = (1) + (-1) + (0) \end{array}$$

Streng genommen hätten wir in den vorangehenden Abschnitten bei jedem Auftreten eines Neutrinos einen Index anfügen müssen, um anzugeben, ob es sich um ein Neutrino des Elektrontyps oder des Myontyps handelt. Dies werden wir in Zukunft tun.

Erneut hat die Einführung von Erhaltungsgrößen ein Problem gelöst (wie in Abschnitt 8 die Einführung der Seltsamkeit). Und es wird nicht dabei bleiben. Die unausweichliche Folgerung dieser Erhaltungssätze ist, daß es sich bei Elektronneutrino und Myonneutrino um zwei physikalisch unterscheidbare Teilchen handeln muß, und das erste moderne Neutrinoexperiment wurde speziell für diesen Nachweis ersonnen.

14.3 Das Zwei-Neutrino-Experiment

Neutrinoexperimente leiden besonders unter der extremen Schwäche, mit denen Neutrinos wechselwirken. Für manche Experimente kann man den Fluß von niederenergetischen Neutrinos aus Kernkraftreaktoren nutzen, für andere braucht man jedoch Neutrinos mit hoher Energie, die häufiger mit den Teilchen einer Probe wechselwirken. Die erste Quelle von hochenergetischen Neutrinos wurde Anfang der 60er Jahre verfügbar, als einer der ersten großen Beschleuniger, das Synchrotron mit alternierendem Gradienten in Brookhaven in den Vereinigten Staaten gebaut wurde. Mit dieser Maschine konnten Protonen auf eine feste Probe, etwa Beryllium, geschleudert werden, um eine großen Fluß von Pionen zu erzeugen. Diese Pionen zerfallen dann, wie gesehen, in Myonen und Myonneutrinos. Man kann die Neutrinos aussondern, indem man den Strahl durch eine dicke Eisenschicht (etwa 20 Meter) schickt und damit die Myonen und die anderen unerwünschten Teilchen aussondert (siehe Bild 14.1).

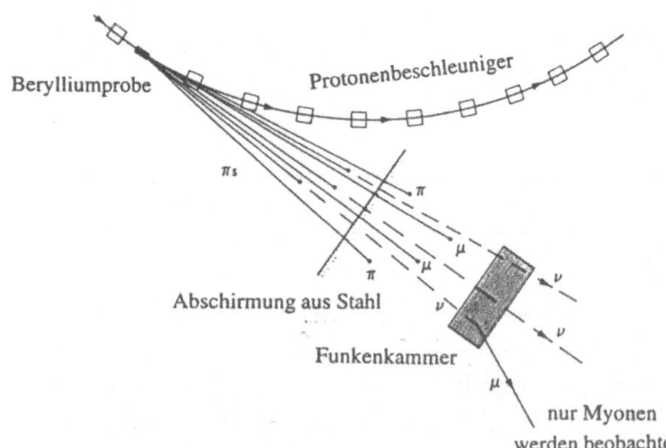

Bild 14.1 Das Zwei-Neutrino-Experiment schematisch

Gäbe es zwischen Neutrinos vom Elektrontyp und solchen vom Myontyp keinen Unterschied, müßten anschließend zwei Reaktionen mit derselben Häufigkeit auftreten:

$$\nu_\mu + \mathrm{n} \to \mu^- + \mathrm{p}\,,$$
$$\nu_\mathrm{e} + \mathrm{n} \to \mathrm{e}^- + \mathrm{p}\,.$$

Da es aber in Wahrheit zwei Neutrinotypen gibt, sollte fast ausschließlich die erste Rekation beobachtet werden, weil der Neutrinostrahl fast zur Gänze aus Myonneutrinos besteht.

Im ersten großangelegten Beschleunigerexperiment der modernen Physik konnten Leon Lederman, Melvin Schwartz und Jack Steinberger zeigen, daß die Myonreaktion in der Tat dominiert. An fünfundzwanzig Tagen durchdrangen etwa 10^{14} Neutrinos ihre Funkenkammer, die ganze 51 Reaktionen mit einem Myon im Endzustand ergaben. Später fand man am CERN noch das Verhältnis von produzierten Elektronen zu Myonen: 0.017 ± 0.005, womit die Existenz von zwei Neutrinotypen nachgewiesen war. Das Experiment zeigte die Gültigkeit der Leptontyperhaltung, die die Abwesenheit von ansonsten erlaubten Reaktionen erklärt. Für ihre Entdeckung erhielten Lederman, Schwartz und Steinberger im Jahr 1988 den Nobelpreis.

15 Neutrale Kaonen und $\mathcal{CP}$-Verletzung

15.1 Einleitung

Kurz nach der Paritätsverletzung entdeckte man, daß die Schwache Wechselwirkung die Ladungskonjugation $\mathcal{C}$ ebenfalls verletzt. Dies wies man nach, indem man die Spinverteilung der Elektronen und Positronen aus den Zerfällen der negativ beziehungsweise positiv geladenen Myonen maß. Man hoffte jedoch, daß diese Verletzungen einander genau kompensieren würden, damit die kombinierte $\mathcal{CP}$-Symmetrie erhalten bliebe. Um dies nachzuprüfen, muß man sich zunächst ein Teilchen mit festgelegter $\mathcal{CP}$-Symmetrie (gerade oder ungerade) definieren, die Schwache Kraft wirken lassen und dann die $\mathcal{CP}$-Symmetrie des Endzustands nachprüfen. Jedem Teilchen kann eine bestimmte Parität zugeordnet werden, weil sein Zustand durch die Parität bis auf einen möglichen Vorzeichenwechsel der Wellenfunktion, wenn der Zustand ungerade ist, nicht verändert wird. Leider ist es nicht möglich, dem K^0 eine wohldefinierte $\mathcal{CP}$-Symmetrie zuzuordnen, weil die Operation das Teilchen in sein Antiteilchen verwandelt und so die Wellenfunktion wesentlich verändert. Wollen wir die Wellenfunktionen vor und nach einer Symmetrietransformation vergleichen, müssen wir sicher sein, daß wir noch vom gleichen Teilchen reden. Der Physiker sagt, das K^0 sei kein *Eigenzustand* der $\mathcal{CP}$-Symmetrie.

Ist $\mathcal{CP}$ eine gute (in der Schwachen Wechselwirkung erhaltene) Symmetrie, braucht man zur vernünftigen Beschreibung der Wechselwirkung die Zustände wohldefinierter $\mathcal{CP}$-Parität, also Eigenzustände. Da K^0 und $\overline{\mathrm{K}^0}$ keine Eigenzustände sind, *sieht* die Schwache Wechselwirkung in Wahrheit nicht diese Teilchen, sondern eine Kombination von beiden. Die einfachsten Überlagerungen dieser Art sind:

$$\mathrm{K}_1^0 = \frac{\mathrm{K}^0 + \overline{\mathrm{K}^0}}{\sqrt{2}}\,, \quad \mathrm{K}_2^0 = \frac{\mathrm{K}^0 - \overline{\mathrm{K}^0}}{\sqrt{2}}\,.$$

Die Wellenfunktionen dieser beiden Zustände bleiben sich bei einer $\mathcal{CP}$-Transformation im Wesen gleich: Das K_1^0 ist gegen $\mathcal{CP}$ gerade, das K_2^0 ungerade (in Formeln: $\mathcal{CP}\,\mathrm{K}_1^0 = +\mathrm{K}_1^0$ und $\mathcal{CP}\,\mathrm{K}_2^0 = -\mathrm{K}_2^0$). Auf diese Eigenzustände und nicht auf die neutralen K-Mesonen, die durch die Starke Wechselwirkung erzeugt werden, wirkt die Schwache Wechselwirkung.

15.2 Was ist ein neutrales Kaon?

Die Antwort auf diese Frage hängt von der Wechselwirkung ab. Die Starke Wechselwirkung produziert das Kaon entweder als K^0 oder als $\overline{K^0}$, die beide ungerade Eigenzustände der intrinsischen Parität sind und eine wohldefinierte Seltsamkeit besitzen. Das Teilchen, das dann schwach zerfällt, ist entweder K_1^0 oder K_2^0, die Eigenzustände zu $\mathcal{CP}$ sind, aber keine definierte Seltsamkeit mehr haben.

Aus den Zerfällen von K_1^0 und K_2^0 erkennt man, daß sie für die Schwache Wechselwirkung die wahren Teilchen sind (wie K^0 und $\overline{K^0}$ die wahren Teilchen für die Starke Wechselwirkung sind). Das gegen $\mathcal{CP}$ gerade K_1^0 kann nur in $\mathcal{CP}$-gerade Endzustände, etwa zwei Pionen, zerfallen; das $\mathcal{CP}$-ungerade K_2^0 zerfällt hingegen nur in $\mathcal{CP}$-ungerade Zustände, zum Beispiel drei Pionen. Man erhält dadurch sehr verschiedene Lebensdauern für diese Teilchen:

$$\begin{aligned} K_1^0 &\to 2\pi \qquad \tau = 0.9 \times 10^{-10}\,\mathrm{s}\,, \\ K_2^0 &\to 3\pi \qquad \tau = 5.2 \times 10^{-8}\,\mathrm{s}\,. \end{aligned}$$

Bemerkenswert ist auch, daß K_1^0 und K_2^0 verschiedene Massen haben, obwohl sie zu gleichen Teilen aus K^0 und $\overline{K^0}$ bestehen, welche dieselbe Masse haben. Dieses scheinbare Paradoxon war die Folge einer genauen Massenbestimmung im Jahre 1961. Das Experiment zeigte überdeutlich die Identitätskrise des neutralen Kaons.

Wird ein neutrales K-Meson in der Starken Wechselwirkung erzeugt, ist es bestimmt entweder K^0 oder $\overline{K^0}$, weil es eine feste Seltsamkeit haben muß, z.B:

$$\pi^+ \mathrm{p} \to \Lambda^0 + K^0\,. \tag{15.a}$$

Am Punkt der Wechselwirkung ist das K^0 eine Mischung aus K_1^0 und K_2^0 zu gleichen Teilen. Wir wissen jedoch, daß das K_1^0 viel kürzer lebt als das K_2^0: Je mehr Zeit seit der Erzeugung vergeht, desto größer ist die Wahrscheinlichkeit, daß es sich um ein K_2^0 handelt. Ist die verstrichene Zeit viel größer als die mittlere Lebensdauer des K_1^0, ist das Kaon fast sicher ein K_2^0. Gemäß der Gleichung

$$K_2^0 = \frac{K^0 - \overline{K^0}}{\sqrt{2}}$$

ist unser anfängliches K^0 mit 50% Wahrscheinlichkeit ein $\overline{K^0}$, also sein eigenes Antiteilchen, geworden. Das kann man nachweisen, indem man das oben erzeugte Kaon durch die Reaktion

$$\overline{K^0} + \mathrm{N} \to \Lambda + \pi \tag{15.b}$$

Hyperonen produzieren läßt. Wegen der Erhaltung der Seltsamkeit, kann dies nur mit $\overline{K^0}$ gehen, nicht aber mit K^0. Nehmen wir also das neutrale Kaon aus (15.a) und warten wir, bis der K_1^0-Gehalt ausgestorben ist, müßten wir die Reaktion (15.b) beobachten, wenn eine geeignete Probe in den Kaonstrahl gehalten wird. Die Anzahl der Reaktionen (15.b) hängt von der Anzahl von $\overline{K^0}$ ab, die wegen des Zerfalls der K_1^0 entstehen. Wieviele $\overline{K^0}$ der Strahl enthält, hängt also von der verstrichenen Zeit und, wie es sich letztlich herausstellt, von der Massendifferenz zwischen K_1^0 und K_2^0 ab. Experimentell kann man auf eine Massendifferenz von etwa 3.5×10^{-6} eV schließen. Dies muß mit den 498 MeV der Kaonmasse verglichen werden: Das Verhältnis beider Zahlen beträgt also etwa $1 : 10^{14}$!

15.3 Die Verletzung der $\mathcal{CP}$-Symmetrie

Christenson, Cronin, Fitch und Turlay überprüften 1964, ob die Schwache Wechselwirkung die $\mathcal{CP}$-Symmetrie exakt erhält, und ob demzufolge K_1^0 und K_2^0 die Teilchen der Schwachen Kraft sind. Dazu suchten sie im K_2^0-Strahl nach Zerfällen in zwei Pionen. In diesem Fall hätte sich nämlich das K_2^0, das ja $\mathcal{CP} = -1$ besitzt, in einen Zweipionzustand mit $\mathcal{CP} = +1$ verwandelt, womit gezeigt wäre, daß die Schwache Wechselwirkung die Symmetrie nicht erhält. In dem Experiment wurde der Strahl über 18 Meter geführt, um möglichst viele K_1^0 auszuschalten. Dann wurden die Zerfallsprodunkte der K_2^0 in geeigneten Detektoren, die auch die Energie messen konnten, nachgewiesen (siehe Bild 15.1). Dabei konnte sie einige Male den verbotenen Übergang des K_2^0 in ein Paar von entgegengesetzt geladenen Pionen sehen: etwa 50 Ereignisse von insgesamt 23 000. Dies war erheblich mehr, als der erwartete Hintergrund aus der Anwesenheit von überlebenden K_1^0 im Strahl, und so schlossen die Experimentatoren, daß die Zerfälle wirklich von K_2^0-Teilchen kamen und die Schwache Kraft somit die $\mathcal{CP}$-Symmetrie nicht exakt erhält.

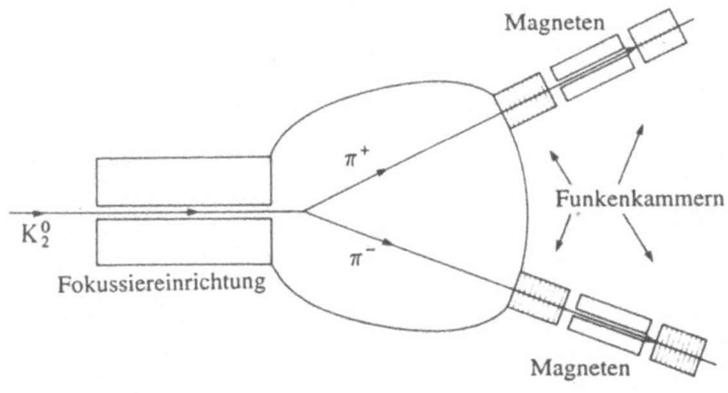

Bild 15.1 Schema des Experiments von Christenson *et al.* zur $\mathcal{CP}$-Verletzung. Der Zerfall von K_2^0 in nur zwei Pionen verletzt die $\mathcal{CP}$-Symmetrie.

Diese $\mathcal{CP}$-Verletzung bedeutet, daß K_1^0 und K_2^0 doch nicht exakt Eigenzustände von $\mathcal{CP}$ sind und somit auch nicht die Teilchen, die die Schwache Wechselwirkung *sieht*. Die Teilchen, die die Schwache Wechselwirkung wirklich *sieht*, sind im wesentlichen die $\mathcal{CP}$-Eigenzustände K_1^0 und K_2^0, mit einer kleinen Beimischung des jeweils anderen. Man nennt sie das *langlebige* Kaon K_L und das *kurzlebige* Kaon K_S (S für engl.: *short*, kurz) mit

$$K_L = K_2^0 + \varepsilon K_1^0\,, \quad K_S = K_1^0 - \varepsilon K_2^0\,, \quad \varepsilon \approx 2 \times 10^{-3}\,.$$

Diese kleine Beimischung von K_1^0 (dem Zustand mit dem *verkehrten* $\mathcal{CP}$-Wert) zu K_L stammt aus einem Übergang zwischen K^0 und $\overline{K^0}$. Es ist ein Schwacher Prozeß höherer Ordnung und dadurch stark unterdrückt.

Die theoretischen Folgen der $\mathcal{CP}$-Verletzung sind sehr weitreichend und bis heute nicht vernünftig erklärt. Die meisten Theorien der Schwachen Wechselwirkung gehen von einer erhaltenen $\mathcal{CP}$-Symmetrie aus und betrachten die $\mathcal{CP}$-Verletzung nur als kleine Störung. Eine mögliche Erklärung ist, daß die Schwache Kraft in der Tat $\mathcal{CP}$ erhält, daß es aber darüber hinaus eine völlig neue Wechselwirkung, eine *Superschwache Kraft* gibt, die zu dieser Verletzung führt. Kommt die $\mathcal{CP}$-Verletzung aber wirklich aus der Schwachen Wechselwirkung, so muß sie auch in den Kaonzerfällen sichtbar werden. Ein Experiment am

CERN aus dem Jahre 1988 behauptet, diese *direkte* $\mathcal{CP}$-Verletzung, die solche Superschwachen Modelle ausschließt, beobachtet zu haben. Das Ergebnis ist aber noch umstritten. Eine kleine intellektuelle Genugtuung aber verdanken wir bereits jetzt der $\mathcal{CP}$-Verletzung: Wir können nun dem intelligenten Wesen auf seinem fernen Stern den absoluten Unterschied zwischen rechts und links erklären. Die Verletzung der $\mathcal{CP}$-Symmetrie führt zu einem meßbaren Unterschied der Wahrscheinlichkeiten (oder der *Verzweigungsverhältnisse*, wie der Physiker sagt) für die Reaktionen

$$\mathrm{K}_2^0 \to \pi^+ + \mathrm{e}^- + \overline{\nu}_\mathrm{e} \,,$$
$$\mathrm{K}_2^0 \to \pi^- + \mathrm{e}^+ + \nu_\mathrm{e} \,.$$

Wir können jetzt das Neutrino dadurch definieren, daß wir das Verzweigungsverhältnis der Reaktion, die es produziert, angeben. Somit wäre die Konvention, was Materie und was Antimaterie ist, übermittelt, und unser Freund kann jetzt unsere Konvention der Händigkeit eindeutig verstehen.

IV Physik der Schwachen Wechsel-wirkung II

16 Die Strom-Strom-Theorie der Schwachen Wechselwirkung

16.1 Einleitung

In Kapitel III haben wir einige Prozesse der Schwachen Wechselwirkung untersucht und manche ihrer physikalischen Eigenschaften (relativ lange Lebensdauer bei Schwachen Zerfällen, Paritätsverletzung, usw.) kennengelernt. Wir wollen jetzt ein Modell vorstellen, das die sehr verschiedenen Effekte der Schwachen Wechselwirkung zusammenfassen kann, vom β-Kernzerfall über den Myonzerfall bis zu den hochenergetischen Reaktionen von Neutrinos mit Materie. Weil an einigen dieser Prozesse Hadronen beteiligt sind, ist es notwendig, daß unser Modell die Folgerungen aus der internen $SU(3)$-Symmetrie der Hadronen beachtet, und wünschenwert, daß es Platz für die Quarks als Ursprung dieser Symmetrie schafft.

Dieses Modell bedient sich zur Beschreibung der Schwachen Kraft der Wechselwirkung zweier *Ströme*, die den Teilchenfluß darstellen. Für den β-Zerfall etwa haben wir einen Strom, der ein Neutron in ein Proton verwandelt, und einen zweiten, der ein Elektron und sein Antineutrino entstehen läßt. Wir beginnen die Konstruktion unseres Modells, indem wir die Schwachen Prozesse, wie oben angedeutet, in drei Klassen einteilen:

(i) An *leptonischen Reaktionen*, wie dem Myonzerfall $\mu^- \to \mathrm{e}^- + \nu_\mu + \overline{\nu}_e$, sind nur Leptonen beteiligt;

(ii) an *semileptonischen Reaktionen*, wie dem β-Zerfall des Neutrons $\mathrm{n} \to \mathrm{p} + \mathrm{e}^- + \overline{\nu}_e$, sind sowohl Leptonen als auch Hadronen beteiligt;

(iii) an *hadronischen Reaktionen*, wie dem Kaonzerfall in Pionen $\mathrm{K}_1^0 \to \pi^+\pi^-$, sind nur Hadronen beteiligt.

16.2 Leptonische Ströme

Letztlich möchte man eine gemeinsame Beschreibung für diese drei Klassen von Schwachen Prozessen erreichen. Wir wollen uns aber zunächst auf eine konzentrieren, nämlich auf die der leptonischen Reaktionen, und lassen uns dabei vom Experiment leiten. So wissen wir bereits, daß die Absorbtion eines Elektronneutrinos immer mit der Erzeugung eines Elektrons einhergeht; genauso wird mit einem Elektronneutrino immer auch ein Positron erzeugt. Dies ist eine Konsequenz der Erhaltung der Leptonzahl und der Leptontypzahl. Also müssen in unserem Modell die Leptonwellenfunktionen stets paarweise auftreten. Aus dem β-Zerfall wissen wir weiter, daß diese Wellenfunktionen durch einen Wechselwirkungsfaktor Γ, der die Spins in paritätsverletzender Weise koppelt, verknüpft sein müssen. Wir können jetzt einen *Leptonstrom* L^W aufstellen, der den Fluß der Leptonen in einer Schwachen Reaktion angibt:

$$\begin{aligned} L^W &= \overline{\psi}_\mathrm{e}\Gamma\psi_{\nu_\mathrm{e}} + \overline{\psi}_\mu\Gamma\psi_{\nu_\mu} \ , \\ \overline{L}^W &= \overline{\psi}_{\nu_\mathrm{e}}\Gamma\psi_\mathrm{e} + \overline{\psi}_{\nu_\mu}\Gamma\psi_\mu \ . \end{aligned}$$

Die erste Zeile beschreibt den uns geläufigen Prozeß, die zweite dessen Pendant in einer Antiwelt.

Wir können nun die Amplituden erster Ordnung $m^{(1)}$ für alle leptonischen Prozesse erzeugen, indem wir leptonische Ströme wechselwirken lassen. Alle bekannten Reaktionen scheinen sogar aus dem einfachen Produkt zweier Leptonströme zu entstehen:

$$m^{(1)} = G_F \overline{L}^W L^W \ .$$

Wir können Ströme und Kopplungen durch Diagramme wie in Bild 16.1 darstellen. Wir müssen uns dabei entsinnen, daß die Vernichtung eines Teilchens und die Erzeugung seines Antiteilchens das gleiche sind. So steht dasselbe Diagramm zum Beispiel sowohl für die Elektron-Myon-Streuung als auch den Myonzerfall.

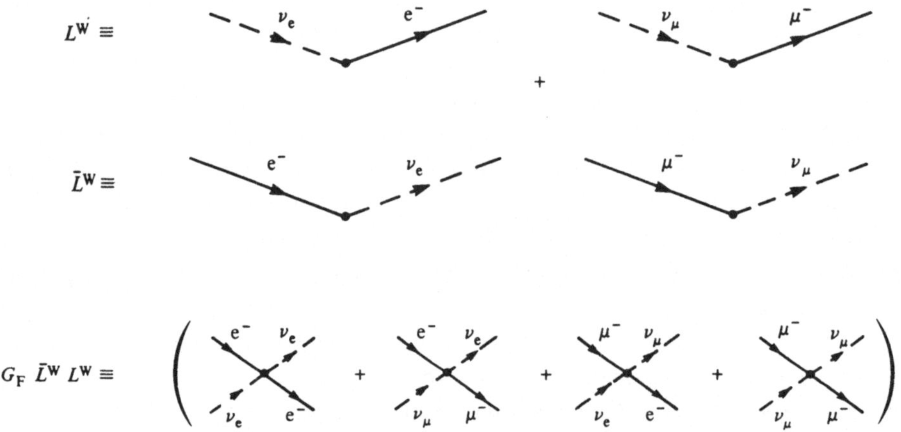

Bild 16.1 Wird der Schwache leptonische Strom L^W mit seinem Pendant $\overline{L}^W$ aus der Antiwelt multipliziert, entstehen alle beobachteten Schwachen leptonischen Prozesse.

Der Schwache leptonische Strom, den wir oben angegeben haben, verbindet ein geladenes Lepton (z.B. das Elektron) mit einem ungeladenen (sein Neutrino). Da diese Teilchen unterschiedliche elektrische Ladung haben, nennt man den Strom *geladen*. Lange Zeit dachte man, daß alle Schwachen Prozesse aus geladenen Ströme stammten. 1973 entdeckte man dann am CERN den *neutralen* Strom, bei dem die Teilchen sich nicht verändern. Wir werden bald darauf zurückkommen.

16.3 Wechselwirkungen höherer Ordnung

Wir wollen uns noch die leptonischen Prozesse höherer Ordnung in unserem Modell anschauen. Das Ergebnis einer mehrfachen Wirkung der Schwachen Kraft auf die Leptonen kann im wesentlichen durch ein Produkt mehrerer Amplituden zu unterschiedlichen Zeitpunkten dargestellt werden. Die Amplitude zweiter Ordung $m^{(2)}$ ist zum Beispiel das Quadrat der einfachen Strom-Strom-Wechselwirkung:

$$m^{(2)} = (G_F \overline{L}^W L^W)^2 \ .$$

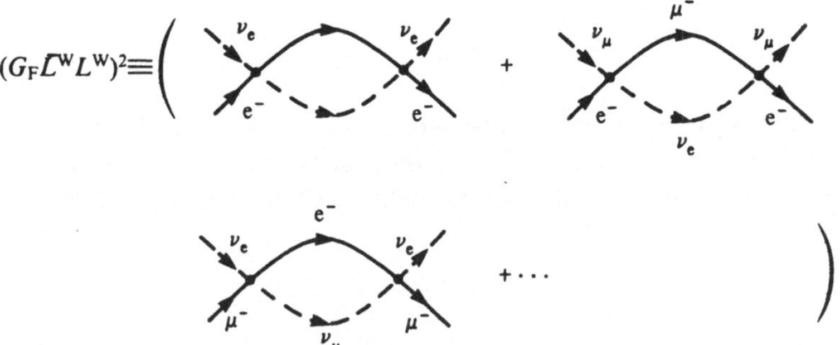

Bild 16.2 Schwache Wechselwirkungen zweiter Ordnung können durch Quadrierung einer Strom-Strom-Wechselwirkung erhalten werden.

Die entsprechenden Diagramme sehen wir in Bild 16.2. Prozesse höherer Ordnung haben wenig praktisches Interesse für die schwache Wechselwirkung, denn die Amplituden n-ter Ordnung sind proportional zu ${G_\mathrm{F}}^n$.

Da aber die Schwache Wechselwirkung eben schwach ist, ist die Fermische Kopplungskonstante G_F klein (im Vergleich zu 1), und höhere Potenzen von G_F werden immer kleiner:

$$1 \gg G_\mathrm{F} \gg {G_\mathrm{F}}^2 \gg \ldots \gg {G_\mathrm{F}}^n \,.$$

Um einen Prozeß gut zu beschreiben, reicht der Term erster Ordnung. Die höheren Terme sind jedoch von Belang für die Theorie. Der Wunsch, sie wenigstens im Prinzip zu beherrschen, hat zur eigentlichen Theorie der Schwachen Wechselwirkung geführt, die wir in Kapitel V kennenlernen werden.

17 Ein Beispiel für leptonische Prozesse: Elektron-Neutrino-Streuung

17.1 Einleitung

Elastische Elektron-Neutrino-Streuung ist das einfachste Beispiel eines Schwachen Prozesses. Ihre Amplitude erhält man aus der Strom-Strom-Wechselwirkung:

$$m^{(1)}(\nu_\mathrm{e} + \mathrm{e}^- \to \mathrm{e}^- + \nu_\mathrm{e}) = G_\mathrm{F}(\overline{\psi}_\mathrm{e}\Gamma\psi_{\nu_\mathrm{e}})(\overline{\psi}_{\nu_\mathrm{e}}\Gamma\psi_\mathrm{e}) \,.$$

Setzt man hier die mathematischen Ausdrücke für die Wellenfunktionen und die Wechselwirkungsfaktoren ein, kann man den Wirkungsquerschnitt für diesen Prozeß im Laborsystem σ_Lab ausrechnen. Haben die einlaufenden Neutrinos eine hohe Energie E_{ν_e}, erhält man ein besonders einfaches Resultat:

$$\sigma_\mathrm{Lab}(\nu_\mathrm{e} + \mathrm{e}^- \to \mathrm{e}^- + \nu_\mathrm{e}) = \frac{\sigma_0 E_{\nu_\mathrm{e}}}{m_\mathrm{e}} \,,$$

mit der Konstanten σ_0, die aus der Rechnung folgt und den Wert

$$\sigma_0 = 9 \times 10^{-45}\,\mathrm{cm}^2$$

besitzt. Dies ist die winzige effektive Querschnittsfläche für den Stoß eines Elektrons mit einem Neutrino. Es ist also kein Wunder, daß Neutrinowechselwirkungen so selten sind. Man kann auf ganz ähnliche Weise den Antineutrino-Elektron-Querschnitt berechnen und die Antwort ist, wie erwartet, sehr ähnlich:

$$\sigma_{\mathrm{Lab}}(\overline{\nu}_{\mathrm{e}} + \mathrm{e}^- \to \mathrm{e}^- + \overline{\nu}_{\mathrm{e}}) = \frac{\sigma_0 E_{\nu_{\mathrm{e}}}}{3m_{\mathrm{e}}} \,.$$

Wir werden später sehen, daß der Faktor 3 im Nenner aus der unterschiedlichen Händigkeit von Neutrino und Antineutrino stammt.

Die Tatsache, daß diese Wirkungsquerschnitte mit der Energie der einlaufenden Neutrinos linear zunehmen, entbehrt nicht einer gewissen Ironie. Ist die Neutrinoenergie klein, um die 5 MeV, was einem E_ν/m_{e} von ungefähr 10 entspricht, bleibt der Wirkungsquerschnitt bei ungefähr $10^{-43}\,\mathrm{cm}^2$. Dies ist, selbst in der Mikrowelt, winzig. Kernreaktoren liefern Neutrinos von etwa dieser Energie, und Experimente mit ihnen erfordern also hohe Neutrinoflüsse und viel Zeit, um genug Ereignisse zu erhalten. Hat man hingegen Neutrinos mit hoher Energie, sagen wir 5 GeV (mit einem E_ν/m_{e} von ungefähr 10 000), steigt der Querschnitt auf rund $10^{-40}\,\mathrm{cm}^2$, wodurch die Reaktionen im Prinzip viel leichter zu beobachten sind. Dummerweise erhält man solch hochenergetische Neutrinos nur beim Pionzerfall in Hochenergiebeschleunigern. Dies aber wiederum heißt, daß der Neutrinofluß recht dürftig ist, aber auch, daß man fast ausschließlich Myonneutrinos erhält. Wie wir aus Bild 16.1 sehen, gehört die elastische Myonneutrino-Elektron-Streuung nicht zu den Prozessen, die man aus der einfachen Strom-Strom-Wechselwirkung bekommt. Selbst wenn ein solcher Prozeß existiert, kann er unser Modell immer noch nicht testen. (Man hat diese Klasse von Reaktionen, die *neutrale Ströme* enthalten, auch tatsächlich gefunden. Sie erfordern Korrekturen am Bild der Strom-Strom-Wechselwirkung; mehr hierzu in Kapitel V.)

So müssen wir auf die seltenen Ereignisse mit Reaktorneutrinos warten, um unsere Voraussagen zum Wirkungsquerschnitt zu überprüfen. Zum jetzigen Zeitpunkt kann man sagen, daß die Wirkungsquerschnitte aus diesen Experimenten den vorausgesagten Zahlen nicht widersprechen.

17.2 Die Rolle der Schwachen Kraft in der Astrophysik

Die Elektronneutrino-Elektron-Streuung spielt in der Astrophysik eine Rolle, weil Neutrinos und Antineutrinos in großer Zahl die Energie aus dem Innern eines Sterns an dessen Oberfläche transportieren. Eigentlich wären die Photonen hierfür zuständig, aber im Innern eines Sterns werden sie zu schnell absorbiert, um für einen effektiven Energietransport sorgen zu können. Dies können nur die schwach wechselwirkenden Neutrinos. Hat ein schwerer Stern sein Wasserstoff aufgebraucht (das heißt, daß er all sein Wasserstoff unter Energieabgabe in Helium verwandelt hat), beginnt er Helium zu verbrennen, danach Kohlenstoff und dann schwerere Elemente. Jedes Stadium ist heißer als das vorangegangene. Bei höherer Temperatur aber transportieren Neutrinos die Wärme noch effektiver durch den Stern, was zum Beispiel zu einem kürzeren Kohlenstoffstadium führt. Das Verhältnis von

Sternen im Heliumstadium zu solchen im Kohlenstoffstadium sollte grösser sein als ohne Neutrinostreuprozesse.

Die Zusammensetzung der Sternbevölkerung, zusammen mit anderen astronomischen und astrophysikalischen Beobachtungen, setzt grobe Schranken für die Größe der Kopplungskonstanten für Schwache leptonische Prozesse mit Elektronen und ihren Neutrinos, $G_{\nu_e e^-}$:

$$0.1 G_F < G_{\nu_e e^-} < 10 G_F .$$

Hier ist G_F die Kopplungskonstante aus dem Myonzerfall, die auf leptonische Reaktionen mit Elektronen *und* Myonen Anwendung findet. Leider erlauben es uns also experimentelle Probleme bei der Messung von ν_e, e^--Reaktionen und Ungenauigkeiten bei der astronomischen Beobachtung nicht, auf die Identität $G_F \equiv G_{\nu_e e^-}$ zu schließen. Die Hypothese ist bestenfalls mit den Daten verträglich.

Dies ist nur das erste Beispiel für die enge Verbindung zwischen Teilchenphysik einerseits und Astrophysik und Kosmologie andererseits. In Abschnitt 42 kehren wir darauf zurück.

18 Die Schwache Wechselwirkung von Hadronen

18.1 Einleitung

Unser bisheriger Leptonstrom erlaubte nur die Beschreibung von rein leptonischen Prozessen. Wir wollen uns jetzt den historisch wichtigeren semileptonischen Prozessen, wie dem β-Zerfall, und den hadronischen Prozessen zuwenden. Um Ordnung in die Effekte der Schwachen Wechselwirkung zu bringen, unterscheidet man in beiden Klassen Reaktionen, die die Seltsamkeit erhalten und solche, die sie ändern. Beispiele für jede Kategorie von Reaktionen gibt die Tabelle 18.1. Das offensichtlichste und auch schwierigste Problem beim hadronischen Strom ist, daß es im Gegensatz zum leptonischen Strom nicht durchführbar ist, die Wellenfunktionen der beobachteten Hadronen einfach hinzuschreiben; es gibt einfach zu viele davon! Wollte man für jedes Hadron eine Wellenfunktion einführen, füllten bereits die möglichen Wechselwirkungen ein Buch: etwas zu kompliziert, um wahr zu sein.

18.2 Der hadronische Strom

Wir wollen das Problem der Wellenfunktionen der Hadronen umgehen, indem wir den hadronischen Strom einfach durch seine Wirkung auf die Quantenzahlen der beteiligten Teilchen ausdrücken. Den vollständigen Strom der Schwachen Wechselwirkung schreiben wir als Summe von leptonischer und hadronischer Komponente:

$$J^W = L^W + H^W .$$

Tabelle 18.1 Die Kategorien der Schwachen hadronischen Wechselwirkungen

	Seltsamkeit erhalten	Seltsamkeit geändert
semileptonisch	$\pi^\pm \to \ell + \nu(\overline{\nu})$ $\mathrm{n} \to \mathrm{p} + \mathrm{e}^- + \overline{\nu}_e$ $\mu^- + \mathrm{p} \to \nu_\mu + \mathrm{n}$ $\mathrm{K}^0 \to \pi^\pm + \mathrm{e}^\mp + \nu(\overline{\nu})$ $\overline{\nu} + \mathrm{p} \to \mathrm{e}^+ + \mathrm{n}$	$\mathrm{K}^\pm \to \ell + \nu$ $\mathrm{K}^\pm \to \pi^0 + \ell + \nu$ $\Lambda^0 \to \mathrm{p} + \ell + \overline{\nu}$ $\Xi \to \Lambda + \ell + \overline{\nu}$ $\overline{\nu} + \mathrm{p} \to \mathrm{e}^+ + \Lambda$
hadronisch	paritätsverletzende Effekte in der gewöhnlichen Hadronphysik, z.B. $\mathrm{p} + \mathrm{p} \to \mathrm{p} + \mathrm{p}$	$\mathrm{K}^0 \to n\pi (n = 2, 3)$ $\Lambda^0 \to \pi^- \mathrm{p}$ $\Sigma \to n\pi$

Wie gehabt, ergeben sich die Amplituden der Schwachen Wechselwirkung durch Multiplikation des gesamten Stroms mit dem entsprechenden Antimaterie-Strom und der Fermischen Kopplungskonstanten:

$$G_\mathrm{F} \overline{J}^W J^W = G_\mathrm{F} (\overline{L}^W L^W + \overline{L}^W H^W + \overline{H}^W L^W + \overline{H}^W H^W) .$$

Dieser Ausdruck enthält sämtliche leptonischen ($\overline{L}^W L^W$), semileptonischen ($\overline{L}^W H^W + \overline{H}^W L^W$) und hadronischen ($\overline{H}^W H^W$) Reaktionen. Der hadronische Strom besteht (von den Wellenfunktionen abgesehen) aus einem Teil, der die Seltsamkeit der beteiligten Hadronen erhält, $h^\pm$, und einem Teil, der sie ändert, $s^\pm$:

$$H^W = h^\pm \cos \vartheta_\mathrm{C} + s^\pm \sin \vartheta_\mathrm{C} .$$

Das Mischungsverhältnis der beiden wird durch den Cabbibo-Winkel ϑ_C, einem intrinsischen Parameter der Schwachen Wechselwirkung, gegeben und muß dem Experiment entnommen werden.

Genau wie der leptonische Strom L^W den Wechselwirkungsfaktor Γ, eine Mischung von Vektor- und Axialvektorgröße, enthält, besitzen auch die einzelnen Teile des hadronischen Stroms Faktoren, die die richtige paritätsverletzende Spinkopplung der beteiligten Hadronen sicherstellen. Der Schwache hadronische Strom besteht also aus vier Teilen:

(i) ein Vektoranteil, der die Seltsamkeit erhält;
(ii) ein Vektoranteil, der die Seltsamkeit ändert;
(iii) ein Axialvektoranteil, der die Seltsamkeit erhält;
(iv) ein Axialvektoranteil, der die Seltsamkeit ändert.

18.3 Stromalgebra

Die Stromalgebra versucht mit Hilfe der inneren Symmetrien der Hadronen Beziehungen zwischen den Komponenten des hadronischen Stroms herzustellen. Die Algebra der Symmetriegruppe $SU(3)$ schafft Beziehungen zwischen den Generatoren der Symmetrietransformationen und bestimmt somit die erlaubten Quantenzahlen der Hadronen. Da die Komponenten des Schwachen hadronischen Stroms diese Quantenzahlen ändern können, ist eine Verbindung zu dieser Symmetrie naheliegend, und in der Tat haben sowohl der Vektoranteil als auch der Axialvektoranteil des hadronischen Stroms die Struktur eines Oktetts der

$SU(3)$. Wir können somit die Komponenten, die die Seltsamkeit erhalten bzw. ändern (jeweils die Summe aus Vektor- und Axialvektoranteil), durch ihre Wirkung auf die Quantenzahlen der beteiligten Hadronen charakterisieren:

$$h^{\pm} \Rightarrow (\Delta Y, \Delta I, \Delta I_3) = (0, 1, \pm 1) ,$$
$$s^{\pm} \Rightarrow (\Delta Y, \Delta I, \Delta I_3) = (\pm 1, \tfrac{1}{2}, \pm \tfrac{1}{2}) .$$

Kennt man also die Wirkung der Schwachen Wechselwirkung auf die Quantenzahlen der Hadronen, kann man die Amplituden der einzelnen Prozesse berechnen (wobei für die hadronischen Wellenfunktionen etwas Phantasie nötig ist) und somit die Reaktionen beschreiben.

So enthält die Berechnung der Zerfallsrate des Pions in Leptonen

$$\pi^{\pm} \rightarrow \ell^{\pm} + \nu(\overline{\nu})$$

nur noch eine unbekannte Größe, die mit der Pionwellenfunktion zusammenhängt. Der β-Zerfall des Pions, der mit dem des Neutrons eng zusammenhängt,

$$\pi^{\pm} \rightarrow \pi^0 + \mathrm{e}^{\pm} + \nu_{\mathrm{e}}(\overline{\nu}_e) ,$$

enthält mehrere Anteile des hadronischen Stroms und erlaubt vor allem die Bestimmung des Cabbibo-Winkels, dessen Wert

$$\cos \vartheta_{\mathrm{C}} = 0.97$$

beträgt. Für den hadronischen Strom bedeutet das:

$$H^W = 0.97 h^{\pm} + 0.24 s^{\pm} .$$

Der Anteil des Stroms, der die Seltsamkeit erhält, ist also viel größer als jener, der sie ändert. Damit können wir jetzt versuchen, den β-Zerfall von Kernen, die Neutrino-Nukleon-Streuung oder rein hadronische Zerfälle zu berechnen. Diese Voraussagen sind von wechselndem Erfolg gekrönt, aber alle leiden unter der ungenauen Behandlung der Wellenfunktionen der Hadronen.

18.4 Der hadronische Strom und die Quarks

Der hadronische Strom läßt sich mit Hilfe der Quarks sehr einfach schreiben. Naiv gesprochen, kann man sich den Schwachen Strom einfach so vorstellen, als ändere er einen Quarktyp (u, d, s) in einen anderen um, wodurch er die Quantenzahlen des entsprechenden Hadrons mitändert.

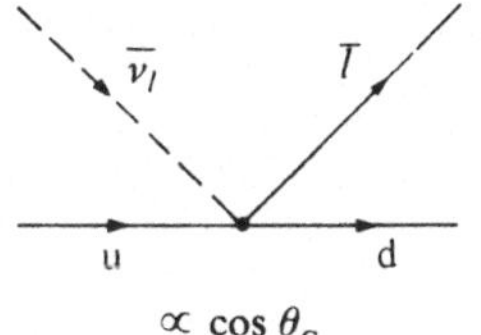

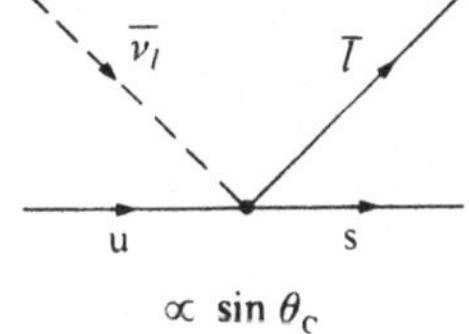

Bild 18.1 Die Schwache Wechselwirkung ändert die Quarktypen

Ganz so einfach ist es allerdings nicht, denn die Schwache Wechselwirkung gibt nicht einfach eine einzige Umwandlung an (etwa ein u-Quark in ein d-Quark). Wie oben gesehen, hat der Schwache Strom Anteile, die die Seltsamkeit erhalten bzw. ändern, so daß ein u-Quark mit einer gewissen Wahrscheinlichkeit in ein d-Quark und mit einer anderen Wahrscheinlichkeit in ein s-Quark übergeht. Der Strom lautet dann:

$$H^W = \bar{\mathrm{u}}\,\Gamma(\mathrm{d}\cos\vartheta_\mathrm{C} + \mathrm{s}\sin\vartheta_\mathrm{C}).$$

Diesen Strom sehen wir symbolisch in Bild 18.1 dargestellt. Der Zerfall eines seltsamen Mesons ist in Bild 18.2 dargestellt.

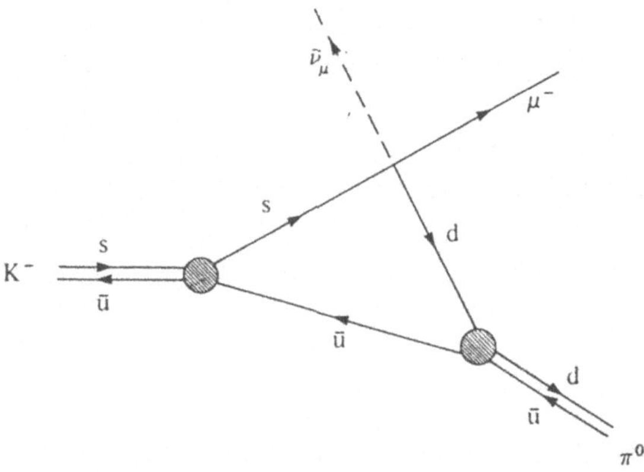

Bild 18.2 Der Fluß der Quantenzahlen beim semileptonischen Zerfall des Kaons im Quarkbild

Diese Darstellung ist sehr nützlich, wenn man sich den Quarkfluß während einer Reaktion anschauen will. Zur Berechnung von dynamischen Größen aber ist sie leider schlecht geeignet, weil man nicht recht weiß, wie man die Bindung der Quarks aneinander mathematisch beschreiben soll. In den Schaubildern ist dies durch die schraffierten Kreise angedeutet.

19 Das W-Boson

19.1 Einleitung

Es stimmt schon, daß man alle niederenergetischen Prozesse der Schwachen Wechselwirkung mit Hilfe der Fermi-Theorie (im Rahmen der Strom-Strom-Theorie der leptonischen Prozesse) erklären kann. Leider macht diese Theorie mit ihrer punktförmigen Wechselwirkung für hochenergetische Prozesse indiskutable Voraussagen. Wir haben gesehen, wie sie für den Wirkungsquerschnitt der Neutrino-Elektron-Streuung einen linearen Anstieg mit der Energie des einlaufenden Neutrinos vorsieht. Diese Voraussage muß für sehr hohe Energien falsch werden. Wäre sie richtig, hätten Neutrinos mit sehr hoher Energie (jene aus der kosmischen Strahlung) zum Beispiel eine sehr große Wahrscheinlichkeit, mit Materie zu wechselwirken, und Neutrinostöße müßten in photographischen Aufnahmen von Höhenstrahlung gang und gäbe und in Blasenkammerbildern häufig vertreten sein. Dem ist nicht so, was zeigt, daß unsere Formel für den Wirkungsquerschnitt nur bei niedrigen Neutrinoenergien stimmen kann. Daneben gibt es sehr gut begründete Theoreme, die nur solch fundamentalen Begriffe wie Kausalität voraussetzen, die den Anstieg eines Wirkungsquerschnitts mit der Energie begrenzen.

Um dieses Problem zu lösen, und auch um die Beschreibung der Schwachen Wechselwirkung jenen des Elektromagnetismus und der Starken Kraft anzugleichen, muß man auf die Vier-Fermion-Wechselwirkung verzichten und sie durch einen Austausch von Teilchen (nach dem Muster des Pionaustauschs zwischen Nukleonen) ersetzen.

Das Teilchen, welches die Schwache Kraft überträgt, wird *intermediäres Vektorboson* genannt und mit W bezeichnet (Bild 19.1). Wir müssen nun zurückgehen und alle Schwachen Prozesse mit Hilfe des Teilchenaustauschs beschreiben. Dieser Mechanismus muß bei niedrigen Energien wieder in die punktförmige Vier-Fermion-Wechselwirkung übergehen, um die Übereinstimmung mit dem Experiment zu gewährleisten.

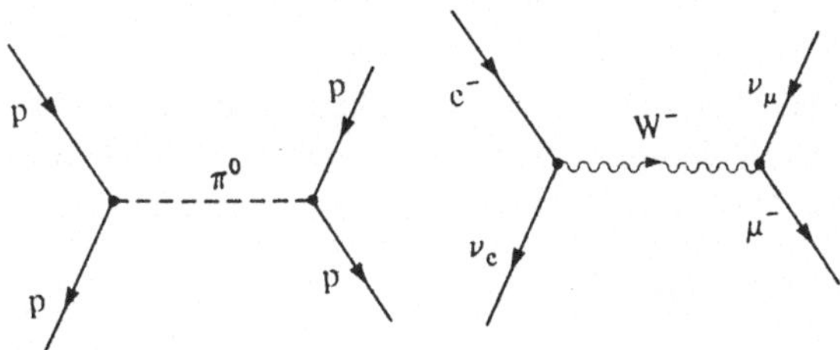

Bild 19.1 Wie das Pion die Starke Kraft zwischen Hadronen, überträgt das W-Boson die Schwache Kraft zwischen Leptonen.

19.2 Das W-Boson

Das Wesentliche am W-Boson ist, daß jetzt die beiden Ströme der Schwachen Wechselwirkung nicht mehr direkt an einem Punkt miteinander koppeln. Stattdessen koppelt jeder Strom an die Wellenfunktion des W-Bosons an unterschiedlichen Raum-Zeit-Punkten, und das W-Boson wirkt als Mittler zwischen beiden Strömen. Die grundlegende Amplitude $m^{(1)}$ der Schwachen Wechselwirkung ist somit die Kopplung eines Stromes mit der Wellenfunktion W des W-Bosons (Bild 19.2):

$$\begin{aligned} m^{(1)} &\equiv g(L^W\overline{W} + W\overline{L}^W) \\ &= g(\overline{\psi}_e\Gamma\psi_{\nu_e}\overline{W} + W\overline{\psi}_{\nu_e}\Gamma\psi_e)\,. \end{aligned}$$

Als erstes bemerken wir, daß es vom W-Boson eine positive und eine negative Variante geben muß, wenn es sowohl Elektronen in Neutrinos, als auch Positronen in Antineutrinos verwandeln soll. Wollen wir auch Prozesse mit einem neutralen Strom beschreiben, müssen wir noch ein ungeladenes W-Boson zulassen. Bild 19.2 zeigt die Rollen der verschiedenen Ladungszustände.

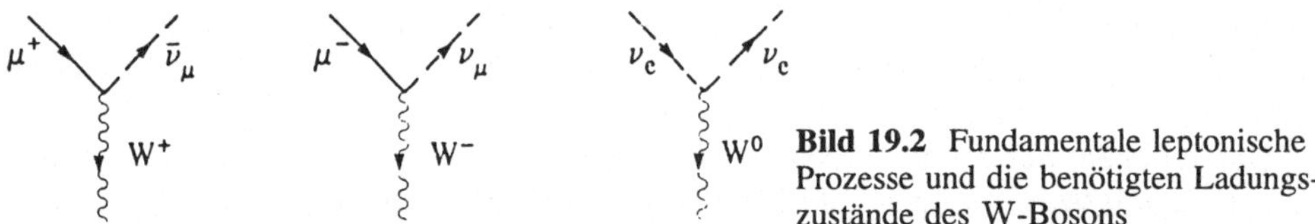

Bild 19.2 Fundamentale leptonische Prozesse und die benötigten Ladungszustände des W-Bosons

Leicht einsehen kann man auch, daß das W-Boson eine große Masse haben muß. Das Argument ist dasselbe wie in Abschnitt 7: Laut Heisenberg ist die Reichweite einer Kraft ungefähr gleich der Strecke, die das Mittlerteilchen in jener Zeit zurücklegen kann, die das Unschärfeprinzip ihm zur Verfügung stellt. Je schwerer das Mittlerteilchen ist, um so kürzer ist die Reichweite der entsprechenden Kraft. Da die Fermi-Theorie recht gut mit einer punktförmigen Wechselwirkung auskommt, folgt daraus, daß das W-Boson um einiges schwerer sein muß, als das Pion, das der Starken Kraft einen Wirkungsbereich von 10^{-15} m einräumt.

Die einfachen Diagramme von Bild 19.2 zeigen die Erzeugung (Vernichtung) eines W-Bosons mit Hilfe der geläufigen Leptonen. Reaktionen, die nur Leptonen als äußeren Teilchen haben, werden durch Produkte dieser fundamentalen Amplituden dargestellt:

$$\begin{aligned} m^{(2)} &= g^2(L^W\overline{W}W\overline{L}^W) \\ &= g^2(\overline{\psi}_e\Gamma\psi_{\nu_e}\langle\overline{W}W\rangle\overline{\psi}_{\nu_e}\Gamma\psi_e)\,. \end{aligned}$$

Bild 19.3 zeigt den W-Austausch für einige der fundamentalen Schwachen Prozesse, die wir bisher kennengelernt haben. Der Faktor in der Amplitude, der die Fortpflanzung des virtuellen W-Bosons darstellt, $\langle\overline{W}W\rangle$, heißt W-*Bosonpropagator* und wirkt zwischen

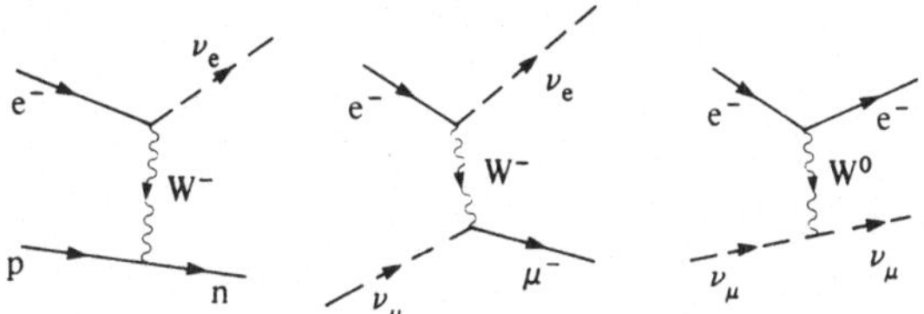

Bild 19.3 Fundamentale Schwache Prozesse und wie das W-Boson sie übermittelt

Erzeugung und Vernichtung des Teilchens als seine Wellenfunktion. Dies ist der neue Faktor, der das indiskutable Hochenergieverhalten des Gesamtwirkungsquerschnitts verbessert. Die mathematische Beschreibung des W-Bosonpropagators enthält die Masse und den Spin des Teilchens (ein Vektorteilchen hat Spin 1) und verbindet die alte Fermi-Konstante G_F mit der neuen Lepton-W-Kopplung g. Für niedrige Energien gilt:

$$G_F \propto \frac{g^2}{M_W^2} \, .$$

Mit dem Propagator des W-Bosons, den Wellenfunktionen der äußeren Leptonen und den Wechselwirkungsfaktoren kann man jetzt alle Wirkungsquerschnitte neu berechnen. Wie erhofft, sind die Ergebnisse bei niedrigen Energien die gleichen wie in der Fermischen Theorie.

19.3 Die Beobachtung des W-Bosons

Das Quant der Schwachen Wechselwirkung soll also wie das Photon Spin 1 haben, in drei Ladungszuständen existieren (W^+, W^-, W^0) und in die gewöhnlichen Leptonen zerfallen. Lange Zeit wurde gedacht, daß es zu schwer sei, um in Experimenten gefunden zu werden. Im nächsten Kapitel werden wir sehen, daß man seine Masse aus der modernen Theorie der Schwachen Wechselwirkung (und einigen experimentellen Daten) berechnen kann. Schließlich wurde das W-Boson 1983 am CERN gefunden, und zwar wie vorausgesagt bei einer Masse von etwa 80 GeV.

V Die Eichtheorie der Schwachen Wechselwirkung

20 Der Wunsch nach einer besseren Theorie

20.1 Einleitung

Die Beschreibung der Schwachen Wechselwirkung mit Hilfe der Strom-Strom-Theorie aus Abschnitt 16 reicht für ein gutes Verständnis der experimentellen Fakten aus. Diese Beschreibung benutzt Wellenfunktionen für die Leptonen (was möglich ist, weil es wenige von ihnen gibt) und schließt auch das W-Boson in der Rolle des *Photons des Schwachen Wechselwirkung* ein. Warum sollte man jetzt nicht versuchen, eine vollständige Theorie der Schwachen Wechselwirkungen von Leptonen mit W-Bosonen als Mittlerteilchen nach dem Vorbild der QED, der Theorie der Elektronen und Photonen, zu entwickeln? Es gibt zwar keinen wirklich dringenden praktischen Grund dafür, aber die theoretische Motivation ist beträchtlich. Erstens wäre es befriedigend, Prozesse zu jeder beliebigen Genauigkeit durchrechnen zu können, während unser Strombild der W-Bosonen uns zum gegenwärtigen Zeitpunkt noch auf die einfachsten Wechselwirkungen festlegt. Zweitens möchten wir eine Theorie haben, die in der Lage ist, Voraussagen zu machen und neue Phänomene zu entdecken. Und drittens: Wenn wir eine der QED nachempfundene Theorie ableiten könnten, rückte eine einheitliche Theorie für die Schwache und die elektromagnetische Kraft in den Bereich des Möglichen.

20.2 Probleme mit den W-Bosonen

Das Vorhaben, auf den bekannten Tatsachen aufbauend solch eine Theorie zu errichten, stößt gleich auf Schwierigkeiten, weil die W-Bosonen Spin 1 *und* eine nichtverschwindende Masse haben. Schauen wir uns die Folgen dieser scheinbar harmlosen Verbindung an.

Als wie erstmals dem quantenmechanischen Spin begegnet sind, sahen wir, daß das naive Bild einer rotierenden Kugel zwar hilfreich, aber zugleich eine Vereinfachung eines komplexeren Attributs ist. Der Spin eines Teilchens ist in der Tat eine Eigenschaft, die es erlaubt, sein Verhalten gegen Lorentz-Transformationen zu charakterisieren. Ein Spin-1-Teilchen transformiert sich wie ein Vektor, was heißt, daß man drei Komponenten braucht, um seine Orientierung (seine Polarisation) in jedem Punkt festzulegen. Üblicherweise werden zwei Komponenten der Polarisation senkrecht (*transversale Komponenten*) und eine parallel (*longitudinale Konponente*) zur Impulsrichtung des Teilchens gewählt (Bild 20.1). Für ein Spin-1-Teilchen mit Masse ist dies in Ordnung, aber für ein masseloses, wie das Photon, zeigen die Transformationen der speziellen Relativitätstheorie, daß dem longitudinalen Freiheitsgrad keinerlei physikalische Bedeutung beigemessen werden kann. Das Photon ist immer transversal zu seiner Bewegungsrichtung polarisiert. Der Unterschied wird wichtig, wenn der Propagator eine hohe Energie besitzt. Der transversale Propagator des masselosen Photons verhält sich bei hohen Energien wie p^{-2} und wird also bei hohen Impulsen (großes p^2) klein. Bei Vektorteilchen mit Masse verdirbt die zusätzliche longitudinale Komponente das Verhalten des Propagators, der bei sehr hohen Energiewerten dann gegen den konstanten Wert M^{-2} strebt.

Wie wir bereits gesehen haben, wird in der Störungstheorie die Wahrscheinlichkeit für einen Prozeß durch eine Summe von Beiträgen aus einer Folge von immer komplexe-

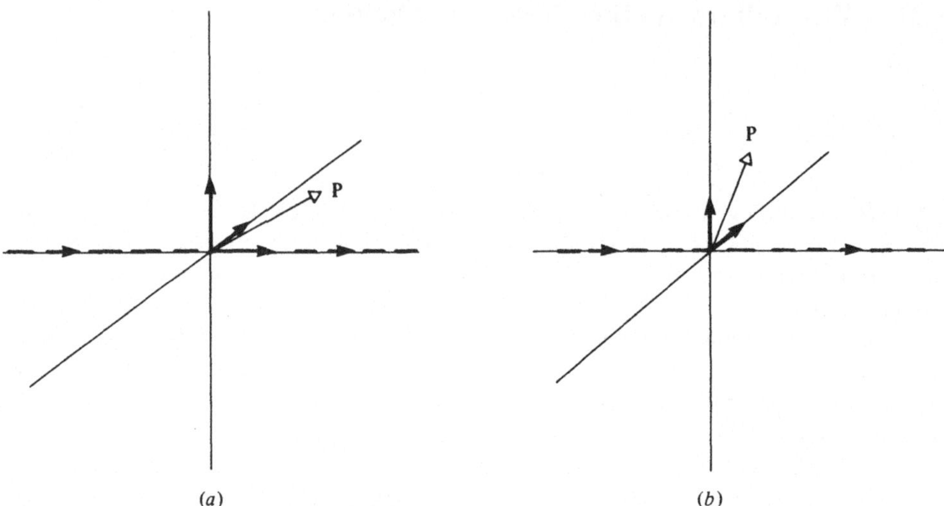

Bild 20.1 Vektorpropagatoren. Die Polarisation eines Vektorteilchens mit Masse hat drei Komponenten *(a)*; die eines masselosen Vektorteilchens nur zwei *(b)*.

ren Feynman-Diagrammen gegeben. Jeder Beitrag ergibt eine dimensionslose Zahl — das muß so sein, denn Wahrscheinlichkeiten haben nun mal keine Dimension. Darüber muß, wie bei der QED gesehen, über alle Impulse aller virtuellen Teilchen in allen Diagrammen summiert werden. Bei sehr hohen Impulsen liefert der W-Propagator allerdings konstante Beiträge M^{-2}. Um dies zu kompensieren, muß jeder Propagator (jede Schlangenlinie eines Diagramms) mit entsprechenden Impulsfaktoren versehen werden, um eine dimensionslose Zahl der Art p^2/M^2c^2 zu liefern.

Die Anwesenheit dieses Impulsfaktors bei jedem Propagator führt dazu, daß der mathematische Ausdruck für kompliziertere Diagramme unendlich wird, wenn über die Impulse summiert wird. Man sagt, das Diagramm *divergiert.*

Der Massenfaktor im W-Propagator ist es also, der zu einer endlosen Zahl von unendlichen Beiträgen in der Störungsreihe führt. Man kann diese nicht alle in Umdefinitionen der Massen und der Kopplungen absorbieren. Die Theorie ist nicht renormierbar und kann deshalb keine vernünftigen Resultate mit beliebiger Präzision liefern.

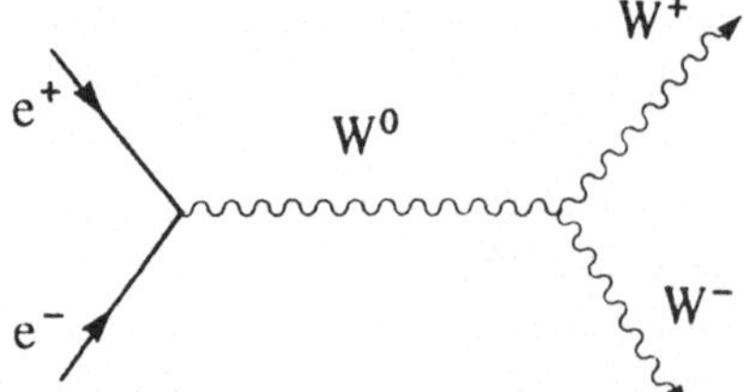

Bild 20.2 Ein Prozeß, bei dem die Masse der W-Bosonen ein schlechtes Hochenergieverhalten verursacht

Mit der fehlenden Renormierbarkeit hängt auch das schlechte Hochenergieverhalten einiger Prozesse mit W-Beteiligung zusammen. Der Massenfaktor im W-Propagator führt bei wachsender Energie zu einem schnelleren Anstieg des Wirkungsquerschnitts dieser Prozesse, als es die fundamentalen Theoreme erlauben (Bild 20.2). Dieses schlechte Hochenergieverhalten sollten die W-Bosonen ja gerade beseitigen! Da die Masse des W-Bosons die Quelle allen Übels zu sein scheint, ist es wohl das Beste, uns jetzt den Ursprung dieses Teilchens und seiner Masse genauer anzuschauen.

21 Eichtheorien

21.1 Einleitung

Das Prinzip der Eichinvarianz ist vielleicht das bedeutendste in der modernen Physik überhaupt, da es die Ursache der Kräfte selber ist. Es scheint *allen vier* bekannten Kräften aus Abschnitt 5 in der einen oder anderen Weise gemeinsam zu sein und könnte somit das Fundament einer umfassenden einheitlichen Theorie sein. In einer Eichtheorie soll die Lagrange-Funktion, die die Wechselwirkung von Teilchenwellenfunktionen beschreibt, invariant bleiben gegen Transformationen, die die Erhaltungssätze der Natur widerspiegeln. Wir wollen uns dies zunächst am Beispiel der QED ansehen.

21.2 Die Formulierung der QED

Die QED beschreibt die Wechselwirkung geladener Teilchen, etwa Elektronen, indem sie dafür sorgt, daß die elektrische Ladung stets erhalten bleibt. Dies kann man durch eine Lagrange-Funktion beschreiben, die gegen eine gewisse Gruppe $\mathcal{G}$ von Symmetrietransformationen invariant bleibt (Bild 6.4). Symbolisch bedeutet das:

$$\mathcal{G}\mathcal{L}(\psi_{\mathrm{e}}) \rightarrow \mathcal{L}(\psi_{\mathrm{e}}^{*}).$$

Die betreffende Gruppe, $U(1)$ genannt, bewirkt eine einfache Phasenverschiebung der Elektronwellenfunktion. Diese Phasentransformation nennt man *global*, weil sie in jedem Raum-Zeit-Punkt gleich wirkt. Aus Abschnitt 3.8 wissen wir, daß wir die Phase der Elektronwellenfunktion nicht beobachten können — wohl aber Phasenunterschiede. Zunächst muß man sich jedoch auf einen Ausgangspunkt festlegen, gegenüber dem man die Phasenunterschiede mißt. Unsere Ergebnisse sind natürlich nur dann sinnvoll, wenn sie nicht von der gewählten Konvention abhängen. Eine globale Phasentransformation ist aber nichts anderes als eine Änderung dieser Konvention. Die globale Phasensymmetrie ist also gleichbedeutend mit der Aussage, die Gesetze der Physik seien von Phasenkonventionen unabhängig.

Die globale Phasensymmetrie ist eine recht einfache Symmetrie und schränkt die Lagrange-Funktion nicht sehr ein. Die Sache wird schon interessanter, wenn wir verlangen, daß die Theorie auch unter *lokalen* Phasentransformationen, die in jedem Raum-Zeit-Punkt verschieden sind, invariant bleiben soll:

$$\mathcal{G}(x)\mathcal{L}(\psi_{\mathrm{e}}) \rightarrow \mathcal{L}^{*}(\psi_{\mathrm{e}}^{*}),$$

wobei $x = (\boldsymbol{x}, t)$ einen Vierervektor in der Raum-Zeit darstellt. Dies sind sogenannte *lokale Eichtransformationen*. Eine lokale Eichtransformation bedeutet, daß man in jedem

Raum-Zeitpunkt die Konvention für die Phasendefinition der Elektronwellenfunktion beliebig wählt. Man kann in jedem Raumpunkt zu jedem Zeitpunkt völlig unabhängig über die Phasenkonvention verfügen. Der raum-zeitliche Zusammenhang erzwingt dann aber eine Veränderung der Lagrange-Funktion ($\mathcal{L} \neq \mathcal{L}^*$): Die Theorie ist gegen diese anspruchsvollere Symmetrie nicht mehr invariant. Es ist aber eine angenehme Überraschung, daß es ein Feld gibt, dessen Einführung die lokale Phasentransformation der Elektronwellenfunktion vollständig kompensiert und die Lagrange-Funktion wieder symmetrisch macht.

Das benötigte Feld muß unendliche Reichweite haben, da man die Phasen in beliebig großen Abständen wieder in Einklang bringen muß. Das Quant dieses neuen Feldes muß also masselos sein. Das Feld, das man für diese lokale Eichinvarianz benötigt, ist in der Tat das elektromagnetische Feld, und dessen Quant ist natürlich das Photon.

Wir wissen bereits, daß die korrekte Beschreibung der Wechselwirkung zweier Elektronen eigentlich folgendes vorsieht: Ein Elektron wechselwirkt in einem Raum-Zeit-Punkt mit einem Photon, das Photon pflanzt sich zu einem zweiten Raum-Zeit-Punkt fort und wechselwirkt dort mit einem zweiten Elektron. So ist es möglich, daß die Änderung der Photonwellenfunktion die Änderung der Lagrange-Funktion aus der lokalen Phasentransformation kompensieren kann. Das Photon führt also zur lokalen Eichinvarianz. Symbolisch wiederum bedeutet dies:

$$\mathcal{G}(x)\mathcal{L}(\psi_e, A) \rightarrow \mathcal{L}(\psi_e^*, A^*),$$

wobei A der Vierervektor des elektromagnetischen Feldes ist (also die Wellenfunktion des Photons).

Die Invarianz der Lagrange-Funktion gegen lokale Eichtransformationen verlangt die Existenz eines masselosen Eichbosons: das Photon, das Quant des langreichweitigen elektromagnetischen Feldes. Die physikalische Deutung ist, daß das Photon die Phasenkonvention der Elektronwellenfunktion, die in jedem Raum-Zeit-Punkt unabhängig gewählt werden kann, von Punkt zu Punkt übermittelt. Darüber hinaus gewährleistet die Eichinvarianz die Existenz einer Erhaltungsgröße (siehe Abschnitt 6.1), und zwar der elektrischen Ladung. Die Eichtheorie der QED kann die Wechselwirkung von Elektronen (und anderer geladener Teilchen) also erfolgreich beschreiben.

Es ist interessant zu bemerken, daß ein Term in der Lagrange-Funktion, der dem Photon eine Masse zuschriebe, die Eichinvarianz zerstören würde. Wir haben bereits gesehen, daß Theorien mit Spin-1-Teilchen mit Masse in der Regel nicht renormierbar sind. Wir vermuten, daß lokale Eichinvarianz ein starker Hinweis auf Renormierbarkeit ist.

21.3 Allgemeine Eichinvarianz

Als nächstes wollen wir das Prinzip der Eichinvarianz auf andere Teilchen und Kräfte verallgemeinern. Das einfachste Beispiel hierzu ist ein historisches: Es wurde zwar widerlegt, folgt aber ziemlich direkt aus dem bisher Besprochenen. Diese Theorie sollte ursprünglich die Starke Wechselwirkung erklären.

Die Ladungsunabhängigkeit der Starken Kernkraft bedeutet, daß diese auf Proton und Neutron gleichermaßen wirkt. Sie unterscheidet nicht zwischen den beiden; für sie gibt es nur ein einziges Nukleon N. Somit kamen wir zur Beschreibung von Proton und Neutron als Isospinkomponenten des Isospin-$\frac{1}{2}$-Nukleons. Die Ladungsunabhängigkeit der Kraft kann man als Invarianz gegen Rotationen im Isospinraum darstellen, was zur Erhaltung des Gesamtisospins von Systemen, auf die die Starke Kraft wirkt, führt. (Die Isospinsymmetrie wird natürlich durch die elektromagnetische Kraft, die ja Proton und Neutron unterscheidet, gebrochen. Schaut man sich nur die Starke Kraft an, so ist Isospin eine gute Symmetrie.) Die Lagrange-Funktion, die die Wechselwirkung von Nukleonen beschreibt, sollte dann gegen Transformationen der Gruppe $SU(2)$ der globalen Isospinrotationen invariant sein:

$$\mathcal{G}^{SU(2)}\mathcal{L}(N) \to \mathcal{L}(N^*),$$

wobei die Rotationen aus der Gruppe $SU(2)$ ein Proton in ein Neutron verwandeln können und umgekehrt. Da die Starke Kraft die beiden nicht zu unterscheiden vermag, müssen wir eine Konvention einführen, was wir ein Proton und was ein Neutron nennen: Jede beliebige Mischung von beiden kann zur Definition des Nukleons herangezogen werden. Die globale Transformation legt für alle Raum-Zeit-Punkte eine Konvention für das Nukleon fest.

Wie oben, kann man jetzt einen Schritt weiter gehen und lokale Eichsymmetrie der Theorie fordern. Dies erfordert erneut ein masseloses Eichteilchen, das ρ, welches die Invarianz der Lagrange-Funktion sichern soll:

$$\mathcal{G}^{SU(2)}(x)\mathcal{L}(N,\rho) \to \mathcal{L}(N^*,\rho^*).$$

Die Quelle dieses neuen Eichteilchens ist der Isospin, wie vorher die elektrische Ladung die Quelle des elektromagnetischen Eichfeldes war. Da das Nukleon bei seinen Wechselwirkungen seine Ladung wechseln kann oder auch nicht, muß es drei Ladungsvarianten von dem neuen Teilchen geben (ρ^+, ρ^0, ρ^-). Weil die elektrische Ladung mit dem Isospin über die Beziehung $Q = e(I_3 + Y/2)$ zusammenhängt, trägt das Eichteilchen ρ selbst Isospin und ist somit seine eigene Quelle. Das geladene Eichteilchen kann also mit sich selbst wechselwirken, während das neutrale Photon dies nicht kann (Bild 21.1). Man sagt auch, die QED sei eine *Abelsche* Feldtheorie, während die $SU(2)$-Eichtheorie *nicht-Abelsch* ist. Dies kommt aus der mathematischen Struktur der Eichgruppen. Die einfache Phasenverschiebung der QED ist Abelsch, weil eine Folge von Transformationen in einer beliebigen Reihenfolge durchgeführt werden kann und immer zum gleichen Ergebnis führt. Die Gruppe $SU(2)$ der Isospinrotationen (die auch die normalen dreidimensionalen Rotationen im Raum beschreibt) ist nicht-Abelsch, denn das Ergebnis mehrerer hintereinander ausgeführten Transformationen hängt jetzt von der Reihenfolge ab.

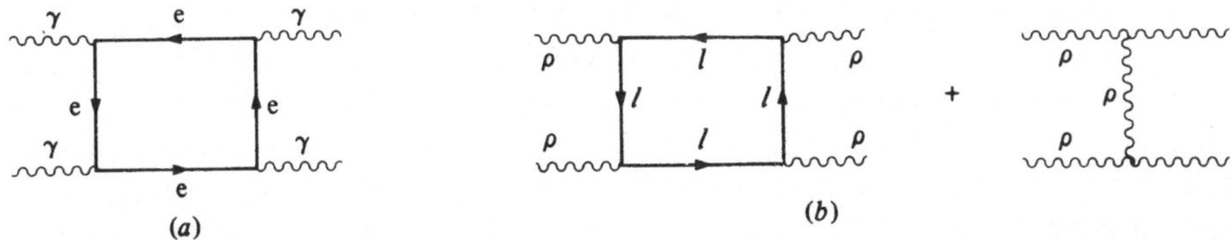

Bild 21.1 *(a)* In der QED können Photonen nur auf dem Umweg über Elektronen miteinander wechselwirken. *(b)* In der $SU(2)$-Eichtheorie können die Eichteilchen zusätzlich auch direkt miteinander wechselwirken.

Die Eichinvarianz wurde erstmals 1954 von Yang und Mills und 1955 von Shaw auf den Isospin angewandt. Man ließ aber schnell davon ab, da diese Symmetrie die Existenz eines geladenen Spin-1-Tripletts von masselosen Eichteilchen, der ρ-Teilchen, erforderte, das nicht gefunden wurde. Als man einige Jahre später das ρ-Meson entdeckte, wurden die Hoffnungen auf eine Eichtheorie der Starken Wechselwirkung erneut belebt. Die ρ-Mesonen sind jedoch nicht masselos; sie sind gebundene Zustände von zwei Pionen und kommen für eine solch fundamentale Rolle, wie die der Eichteilchen, nicht in Frage.

21.4 Eichinvarianz und Schwache Wechselwirkung

Um eine vernünftige Theorie der Schwachen Wechselwirkung aufzubauen, müssen wir als erstes die fundamentalen Gesetze der Leptonphysik, die wir bereits kennengelernt haben, berücksichtigen. Dies sind die Erhaltungsgesetze der Elektronzahl und der Myonzahl. Vernünftigerweise fassen wir die Wellenfunktionen der Leptonen in Dubletts vom gleichen Leptontyp zusammen:

$$\ell_{\mathrm{e}} = \begin{pmatrix} \nu_{\mathrm{e}} \\ \mathrm{e}^- \end{pmatrix}, \quad \ell_{\mu} = \begin{pmatrix} \nu_{\mu} \\ \mu^- \end{pmatrix}.$$

Wollen wir diese Theorie nun eichen, müssen wir die Erhaltungsgesetze mit einer Symmetrie der Lagrange-Funktion in Zusammenhang bringen. Dazu bemerken wir zunächst die Ähnlichkeit der Leptonendubletts mit den Isospindubletts der Nukleonen, die Proton und Neutron enthalten. Wir können diese Ähnlichkeit weiter treiben, indem wir annehmen, die Schwache Wechselwirkung sei ebenfalls von der elektrischen Ladung der beteiligten Teilchen unabhängig. Die Schwache Wechselwirkung kennt nur das Lepton und unterscheidet nicht zwischen Neutrino und Elektron.

So können wir einen *Schwachen Isospin* analog zum Isospin der Nukleonen definieren und fordern, daß die Schwache Wechselwirkung Rotationen im Schwachen Isospinraum nicht bemerkt. Die Lagrange-Funktion muß also gegen die Gruppe der Schwachen Isospinrotationen $SU(2)^W$ invariant sein:

$$\mathcal{G}^{SU(2)^W} \mathcal{L}(\ell_{\mathrm{e}}, \ell_{\mu}) \rightarrow \mathcal{L}(\ell_{\mathrm{e}}^*, \ell_{\mu}^*).$$

Genau parallel zum obigen Weg kann man jetzt lokale Symmetrie fordern, die die Einführung eines masselosen Eichteilchens, das W, benötigt, um die Invarianz der Lagrange-Funktion zu gewährleisten:

$$\mathcal{G}^{SU(2)^W(x)} \mathcal{L}(\ell_{\mathrm{e}}, \ell_{\mu}, \mathrm{W}) \rightarrow \mathcal{L}(\ell_{\mathrm{e}}^*, \ell_{\mu}^*, \mathrm{W}^*).$$

Der physikalische Hintergrund ist folgender: Die lokalen Konventionen, wie die beiden wechselwirkenden Leptonen aus Elektron und Neutrino zusammengesetzt sind, unterscheiden sich voneinader, und das W-Bosons sorgt für den Ausgleich. Das Eichteilchen muß wiederum ein Triplett sein ($\mathrm{W}^+, \mathrm{W}^0, \mathrm{W}^-$), und dies hat eine wichtige Konsequenz für die Schwache Wechselwirkung: Das neutrale W^0-Teilchen erlaubt nun *neutrale Ströme*, bei denen ein Neutrino sich nicht in ein Elektron verwandelt (Bild 21.2). Die Theorie wurde weit vor der Entdeckung der neutralen Ströme aufgestellt, und die Voraussage des W^0 schien lange Zeit eher hinderlich zu sein. Ebenfalls hinderlich war, daß die Eichteilchen masselos zu sein hatten, da es noch keinen experimentellen Hinweis auf die W-Bosonen gab und diese somit recht schwer sein mußten.

Diese beiden Faktoren behinderten die Entwicklung der Eichtheorien für nahezu ein Jahrzehnt. Man suchte nach einem Mechanismus, der den W-Bosonen Masse zugesteht, obwohl sie aus einer eichinvarianten und damit potentiell renormierbaren Theorie stammen.

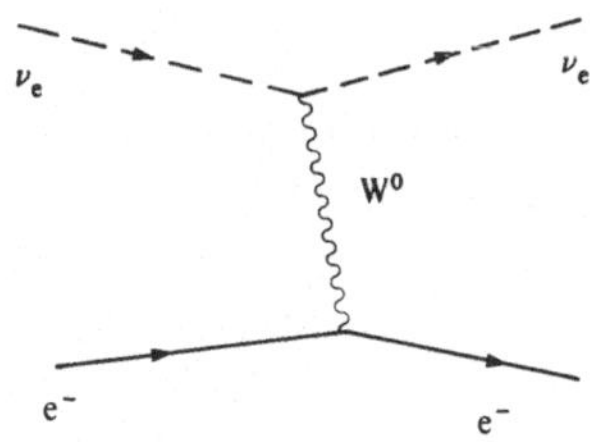

Bild 21.2 Das neutrale Eichteilchen läßt Reaktionen mit einem Schwachen neutralen Strom zu.

Die nicht beobachteten neutralen Ströme versagten der Theorie eine experimentelle Bestätigung und verhinderten ihre Anerkennung und ihre Weiterentwicklung.

22 Spontane Symmetriebrechung

22.1 Einleitung

Die Existenz von asymmetrischen Lösungen für eine symmetrische Theorie findet sich in vielen Bereichen der Physik wieder. Betrachten wir zum Beispiel einen Magneten. Sein Magnetfeld zeichnet eindeutig eine Richtung im Raum aus (d.h. die Rotationssymmetrie ist gebrochen), obwohl die Gleichungen, die die Bewegung der einzelnen Atome im Innern des Magneten beschreiben, völlig rotationssymmetrisch sind. Wie kommt das? Die Antwort ist, daß der symmetrische *nicht* der Zustand niedrigster Energie (der Grundzustand) ist und daß auf dem Weg in den Grundzustand das System seine eigentliche Symmetrie verloren hat.

Ein einfaches Bild hierfür ist eine Murmel in einer Weinflasche (Bild 22.1). Der symmetrische Zustand ist der, bei dem die Murmel genau in der Mitte auf der Spitze des Hubbels sitzt: Aber dies ist nicht der Zustand niedrigster Energie, da die Murmel durch ihre erhöhte Stellung potentielle Energie besitzt. Eine kleine Störung reicht, und die Murmel rollt an den Rand hinunter: Das System hat nun die kleinstmögliche Energie, ist aber asymmetrisch geworden. Ist die Symmetrie eines physikalischen Systems auf diese Weise durch einen asymmetrischen Grundzustand gebrochen, sagt man, es liege eine *spontane Symmetriebrechung* vor.

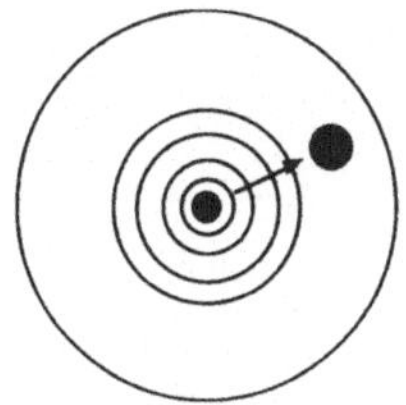

Bild 22.1 Die anfängliche Position der Murmel ist symmetrisch, aber ihre Energie ist nicht minimal. Eine kleine Störung reicht, um die Rotationssymmetrie zu brechen und das System in den Zustand niedrigster Energie zu überführen.

22.2 Spontane Brechung einer globalen Symmetrie

Wir wollen jetzt dieses Konzept in die Teilchenphysik einführen und sehen, ob ein spontan gebrochenes Eichfeld etwas mit der Masse der Eichbosonen zu tun hat. Hier bedeutet spontane Symmetriebrechung, daß eine symmetrische Lagrange-Funktion einen asymmetrischen Grundzustand besitzt. In Abschnitt 4.4 haben wir gesehen, daß jedem Teilchen ein Quantenfeld zugrundeliegt; das Teilchen ist das Quant des Feldes. Der Grundzustand — das *Vakuum* — ist der Zustand, in dem das Feld die geringste Energie besitzt und keine Teilchen anwesend sind (siehe Abschnitt 4.9). Meistens ist die Energie eines Feldes minimal, wenn das Feld verschwindet; für manche Felder aber erreicht man die Minimalenergie nur, wenn das Feld nicht gleich Null ist.

Betrachten wir einmal ein hypothetisches spinloses Teilchen, das aus zwei Komponenten besteht:

$$\Phi = (\phi_1, \phi_2).$$

(So kann man sich das Nukleon als Teilchen mit den Komponenten Proton und Neutron vorstellen: $\mathrm{N} = (\mathrm{p}, \mathrm{n})$.) Denken wir uns noch eine hypothetische Lagrange-Funktion aus, die die Wechselwirkung von ϕ_1 und ϕ_2 beschreibt. Die Wechselwirkungsenergie soll nun die Form der Weinflasche aus dem vorigen Abschnitt haben. Bild 22.2 zeigt eine solche Wechselwirkungsenergie. Die Achsenbeschriftungen ϕ_1 und ϕ_2 stehen für den Mittelwert der entsprechenden Quantenfelder. Für unsere Wechselwirkung ist die Energie nicht dann minimal, wenn der Mittelwert beider Felder verschwindet, sondern auf dem Kreis

$$\phi_1^2 + \phi_2^2 = R^2.$$

Die Gleichung legt die Vakuumzustände für diese Theorie fest, die sich durch nichtverschwindende Werte für ϕ_1 und ϕ_2 auszeichnen. Trotz dieser unüblichen Eigenschaft ist die Lagrange-Funktion weiterhin symmetrisch gegen Rotationen in der ϕ_1-ϕ_2-Ebene:

$$\mathcal{G}\mathcal{L}(\phi_1, \phi_2) \to \mathcal{L}(\phi_1^*, \phi_2^*),$$

wobei $\mathcal{G}$ die Gruppe der Rotationen in der Ebene ist. Wir haben es bislang mit globalen Transformationen zu tun: $\mathcal{G}$ wirkt in jedem Punkt der Raum-Zeit gleichermaßen.

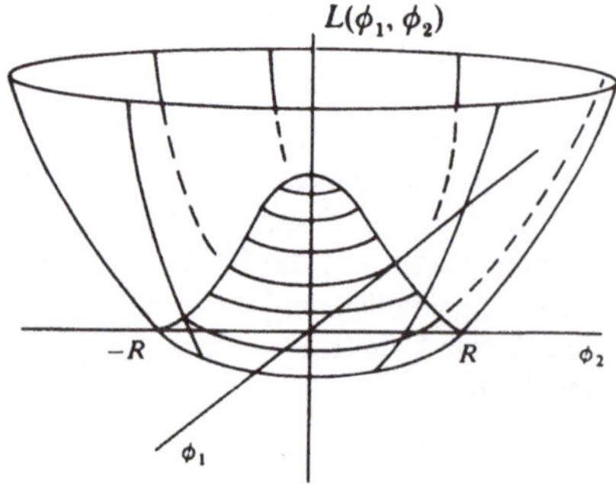

Bild 22.2 Wechselwirkungsenergie für die beiden Komponenten eines hypothetischen Quantenfelds. Der Zustand niedrigster Energie entspricht einem von Null verschiedenen Wert des Feldes.

Wählen wir zunächst einen beliebigen Vakuumzustand, etwa jenen, der durch $\phi_1 = 0$ und $\phi_2 = R$ gegeben ist. Es ist günstig, den Feldern im Vakuumzustand verschwindende Mittelwerte zu geben, und es ist sogar notwendig, wenn wir die mathematische Störungstheorie anwenden wollen. Dies kann man mit einer einfachen Transformation erreichen:

$$\phi_1' = \phi_1, \quad \phi_2' = \phi_2 - R.$$

Man hat jetzt nur neue Achsen durch den Punkt R im Bild 22.2 gezogen. Die Lagrange-Funktion mit den neuen Feldern beschreibt also genau dieselbe physikalische Situation (wir haben ja nur eine Größe umdefiniert):

$$\mathcal{L}(\phi_1, \phi_2) \equiv \mathcal{L}(\phi_1', \phi_2').$$

In den umdefinierten Koordinaten ereignet sich jedoch etwas Interessantes. Erstens ist die Lagrange-Funktion jetzt *nicht mehr* invariant gegen die ursprüngliche Gruppe von Transformationen $\mathcal{G}$, was nicht weiter überrascht, weil die Wechselwirkungsenergie nicht mehr symmetrisch ist bezüglich des Vakuumzustands. Und zweitens beschreibt jetzt ϕ_2' ein Teilchen mit einer zu R proportionalen Masse, während ϕ_1' masselos ist. Dies steht im Gegensatz zur ursprünglichen Lagrange-Funktion, in die Massen nicht genau definiert waren. Insgesamt kann man also festhalten, daß die globale Symmetrie der ursprünglichen Lagrange-Funktion gebrochen ist und daß dadurch eines der Teilchen eine Masse erhält, während das andere masselos bleibt. Die eigentliche Frage ist jetzt, ob die Massen der physikalischen Teilchen in einer ähnlichen Weise aus einer eichinvarianten (und dadurch vielleicht renormierbaren) Wechselwirkung stammen.

Leider ist dieses Modell viel zu einfach, um uns wirklich weiterzuhelfen. Jeffrey Goldstone aus Cambridge bewies in den frühen 60er Jahren ein Theorem, demzufolge bei diesem Mechanismus stets ein solches spin- und masseloses Teilchen auftauchen muß: Wird eine *globale* Symmetrie spontan gebrochen, erhält man immer ein masseloses Spin-0-Teilchen, das sogenannte *Goldstone-Boson*. Dies ist aber sehr ungünstig, denn es existiert offenbar kein spinloses Teilchen ohne Masse. Hinzu kommt, daß das Teilchen, was Masse bekommen hat, nicht das W-Boson ist: dieses hat ja Spin 1 und bleibt weiterhin ohne Masse. Nicht weniger, sondern mehr Probleme scheinen wir jetzt zu haben! All diese Schwierigkeiten können aber gelöst werden, und gleich sehen wir wie.

22.3 Spontane Brechung einer lokalen Symmetrie — der Higgssche Mechanismus

Nehmen wir erneut unsere ursprüngliche Lagrange-Funktion mit ihrer Weinflaschenwechselwirkung. Diesmal fordern wir *lokale* Eichinvarianz (d.h. Invarianz gegen Drehungen in der ϕ_1-ϕ_2-Ebene, die in jedem Punkt verschieden sein können). Aus Abschnitt 21 wissen wir, daß dies die Einführung eines Eichteilchens A erfordert, damit die Invarianz erhalten bleibt:

$$\mathcal{G}(x)\mathcal{L}(\phi_1, \phi_2, A) \rightarrow \mathcal{L}(\phi_1^*, \phi_2^*, A^*).$$

Das Eichteilchen übermittelt die Werte von ϕ_1 und ϕ_2 von einem Punkt zum anderen. Erneut legen wir unsere Achsen so, daß sie durch den Zustand geringster Energie gehen:

$$\phi_1' = \phi_1, \quad \phi_2' = \phi_2 - R.$$

Schreibt man die Lagrange-Funktion jetzt in den neuen Feldern, ändert sich die Physik nicht, also:

$$\mathcal{L}((\phi_1, \phi_2, A) \equiv \mathcal{L}(\phi'_1, \phi'_2, A).$$

In diesem letzten Schritt geschieht nun etwas höchst Merkwürdiges. Das umdefinierte ϕ'_2 erhält erneut eine Masse, die zu R proportional ist, aber das masselose Goldstone-Boson ϕ'_1 verschwindet. Das ursprünglich masselose Eichboson seinerseits erhält ebenfalls eine zu R proportionale Masse.

Mathematisch passiert dabei folgendes: Das ursprünglich masselose Eichteilchen verbindet sich mit R (dem Vakuumerwartungswert von ϕ_2) derart, daß ein neuer Massenterm entsteht. Gleichzeitig wird das Goldstone-Boson ϕ'_1 vom Eichteilchen absorbiert und verliert jede physikalische Relevanz. Unter Physikern sagt man, das Eichteilchen *fresse* das Goldstone-Boson *auf* und erhalte auf diese Weise Masse.

Jetzt zur physikalischen Interpretation: Die ursprüngliche Lagrange-Funktion definiert ein zweikomponentiges Teilchen $\Phi = (\phi_1, \phi_2)$ und ein masseloses, vektorielles Eichteilchen, A, mit zwei Spineinstellungen. Die umdefinierte Lagrange-Funktion beschreibt ein spinloses Teilchen mit Masse, das ϕ'_2 und ein vektorielles Eichteilchen mit Masse, das A', das jetzt, wegen der Masse, drei Spineinstellungen besitzt. Die Zahl der physikalischen Freiheitsgrade hat sich nicht verändert (weiterhin vier), aber unser überflüssiges Goldstone-Boson hat sich zur dritten Spineinstellung des Eichbosons mit Masse gemausert. Das sieht schon besser aus. Das Goldstone-Boson konnte durch eine *lokale* Eichsymmetrie, wie sie Peter Higgs von der Universität Edinburgh und andere im Jahr 1964 vorschlugen, bei Seite geschafft werden. Und vor allem: Obwohl wir mit einer eichinvarianten Theorie begonnen haben, hat das Eichteilchen nun eine Masse; dies war ja das Ziel der Bemühungen. Den Preis, den wir dafür zu entrichten haben, ist die Anwesenheit eines weiteren spinlosen Teilchens, des ϕ'_2, das Higgs-Boson genannt wird (siehe Tabelle 22.I). Dieses Teilchen ist bisher nicht entdeckt worden; seine Beobachtung würde dem Konzept der spontan gebrochenen Eichtheorien viel Auftrieb verschaffen.

Tabelle 22.I Die spontane Brechung einer *lokalen* Eichsymmetrie vermeidet das unerwünschte Goldstone-Boson und gibt dem Vektorboson eine Masse. Sowohl vor, als auch nach der Symmetriebrechung ist die Gesamtzahl der physikalischen Freiheitsgrade vier.

vorher	$\rightarrow$ nachher
A, ϕ_1	$\rightarrow A'$ mit Masse
ϕ_2	$\rightarrow \phi'_2$ mit Masse

Wir haben jetzt das allereinfachste Beispiel einer lokalen Eichsymmetrie kennengelernt, die durch den Higgsschen Mechanismus spontan gebrochen wird. Diese Methode ist ziemlich allgemein und kann sofort auf die Eichtheorie der Schwachen Wechselwirkung angewandt werden. Das wollen wir im nächsten Abschnitt betrachten.

23 Das Modell von Glashow-Weinberg-Salam

23.1 Einleitung

Steven Weinberg aus Harvard und kurz danach Abdus Salam aus London entwickelten in den Jahren 1967 und 1968 unabhängig voneinander eine vereinheitlichte Theorie der Schwachen und elektromagnetischen Wechselwirkung, indem sie zum Teil ältere Arbeiten von Sheldon Glashow, ebenfalls aus Harvard, weiterführten. Die Theorie beschreibt die Wechselwirkung von Leptonen durch den Austausch von W-Bosonen und Photonen und benutzt den Higgsschen Mechanismus, um dem W eine Masse zu geben. Vor der spontanen Symmetriebrechung (also vor der Umdefinition der Felder) ist die Lagrange-Funktion eichinvariant, was Weinberg und Salam Anlaß zur Vermutung gab, die Theorie sei renormierbar. Der Beweis dafür stammt allerdings von Gerard 't Hooft aus Utrecht im Jahr 1971.

Die grundlegende Idee des Modells ist eine lokal eichinvariante Lagrange-Funktion, die die Wechselwirkung der Leptonen mittels masseloser W-Bosonen beschreibt, wie in Abschnitt 21 geschildert. Anschließend werden Higgs-Felder postuliert und eine geeignet gewählte Lagrange-Funktion für die Wechselwirkung zu der der Leptonen hinzugefügt. Nach der Umdefinition der Higgs-Felder haben die Teilchen zwar eine Masse, aber die Lagrange-Funktion, die sie enthält, ist nicht mehr invariant gegen diese lokalen Transformationen. Die Theorie ist renormierbar und besitzt daher Feynman-Regeln, die es erlauben, alle physikalischen Größen zu jeder beliebigen Genauigkeit zu berechnen.

Bei der spontanen Symmetriebrechung muß man etwas Vorsicht walten lassen, damit das Photon masselos bleibt und nur die W-Bosonen Masse erhalten. Dies erreicht man, indem man die Wechselwirkung der Higgs-Felder so wählt, daß nach der Umdefinition der Felder die Lagrange-Funktion weiterhin invariant gegen eine Untergruppe von lokalen Eichtransformationen bleibt. Diese Untergruppe ist genau die $U(1)$ der QED, die die Wechselwirkung von masselosen Photonen mit geladenen Teilchen beschreibt.

23.2 Das Modell

Wir haben bisher das Elektron mit seinem Neutrino als unterschiedliche Zustände des Schwachen Isospins in einer Leptonwellenfunktion

$$\ell_e = \begin{pmatrix} \nu_e \\ e^- \end{pmatrix}$$

zusammengefaßt. Eine solch pauschale Zuordnung ist jedoch wenig befriedigend, weil das Neutrino masselos und ausschließlich linkshändig ist, während das Elektron Masse und beide Händigkeiten besitzt. Wir erwähnten bereits, daß die Schwache Wechselwirkung linkshändige Elektronen bevorzugt, und wären diese masselos (ein Zustand, der durch extrem relativistische Elektronen gut angenähert wird), würde sie tatsächlich nur auf linkshändige wirken. Deswegen trennen wir die Elektronwellenfunktion in eine links- und eine rechtshändige und fassen sie wie folgt zusammen:

$$\ell_e = \begin{pmatrix} \nu_e \\ e^- \end{pmatrix}_L, \quad e^-_R.$$

Um konsistent zu bleiben, sollen die Elektronen vorerst masselos sein. Wir müssen aber später dafür sorgen, daß sie eine Masse erhalten. (Das gleiche geschieht übrigens mit dem Myon und allen anderen Teilchen, die die Schwache Kraft *spüren*. Alle müssen zunächst masselos sein.)

Ladungen der Schwachen Wechselwirkung und Eichsymmetrie

Wir brauchen jetzt eine Lagrange-Funktion, die die Wechselwirkung dieser Leptonen beschreibt und Eichbosonen, die die Lagrange-Funktion gegen gewisse Eichtransformationen invariant machen. Dazu benötigen wir die Erzeugenden dieser Transformationen, oder, was äquivalent dazu ist, die in dieser Wechselwirkung erhaltenen *Ladungen*. Diese Schwachen Ladungen werden vor und nach der spontanen Symmetriebrechung nicht die gleichen sein. Wir glauben, daß der jetzige Zustand der Welt *nach* der spontanen Symmetriebrechung entstanden ist, was uns ziemlich viel Freiheit für die Erhaltungssätze läßt, die *vor* der Brechung gegolten haben sollen. Allein die elektrische Ladung soll auch nach der Brechung erhalten bleiben.

Der Schwache Isospin, den wir bereits kennengelernt haben, ist ein ernsthafter Kandidat für eine Schwache Erhaltungsgröße. Das Neutrino und das linkshändige Elektron bilden ein Schwaches Isospindublett ℓ_e mit den Eigenwerten $I_3^W = +\frac{1}{2}$ bzw. $I_3^W = -\frac{1}{2}$ (W steht für engl.: *weak*, schwach). Vor der spontanen Symmetriebrechung dürfen sich die beiden Komponenten des Leptondubletts nur durch diese dritte Komponente I_3^W des Schwachen Isospins unterscheiden. Das Elektron ist aber negativ geladen; das Neutrino ungeladen. Die unterschiedlichen elektrischen Ladungen müssen also mit dem Schwachen Isospin der Teilchen zusammenhängen. Hierzu führen wir eine *Schwache Hyperladung* Y^W ein, die wie folgt definiert ist:

$$Q = e(I_3^W + \tfrac{1}{2}Y^W).$$

Gibt man sowohl ν_e als auch e_L^- die Hyperladung $Y^W = -1$, folgen ihre Ladungen aus ihren unterschiedlichen Isospinwerten. Da vor der Symmetriebrechung sowohl I_3^W als auch Y^W erhaltene Größen sind, ist es die Ladung auch.

Tabelle 23.I Die Schwachen Quantenzahlen der Leptonen. Die Antileptonen haben die entgegengesetzten Werte von I_3^W, Y^W und Q.

	I^W	I_3^W	Y^W	Q
ν_e	$\frac{1}{2}$	$\frac{1}{2}$	-1	0
e_L	$\frac{1}{2}$	$-\frac{1}{2}$	-1	-1
e_R	0	0	-2	-1

Die *Schwachen Quantenzahlen* der Leptonen sind in Tabelle 23.I zusammengefaßt. Man bemerke, daß das rechtshändige Elektron keinen Schwachen Isospin besitzt ($I^W = 0, I_3^W = 0$), da es keinen Schwachen Partner hat und bei Schwachen Isospinrotationen in sich selber übergehen muß. Daraus folgt sofort, daß seine Schwache Hyperladung $Y^W = -2$ sein muß.

Die Wechselwirkung der Leptonen soll nun den Schwachen Isospin und die Schwache Hyperladung erhalten. Dazu fordern wir die Invarianz der Lagrange-Funktion gegen die Gruppen $SU(2)_L^W$ der Schwachen Isospintransformationen und $U(1)^W$ der Schwachen Hyperladungstransformationen (letztere entsprechen einfach einer Verschiebung der Phase der Leptonwellenfunktion). Die vollständige Symmetriegruppe ist also $SU(2)_L^W \times U(1)^W$.

Um diese Invarianzen gegen *lokale* (also raum-zeit-abhängige) Transformationen zu erhalten, brauchen wir geeignete Eichteilchen. Die Invarianz gegen lokale Rotationen des Schwachen Isospins benötigt das Eichteilchen $\mathrm{W} = (\mathrm{W}^+, \mathrm{W}^0, \mathrm{W}^-)$, also

$$\mathcal{G}^{[SU(2)_L^W]}(x)\mathcal{L}(\ell_L, \mathrm{W}) \rightarrow \mathcal{L}(\ell_L^*, \mathrm{W}^*).$$

Um ebenfalls Invarianz gegen Verschiebungen der Phase der Leptonwellenfunktion zu bekommen, brauchen wir ein weiteres Eichteilchen, das B, mit

$$\mathcal{G}^{[U(1)^W]}(x)\mathcal{L}(\ell_L, \mathrm{e}_R, \mathrm{B}) \rightarrow \mathcal{L}(\ell_L^*, \mathrm{e}_R^*, \mathrm{B}^*).$$

Die vollständige Eichinvarianz lautet also

$$\mathcal{G}^{[SU(2)_L^W \times U(1)^W]}(x)\mathcal{L}_1(\ell_L, \mathrm{e}_R, \mathrm{W}, \mathrm{B}) \rightarrow \mathcal{L}_1(\ell_L^*, \mathrm{e}_R^*, \mathrm{W}^*, \mathrm{B}^*).$$

Spontane Symmetriebrechung

Jetzt müssen wir zwei weitere Terme in die Lagrange-Funktion einführen. Sie enthalten das Higgs-Feld, das wie die linkshändigen Leptonen ein Dublett ist,

$$\Phi = \begin{pmatrix} \phi^0 \\ \phi^- \end{pmatrix},$$

wobei die Komponenten die gleichen Quantenzahlen haben wie jene des linkshändigen Leptondubletts. Zunächst addieren wir den Term, der mit der Wechselwirkungsenergie von der Form einer Weinflasche zusammenhängt. Dieser Term muß lokal eichinvariant sein und somit die Eichteilchen enthalten:

$$\mathcal{L}_2(\Phi, \mathrm{B}, \mathrm{W}).$$

Außerdem muß das Higgs-Feld mit den Leptonen wechselwirken können, um die Massen zu erzeugen:

$$\mathcal{L}_3(\ell_L, \mathrm{e}_R, \Phi).$$

Anschließend wird die lokale Eichinvarianz der gesamten Lagrange-Funktion $\mathcal{L}_1 + \mathcal{L}_2 + \mathcal{L}_3$ gegen die Symmetriegruppe $SU(2) \times U(1)$ gebrochen, indem die neutrale Komponente des Higgs-Feldes einen nichtverschwindenden Vakuumerwartungswert $\phi^0 = R$ im Grundzustand bekommt. Das Higgs-Feld muß nun umdefiniert werden, $\Phi \rightarrow \Phi'$, damit der Grundzustand den Erwartungswert Null erhält:

$$\phi^{0\prime} = \phi^0 - R, \quad \phi^{-\prime} = \phi^-.$$

Nach dieser Umdefinition beschreibt die Lagrange-Funktion weiterhin die gleiche Physik, das heißt:

$$\mathcal{L}_2(\Phi, \mathrm{B}, \mathrm{W}) \equiv \mathcal{L}_2(\Phi', \mathrm{B}, \mathrm{W}),$$
$$\mathcal{L}_3(\ell_L, \mathrm{e}_R, \Phi) \equiv \mathcal{L}_3(\ell_L, \mathrm{e}_R, \Phi').$$

Wenn der Rauch der Mathematik abgezogen ist, treten folgende Eigenschaften ans Licht:

Der Schwache Isospin und die Schwache Hyperladung sind nicht mehr erhalten, da $SU(2) \times U(1)$ gebrochen ist. Die Brechung wurde jedoch so vorgenommen, daß die elektrische Ladung $Q = e(I_3^W + Y^W)$ weiterhin erhalten bleibt. Die $U(1)$-Eichsymmetrie der QED ist also nicht gebrochen worden; das Photon ist weiterhin masselos.

Die Massen der Eichbosonen entstehen durch die Mischung von R, dem Vakuumerwartungswert von ϕ^0, mit B und W in $\mathcal{L}_2$. Das Photon bleibt, wie gesagt, masselos, während die anderen Eichbosonen Masse erhalten. Um dies zu verstehen, müssen wir zunächst bemerken, daß weder das W-Eichteilchen des Schwachen Isospins, noch das B-Eichteilchen der Schwachen Hyperladung mit dem elektromagnetischen Eichteilchen, dem Photon, identisch sein können. Genau wie die elektrische Ladung eine Mischung von Schwachem Isospin und Schwacher Hyperladung ist, ist das elektromagnetsiche Eichteilchen eine Mischung aus dem neutralen Eichteilchen des Schwachen Isospins, dem W^0, und dem der Schwachen Hyperladung, dem B,

$$\mathrm{A} = \mathrm{W}^0 \sin\vartheta_W + \mathrm{B}\cos\vartheta_W,$$

wobei der Schwache Winkel ϑ_W der Parameter ist, der die Mischung festlegt. Die Reste der Wellenfunktionen von W^0 und B mischen, um ein weiteres Eichteilchen zu erzeugen:

$$\mathrm{Z}^0 = \mathrm{W}^0 \cos\vartheta_W - \mathrm{B}\sin\vartheta_W.$$

Diese Mischung entspricht dem Teil der Schwachen Wechselwirkung, der die gleichen Quantenzahlen wie das Photon besitzt (also elektrisch ungeladen ist). Es ist das neutrale Eichboson, das dem schon erwähnten neutralen Schwachen Strom entspricht. Es wird Z^0 genannt, um daran zu erinnern, daß es als Mischung der beiden fundamentalen Eichfelder entsteht.

Wird die Wechselwirkungsenergie sorgfältig ausgewählt, kann man dem Z^0 eine Masse geben und das Photonfeld A masselos lassen. Mit der Masse absorbiert das Z^0 eine Mischung von ϕ^0 und dessen Antiteilchen $\overline{\phi}^0$, was die dritte Polarisationsrichtung, die ein Teilchen mit Masse braucht, erzeugt. Übrig bleibt ein reelles Higgs-Teilchen ϕ' mit Masse, das aus der Mischung der Reste von ϕ^0 und $\overline{\phi}^0$ stammt. Die geladenen Teile der W-Eichteilchen (das W^+ und das W^-) erhalten ihre Massen, indem sie das ϕ^- bzw. dessen Antiteilchen, das ϕ^+, absorbieren (siehe Tabelle 23.II). Aus der expliziten Rechnung folgen für die Massen die Werte

$$M_{\mathrm{W}^\pm} = \frac{38.5}{\sin\vartheta_W}\,\mathrm{GeV}, \quad M_{\mathrm{Z}^0} = \frac{M_{\mathrm{W}^\pm}}{\cos\vartheta_W},$$

die von ϑ_W abhängen. Dies ist ein freier Parameter des Modells, der aus dem Experiment abgelesen wird. Der Wert beträgt etwa $\sin^2\vartheta_W \approx 0.23$, was zu Voraussagen von etwa 80 GeV bzw. 90 GeV führt. Dies erklärt, warum die W-Bosonen so spät entdeckt wurden,

Tabelle 23.II Der Higgssche Mechanismus für die elektroschwache Wechselwirkung. Die spontane Symmetriebrechung führt zu drei schweren Eichteilchen und einem schweren Higgs-Boson. Vor und nach der Symmetriebrechung beträgt die Anzahl der physikalischen Freiheitsgrade jeweils zwölf.

vorher	→ nachher
ϕ^-, W^-	→ W^- mit Masse
ϕ^+, W^+	→ W^+ mit Masse
$\phi^0, \overline{\phi}^0, \mathrm{W}^0, \mathrm{B}$	→ ϕ' und Z^0 mit Masse, A masselos

denn erst 1983 gab es einen Beschleuniger, der über ausreichend Energie verfügte, um solch schwere Teilchen zu erzeugen.

Erinnern wir uns, daß die Aufspaltung der Elektronwellenfunktion in eine links- und eine rechtshändige nur dann konsistent ist, wenn das Teilchen (wenigstens vor der Symmetriebrechung) masselos ist. Nach der Symmetriebrechung sind ℓ_e und e_R mit R, dem Vakuumerwartungswert von ϕ^0, in $\mathcal{L}_3$ gemischt, was dem Elektron seine Masse beschert. Dieser Teil der Theorie hat jedoch nicht die gleiche Voraussagekraft wie die Massenerzeugung der Eichbosonen. Da wir nicht genau wissen, wie das Higgs-Boson mit den Leptonen wechselwirkt, kann man $\mathcal{L}_3$ mit einem beliebigen Koeffizienten versehen, der dann für die notwendige Masse sorgt.

23.3 Reprise

Wir haben soeben die Grundstruktur der *elektroschwachen Wechselwirkung* in ihrer allgemein anerkannten Form vorgestellt und dabei der Übersichtlichkeit halber nur das Elektron und sein Neutrino betrachtet. Aber *alle* Teilchen, die die Schwache Wechselwirkung spüren, können ähnlich behandelt werden. Alle linkshändigen Fermionen werden zu Schwachen Isospindubletts mit $I^W = \frac{1}{2}$ und $I_3^W = \pm\frac{1}{2}$ zusammengefaßt, und alle rechtshändigen Fermionen sind Schwache Isospinsingletts mit $I^W = 0$ und $I_3^W = 0$. So haben wir für das Myon

$$\begin{pmatrix} \nu_\mu \\ \mu^- \end{pmatrix}_L, \quad \mu_R^-.$$

Gleiches gilt sogar für die Quarks, wie wir in Abschnitt 24 sehen werden.

Dies ist also das Modell von Glashow-Weinberg-Salam für die elektroschwache Wechselwirkung. Als Bestandteil enthält es die erfolgreiche Theorie der Quantenelektrodynamik und beschreibt die Schwache Kraft mittels Austausch von schweren Vektorbosonen. Darüber hinaus sagt es auf sehr natürliche Weise die Existenz von neutralen Strömen voraus, deren Entdeckung 1973 ihm folglich großen Auftrieb gab. Der schlaueste Zug des Modells ist jedoch, daß in ihm das Photon masselos bleibt, während die Schwachen Wechselwirkungsbosonen $\mathrm{W}^\pm$ und Z^0 Masse erhalten. Dies wird durch den Higgsschen Mechanismus mit geeignet gewählten Higgs-Feldern erreicht. Die Massen der Eichbosonen hängen vom Schwachen Winkel ϑ_W ab, dessen Wert dem Experiment entnommen werden muß

($\sin^2 \vartheta_W \approx 0.23$). Darüber hinaus sagt die Theorie die Existenz eines spinlosen Higgs-Teilchens ϕ' voraus, welches noch zu entdecken bleibt. Die Erzeugung im Jahr 1983 am CERN von $W^{\pm}$- und Z^0-Bosonen mit exakt den vorausgesagten Massen war ein großer Triumph für das Konzept der nicht-Abelschen Eichtheorien im allgemeinen und des elektroschwachen Modells im besonderen.

23.4 Ein akademischer Nachtrag zur Renormierbarkeit

Das Modell, das wir soeben vorgestellt haben, wurde im wesentlichen in den Jahren 1967 und 1968 in dieser Form ausgearbeitet, aber bis zum Beweis seiner Renormierbarkeit mit Skepsis betrachtet. Wir haben bereits erwähnt, daß die lokale Eichinvarianz der Lagrange-Funktion *vor* der Symmetriebrechung die Renormierbarkeit wahrscheinlich machte; aber noch mußte gezeigt werden, daß die Symmetriebrechung diese schöne Eigenschaft nicht verdarb.

't Hooft bewies der Renormierbarkeit, indem er zeigte, daß die Feynman-Regeln der Theorie für die Propagatoren der W-Bosonen zu mathematischen Ausdrücken führen, die die Probleme vermeiden, die mit der Masse von Spin-1-Teilchen in der Störungstheorie entstehen (siehe Abschnitt 20). Er wies nach, daß der mathematische Ausdruck des W-Propagators von der Masse unabhängig ist, wenn sein Impuls sehr groß wird. Da es keine Massenabhängigkeit gibt, erübrigen sich die kompensierenden Impulsfaktoren, die die resultierenden Wahrscheinlichkeiten dimensionslos machen. Diese Impulsfaktoren sind es, die letztlich zu den Divergenzen (unendlichen Termen) führen, wenn über alle möglichen Impulswerte im Inneren von komplizierten Feynman-Diagrammen summiert wird; fehlen sie, bleiben die Wahrscheinlichkeiten endlich, und die Theorie ist renormierbar.

24 Folgerungen aus dem Modell

24.1 Einleitung

Das Modell von Glashow-Weinberg-Salam ist inzwischen zur unangefochtenen Theorie der Schwachen (und elektromagnetischen) Wechselwirkung geworden. Im Jahrzehnt zwischen 1973 und 1983 haben eine ganze Reihe von Experimenten die Voraussagen des Modells bestätigt. Zunächst zeigte 1973 die Entdeckung der neutralen Ströme ein qualitativ völlig neues Phänomen auf, wie vom Modell vorhergesagt. Etwas später, Mitte der 70er Jahre, folgte die Entdeckung neuer Mesonen, die auf einen Quarktyp mit der neuen Quantenzahl *Charm* deuteten — wie es die Theoretiker forderten, die die Schwache Wechselwirkung von Hadronen mit dem Modell von Glashow-Weinberg-Salam beschreiben wollten. Ende der 70er Jahre stellte man eine quantitativ recht gute Übereinstimmung einiger paritätsverletzender Effekte mit den Voraussagen des Modells fest. Am spektakulärsten aber war 1983 am CERN die Entdeckung der $W^{\pm}$- und Z^0-Bosonen mit genau den vorausgesagten Massen: Ab jetzt war die Beschreibung der Schwachen Wechselwirkung mittels Eichtheorie fest etabliert. In diesem und dem folgenden Abschnitt gehen wir auf die Experimente näher ein.

24.2 Neutrale Ströme

In der Diskussion der Neutrino-Elektron-Streuung in Abschnitt 17 erwägten wir die Möglichkeit der Existenz von neutralen Strömen, die Prozesse ermöglichen, bei denen das einkommende Neutrino sich nicht in ein geladenes Lepton zu verwandeln braucht, sondern unversehrt ausläuft. Die Voraussage des neutralen Eichbosons Z^0 im Modell von Glashow-Weinberg-Salam lieferte eine natürliche Erklärung für solche Prozesse, deren Beobachtung Anfang der 70er Jahre als ein wichtiger Test für die Gültigkeit des Modells angesehen wurde. Prozesse, die über neutrale Ströme ablaufen, sind z.B. die elastische Myonneutrino-Elektron-Streuung oder die quasielastische Myonneutrino-Proton-Streuung.

$$\nu_\mu + e^- \to \nu_\mu + e^-$$
$$\nu_\mu + p \to \nu_\mu + p + \pi^0.$$

Die Existenz dieser Reaktion konnte erst nachgeprüft werden, als es ausreichend intensive und energiereiche Neutrinostrahlen gab, die umfassende Beschleunigerexperimente zuließen. Dies war 1973 so weit, und zur allgemeinen Überraschung fand man, daß die von den neutralen Strömen verursachten Effekte von der gleichen Größenordnung waren, wie die von den geladenen erzeugten. Der erste beobachtete Prozeß war der oben als zweiter erwähnte (Bild 24.1); das Verhältnis seines Wirkungsquerschnitts zur entsprechenden Reaktion mit geladenem Strom betrug etwa

$$\frac{\sigma(\nu_\mu + p \to \nu_\mu + p + \pi^0)}{\sigma(\nu_\mu + p \to \mu^- + p + \pi^+)} = 0.51 \pm 0.25,$$

was zeigte, daß beide Effekte von der gleichen Größenordnung sind. Später wurden weitere, von der Theorie vorhergesagte Prozesse mit neutralen Strömen gemessen, unter anderen die oben erwähnte elastische Myonneutrino-Elektron-Streuung.

All diese Reaktionen erlauben die Bestimmung des Schwachen Winkels ϑ_W, also jenes Parameters, der die Mischung zwischen Schwacher und elektromagnetischer Wechselwirkung festlegt. Der Mittelwert aller bisher durchgeführten Experimente beträgt derzeit etwa

$$\sin^2 \vartheta_W = 0.232\,4 \pm 0.001\,1.$$

Wie wir in Abschnitt 23 sahen, hängen die Massen der $W^\pm$-Mittlerteilchen direkt von diesem Wert ab; es ergibt sich dann die Voraussage:

$$M_{W^\pm} \approx 80\,\text{GeV}, \quad M_{Z^0} \approx 90\,\text{GeV}.$$

(a)

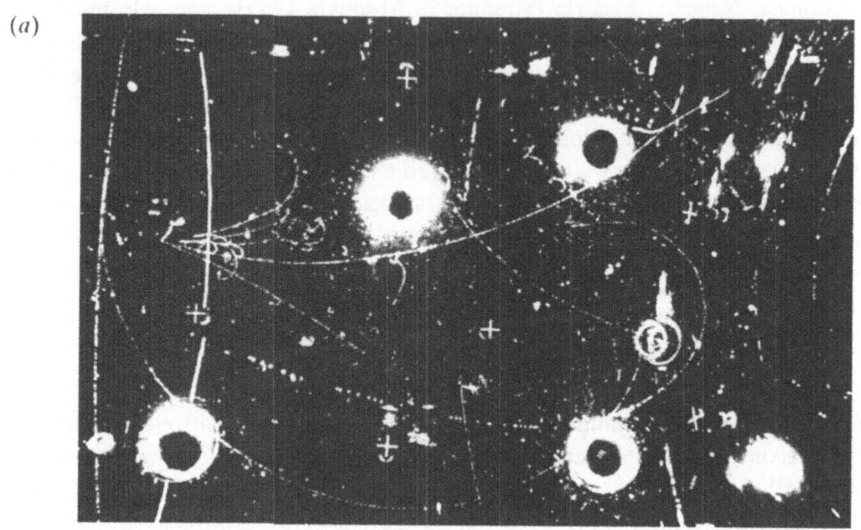

(b)

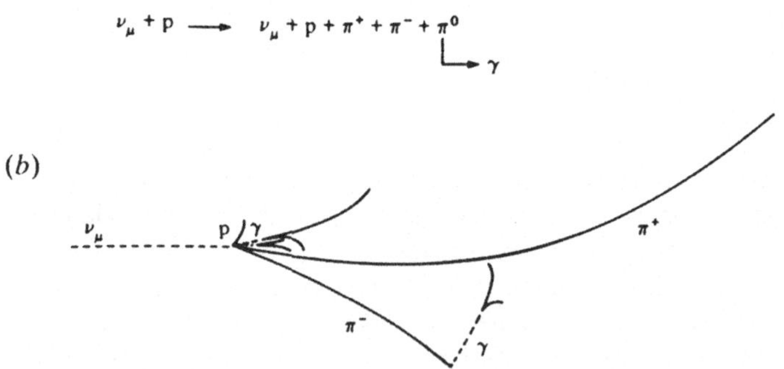

Bild 24.1 Eine Reaktion mit neutralem Strom, *(a)* in der Blasenkammer Gargamelle am CERN photographiert und *(b)* ihre Interpretation (Photo CERN)

24.3 Der hadronische Anteil — Charm

Das Modell von Glashow-Weinberg-Salam muß auch die Schwache Wechselwirkung der Hadronen beschreiben können. In Abschnitt 18 haben wir gesehen, wie man diese mittels Schwacher Wechselwirkungsströme mit Quarks in den Griff bekommt. Diese Form ist zur weiteren Untersuchung der Folgerungen aus dem Modell am günstigsten. Der geladene Strom, der die Schwache Wechselwirkung mit einer Änderung der elektrischen Ladung beschreibt, bleibt der gleiche wie zuvor. Er hat einen Anteil, der die Seltsamkeit verletzt, und einen anderen, der sie erhält. Das Verhältnis der beiden wird durch den Cabbibo-Winkel gegeben.

Das Modell erfordert aber auch einen neutralen Strom, der, ohne weiter bekannt zu sein, ebenfalls einen Teil enthält, der die Seltsamkeit der beteiligten Teilchen verletzt, und einen, der sie erhält. Ein Beispiel eines neutralen Stromes, der die Seltsamkeit verändert, ist der Zerfall des langlebigen neutralen Kaons,

$$K_L^0 \rightarrow \mu^+ \mu^-,$$

der auf dem Niveau der Quarkwechselwirkung in Bild 24.2(a) dargestellt ist. Unglücklicherweise sind solche Prozesse, die das Modell scheinbar gestattet, nie beobachtet worden. Experimentell ist er mit einer Wahrscheinlichkeit von $1{:}10^8$ ausgeschlossen. Das Modell muß also so verändert werden, daß diese Prozesse nicht mehr auftauchen.

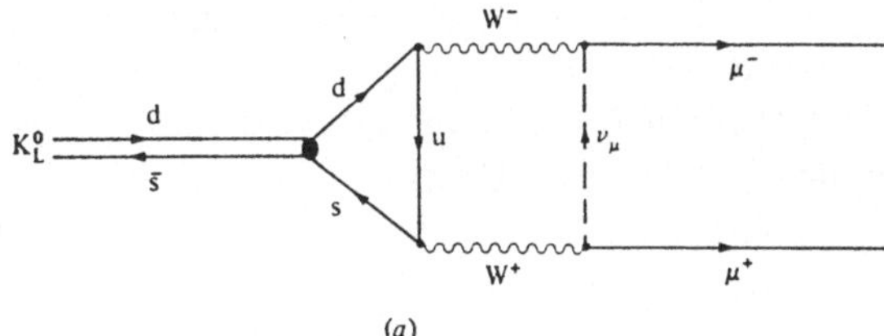

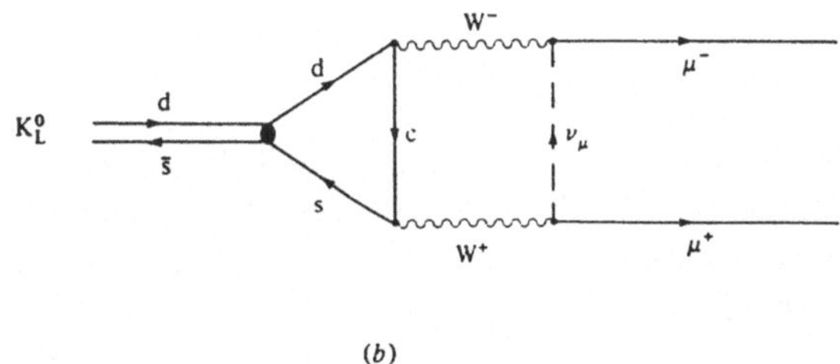

Bild 24.2 Beiträge von neutralen Strömen mit Veränderung der Seltsamkeit durch virtuelle Quarks *(a)* können durch die Einführung des Charm-Quarks kompensiert werden *(b)*.

Zur Abhilfe wurden mehrere Modelle vorgeschlagen. Das erfolgreichste, das später auf eindrucksvolle Weise vom Experiment bestätigt wurde, ist das *Charm*-Verfahren, das 1970 von einem multinationalen Triumvirat, bestehend aus Sheldon Glashow, John Iliopoulos und Luciano Maiani, ersonnen wurde und unter dem Namen GIM bekannt ist. Die grundlegende Annahme des Verfahrens ist die Existenz eines weiteren Quarks, das *Charm* genannt wurde, abgekürzt c. Dieses Quark trägt eine neue Quantenzahl, eben *Charm*, wie das Strange-Quark Seltsamkeit trägt. Die anderen Quarks, u, d, s, tragen kein Charm. Dann kann man es so einrichten, daß der unerwünschte neutrale Strom aus Bild 24.2(a), der die Seltsamkeit ändert, von einem entsprechenden Diagramm mit einem Charm-Quark (Bild 24.2(b)) genau kompensiert wird.

Auf diese Art kann man sämtliche unerwünschten Prozesse wie

$$K^+ \rightarrow \pi^+ + \mu^+ + \mu^-$$
$$K^+ \rightarrow \pi^+ + e^+ + e^-$$

eliminieren. Die Folgerungen aus dem GIM-Verfahren sind kolossal. Die Existenz eines vierten Quarks zieht die von ganzen Familien neuer Mesonen und Baryonen nach sich, genau wie bei der Einführung des seltsamen Quarks. Hinzu kommt, daß das Diagramm mit dem Charm-Quark die erwünschte Kompensation nur zustande bringt, wenn die Masse des c (und damit auch der Teilchen, die es enthalten), eher niedrig ist: um die 1.5 GeV. Man sollte also die Erzeugung von vielen Teilchen mit Charm in neuen Beschleunigerexperimenten erwarten.

Viele Physiker waren der Meinung, daß das GIM-Verfahren etwas zu *teuer* war, um das Problem zu lösen, denn immerhin mußte man ganze Familien neuer Teilchen in Kauf nehmen, um die Reaktionsrate einer kleinen Klasse von obskuren Prozessen klein zu halten. Bald folgte der Skepsis jedoch reines Staunen, als Mitte der 70er Jahre diese Teilchen nur so aus den Beschleunigern quollen (siehe Abschnitt 36).

Wir haben oben erwähnt, daß das Modell von Glashow-Weinberg-Salam jedes Teilchen, das die Schwache Wechselwirkung fühlt, gleich behandelt, indem es nämlich alle linkshändigen Fermionen als Schwache Isospindubletts mit $I^W = \frac{1}{2}$ und $I_3^W = \pm\frac{1}{2}$ und alle rechtshändigen als Schwache Isospinsingletts mit $I^W = 0$ und $I_3^W = 0$ enthält. Das gilt auch für die Quarks. So haben wir für die Up- und Down-Quarks

$$\begin{pmatrix} \mathrm{u} \\ \mathrm{d}' \end{pmatrix}_L, \quad \mathrm{u}_R, \quad \mathrm{d}_R.$$

Tabelle 24.I gibt ihre Quantenzahlen. Auf die gleiche Art kann man jetzt das Charm- und das Strange-Quark behandeln:

$$\begin{pmatrix} \mathrm{c} \\ \mathrm{s}' \end{pmatrix}_L, \quad \mathrm{c}_R, \quad \mathrm{s}_R.$$

Man bemerke, daß die Quarkdubletts nicht d und s, sondern d′ und s′ enthalten. Dies ist eine Folge der geladenen hadronischen Ströme, die einen Teil enthalten, der die Seltsamkeit verändert, und einen, der sie erhält. Deswegen koppelt nicht d_L oder s_L an die geladenen $\mathrm{W}^{\pm}$-Bosonen, sondern eine Mischung der beiden,

$$\begin{aligned} \mathrm{d}'_L &= \mathrm{s}_L \sin\vartheta_\mathrm{C} + \mathrm{d}_L \cos\vartheta_\mathrm{C}, \\ \mathrm{s}'_L &= \mathrm{s}_L \cos\vartheta_\mathrm{C} - \mathrm{d}_L \sin\vartheta_\mathrm{C}, \end{aligned}$$

wobei ϑ_C der Cabbibo-Winkel ist.

Tabelle 24.I Die Schwachen Quantenzahlen der Quarks. Die Antiquarks haben die entgegengesetzten Werte von I_3^W, Y^W und Q.

	I^W	I_3^W	Y^W	Q
u_L	$\frac{1}{2}$	$\frac{1}{2}$	$\frac{1}{3}$	$\frac{2}{3}$
d_L	$\frac{1}{2}$	$-\frac{1}{2}$	$\frac{1}{3}$	$-\frac{1}{3}$
u_R	0	0	$\frac{4}{3}$	$\frac{2}{3}$
d_R	0	0	$-\frac{2}{3}$	$-\frac{1}{3}$

24.4 Paritätsverletzende Tests des Modells von Glashow-Weinberg-Salam

Zusätzlich zu diesen qualitativ neuen Phänomenen erlaubt das Modell von Glashow-Weinberg-Salam, die Größe verschiedener paritätsverletzender Effekte aus der Schwachen Wechselwirkung vorauszusagen. Die überzeugendste Übereinstimmung läßt sich bei der polarisierten Elektron-Deuteron-Streuung, bei der die Spins aller Elektronen in eine gegebene Richtung zeigen, erzielen. Das Experiment mißt den Unterschied der Wirkungsquerschnitte bei der Streuung rechts- bzw. linkshändig polarisierter Elektronen an Proben von polarisierten Deuteronen. Nicht nur die Größenordnung dieses Effekts — die Querschnitte unterscheiden sich um etwa 0.01% — wird richtig vorausgesagt; auch seine Veränderung bei verschiedenen Stoßenergien wird erklärt.

Ein anderes interessantes Experiment zur Paritätsverletzung betrifft die Wechselwirkung von Licht mit Matrie bei niedrigen Energien. Dieser Test prüft das Modell in einem völlig anderen Energiebereich und kann dadurch dessen Wert erheblich steigern. Das Experiment existiert in vielen Varianten, aber grundsätzlich geht es immer darum, einen Strahl von polarisiertem Licht (Licht, dessen elektrisches Feld in eine gegebene Richtung zeigt) durch einen Dampf von Metallatomen zu schicken. Das Licht wird durch die Übergänge der Elektronen der Atome absorbiert und reemittiert und dabei wird, infolge der Schwachen Wechselwirkung zwischen Atomkern und Elektronen, die Polarisationsebene des Lichts zwar schwach, aber merklich und in wohldefinierter Weise gedreht. Diese Rotation zeichnet einen Drehsinn aus und deutet auf eine Paritätsverletzung hin. Da der Effekt klein ist und es noch Unklarheiten in der Anwendung des Modells von Glashow-Weinberg-Salam in atomarer Umgebung gibt, sind die Experimente und ihre Interpretation sehr schwierig. Nach anfänglichen Zweifeln und Diskrepanzen herrscht jetzt Übereinstimmung, daß das Modell vom Experiment gestützt wird. Das elektroschwache Modell sagt auch neue Effekte in der Elektron-Positron-Vernichtung (siehe Abschnitt 35) voraus, für die es ebenfalls experimentelle Hinweise gibt. Das Modell ist jetzt das Standardinstrument zum Verständnis der elektrischen und Schwachen Wechselwirkung (die man manchmal zusammen vereinheitlichte *elektroschwache* Kraft nennt) geworden. In Anerkennung ihrer Leistung erhielten Glashow, Weinberg und Salam 1979 gemeinsam den Nobelpreis.

25 Die Jagd nach den $W^{\pm}$- und Z^0-Bosonen

25.1 Einleitung

Die Mittlerteilchen der Schwachen Wechselwirkung sind jene Teilchen gewesen, die Anfang der 80er Jahre am sehnsüchtigsten erwartet wurden. Ihre Existenz ist notwendig für die Gültigkeit der elektroschwachen Theorie von Glashow-Weinberg-Salam und dadurch eine starke Stütze für alle modernen Eichtheorien. Es verwundert nicht, daß zwischen 1976 und 1983 enorm viel Arbeit in Experimente investiert wurde, die ihrer Entdeckung galten. Aber ihre Massen sind ja auch extrem groß. Es bleibt die Frage: Wie wurden sie schließlich doch entdeckt?

Das Z^0-Boson zerfällt sowohl in Quark-Antiquark-Paare als auch in Lepton-Antilepton-Paare. Das Prinzip der mikroskopischen Umkehrbarkeit von Teilchenreaktionen erlaubt somit bei ausreichend hoher Energie die Entstehung von Z^0-Bosonen bei Stößen von Quarks mit Antiquarks oder von Leptonen mit Antileptonen. Die *durchsichtigere Variante* ist die Lepton-Antilepton-Vernichtung, zum Beispiel die e^+e^--Reaktionen aus Kapitel VIII. Das LEP am CERN, das 1989 seine Arbeit aufnahm, wurde im wesentlichen zu diesem Zweck erbaut, trotz der großen Schwierigkeiten, die der Handhabung von sehr hochenergetischen e^+e^--Strahlen innewohnt (siehe Abschnitt 35.2).

Mitte der 70er Jahre stellte man jedoch fest, daß es leichter und billiger gewesen wäre, die $W^{\pm}$- und Z^0-Bosonen in Quark-Antiquark-Vernichtungen bei Stößen von Protonen mit Antiprotonen zu untersuchen, auch wenn die Reaktion selbst in einem deutlich schlechteren Umfeld stattfand, da die begleitenden Quarks (engl.: *spectator quarks*, Zuschauer) für extrem verwirrende Endzustände sorgen. Bei diesen Stößen (Bild 25.1) wechselwirkt ein Quark aus dem Proton (uud) mit einem Antiquark aus dem Antiproton ($\overline{u}\,\overline{u}\,\overline{d}$), um ein $W^{\pm}$ zu erzeugen, sofern es sich um ein Paar verschiedener Quarks handelt (also $u\overline{d}$ oder $d\overline{u}$), oder ein Z^0, wenn es gleiche Quarks sind ($u\overline{u}$ oder $d\overline{d}$).

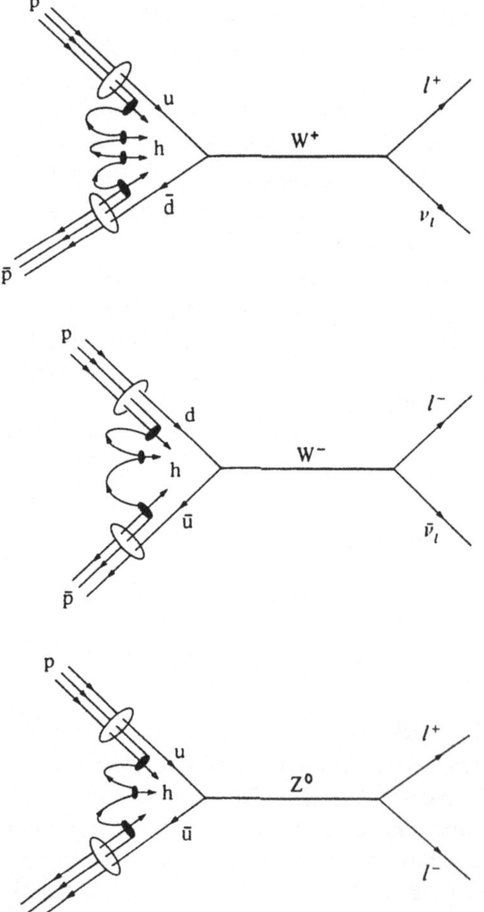

Bild 25.1 Die Erzeugung von $W^{\pm}$- und Z^0-Bosonen in $p\overline{p}$-Stößen. In allen Diagrammen bezeichnet h die hadronischen Bruchstücke aus den begleitenden Quarks.

Carlo Rubbia, David Cline und ihre Mitarbeiter schlugen 1976 den Umbau eines konventionellen Protonbeschleunigers mit fester Zielprobe (engl.: *fixed-target*) in eine Proton-Antiproton-Kollisionsmaschine vor, um die schweren Eichbosonen so schnell wie möglich zu finden.

25.2 Das $p\overline{p}$-Experiment am CERN

Als das $p\overline{p}$-Projekt allgemein auf Zustimmung gestoßen war, wählte man als Beschleuniger das SPS (Super-Protonen-Synchrotron) am CERN, das seinerzeit, 1976, eine der stärksten Maschinen der Welt war und Protonen auf 400 GeV beschleunigen konnte. Das Schöne am $p\overline{p}$-Projekt war, daß der Beschleuniger, der Protonen in eine Richtung befördert, die Antiprotonen automatisch in die Gegenrichtung beschleunigt, weil Teilchen (p) und Antiteilchen ($\overline{p}$) dieselbe Masse und entgegengesetzte Ladungen besitzen. Man mußte also nur den alten SPS-Ring so umbauen, daß er die beiden gegenläufigen Strahlen von p und $\overline{p}$ aufnehmen konnte. Bei diesem Umbau wurden beide Strahlen auf je 270 GeV beschränkt, was bei einer Frontalkollision eine Energie von 540 GeV ergibt. Dies ist natürlich über fünf Mal mehr, als man für die Erzeugung von $W^{\pm}$ und Z^0 im Prinzip benötigt; trotzdem wird die Energie gebraucht, weil nur ein Teil davon in die Quark-Antiquark-Vernichtung geht. Der Rest verbleibt bei den begleitenden Quarks und ergibt eine komplizierte, langreichweitige Hadronproduktion.

Obwohl die Experimente auf einer einfachen Idee beruhen, ist die Umsetzung in die Wirklichkeit kompliziert, weil es keine natürlich vorkommenden Antiprotonen gibt. Diese müssen vielmehr in Teilchenreaktionen mühsam erzeugt und anschließend gespeichert werden, bis man eine ausreichende Anzahl zusammenhat, um einen Strahl zu erhalten, dessen Dichte (*Luminosität* genannt) ausreicht, um die Reaktionsraten so groß werden zu lassen, daß man sie beobachten kann. Der Bau einer solchen *Antimateriefabrik* ist eines der Wunder der modernen Physik und zeigt auf überzeugende Weise bis zu welcher Meisterschaft es die Experimentalphysiker in der Beherrschung von Elementarteilchenstrahlen mit Hilfe eines ganzen Knäuel von Beschleunigern gebracht haben (Bild 25.2).

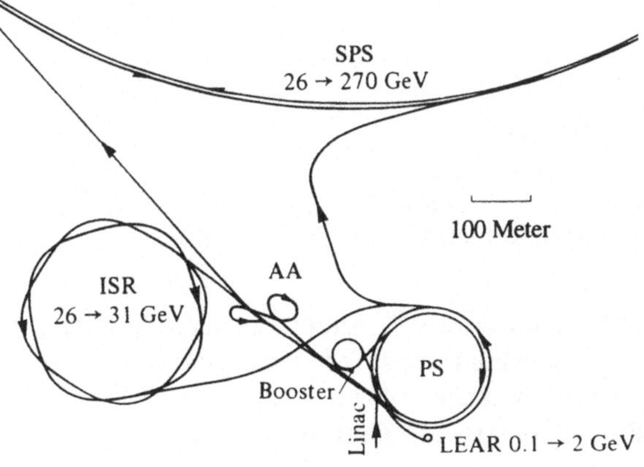

Bild 25.2 Hochenergieklempnerei. Sowohl das Protonensynchrotron (PS) als auch der Antiprotonenspeicherring (AA) gehören zur Proton-Antiproton-Maschine (SPS) am CERN. Das (inzwischen stillgelegte) ISR (*Intersecting Storange Rings*, Schnittstellen-Speicherringe) kann unabhängig davon Experimente ausführen.

Anfangs werden die Protonen in dem 1959 erbauten Protonensynchrotron (PS) auf 26 GeV beschleunigt und auf eine Probe aus Wolfram geschleudert. Aus den 10^{13} Protonen entstehen etwa zwanzig Millionen Antiprotonen mit etwa 4 GeV Energie. Diese werden dann zum Antiprotonenspeicherring (AA) geschleust, wo viele solcher Antiprotonenhaufen gespeichert werden. Beim Eintritt in den Speicherring wird der Haufen geglättet, *gekühlt*, wie man sagt, das heißt, daß der Impuls der einzelnen Antiprotonen möglichst nah an den Mittelwert angeglichen wird. Das Verfahren, das dies ermöglicht heißt *stochastische Kühlung* und besteht aus einem ausgeklügelten Kontrollsystem, das die Abweichungen der Antiprotonen von der Ideallage mißt, diese quer durch den Ring auf die Gegenseite meldet, wo der Antiprotonenhaufen einen kleinen, maßgeschneiderten magnetischen Tritt erhält, der ihn wieder in die vorgeschriebene Form bringt. Das alles geschieht in der Zeit, die der Haufen benötigt, um mit nahezu Lichtgeschwindigkeit den halben Ring zu durchlaufen! Nach zwei Sekunden ist der Haufen soweit abgekühlt, daß ein magnetisches Feld ihn in einer Wartebahn im Ring halten kann, während der nächste Haufen zum Kühlen eingeführt wird und dann seinerseits in disese Bahn gebracht wird. Nach etwa zwei Tagen hat man 60 000 Haufen auf diese Weise abgekühlt und in größeren Haufen zu je etwa 10^{12} Stück zusammengefaßt. Am Ende werden die Antiprotonenhaufen zurück ins PS geschickt, dort auf 26 GeV gebracht und ins SPS übergeleitet. Das PS führt auch Protonenhaufen von 26 GeV in die Gegenrichtung ins SPS. Das SPS beschleunigt dann die gegenläufigen p- und $\bar{p}$-Haufen auf 270 GeV und läßt sie an ausgewählten Stellen aufeinandertreffen, wo Detektoren die Wechselwirkung beobachten. Die p- und $\bar{p}$-Haufen können so mehrere Stunden lang wechselwirken.

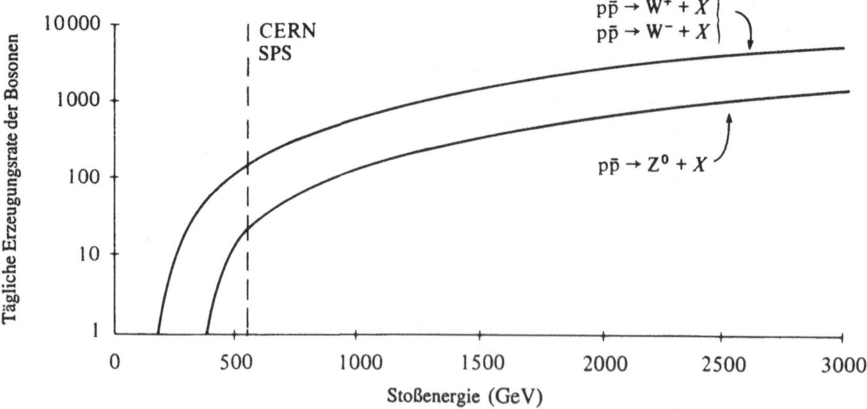

Bild 25.3 Die vorhergesagte Produktionsrate der $W^{\pm}$- und Z^0-Bosonen als Funktion der Reaktionsenergie, wenn man die Luminosität des $p\bar{p}$-Experiments am CERN zugrundelegt

Kennt man die Luminosität der Strahlen (die etwa 10^{30} Antiprotonen pro Quadratzentimeter und pro Sekunde entspricht), und hat man mit Hilfe des Modells von Glashow-Weinberg-Salam die Wahrscheinlichkeit für jene Reaktionen berechnet, bei denen ein $W^{\pm}$- oder ein Z^0-Boson entsteht, kann man die Produktionsrate für die Bosonen an dieser Maschine berechnen. Bild 25.3 zeigt, daß man Hunderte von Ereignissen am Tag erwartete. Das Problem war, die Bosonen inmitten der produzierten Bruchstücke auch zu finden.

25.3 Wie man die Bosonen fand

Die produzierten $W^{\pm}$- und Z^0-Bosonen leben viel zu kurz, um sichtbare Spuren zu hinterlassen. Wie in vielen anderen Fällen, muß aus den Zerfallsprodukten auf ihre Existenz geschlossen werden. Die für die $W^{\pm}$- und Z^0-Bosonen wichtigsten Zerfallsprodukte sind die geladenen Leptonen in den Reaktionen

$$W^+ \to \mu^+ + \nu_\mu, \quad W^- \to \mu^- + \overline{\nu}_\mu, \quad \text{und} \quad Z^0 \to \mu^+ + \mu^-.$$

Einige Merkmale der Verteilung der geladenen Leptonen aus den $p\overline{p}$-Reaktionen liefern verräterische Indizien für die $W^{\pm}$- und Z^0-Bosonen.

Zunächst zeigen paritätsverletzende Effekte, daß die Schwache Kraft am Werke ist. Die Erhaltung des Drehimpulses und die Einhändigkeit des Neutrinos und des Antineutrinos bewirken, daß die positiv geladenen Leptonen bevorzugt in die Richtung der einlaufenden Antiprotonen entweichen (und umgekehrt die negativ geladenen in Richtung der einlaufenden Protonen). Dies deutet zwar stark auf die Vektorbosonen hin, aber streng genommen zeigt sie nur die Anwesenheit der Schwachen Kraft und nicht ihre Übermittlung durch die $W^{\pm}$- und Z^0-Bosonen.

Um deren Anwesenheit zu beweisen, müssen die Impulse und die Energien der auslaufenden Leptonen untersucht werden. Die $W^{\pm}$- und Z^0-Bosonen erzeugen nämlich eine sehr hohe Anzahl von Leptonen mit einer großen Impulskomponente senkrecht zur $p\overline{p}$-Achse. Die Bosonen verraten sich also, wenn man sich die *transversale* Impulsverteilung der auslaufenden Leptonen anschaut (Bild 25.4(a)). Der Zerfall des Z^0-Bosons enthält außerdem kein *unsichtbares* Neutrino, das Energie abführen könnte, und erzeugt somit ein weiteres herausragendes Merkmal, nämlich eine scharfe Spitze in der Verteilung der invarianten Masse der auslaufenden Lepton-Antilepton-Paare um die Masse des Z^0 herum (Bild 25.4(b)).

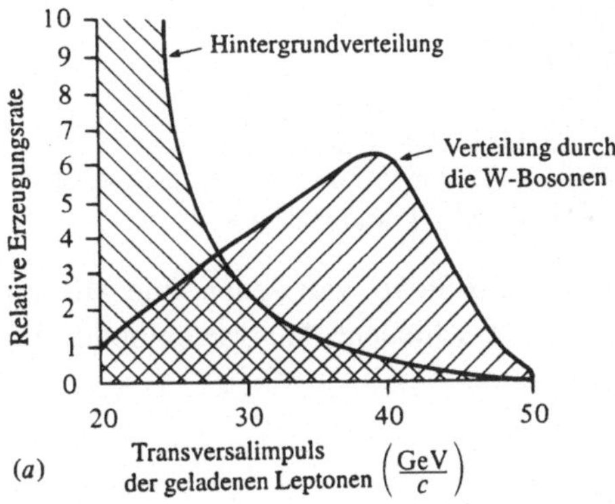

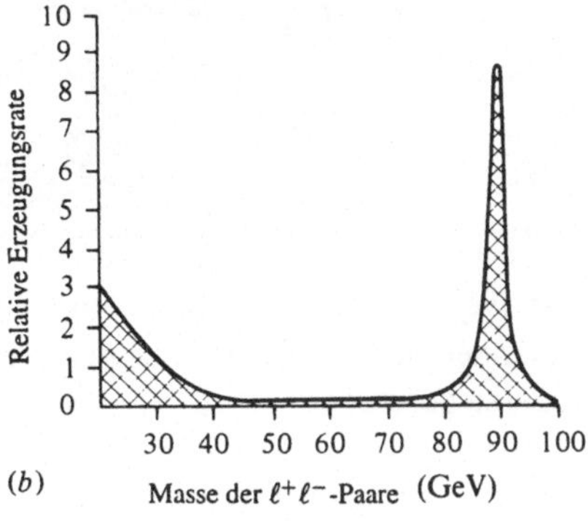

Bild 25.4 Die erwarteten Spuren der $W^{\pm}$- und Z^0-Bosonen sind *(a)* eine erhöhte Anzahl von Leptonen mit hohem Transversalimpuls p_T und *(b)* ein Massenspektrum der geladenen Lepton-Antilepton-Paare mit einer deutlichen Spitze bei der Z^0-Masse.

Ende 1982 erreichte die SPS-p$\bar{\text{p}}$-Maschine eine ausreichende Luminosität, um die Bosonen mit einer Rate von mehreren Ereignissen am Tag zu produzieren. Zwei Gruppen von Forschern versuchten mit verschiedenen Detektoren die Bosonen zu finden. Die Experimente hießen UA1 und UA2, wobei die Abkürzung für *underground area* (engl., unterirdischer Bereich) steht und einfach den Standort im SPS-Ring angab. Jeder Detektor bestand aus einer großen Anzahl von Nachweisgeräten für die diversen Teilchen (2 000 Tonnen für UA1, 200 Tonnen für UA2). Die Signale der Detektoren wurden direkt mit Rechnern ausgewertet, was eine spätere Rekonstruktion und Analyse der Teilchenbahnen für jede Kollision erlaubte (Bilder 25.5 und 25.6).

Bild 25.5 Der 2 000-Tonnen-Detektor UA1 am Proton-Antiproton-Ring des CERN (Photo CERN)

Das Experiment beobachtete etwa eine Milliarde p$\bar{\text{p}}$-Stöße, von denen eine Million aufgezeichnet wurden. Beide Gruppen wendeten dann verschiedene Analysemethoden an, um Prozesse der Art

$$\begin{aligned} \mathrm{p} + \bar{\mathrm{p}} &\rightarrow \mathrm{W}^{\pm} + X \\ &\quad \hookrightarrow \mathrm{e}^{\pm} + \nu \end{aligned}$$

zu finden. Das UA1-Experiment suchte nur nach zwei Klassen von Ereignissen: (i) jene mit einem einzigen Elektron mit großem Transversalimpuls und (ii) jene mit einem großen fehlenden Transversalimpuls (den das Neutrino abführt).

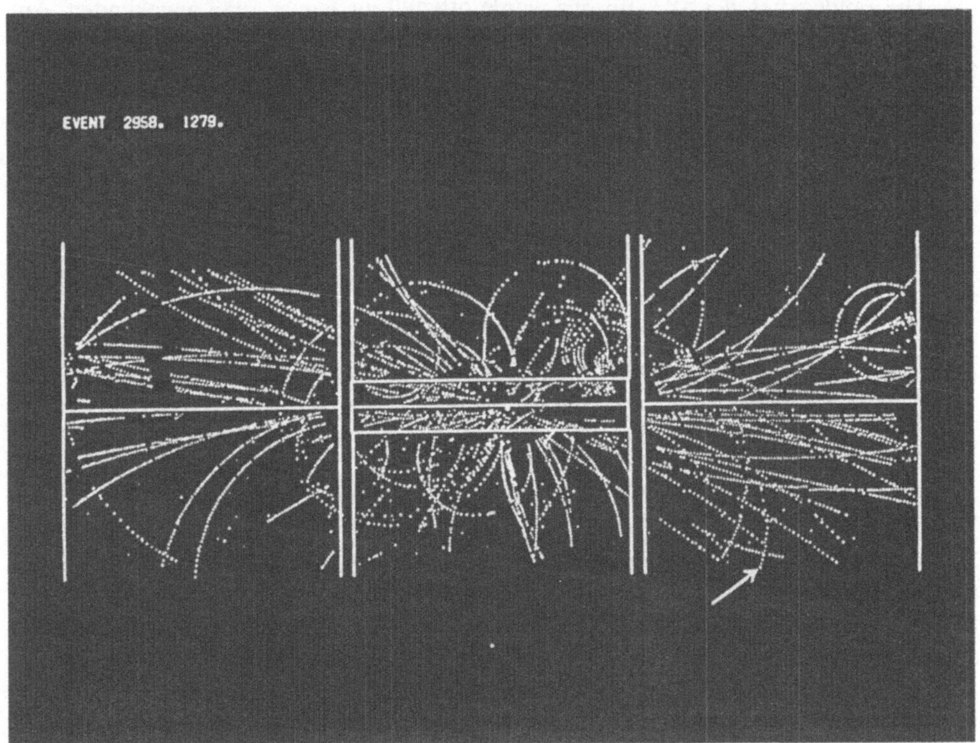

Bild 25.6 Teilchenbahnen, die die Entdeckung des W-Bosons im UA1-Experiment ankündigen. Ein Elektron mit hohem Transversalimpuls (Pfeil) verläßt den Wechselwirkungspunkt, und fehlende Energie verrät das unsichtbar entweichende Neutrino.

Aus anfänglich 140 000 Ereignissen versuchte die UA1-Gruppe die Ereignisse mit einem isolierten Elektron mit hohem Transversalimpuls herauszufinden, indem sie eine Reihe von Bedingungen auferlegte (die Elektronenspur mußte aus dem Inneren Detektor kommen, alle anderen Spuren mußten einen geringen Transversalimpuls haben, *etc.*). Am Ende behielt man gerade fünf Ereignisse mit isolierten Elektronen übrig.

Dann wurden aus 2 000 Originalereignissen jene mit fehlender Energie (also mit einem hochenergetischen Neutrino) gesucht. Im Wesentlichen reicht es hierzu, die Energie aller beobachteten Spuren aufzuaddieren und von der bekannten Kollisionsenergie von 540 GeV abzuziehen. Mit weiteren Ausschlußbedingungen kam man letztlich auf sieben Ereignisse, von denen fünf gerade die Ereignisse mit den hochenergetischen Elektronen waren. Die UA1-Gruppe konnte daraufhin die Entdeckuung der ersten fünf $W^{\pm}$-Bosonen für sich reklamieren. Indem sie die Energie der Elektronspur und die zurückgerechnete Energie der Neutrinos aufaddierte, konnte sie eine Abschätzung der Masse des $W^{\pm}$-Bosons, aus dem die beiden Teilchen entstanden waren, geben. Das Ergebnis stimmte hervorragend mit der Voraussage des Modells von Glashow-Weinberg-Salam überein.

Die UA2-Gruppe konnte eine ähnliche Analyse mit ihren $p\bar{p}$-Reaktionen anstellen und fand vier Kandidaten für das $W^{\pm}$-Boson. Ihre Massenbestimmung war ebenfalls in guter Übereinstimmung mit der Voraussage.

Die Entdeckung des $W^{\pm}$-Bosons wurde offiziell im Januar 1983 angekündigt. Am 1. Juni desselben Jahres gaben beide Gruppen die Entdeckung des Z^0-Bosons bekannt. Identifiziert wurde es aus dem Prozeß

$$\begin{aligned} p + \bar{p} \rightarrow\, & Z^0 + X \\ & \hookrightarrow e^+ + e^-, \end{aligned}$$

indem gefordert wurde, daß e^+ und e^- mit gleichen, hohen Transversalimpulsen in entgegengesetzten Richtungen erzeugt wurden.

Carlo Rubbia, die treibende Kraft bei den Experimenten, und Simon van der Meer, der Erfinder der stochastischen Kühlung, erhielten 1984 gemeinsam den Nobelpreis in Anerkennung ihrer herausragenden Rolle bei diesen Entdeckungen. Sie schlossen glanzvoll ein Jahrzehnt erfolgreicher Experimente ab, die die Eichtheorien als Gerüst des elektroschwachen Modells von Glashow-Weinberg-Salam bestätigten.

25.4 Epilog

Seit 1983 wurde eine große Anzahl von Eichbosonen sowohl am $p\bar{p}$-Ring des CERN, als auch am Tevatron $p\bar{p}$-Ring des Fermilab in Illinois, USA, erzeugt. 1989 wurden zwei e^+e^--Maschinen, das LEP am CERN und das SLC in Stanford, USA, in Betrieb genommen und damit enorme Mengen von Z^0-Bosonen erzeugt. Dadurch konnte die Masse sehr genau bestimmt werden und die Messung der Breite der Z^0-Spitze (Bild 25.4(b)), und damit der Lebensdauer, stark verbessert werden. Diese Messung ist eine indirekte Bestimmung der Zahl der Neutrinosorten, die seit Oktober 1989 auf drei beschränkt werden konnte.

Der letzte fehlende Mosaikstein der elektroschwachen Kraft bleibt das flüchtige Higgs-Boson. Ein Prozeß, in dem es erzeugt werden könnte, benötigt ein virtuelles Z^0-Teilchen, das das Higgs-Boson abstrahlt, bevor es selbst zerfällt. Wie leicht das Higgs-Boson in solch einem Prozeß zu sehen ist, hängt von seiner Masse ab. Die elektroschwache Theorie läßt dafür keine Voraussage zu; seit den Experimenten am LEP wissen wir allerdings, daß es schwerer als 45 GeV sein muß.

VI Tiefinelastische Streuung

26 Tiefinelastische Prozesse

26.1 Einleitung

Zu den wichtigsten Experimenten des letzten Vierteljahrhunderts gehören jene, die die bekannten Wechselwirkungen der Leptonen benutzen, um die Struktur des Nukleons zu erforschen. Sie sind deshalb so bedeutend, weil sie den ersten dynamischen Nachweis für die Existenz der Quarks lieferten, nach dem statischen Nachweis durch die interne $SU(3)$-Symmetrie.

Der Begriff *tiefinelastische Streuung* rührt daher, daß das untersuchte Nukleon die Reaktion meist nicht überlebt. Dies leuchtet ein, wenn man sich die Impuls-Wellenlänge-Beziehung für Teilchenwellen anschaut:

$$p\lambda = h \ .$$

Das Proton mißt ungefähr 10^{-15} m im Durchmesser; um auf dieser Skala eine Struktur aufzulösen, muß das untersuchende Teilchen eine kleinere Wellenlänge haben. Die Formel ergibt dann für das Lepton einen Impuls von über 1 GeV$/c$, bei dem das getroffene Nukleon sehr wahrscheinlich zerplatzt.

Tiefinelastische Experimente zerfallen in zwei Kategorien, je nachdem welches Teilchen und somit welche Wechselwirkung zum Zuge kommt. Bei der *Elektroproduktion* sind die einlaufenden Teilchen Elektronen oder Myonen, die elektromagnetisch wechselwirken. Der führende Prozeß ist dabei der Ein-Photon-Austausch (Bild 26.1(a)), von dem angenommen werden soll, er beschreibe die Wechselwirkung hinreichend genau, selbst wenn kompliziertere Prozesse mit mehr Photonen an Bedeutung gewinnen, wenn die Reaktionsenergie sehr groß wird. Bei der *Neutrinoproduktion* werden Neutrinos am Nukleon durch die Schwache Kraft gestreut. Der führende Prozeß ist hierbei der einfache W-Boson-Austausch; kompliziertere Prozesse können vernachlässigt werden. Sowohl geladene als auch neutrale Ströme tragen zwar bei (siehe Bilder 26.1(b) und (c)), aber in Experimenten werden hauptsächlich die besser verstandenen geladenen Ströme untersucht. Die frühen Experimente aus der Zeit vor der Entdeckung der neutralen Ströme (1967-1973) mußten sich sogar ausschließlich mit den geladenen Strömen begnügen.

Gemessen wird hauptsächlich der Wirkungsquerschnitt (die wirksame Querschnittsfläche des Nukleons, die das einlaufende Teilchen sieht) in Abhängigkeit vom Energieverlust des Leptons beim Stoß und vom Winkel, um den das einfallende Lepton gestreut wird. Die vom Lepton verlorene Energie ν ist die Differenz zwischen der Energie des einlaufenden und der des auslaufenden Leptons:

$$\nu = E_e - E_a \ .$$

Der Winkel ϑ, um den das Lepton gestreut wird, hängt mit dem Quadrat des durch das Photon vom Lepton auf das Nukleon übertragenen Impuls q^2 zusammen und wird durch die Formel

$$q^2 = 2E_e E_a(1 - \cos\vartheta) \qquad (26.a)$$

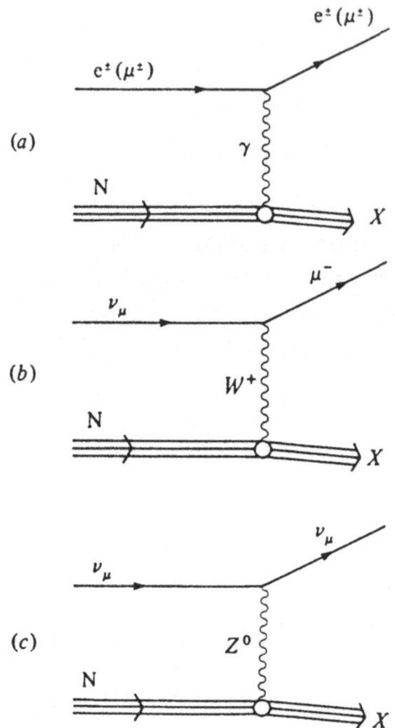

Bild 26.1 *(a)* Elektroproduktion durch Ein-Photon-Austausch; *(b)* Neutrinoproduktion durch einfachen W-Austausch; *(c)* Neutrinoproduktion durch einfachen Z^0-Austausch (neutraler Strom)

gegeben. Dies sind die beiden wesentlichen Beobachtungsgrößen der tiefinelastischen Streuung, die eine Überprüfung des theoretischen Modells für das Innere des Nukleons erlauben.

26.2 Zwei Schlüsselkonzepte

Zwei Konzepte spielten eine wichtige Rolle bei der Entwicklung der Experimente und bei unserem Verständnis derselben: das Partonmodell und die Skalensymmetrie. Beide stammen aus dem Jahre 1969.

Das *Partonmodell* geht auf Richard Feynman zurück und ist die formale Feststellung, daß das Nukleon aus kleineren Bestandteilen, den Partonen, zusammengesetzt ist. Über die Partonen werden keine weiteren Annahmen gemacht; das Experiment soll ihre Eigenschaften beleuchten. Aber natürlich denken wir dabei an die Quarks der $SU(3)$. Wir sollten jedoch nicht vorschnell meinen, die Quarks reichten aus, um die Zusammensetzung unserer Nukleonen zu beschreiben. So gibt es zusätzlich zu den drei Quarks, die diese interne Symmetrie zur Beschreibung des Nukleons benötigt (den *Valenzquarks*), noch die Möglichkeit, virtuelle Quark-Antiquark-Paare für kurze Zeit aus den Vakuum zu erschaffen, wozu das Heisenbergsche Unschärfeprinzip die nötige Energie liefert. Diese *Seequarks* sind ein weiterer Bestandteil des Nukleons und können für eine, wenn auch vorübergehende, Anwesenheit von Antimaterie in einem *Materieteilchen* sorgen. Weil die Seequarks immer als Quark-Antiquark-Paare auftreten, ändern sie die Quantenzahlen des Nukleons, die allein von den Valenzquarks bestimmt werden, nicht. Zusätzlich zu den Quarks müssen wir darauf gefaßt sein, die Quanten des Kraftfeldes der Quarks im Nukleon wiederzufinden. Wie die Elektronen durch den Austausch von Photonen, den Quanten des elektromagnetischen Feldes, wechselwirken, tauschen die Quarks ebenfalls die Quanten ihres Kraftfeldes aus.

Diese Quanten heißen sinnigerweise Gluonen (engl.: *glue*, Leim), weil sie die Quarks zusammenhalten.

Die *Skalensymmetrie* wurde erstmals von James Bjorken aus Stanford eingeführt. In einfachen Worten ausgedrückt, sagt sie voraus, daß für große Leptonimpulse der Wirkungsquerschnitt nur in sehr einfacher Form von Parametern wie der Energie ν oder dem Impulsübertrag q^2 des Photons abhängen kann. Im Partonmodell hat dieses einfache Streuverhalten eine direkte Interpretation. Die komplizierte Streuung des Leptons an einem ausgedehnten Objekt wie das Nukleon wird bei hohen Impulsen durch die Streuung an punktförmigen Partonen abgelöst. Das Photon streut nicht mehr an einem sich *kohärent* verhaltenden Objekt, sondern an unabhängigen, punktförmigen, *inkohärenten* Partonen. Dieses Verhalten erwarten wir, wenn die Wellenlänge des Leptons sehr viel kleiner ist als der Durchmesser des Nukleons, also ab etwa 1 GeV.

Als die Skaleninvarianz 1969 beobachtet wurde, erhielt das Partonenmodell des Nukleons großen Auftrieb, selbst wenn die anfängliche Entdeckung eher zufällig gewesen ist. Um die Konzepte des Partonmodells und der Skalensymmetrie genauer zu verstehen, müssen wir uns die beteiligten Prozesse etwas genauer anschauen. Die Wichtigkeit der Konzepte wurde 1990 mit der Verleihung des Nobelpreises an die Pioniere der tiefinelastsichen Streuexperimente Jerome Friedman, Henry Kendall und Richard Taylor anerkannt.

27 Elektron-Nukleon-Streuung

27.1 Einleitung

Nimmt man an, die elektromagnetische Wechselwirkung zwischen Elektron und Nukleon werde im wesentlichen durch den Austausch eines einzelnen Photons beschrieben, ist die Mathematik, die man zu ihrer Beschreibung braucht, verhältnismäßig einfach. Sie soll uns eine Formel liefern, die den Wirkungsquerschnitt in Abhängigkeit des Energieübertrags ν und des Quadrats des Impulsübertrags q^2 des Photons gibt, um mit den experimentellen Daten verglichen werden zu können. Die Formel besteht aus mehreren Faktoren, die mit den verschiedenen Bestandteilen des Diagramms aus Bild 26.1(a) zusammenhängen. Zunächst gibt es einen Faktor für den Fluß des Elektrons während der Streuung (der leptonische Strom), dann einen für die Fortpflanzung des virtuellen Photons als Funktion von ν und q^2 und schließlich einen für das Verhalten des Nukleons samt seinem komplizierten Zerfall (der hadronische Strom). Die Faktoren für das Elektron und das Photon sind aus der QED wohlbekannt und bieten keine Schwierigkeiten. Der Faktor für den hadronischen Strom aber ist eine sehr komplizierte Unbekannte, die das Verhalten der Nukleonstruktur während der Streuung beschreibt. Diese Unbekannte wird durch eine Reihe von *Strukturfunktionen* beschrieben, über die zunächst nichts angenommen wird und die durch die tiefinelastischen Experimente bestimmt werden (Bild 27.1).

Die Form der Strukturfunktionen erhält man, indem man die möglichen Kombinationen aller in der Reaktion vorhandenen Impulse aufschreibt und sie mit Hilfe sehr allgemeiner theoretischer Prinzipien wie Parität und Zeitumkehrinvarianz vereinfacht.

$$\frac{d^2\sigma}{dq^2\,d\nu} = \frac{4\pi\alpha^2}{q^4}\frac{E_f}{E_i M_\text{p}}\left[\frac{M_\text{p}}{\nu}F_2(q^2,\nu)\cos^2\frac{\vartheta}{2} + 2F_1(q^2,\nu)\sin^2\frac{\vartheta}{2}\right]$$

Bild 27.1 Die Formel, die den differentiellen Wirkungsquerschnitt der Elektron-Nukleon-Streuung in Abhängigkeit des übertragenen Impulsquadrats q^2 und der vom Elektron verlorenen Energie ν angibt. Die Strukturfunktionen F_1 und F_2 beschreiben im wesentlichen die Gestalt des Nukleons.

Daraus ergeben sich die beiden Funktionen $F_1(q^2,\nu)$ und $F_2(q^2,\nu)$, die den beiden möglichen Polarisationszuständen des ausgetauschten virtuellen Photons entsprechen: dem longitudinalen und dem transversalen. Den longitudinalen Anteil gibt es nur, weil das Photon ein virtuelles ist (es hat vorübergehend eine Masse). Das virtuelle Photon ist *weg von der Massenschale*: Das beudeutet $E \neq pc$ und eine von Null verschiedene Masse. Auf der Massenschale, wenn das virtuelle Photon zu einem rellen, masselosen wird, verschwindet der longitudinale Polarisationszustand und damit seine Strukturfunktion. Die beiden Strukturfunktionen können in Experimenten einzeln untersucht werden, weil die Funktionen, mit denen sie noch multipliziert werden, in unterschiedlicher Weise vom Streuwinkel des Elektrons abhängen. Indem man den Wirkungsquerschnitt bei unterschiedlichen Winkeln mißt, kann man beide Strukturfunktionen untersuchen.

27.2 Die Skalensymmetrie

Die angenommene Skalensymmetrie, die wir oben bereits angesprochen haben, hat mit diesen Strukturfunktionen zu tun. Sie sind, und das ist wichtig, reine Zahlen ohne physikalische Dimension. Der Wirkungsquerschnitt wird in Einheiten der Fläche angegeben, wie man sie aus der einfachen Rutherfordschen Streuformel für elastische Streuung kennt. Die hat weitreichende Folgen für das Verhalten der Strukturfunktionen. Wenn sie von Größen abhängen, die in der Reaktion auftauchen und eine physikalische Dimension haben, wie die Energie ν oder das Impulsquadrat q^2, müssen diese Dimensionen wieder gekürzt werden, damit die Strukturfunktionen echte Zahlen bleiben.

In der niederenergetischen elastischen Streuung (also bei $q^2 = 2\nu M_\text{N}$) ist das Nukleon für das Photon tatsächlich ein einziges ausgedehntes Objekt, und die Strukturfunktionen beschreiben im wesentlichen die räumliche Verteilung der elektrischen Ladung des Nukleons. Dies führt dazu, daß die Strukturfunktionen zwar vom Photonimpuls abhängen, aber die Dimension des Impulses durch das Quadrat der Nukleonmasse kompensiert wird:

$$\frac{d\sigma}{dq^2} = \frac{4\pi\alpha^2}{q^4} \times F\left(\frac{q^2}{M_\text{N}^2}\right)$$

Wirkungsquerschnitt = Flächeneinheit × reine Zahl

Man sagt, die Nukleonmasse setze einen Maßstab (eine *Skala*), an dem man den Einfluß des Photonimpulses messen könne.

Im Gegensatz dazu ist in der hochenergetischen tiefinelastischen Streuung (bei $q^2, \nu \to \infty$) die Wellenlänge des Photons so kurz, daß die Existenz des Nukleons an sich für die Reaktion völlig unwichtig wird: Das Photon wechselwirkt nur mit einem kleinen Bereich des

Nukleons und unabhängig von dessen Rest. Es gibt also keinen Grund mehr, die Nukleonmassen als Maßstab in dieser Reaktion zu benutzen. Mehr noch: Es gibt auch keine Veranlassung, irgend eine andere Masse oder dimensionsbehaftete Größe im tiefinelastischen Bereich als Maßstab zuzulassen. James Bjorken erkannte die Schlußfolgerung aus diesem abstrakten Argument: Sollen die Strukturfunktionen die Abhängigkeit des Wirkungsquerschnitts von der Gestalt des Nukleons aus der Sicht eines Photons mit sehr hohen q^2 und ν ausdrücken, und wenn es keine Massenskala gibt, die die physikalische Dimension dieser Größen kompensieren kann, dann müssen die Strukturfunktionen vom dimensionslosen Quotienten der beiden Variablen abhängen. Hat man einen solchen Quotienten x definiert,

$$x = \frac{q^2}{2M_{\rm N}\nu} ,$$

besagt die Skalensymmetrie, daß die Strukturfunktionen nur noch von x und nicht mehr von den beiden darin enthaltenen Variablen separat abhängen kann. Mit $q^2, \nu \to \infty$ hat man also:

$$F_{1,2}^{\rm eN}(q^2,\nu) \stackrel{q^2,\nu\to\infty}{\longrightarrow} F_{1,2}^{\rm eN}(x) .$$

Besser verständlich wird das Konzept der Skalensymmetrie im Partonmodell, wo das Nukleon als aus punktförmigen Bestandteilen zusammengesetztes Gebilde betrachtet wird. Ein Punkt ist dimensionslos, und das einlaufende Elektron soll einen unendlichen Impuls haben (seine Wellenlänge ist also beliebig kurz). In dieser Situation gibt es schlicht keine physikalischen Größen, die einen Maßstab setzen könnten. Größen wie der Energie- oder der quadrierte Impulsübertrag dürfen in der Beschreibung der Reaktion nur noch in der Form eines dimensionslosen Quotienten, aber nicht in dimensionsbehafteten Kombinationen auftauchen.

Bjorkens *Skalenvariable* x hat eine sehr nützliche physikalische Bedeutung: Es stellt sich heraus, daß es der Anteil des reagierenden Partons am Gesamtimpuls des Nukleons ist. Die Strukturfunktionen, die nur von x abhängen, messen in Wahrheit also die Impulsverteilung der Partonen im Inneren des Nukleons.

Bild 27.2(a) zeigt das Ergebnis eines frühen Experiments am SLAC, das die Abhängigkeit der Strukturfunktion $F_2^{\rm ep}(x)$ von x maß. Man sieht sehr schön, daß die meisten an Stößen beteiligten Partonen einen ziemlich kleinen Anteil am Nukleonimpuls besitzen. Bild 27.2(b) zeigt als Test der Skalensymmetrie, daß die Strukturfunktion tatsächlich nur von x und nicht von q^2 oder ν einzeln abhängt. Bei festem x ist die Strukturfunktion im q^2-Bereich von 1 bis 8 GeV weitgehend konstant. Solche Daten wurden Anfang der 70er Jahre gemessen. Die Gültigkeit der Skalensymmetrie und ihr plausibler Zusammenhang mit der Existenz punktförmiger Bestandteile im Innern des Nukleons führten zu einer genaueren Untersuchung der Strukturfunktionen, um mehr über die geheimnisumwitterten Partonen zu erfahren.

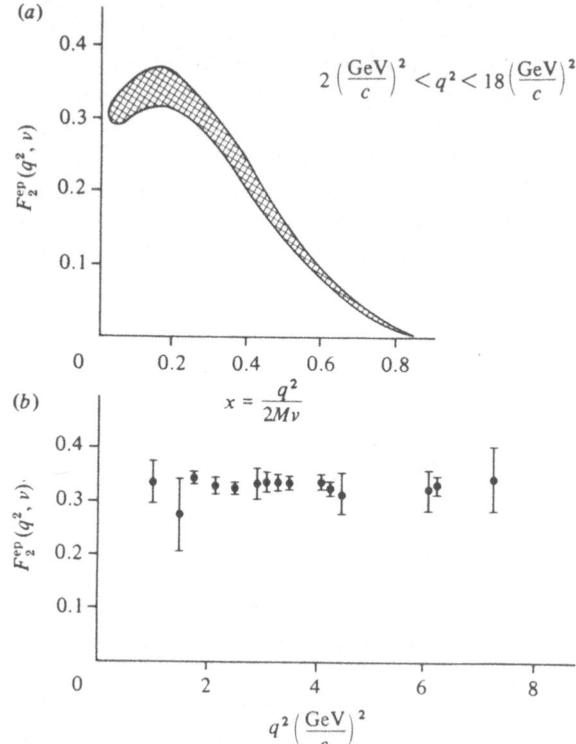

Bild 27.2 Frühe Experimente zur Skalensymmetrie. *(a)* $F_2(q^2, \nu)$ als Funktion von x für viele Werte von q^2 (die graue Fläche enthält viele Datenpunkte). *(b)* $F_2(q^2, \nu)$ bleibt über einen weiten Bereich von q^2 näherungsweise konstant.

27.3 Die Untersuchung der Strukturfunktionen

Eine einfache Übung ist der Vergleich der Formel für die Elektron-Proton-Streuung mit den Ergebnissen der QED für die elektromagnetische Streuung eines Elektrons an anderen einfachen, elektrisch geladenen Teilchen, mit vorgegebenen Eigenschaften, wie dem Spin. Die Ähnlichkeiten zwischen den Protonen und den hypothetischen Teilchen der QED-Formeln können uns einige Eigenschaften der Strukturfunktionen erhellen. Vergleicht man beispielsweise die Formel aus Bild 27.1 mit der QED-Formel für die Streuung eines Elektrons an einem elektrisch geladenen Spin-$\frac{1}{2}$-Teilchen, ergibt sich folgende Beziehung zwischen den Strukturfunktionen:

$$2xF_1(x) = F_2(x) \,.$$

Findet man dann im Experiment, daß die Größe $2xF_1(x)/F_2(x)$ gleich Eins ist, kann man davon ausgehen, daß die Partonen Spin $\frac{1}{2}$ haben. Wird dieses Verhältnis Null, zeigen andere Formeln, daß man es mit Spin-0-Partonen zu tun haben muß. Wie Bild 27.3 zeigt, spricht das Experiment deutlich für Partonen mit Spin $\frac{1}{2}$.

Der Vergleich der Formeln der tiefinelastischen Sreuung mit den einfacheren QED-Formeln zeigt, daß die Strukturfunktionen im wesentlichen die elektrische Ladungsverteilung im Innern des Nukleons messen. In der niederenergetischen, nichtrelativistischen Physik kann man noch von Ladungsverteilung im Raumbereich des Protons sprechen. In der Hochenergiephysik redet man lieber von der Verteilung des Nukleonimpulses auf die Partonen der verschiedenen Ladungen. Wenn der i-te Quarktyp mit Ladung Q_i die Wahrschein-

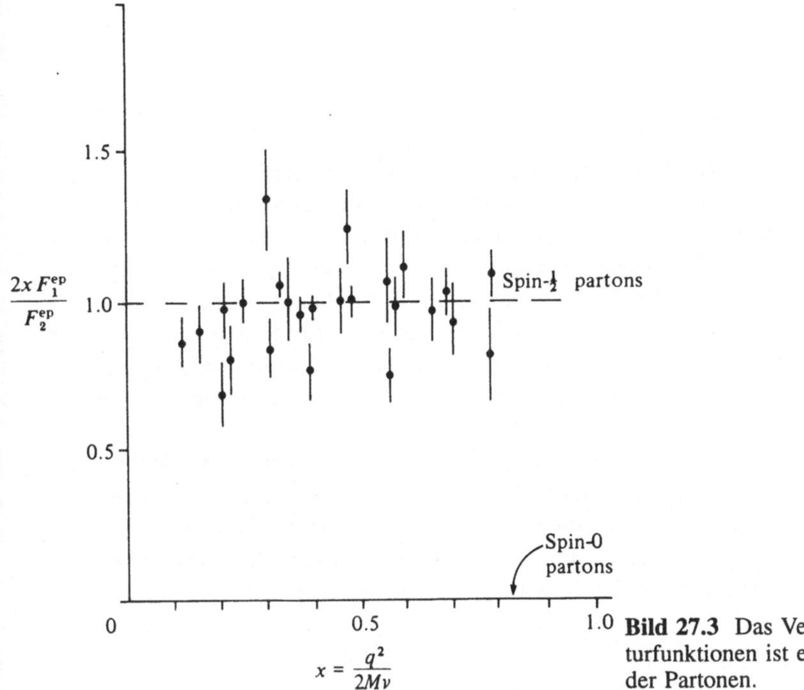

Bild 27.3 Das Verhältnis der Strukturfunktionen ist ein Maß für den Spin der Partonen.

lichkeit $f_i(x)$ hat, einen Teil x des Nukleonimpulses zu tragen, kann man die allgemeinen Strukturfunktionen des Nukleons mit diesen Impulsverteilungen der Partonen in Zusammenhang bringen:

$$F_1^{eN}(x) = \frac{1}{2} \sum_{i \text{ Partonen}} f_i(x) Q_i^2, \qquad (27.a)$$
$$F_2^{eN}(x) = x \sum_{i \text{ Partonen}} f_i(x) Q_i^2.$$

Integrieren wir die Strukturfunktionen über den Impulsanteil x der Partonen, sollten wir ein Maß für die Ladung der Partonen erhalten. Die einfachste Beziehung beinhaltet die Summe der Ladungsquadrate der Partonen:

$$\int_0^1 \frac{F_2(x)}{x} dx = \sum_i Q_i^2 \,.$$

Die Untersuchung der Strukturfunktionen und ihrer Beziehungen gibt uns also Aufschluß über den Spin und die Ladung der Partonen. In Abschnitt 29 kommen wir darauf zurück.

28 Das tiefinelastische Mikroskop

28.1 Einleitung

Die Physik hinter der Skalensymmetrie kann man intuitiv verstehen, wenn man die tiefinelastischen Streuexperimente als Verbesserung unseres gewöhnlichen Mikroskops betrachtet, was sie in einem gewissen Sinn auch wirklich sind. Der Abstand, den ein gewöhnliches Mikroskop auflösen kann, hängt letztlich von der Wellenlänge ab, mit der das zu untersuchende Objekt beleuchtet wird. Je kürzer die Wellenlänge, um so größer ist die Auflösung. Das hochenergetische Photon, das bei der tiefinelastischen Streuung zwischen Elektron und Nukleon ausgetauscht wird, ist sozusagen die logische Fortsetzung der Mikroskopie. Die Skalensymmetrie kann man verstehen, wenn man sich einige Standbilder der virtuellen Photon-Nukleon-Streuung ansieht.

Bei kleinen Impulsen ist die Wellenlänge des Photons, verglichen mit der Abmessung des Nukleons, zu groß, um irgendwelche Details der Nukleonstruktur auflösen zu können, und das Nukleon wird punktförmig erscheinen. Die Strukturfunktionen sind in diesem Fall unnötig; es reicht die Nukleonladung in die Rutherfordsche Streuformel für zwei punktförmige Teilchen einzusetzen (Bild. 28.1(a)).

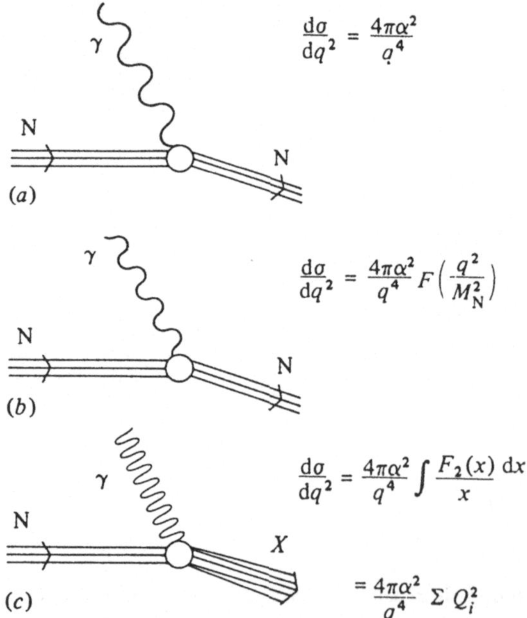

Bild 28.1 Wie die Skalensymmetrie zu Tage tritt, wenn die Wellenlänge des virtuellen Photons kürzer als der Nukleondurchmesser wird. Die Wellenlänge wird von *(a)* bis *(c)* immer kürzer.

Wird der Impuls größer, kommt die Wellenlänge in den Bereich des Nukleondurchmessers. Das Photon beginnt die räumliche Struktur des Nukleons zu erkennen, und die Strukturfunktionen hängen in nichttrivialer Weise vom Photonimpuls ab; Rutherfords Streuformel muß entsprechend abgeändert werden (Bild. 28.1(b)).

Bei noch größeren Photonimpulsen wird die Wellenlänge so kurz, daß die innere Struktur des Nukleons aufgelöst wird. Wenn die Strukturfunktionen in einfacher Weise von einer dimensionslosen *Skalenvariablen* abhängen, liegt Streuung an den punktförmigen Bestandteilen des Nukleons vor. Unter gewissen Umständen werden die Strukturfunktionen sogar durch eine Konstante ersetzt, die gleich der Summe der Ladungsquadrate aller Bestandteile ist und in den einfachen Rutherfordschen Querschnitt eingesetzt wird (Bild 28.1(c)). Diese Rückkehr zur einfachen punktförmigen Streuung nach einer relativ komplizierten Übergangsphase zeigt, daß wir ein neues, grundlegenderes Niveau der Beschreibung der Materie im Innern des Nukleons erreicht haben.

28.2 Freie Quarks und Starke Kraft

Die Skalensymmetrie, die die *inkohärente* Streuung der Leptonen an den einzelnen Partonen beschreibt, läßt die wichtige Folgerung zu, daß die Partonen im raum-zeitlichen Gebiet der Lepton-Parton-Wechselwirkung frei von gegenseitiger Wechselwirkung sind. Dies hat beträchtliche Folgen für die Kraft, die zwischen den Partonen wirkt.

Um dies besser zu verstehen, definieren wir eine Zeit τ_1, die die Dauer der Photon-Parton-Wechselwirkung bezeichnet, und eine Zeit τ_2, die zur Kraft zwischen zwei Partonen gehört. Es is klar, daß die Lebensdauer des Nukleons $\tau_N > \tau_2$ sein muß, damit es eine Art kollektiver Identität besitzt und die Partonen sich gegenseitig wahrnehmen können. Wir können die Wechselwirkungszeiten grob wie folgt abschätzen:

$$\tau_1 = \frac{\text{Wellenlänge des Leptons}}{\text{Lichtgeschwindigkeit}} \approx \frac{\hbar}{\nu},$$
$$\tau_2 = \frac{\text{Abstand zwischen den Quarks}}{\text{Lichtgeschwindigkeit}} < \tau_N$$

Ist $\tau_2 \leq \tau_1$, sorgt die Kraft zwischen den Partonen dafür, daß die Wirkung des Leptonstoßes während der Dauer der Wechselwirkung allen Partonen im Innern des Nukleons mitgeteilt wird. Das Lepton streut dann nicht an einem einzelnen Parton, sondern am Nukleon als Ganzes. Bei der tiefinelastischen Streuung aber ist $\tau_1 \ll \tau_2$ und die Wechselwirkung mit dem Lepton bereits lange abgeschlossen, wenn die Kraft zwischen den Partonen die Wirkung an den Rest des Nukleons weiterleitet. Die Lepton-Parton-Streuung ist, verglichen mit der Lebensdauer des Nukleons, also sehr kurz.

Während einer kurzen Zeitspanne nach dem Stoß geht es im Nukleon turbulent zu: Das hart getroffene Parton fliegt mit hohem Impuls von dannen, während die anderen Partonen davon nichts mitbekommen und weiter vor sich hin dämmern (Bild 28.2). Das kann nicht lange gutgehen, denn sonst sähe man das getroffene Parton bald als einzelnes, vom Nukleon abgetrenntes Teilchen. Dies aber wird nie beobachtet. Statt dessen muß es zwischen dem getroffenen Parton und den restlichen eine *Endzustandswechselwirkung* geben, die die freigewordene Energie in neue Teilchen umsetzt (Bild 28.2(c) und (d)).

Eine wichtige Eigenschaft des Partonmodells ist die Annahme, daß die Wechselwirkung für die tiefinelastische Streuung einfach als Summe über die einzelnen Lepton-Parton-Wechselwirkungen berechnet werden kann, und daß die komplizierten Endzustandswechselwirkungen erst in großer Raum-Zeit-Entfernung zum Tragen kommen (also in größeren räumlichen Abständen und nach längerer Zeit).

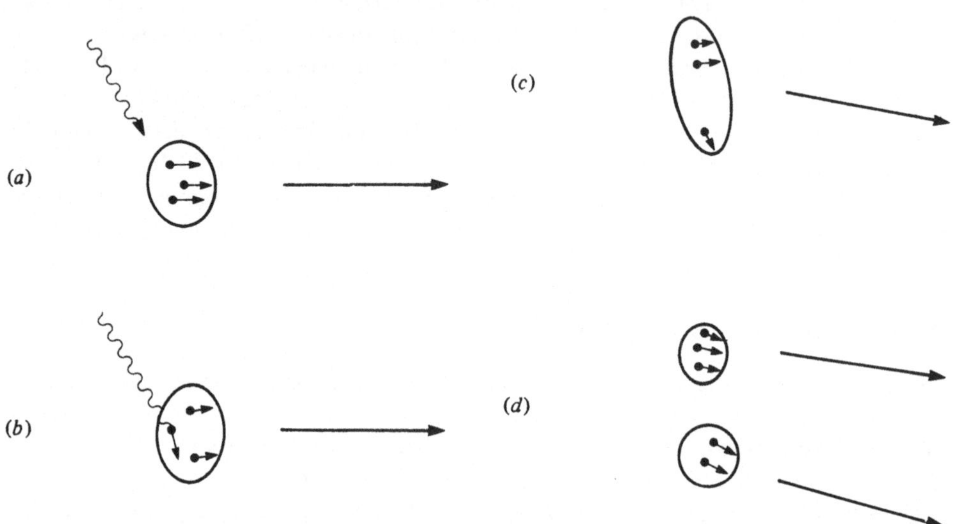

Bild 28.2 Wird ein Parton beim tiefinelastischen Stoß getroffen *(a,b)*, versucht es, mit einem großen Impuls zu entkommen *(c)*, bis ein Einschlußmechanismus ein weiteres Parton-Antiparton-Paar aus dem Vakuum entstehen läßt und somit neue Teilchen schafft *(d)*.

Betrachtet man jetzt die Starke Wechselwirkung zwischen den Quarks, ergibt sich aus dem Erfolg des Partonmodells das Bild einer mit dem Abstand variierenden Kraft. Bei kurzen Abständen, wie sie die tiefinelastische Streuung auslotet (etwa 10^{-17} m), ist diese Kraft sehr schwach, und die Quarks sind so gut wie frei. Wächst der Abstand der Quarks auf den Nukleondurchmesser an (10^{-15} m), wächst auch die Kraft, die jetzt die Quarks auf Dauer in den Hadronen einschließt. Man kann soviel Energie aufwenden wie man will, um die Quarks auseinander zu ziehen: Wenn sie ausreicht, neue Quark-Antiquark-Paare aus dem Vakuum entstehen zu lassen, werden neue Hadronen produziert — aber einzelne Quarks entstehen dadurch nicht.

Die Abschwächung der Quarkkraft bei kleinen Abständen läuft unter dem Begriff *asymptotische Freiheit.* In Kapitel VII werden wir sehen, daß diese Eigenschaft ganz natürlich aus nicht-Abelschen Eichtheorien folgt, was dem Verständnis der Quarkdynamik viel Auftrieb gab. Die umgekehrte Eigenschaft, daß bei großen Abständen die Kraft zwischen zwei Quarks sehr groß wird, heißt *Einschluß* (engl.: *confinement*). In Kapitel VII werden wir sehen, daß die Erklärung dieses Phänomens weiterhin offen ist.

29 Neutrino-Nukleon-Streuung

29.1 Einleitung

Während bei der Streuung des Elektrons oder Myons am Nukleon das ausgetauschte Photon die elektromagnetische Struktur des Nukleons erkundet, tastet das ausgetauschte W-Boson bei der Neutrino-Nukleon-Streuung die Verteilung der *Schwachen Ladung* innerhalb des Nukleons ab. Dabei sind die wichtigsten Prozesse die inklusiven Reaktionen mit geladenen Strömen aus Bild 26.1, weil sie im Nukleon zwischen Partonen und Antipartonen unterscheiden können. In der Tat führt die raum-zeitliche-Struktur der Schwachen Wechselwirkung dazu, daß Teilchen je nach Helizität unterschiedlich wechselwirken. Im relativistischen Limes, in dem die Ruhemassen vernachlässigt werden, haben Parton und Antiparton entgegengesetzte Helizitäten und wechselwirken unterschiedlich mit dem W-Boson. Da die W-Bosonen außerdem elektrisch geladen sind, muß das wechselwirkende Parton elektrische Ladung aufnehmen können, was, wie wir gleich sehen werden, gewisse Partontypen ausschließt. Verglichen mit dem ungeladenen Photon ist das W-Boson das geeignetere Instrument zur Ausleuchtung des Nukleons.

29.2 Neutrinoexperimente

Experimente mit der Schwachen Wechselwirkung sind zwar theoretisch aufschlußreicher als ihr elektromagnetisches Pendant, aber ihr Vorteil wird durch den so schwierigen Umgang mit den Neutrinos wieder geschmälert.

Die elektrisch neutralen, nur schwach wechselwirkenden Neutrinos können, anders als Elektronen, nicht durch elektrische und magnetische Felder gelenkt werden. Die Herstellung eines nutzbaren Neutrinostrahls ist äußerst diffizil. Zunächst muß ein Protonstrahl beschleunigt werden und auf eine stationäre Probe, meist aus Eisen, aufprallen. Die erzeugten Sekundärteilchen, meist Mesonen, bewegen sich größtenteils in die gleiche Richtung wie die Protonen, jedoch mit etwas geringerer Energie. Diese Sekundärmesonen zerfallen dann in Neutrinos, Antineutrinos und eine Reihe weiterer Teilchen, wie in dem Zerfall

$$\pi^{\pm} \to \mu^{\pm} + \nu_{\mu}(\overline{\nu}_{\mu}).$$

Da Mesonen am liebsten in Myonen zerfallen, sind unter den Neutrinos die meisten vom Myontyp. Die Neutinos werden dann ausgesondert, indem man den Sekundärstrahl durch einige Hundert Meter Materie (etwa Erdreich) führt. Nur die schwach wechselwirkenden Neutrinos überleben die Durchquerung von soviel Materie, was am Ende einen reinen Neutrinostrahl mit einer typischen Intensität von etwa 10^9 Teilchen pro Quadratzentimeter und pro Sekunde liefert. Die Erzeugung durch Protonstöße und Zerfall der Sekundärmesonen führt jedoch zu einer ziemlichen Verteilung der Energie der Neutrinos. Oft kann sie nur über die Summe der Energie der erzeugten Teilchen in der Neutrino-Nukleon-Streuung rückwirkend ermittelt werden.

Um genügend Reaktionen zu bekommen, muß die Probe, durch die der Neutrinostrahl geschickt wird, sehr massiv sein. Die *Gargamelle* genannte Blasenkammer am CERN enthielt etwa 10 Tonnen schwerer Flüssigkeit (z.B. Freon), um genug Wechselwirkungen zu sehen. Der Strahl enthält sowohl Neutrinos als auch Antineutrinos, die beide wechselwirken können. Unterscheiden kann man sie, indem man die Ladung des erzeugten Myons ermittelt.

29.3 Der Wirkungsquerschnitt

Die Formel für die ν_μN-Streuung besteht, wie die für die $e^\pm$N-Streuung, aus mehreren Faktoren, die die einzelnen Subprozesse der Reaktion beschreiben. Aus Bild 26.1 sehen wir, daß es einen Faktor für die Umwandlung des einlaufenden Neutrinos in ein Myon mit ausgesandtem W-Boson geben muß (der leptonische Strom); einen für die Fortpflanzung des W-Bosons; und einen für den Zerfall des Nukleons unter dem Einfluß des W-Bosons (der hadronische Strom). Genau wie bei der $e^\pm$N-Streuung ist alles bis auf den hadronischen Strom genau bekannt. Der leptonische Strom und der W-Propagator folgen aus der Eichtheorie der Schwachen Wechselwirkung, wovon die einfachere Fermische Theorie eine gute Näherung bei kleinen Energien ist. Wie zuvor muß jedoch der unbekannte hadronische Strom durch Strukturfunktionen beschrieben werden, deren Form zu finden des Experimentalphysikers Müh' ist (Bild 29.1).

$$\frac{d^2\sigma}{dq^2\,d\nu} = \frac{G_\mathrm{F}^2}{2\pi}\frac{E_\mu}{E_{\nu(\overline{\nu})}}\left[2F_1^W(q^2,\nu)\sin^2\frac{\vartheta_\mu}{2} + F_2^W(q^2,\nu)\cos^2\frac{\vartheta_\mu}{2} \pm F_3^W(q^2,\nu)\frac{E_\mu + E_{\nu(\overline{\nu})}}{M_\mathrm{N}}\sin^2\frac{\vartheta_\mu}{2}\right]$$

Bild 29.1 Die Formel für den differentiellen Wirkungsquerschnitt der (Anti-)Neutrino-Nukleon-Streuung in Abhängigkeit vom übertragenen Impulsquadrat q^2 und der übertragenen Energie ν. Benötigt werden drei Strukturfunktionen $F_{1,2,3}^W$, die ebenfalls von q^2 und ν abhängen, um die Verteilung der Schwachen Ladung im Nukleon zu beschreiben.

Die allgemeine Form der Strukturfunktionen erhält man wieder, indem die in der Reaktion vorkommenden Impulse auf alle möglichen Arten kombiniert und dann allgemeine Prinzipien, die das Ergebnis vereinfachen, benutzt werden. Im Gegensatz zur elektromagnetischen verletzt die Schwache Kraft die Parität, so daß die Vereinfachung bei der Neutrino-Nukleon-Streuung nicht ganz so weit geht. Man erhält deswegen eine dritte Strukturfunktion (F_3^W), deren Vorzeichen davon abhängt, ob man Neutrinos oder Antineutrinos streut. Dies ist letztlich die bereits oben erwähnte Unterscheidung zwischen Materie und Antimatrie, die die paritätsverletzende Schwache Wechselwirkung wegen der unterschiedlichen Helizitäten macht. Alle Strukturfunktionen hängen zunächst von q^2 und ν einzeln ab. Man bemerke, daß diese Größen nur über die Strukturfunktionen in die Formel gelangen.

29.4 Skalensymmetrie

Die Skalensymmetrie, die zunächst bei der elektromagnetischen Wechselwirkung angewendet wurde, gilt ebenfalls in der Schwachen Wechselwirkung. Hier ist die Dimension des Wirkungsquerschnitts in der Fermischen Kopplungskonstanten G_F enthalten (wie man sich erinnert, war genau diese Schwierigkeit ein wesentlicher Grund für die Entwicklung einer Feldtheorie der Schwachen Wechselwirkung). Die Strukturfunktionen müssen wiederum reine Zahlen sein. Da es keinen *Skalenfaktor* gibt, der die Dimensionen von q^2 und ν kompensieren könnte, hängen die Strukturfunktionen $F_{1,2,3}^W$ nicht von diesen Größen einzeln, sondern nur von einer dimensionslosen Kombination der beiden ab:

$$F_{1,2,3}^W(q^2,\nu) \stackrel{q^2,\nu\to\infty}{\longrightarrow} F_{1,2,3}^W(x),$$

wobei x der gleiche Quotient wie oben ist. Die Strukturfunktionen können wie in der $e^{\pm}$N-Streuung direkt gemessen und so die Skalensymmetrie überprüft werden. Das allgemeine Verhalten der Schwachen Strukturfunktionen ist dem der elektromagnetischen aus Bild 27.2 ähnlich, aber da die Parameter des Neutrinostrahls viel ungenauer einzustellen sind als die eines Elektron- oder Myonstrahls, sind die experimentellen Fehler weitaus größer, und die Skalensymmetrie kann weniger gut nachgeprüft werden.

Die Skalensymmetrie sagt aber eine noch klarere Eigenschaft der Neutrino-Nukleon-Streuung richtig voraus. Wie bereits erwähnt, hängt der Wirkungsquerschnitt nur über die Strukturfunktionen von q^2 und ν ab. Wenn diese Abhängigkeit durch die Skalensymmetrie abgeschafft wird, ist der Querschnitt von diesen Größen unabhängig. In diesem Fall kann man die Formel für den Querschnitt sehr einfach über alle Werte von q^2 und ν integrieren, um den totalen Wirkungsquerschnitt der Neutrino- oder Antineutrino-Nukleon-Streuung zu bekommen:

$$\sigma^{\nu(\overline{\nu})\mathrm{M}} = \int \frac{d^2\sigma}{dq^2 d\nu} dq^2 d\nu \sim \frac{G_F^2 M E_{\nu(\overline{\nu})}}{\pi}.$$

Die Skalensymmetrie sagt also voraus, daß der totale Wirkungsquerschnitt der Neutrino-Nukleon-Streuung linear mit der Energie des einfallenden Neutrinostrahls wächst. Die Steigung der Kurve ist durch Konstanten gegeben, die für die Neutrino- bzw. Antineutrinoreaktionen verschieden sind, weil das Vorzeichen des Terms mit F_3 in der Formel von Bild 29.1 in den zwei Fällen verschieden ist. Die Messungen des totalen Wirkungsquerschnitts liefern Ergebnisse, die mit einem linearen Anstieg als Funktion der Energie vereinbar sind und stützen somit die Skalensymmetrie und ihre Interpretation mit Hilfe von punktförmigen Partonen als Träger der elektrischen und der Schwachen Ladungen (Bild 29.2).

Die gemessenen Steigungen der Energieabhängigkeit unterscheiden sich für die ν- und die $\overline{\nu}$-Streuung etwa um einen Faktor 3. Diesen Faktor kann man anhand der Neutrino-Parton-Streuung leicht verstehen. Weil sie masselos sind, besitzen Neutrinos, wie wir uns erinnern, ausschließlich linkshändige und Antineutrinos nur rechtshändige Helizität. Da wir uns im relativistischen Limes befinden, vernachlässigen wir auch die Massen der Partonen, die also ebenfalls linkshändig werden (wenn man annimmt, es seien Spin-$\frac{1}{2}$-Teilchen). Das Modell von Glashow-Weinberg-Salam läßt in der Tat nur linkshändige Fermionen am geladenen Strom der Schwachen Wechselwirkung teilnehmen (siehe Kapitel V). Da das Nukleon im wesentlichen aus Partonen und nicht aus Antipartonen besteht, kann man die Neutrino- und Antineutrino-Parton-Streuung mit Hilfe des Spins unterscheiden. Schauen

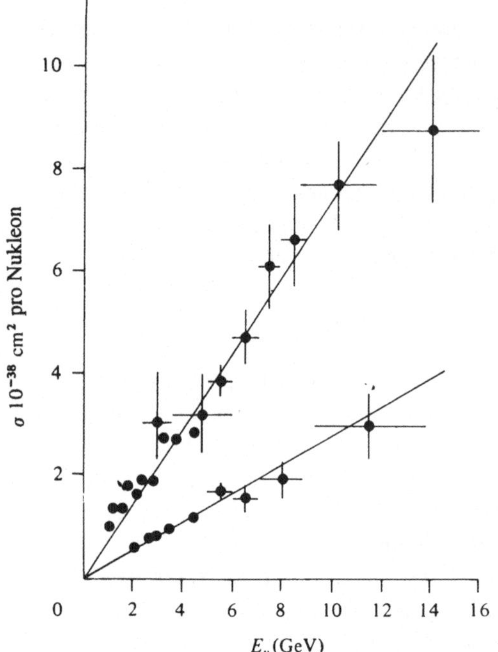

Bild 29.2 Der totale Wirkungsquerschnitt für Neutrino-Nukleon- und Antineutrino-Nukleon-Streuung in Abhängigkeit der Energie. Der lineare Anstieg ist ein Hinweis für die Gültigkeit der Skalensymmetrie.

wir uns Bild 29.3 an. Bei der Neutrino-Parton-Streuung kompensieren sich die beiden beteiligten Spins, und man erhält keine Einschränkung für die Winkelverteilung der auslaufenden Teilchen. Bei der Antineutrino-Parton-Streuung werden die Spins der Teilchen addiert und die erlaubten Streuwinkel durch den Gesamtdrehimpuls eingeschränkt. Das bedeutet aber, daß der Querschnitt der Antineutrino-Parton-Reaktion gegenüber der Neutrino-Parton-Reaktion kleiner ist, weil die Integration über q^2 für den totalen Wirkungsquerschnitt nichts anderes als eine Integration über die Winkel der auslaufenden Teilchen ist (vergleiche die Definition (26.a)). Diese Winkel sind aber bei nichtverschwindendem Drehimpuls eingeschränkt. Eine explizite Rechnung ergibt einen erwarteten Faktor 3 zwischen νN und $\overline{\nu}$N, der auch beobachtet wird.

Die Neutrino-Nukleon-Streuung steuert einen unabhängigen Test der Skalensymmetrie und des Partonmodells bei. Jetzt kann man die Myon-Nukleon-Streuung und die Neutrino-Nukleon-Streuung vergleichen, um zu sehen, ob die elektromagnetische und die Schwache Wechselwirkung auf dieselben Partonen wirken.

Dies erwarten wir auch, weil wir ja glauben, daß elektromagnetische und Schwache Wechselwirkung nur verschiedene Erscheinungsweisen derselben *elektroschwachen* Kraft sind. Darüber hinaus ist ein Vergleich der Eigenschaften der Partonen mit denen der Quarks aus der $SU(3)$ von Interesse.

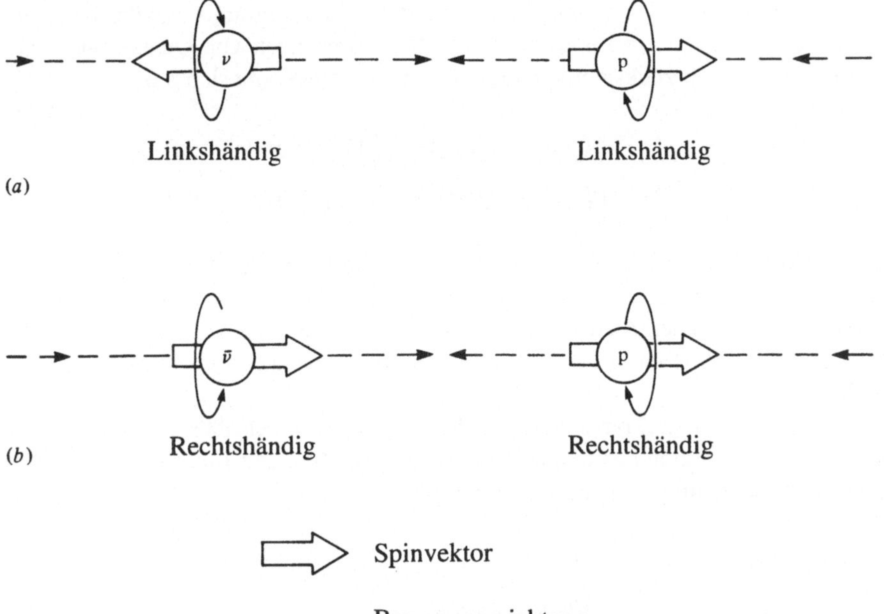

Bild 29.3 *(a)* Neutrino-Parton-Streuung: Die Spins kompensieren sich. Es gibt keine Einschränkung für die Richtung der auslaufenden Teilchen. *(b)* Antineutrino-Parton-Streuung: Die Spins summieren sich. Es gibt Einschränkungen für die Richtung der auslaufenden Teilchen.

30 Die Strukturfunktionen im Quarkmodell

30.1 Einleitung

Um den Aufbau des Nukleons (also die Strukturfunktionen) besser zu verstehen, teilen wir jetzt den Partonen die Eigenschaften der Quarks zu und schauen uns an, ob die Ergebnisse, die man daraus für die Elektron-Nukleon-Streuung und die Neutrino-Nukleon-Streuung erhält, sinnvoll sind. Wir wollen nacheinander die Strukturfunktionen aus der Perspektive des Elektrons und aus der des Neutrinos untersuchen.

30.2 Die elektromagnetischen Strukturfunktionen

Wir haben bereits die Interpretation der Strukturfunktionen als Verteilung der Ladungsquadrate der Partonen im Nukleon kennengelernt, in Abhängigkeit vom Anteil x des vom Parton getragenen Impulses (siehe Gleichung (27.a)).

Im einfachen Modell mit vier Quarktypen haben wir folgende Zuordnung der Ladungen:

$$\mathrm{u}(\tfrac{2}{3}e), \quad \mathrm{d}(-\tfrac{1}{3}e), \quad \mathrm{s}(-\tfrac{1}{3}e), \quad \mathrm{c}(\tfrac{2}{3}e),$$

wobei c das vierte Quark aus dem GIM-Modell bezeichnet; seine Ladung beträgt zwei Drittel der Elektronladung. Jetzt kann man die Strukturfunktion des Protons und des Neutrons im Quarkbild ausdrücken, wobei man die mögliche Anwesenheit von Quarks und Antiquarks aus dem Vakuum berücksichtigen muß. Für das Proton ergibt sich z.B.:

$$\begin{aligned} F_1^{\text{ep}}(x) = \tfrac{1}{2}\big[\left(\tfrac{2}{3}\right)^2 (f_{\text{u}}(x) + f_{\bar{\text{u}}}(x)) + \left(\tfrac{1}{3}\right)^2 (f_{\text{d}}(x) + f_{\bar{\text{d}}}(x)) \\ + \left(\tfrac{1}{3}\right)^2 (f_{\text{s}}(x) + f_{\bar{\text{s}}}(x)) + \left(\tfrac{2}{3}\right)^2 (f_{\text{c}}(x) + f_{\bar{\text{c}}}(x))\big]. \end{aligned} \tag{30.a}$$

Die zweite Strukturfunktion $F_2^{\text{ep}}(x)$ hat genau die gleiche Form; nur wird der ganze Ausdruck noch mit $2x$ multipliziert. Die Strukturfunktionen für das Neutron, $F_1^{\text{en}}(x)$ und $F_2^{\text{en}}(x)$, erhält man durch den Austausch $f_u(x) \leftrightarrow f_d(x)$ im oberen Ausdruck, da im Proton die Verteilung der Up-Quarks der Verteilung der Down-Quarks im Neutron entspricht (und umgekehrt).

Den Anteil, den ein Quarktyp am Impuls des Nukleon trägt, ergibt sich einfach durch Integration über dessen Impulsverteilung. So erhält man etwa den Impulsanteil der Up-Quarks und -Antiquarks im Proton durch die Formel:

$$P_{\text{u}} = \int_0^1 x(f_{\text{u}}(x) + f_{\bar{\text{u}}}(x))dx \, .$$

Analoge Ausdrücke gibt es auch für die anderen Quarktypen. Die gewichtete Summe all dieser Integrale entspricht dem Integral über die Strukturfunktion F_2, das man experimentell aus der Fläche unterhalb der Kurve in Bild 27.2(a) bestimmt. Diese Größe ist also eine Linearkombination der Impulsanteile aller beteiligten Quarktypen:

$$\begin{aligned} \int F_2^{\text{ep}}(x) &= \tfrac{1}{9}(4P_{\text{u}} + P_{\text{d}} + P_{\text{s}} + 4P_{\text{c}}) \\ &= 0.18 \quad \text{(experimentell)}, \\ \int F_2^{\text{en}}(x) &= \tfrac{1}{9}(P_{\text{u}} + 4P_{\text{d}} + P_{\text{s}} + 4P_{\text{c}}) \\ &= 0.12 \quad \text{(experimentell)}. \end{aligned}$$

In diesen Formeln kann man davon ausgehen, daß der Impulsanteil der Strange- und Charm-Quarks vernachlässigbar ist. Dann kann man die Gleichungen nach den beiden übrigen Variablen auflösen und erhält

$$P_{\text{u}} = 0.36, \quad P_{\text{d}} = 0.18 \, .$$

Die Messungen ergeben für den Impulsanteil der Up-Quarks den doppelten Wert von dem der Down-Quarks, was das Quarkbild des Protons als (uud) bestätigt.

Die Messungen zeigen aber auch, daß die Quarks nur die Hälfte des Protonenimpulses tragen. Die andere Hälfte, so die Erklärung, entfällt auf die Gluonen, die Quanten der Starken Kraft zwischen den Quarks. Da sie aber elektrisch neutral sind, unterliegen sie nicht der elektromagnetischen Wechselwirkung und fallen nur durch das Impulsdefizit in der Bilanz für das Proton auf.

30.3 Die Schwachen Strukturkonstanten

Wir haben gerade gesehen, wie stark das Quarkmodell unser Bild der Strukturfunktionen beeinflußt. Ganz befriedigend ist die Lage jedoch nicht, denn das ausgetauschte Photon der Elektron-Nukleon-Streuung unterscheidet nur die elektrische Ladung der Quarks. Um weitere Informationen zu erhalten, muß man das W-Boson und die Schwache Wechselwirkung heranziehen. Es ist leicht zu verstehen, welche W-Quark-Wechselwirkungen erlaubt und welche unter diesen dominant sind.

Weil die Leptonzahl erhalten bleiben muß, verwandelt sich das Neutrino bei einer Reaktion mit geladenem Strom in ein negativ geladenes Myon und emittiert ein positiv geladenes W^+-Boson. Das Antineutrino geht umgekehrt in ein positiv geladenes Myon und ein negativ geladenes W^--Boson über. Das W^+-Boson kann nun mit einem Down- oder einem Strange-Quark reagieren und es in ein Up-Quark umwandeln. Mit einem Up-Quark kann das W^+-Boson nichts anfangen, denn dabei entstünde ein Quark mit der Ladung $\frac{5}{3}e$, und ein solches gibt es nicht. Eine weitere Vereinfachung ergibt sich, weil die Schwache Wechselwirkung seltsamkeitsverändernde Reaktionen, z.B.

$$\mathrm{W}^+ + \mathrm{s}(-\tfrac{1}{3}e) \to \mathrm{u}(\tfrac{2}{3}e),$$

im Vergleich zu seltsamkeitserhaltenden stark unterdrückt, wie es der Cabbibo-Winkel aus Abschnitt 18 fordert. Wir vernachlässigen die seltsamkeitsverändernden Reaktionen allesamt. Das W-Boson kann aber auch mit den Antiquarks aus dem Vakuum wechselwirken. Alles in allem erhält man also folgende Neutrino-Quark-Wechselwirkungen, die wesentlich zur Neutrino-Nukleon-Streuung beitragen:

$$\begin{aligned}
&\text{(i)} && \nu_\mu + \mathrm{d}(-\tfrac{1}{3}e) \to \mu^- + \mathrm{u}(\tfrac{2}{3}e),\\
&\text{(ii)} && \overline{\nu}_\mu + \mathrm{u}(-\tfrac{2}{3}e) \to \mu^+ + \mathrm{d}(-\tfrac{1}{3}e),\\
&\text{(iii)} && \overline{\nu}_\mu + \overline{\mathrm{d}}(\tfrac{1}{3}e) \to \mu^+ + \overline{\mathrm{u}}(-\tfrac{2}{3}e),\\
&\text{(iv)} && \nu_\mu + \overline{\mathrm{u}}(-\tfrac{2}{3}e) \to \mu^- + \overline{\mathrm{d}}(\tfrac{1}{3}e).
\end{aligned} \tag{30.b}$$

Wir können jetzt den Wirkungsquerschnitt etwa der Neutrino-Proton-Streuung als Summe über die beteiligten Neutrino-Quark-Querschnitte ausdrücken.

Dabei schreibt man üblicherweise den differentiellen Wirkungsquerschnitt nicht als Funktion des Impulsquadrates q^2 und der Energie ν des ausgetauschten W-Bosons, sondern des Impulsanteils x des getroffenen Quarks und des Anteils y an der Neutrinoenergie, die das W-Boson übernimmt. Mathematisch benötigt man dazu folgende Transformationen:

$$\frac{d^2\sigma}{dq^2 d\nu} \to \frac{d^2\sigma}{dx\,dy} \quad \text{mit} \quad x = \frac{q^2}{2M_{\mathrm{N}}\nu} \quad \text{und} \quad y = \frac{\nu}{E_i}.$$

Mit dieser einfachen Transformation kann der Neutrino-Proton-Wirkungsquerschnitt mit Hilfe der Neutrino-Quark-Querschnitte (i) und (iv) aus (30.b) beschrieben werden. Der Anteil der beiden wird durch die Verteilung der Down- und Anti-Up-Quarks im Proton gegeben:

$$\frac{d^2\sigma}{dx\,dy} = f_{\mathrm{d}}(x)\frac{d^2\sigma}{dx\,dy}(\nu_\mu + \mathrm{d} \to \mu^- + \mathrm{u}) + f_{\overline{\mathrm{u}}}(x)\frac{d^2\sigma}{dx\,dy}(\nu_\mu + \overline{\mathrm{u}} \to \mu^- + \overline{\mathrm{d}}). \tag{30.c}$$

Die Neutrino-Quark-Streuung ist punktförmig und damit sehr einfach zu beschreiben; die entsprechenden Wirkungsquerschnitte sind gerade die üblichen der punktförmigen Streuung. Setzt man diese Faktoren ein, erhält man den differentiellen Wirkungsquerschnitt der tiefinelastischen Streuung mit Strukturfunktionen, die jetzt direkt von der Verteilung der Quarks im Inneren des Nukleons abhängen:

$$\frac{d^2\sigma}{dx\,dy} = \underbrace{[2MEG_F^2/\pi]}_{\text{Neutrino-Quark-Punktstreuung}} \times \underbrace{[xf_\mathrm{d}(x) + x(1-y^2)f_\mathrm{u}(x)]}_{\text{Strukturfunktionen}}.$$

Dieser Ausdruck kann für die Streuung von Neutrinos und von Antineutrinos an Protonen und an Neutronen berechnet werden. Um den Ausdruck für die Streuung von Neutrinos oder Antineutrinos an einem Kern N, der Protonen und Neutronen enthält, zu bekommen, muß man diese Ausdrücke entsprechend mischen. Vergleicht man jetzt die νN-Streuung mit der $\overline{\nu}$N-Streuung, heben sich die punktförmigen Faktoren auf, und man erhält das Verhältnis der Quarkverteilungen. Integriert man über die Variablen x und y, erhält man das Verhältnis der totalen Wirkungsquerschnitte als Funktion der Impulsanteile der einzelnen Quarktypen:

$$\frac{\sigma^{\overline{\nu}\mathrm{N}}}{\sigma^{\nu\mathrm{N}}} = \frac{(P_\mathrm{u} + P_\mathrm{d}) + 3(P_{\overline{\mathrm{u}}} + P_{\overline{\mathrm{d}}})}{3(P_\mathrm{u} + P_\mathrm{d}) + (P_{\overline{\mathrm{u}}} + P_{\overline{\mathrm{d}}})}. \tag{30.d}$$

Hat man nur Quarks in der Probe, ist dieses Verhältnis $\frac{1}{3}$; hat man nur Antiquarks, ist es 3. Der gemessene Wert von 0.37 ± 0.02 deutet auf einen sehr kleinen Anteil von Antiquarks aus dem Vakuum hin.

Die Faktoren 3 in (30.d) stammen aus den erlaubten Helizitätszuständen der νN-Streuung, wie wir sie oben beschrieben haben. Die Integration über die Variable y ist nämlich nichts anderes als eine Integration über die erlaubten Winkel in der νq-Streuung, bei der die Neutrino-Quark-Streuung (Antineutrino-Antiquark-Streuung) gegenüber der Neutrino-Antiquark-Streuung (Antineutrino-Quark-Streuung) bevorzugt wird.

30.4 Vergleich der Elektron- und der Neutrinostrukturfunktionen

Um die Neutrinostrukturfunktionen im Quarkmodell auszudrücken, braucht man lediglich die differentiellen Wirkungsquerschnitte als Funktion der Quarkverteilungen (30.c) und als Funktion der Strukturfunktionen zu vergleichen. Daraus ergeben sich folgende Gleichungen:

$$\begin{aligned} F_2^{\nu\mathrm{p}} &= 2x(f_\mathrm{d}(x) + f_{\overline{\mathrm{u}}}(x)), \\ F_3^{\nu\mathrm{p}} &= -2(f_\mathrm{d}(x) - f_{\overline{\mathrm{u}}}(x)), \\ F_2^{\nu\mathrm{n}} &= 2x(f_\mathrm{u}(x) + f_{\overline{\mathrm{d}}}(x)), \\ F_3^{\nu\mathrm{n}} &= -2(f_\mathrm{u}(x) - f_{\overline{\mathrm{d}}}(x)). \end{aligned} \tag{30.e}$$

Vergleicht man diese Gleichungen mit den Elektronstrukturfunktionen im Quarkbild aus (30.a), kann man eine Beziehung zwischen den Elektron- und den Neutrinostrukturfunktionen herleiten:

$$F_2^{\nu\mathrm{N}}(x) = \tfrac{15}{8} F_2^{\mathrm{eN}}(x). \tag{30.f}$$

Experimentell ist diese Beziehung sehr gut bestätigt, wie man in Bild 30.1 sehen kann. Wichtig ist, daß dabei der Quarkgehalt der Nukleonen durch zwei Wechselwirkungen unabhängig voneinander und dadurch um so glaubwürdiger nachgeprüft wird.

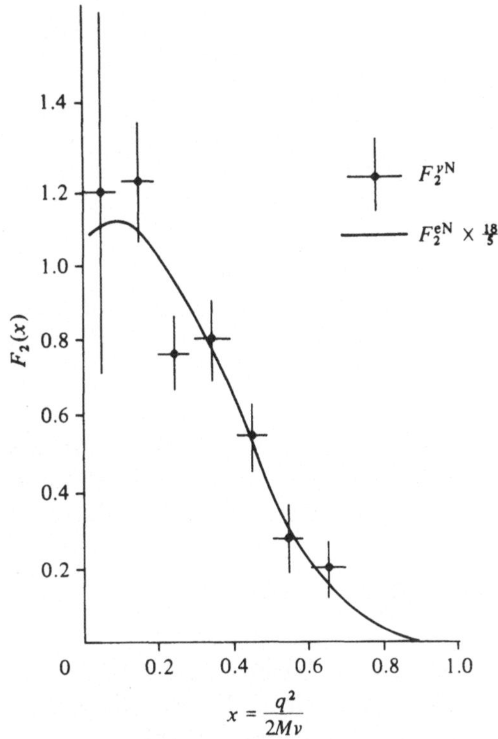

Bild 30.1 Die Beziehung zwischen den Elektron- und Neutrinostrukturfunktionen sieht man am besten, wenn beide Seiten von (30.f) gleichzeitig aufgetragen werden.

30.5 Summenregeln

Über die Quarks im Innern des Protons kann man noch mehr erfahren, indem man die Gleichungen (30.a) und (30.e) benutzt, um gewisse Quarkverteilungsfunktionen mit gemessenen Strukturfunktionen zu verbinden. Integriert man diese Beziehungen über den Impulsanteil x der Quarkverteilungen, erhält man den Gesamtanteil der einzelnen Quarktypen am Impuls:

$$\int x(f_s + f_{\bar{s}})dx = \int (9F_2^{eN}(x) - \tfrac{5}{2}F_2^{\nu N}(x))dx = 0.05 \pm 0.18,$$

$$\int x(f_u + f_d)dx = \tfrac{1}{2}\int (F_2^{\nu N}(x) - xF_3^{\nu N}(x))dx = 0.49 \pm 0.06,$$

$$\int x(f_{\bar{u}} + f_{\bar{d}})dx = \tfrac{1}{2}\int (F_2^{\nu N}(x) + xF_3^{\nu N}(x))dx = 0.02 \pm 0.03.$$

Die Werte zeigen, wie erwartet, daß die Strange-Quarks und alle Antiquarks nur wenige Prozent des Protonimpulses tragen. Der Gesamtbeitrag der Quarks aus dem Vakuum ist also klein. Wie bereits aus der Elektron-Nukleon-Streuung bekannt, tragen die Up- und Down-Quarks etwa die Hälfte des Protonimpulses. Die fehlende Hälfte wird erneut den neutralen Gluonen, die nicht schwach wechselwirken, zugeschrieben.

Wenn die Quarkverteilungen (oder gleichwertig dazu die Strukturfunktionen) über den Impulsanteil x integriert werden, kann man *Summenregeln* herleiten, die diese Größen mit

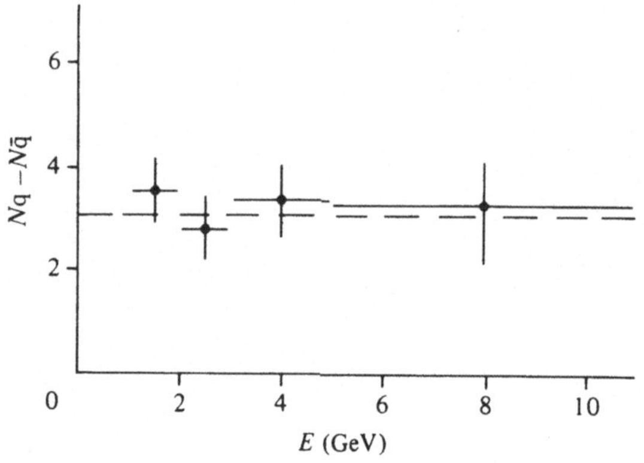

Bild 30.2 Die Gross-Llewellyn-Smith-Summenregel mißt die Differenz der Anzahl der Quarks und der Antiquarks im Nukleon.

physikalisch relevanten Zahlen in Verbindung bringen. So mißt die Summenregel von Gross und Llewellyn Smith die Differenz der Anzahl der Quarks und der Antiquarks im Nukleon. Wie das Quarkmodell es voraussagt, liefert die Messung ungefähr den Wert 3 (Bild 30.2):

$$\tfrac{1}{2}\int_0^1 (F_3^{\overline{\nu}}(x) + F_3^{\nu}(x))dx = N_{\mathrm{q}} - N_{\overline{\mathrm{q}}} = 3.$$

Wir haben jetzt die Strukturfunktionen der tiefinelastischen Streuung recht detailliert untersucht, weil sie uns ja einen direkten Blick auf die Quarks, die das Proton aufbauen, gestatten. Alle Beobachtungen sind mit dem üblichen Modell von Spin-$\frac{1}{2}$-Quarks mit gebrochenen Ladungen kompatibel. Die eigentliche Überraschung ist, daß diese Quarks nur die Hälfte des Gesamtimpulses des Protons tragen — den Rest tragen vermutlich die Gluonen. Der nächste Schritt ist, mehr über die Wechselwirkung zwischen Quarks und Gluonen zu erfahren.

30.6 Zusammenfassung

Die tiefinelastische Lepton-Nukleon-Streuung hat sich bei der Erforschung der Struktur der Hadronen als extrem nützlich erwiesen. Wir können die Ergebnisse folgendermaßen zusammenfassen: Wir wissen aus der näherungsweisen Skalensymmetrie der Strukturfunktionen, $F(\nu, q^2) \equiv F(x)$, daß die Nukleonen aus punktförmigen Bestandteilen (Partonen) bestehen. Die experimentell bestätigte Beziehung $2xF_1(x) = F_2(x)$ zwischen den elektromagnetischen Strukturfunktionen zeigt, daß die Partonen Spin-$\frac{1}{2}$-Teilchen sind. Das Verhalten der elektroschwachen Wirkungsquerschnitte deutet sehr stark auf Quarks mit gebrochener Ladung als Kandidaten für die Spin-$\frac{1}{2}$-Partonen. Diese Quarks tragen etwa die Hälfte des Nukleonimpulses; die andere Hälfte entfällt auf die Gluonen.

VII Quantenchromodynamik — die Theorie der Quarks

31 Farbige Quarks

31.1 Einleitung

Die Experimente der tiefinelastischen Streuung haben uns viel über die Quarks verraten:

(i) Das Skalenverhalten des Wirkungsquerschnitts deutet auf eine Streuung an punktförmigen Quarks hin, welche bei kurzen Entfernungen ziemlich schwach miteinander wechselwirken.

(ii) Das Verhältnis der Strukturfunktionen $F_1^{\mathrm{eN}}/F_2^{\mathrm{eN}}$ deutet auf Quarks mit halbzahligem Spin hin.

(iii) Der Vergleich der Strukturfunktionen für die Elektron- und für die Neutrinostreuung legt eine gebrochene elektrische Ladung für die Quarks nahe.

(iv) Die Impulssummenregeln sowohl der Elektron- als auch der Neutrino-Proton-Streuung zeigen, daß die Quarks nur die Hälfte des gesamten Protonimpulses tragen. Der Rest, denkt man, entfällt auf die neutralen Gluonen, die Quanten der zwischen den Quarks wirkenden Kraft.

Dieser Reichtum an Erkenntnis über die Struktur des Protons wurde zwischen 1968 und der Mitte der 70er Jahre zusammengetragen und spiegelt den Triumph der Streuexperimente von Geiger, Marsden und Rutherford aus dem Jahr 1911 wider, mit denen sie dem modernen Atombild zum Durchbruch verhalfen. In beiden Fällen waren es die Experimente, die den Weg für die sie erklärenden Theorien bahnten.

Während Rutherfords Entdeckungen in Bohrs frühe Atomtheorie mündeten, sollte die Quantenchromodynamik (QCD) das Verhalten der Quarks im Inneren des Protons beschreiben. Man kann die Analogie sogar etwas weiter treiben: Die Bohrsche Theorie war die Weiterentwicklung der Planckschen Quantenhypothese und die QCD die Anwendung des Konzepts der Eichfeldtheorien aus den 60er Jahren.

Die QCD aus dem Jahr 1973 stammt von Harald Fritzsch, Heinrich Leutwyler und jenem Murray Gell-Mann, der, wie es sich gehört, bereits 1963 einer der Erfinder der Quarks war. Ein ähnliches Modell hatte Yoichiro Nambu bereits 1966 vorweggenommen. Die grundlegende Idee ist es, eine neue Ladung einzuführen. Sie wird *Farbe* genannt und ist die Quelle der Kraft, die zwischen den Quarks wirkt, wie die elektrische Ladung die Quelle der elektromagnetischen Kraft ist.

31.2 Farbe

Kurz nach Einführung des Quarkmodells stellte man fest, daß der Quarkinhalt einiger Teilchen in handfestem Widerspruch zu einem der fundamentalsten Prinzipien der Quantenmechanik stand. Das Paulische Ausschließungsprinzip besagt, daß zwei Fermionen (Teilchen mit halbzahligem Spin) sich nie in Quantenzuständen mit exakt denselben Quantenzahlen befinden dürfen. Einige Teilchen sollten aber aus drei gleichen Quarks aufgebaut sein. Die doppelt geladene Spin-$\frac{3}{2}$-Resonanz Δ^{++} etwa besteht aus drei Up-Quarks, deren Spin in dieselbe Richtung zeigt (Bild 31.1(a)). Genauso muß das berühmte Ω^-, dessen Entdeckung erstmals die Gültigkeit des $SU(3)$-*Flavour*-Modells bestätigte, aus drei Strange-Quarks bestehen (Bild 31.1(b)). Diese beiden Beispiele scheinen der Quantentheorie zu widersprechen.

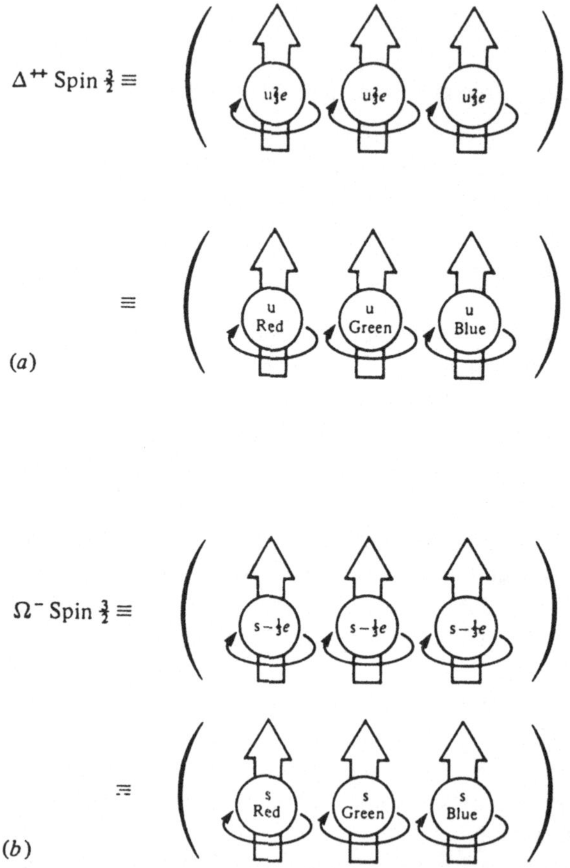

Δ^{++} Spin $\frac{3}{2}$ ≡ (u $\frac{2}{3}e$, u $\frac{2}{3}e$, u $\frac{2}{3}e$) ≡ (u Red, u Green, u Blue)

(*a*)

Ω^- Spin $\frac{3}{2}$ ≡ (s $-\frac{1}{3}e$, s $-\frac{1}{3}e$, s $-\frac{1}{3}e$) ≡ (s Red, s Green, s Blue)

(*b*)

Bild 31.1 Das Δ^{++} *(a)* und das Ω^- *(b)* bestehen aus drei identischen Quarks, was dem Paulischen Ausschließungsprinzip zu widersprechen scheint. Die Einführung der Farbe macht die Quarks unterscheidbar und rettet das Prinzip.

Der simpelste Ausweg ist, aus den Quarks, statt Fermionen, Bosonen ohne oder mit ganzzahligem Spin zu machen. Man sah aber sehr früh ein, daß nur fermionische Quarks den Spin der Hadronen erklären konnten und spätere Experimente, etwa die Bestimmung der Strukturfunktionen in der tiefinelastischen Streuung, haben dies stets bestätigt. Mathematisch ist das Paulische Ausschließungsprinzip eine Aussage über die Symmetrie der Wellenfunktion, die das gesamte quantenmechanische System beschreibt. Die Aussage, daß zwei Fermionen in einem gegebenen System nie exakt dieselben Quantenzahlen haben, ist gleichbedeutend mit jener, daß die Wellenfunktionen eines Fermionensystems antisymmetrisch gegen die Vertauschung von zwei beliebigen dieser Fermionen sein muß (das heißt, daß sie dabei ihr Vorzeichen ändern muß). Die Wellenfunktion eines aus drei Quarks bestehenden Hadrons besteht aus mindestens drei Faktoren: einem für die Positionen der Quarks; einem für die Spins; und einem für den Typ. Das Produkt dieser drei Faktoren ergibt die Gesamtwellenfunktion:

$$\psi_{\text{Gesamt}} = \psi_{\text{Ort}} \times \psi_{\text{Spin}} \times \psi_{\text{Typ}}.$$

Tabelle 31.I Typen (*flavours*) und Farben der Quarks.

Typ	rot	grün	blau
$u(\frac{2}{3}e)$	u_r	u_g	u_b
$d(-\frac{1}{3}e)$	d_r	d_g	d_b
$s(-\frac{1}{3}e)$	s_r	s_g	s_b

Für Teilchen wie das Δ^{++}, die aus drei Quarks desselben Typs bestehen, ist der Typfaktor natürlich symmetrisch gegen Vertauschung zweier Quarks. Das gleiche gilt für den Spinfaktor, weil die Spins in dieselbe Richtung zeigen. Weil die Spins der Quarks aufaddiert den Gesamtspin dieser Teilchen ergibt, können die drei Quarks keinen relativen Bahndrehimpuls besitzen. Dies wiederum bedingt, daß sie symmetrisch im Raum verteilt sind, was den Ortsfaktor symmetrisch gegen Vertauschung zweier Quarks macht. Da alle drei Faktoren symmetrisch sind, ist es die Gesamtwellenfunktion auch: Eine solche Zusammensetzung dreier Quarks scheint also das Paulische Ausschließungsprinzip zu verletzen.

1964 schlugen Greenberg und kurz nach ihm Han und Nambu vor, die ansonsten identischen Quarks durch eine weitere Quantenzahl unterscheidbar zu machen und so das Paulische Ausschließungsprinzip zu retten. Man nannte diese neue Quantenzahl die *Farbe*, obwohl sie natürlich gar nichts mit Farben im üblichen Sinn zu tun hat; es ist halt nur ein Name. Die Gesamtwellenfunktion enthält nun einen weiteren, den Farbfaktor:

$$\psi_{\text{Gesamt}} = \psi_{\text{Ort}} \times \psi_{\text{Spin}} \times \psi_{\text{Typ}} \times \psi_{\text{Farbe}}.$$

Jedes ansonsten identische Quark erhält nach der neuen Hypothese eine andere Farbe, und so kann man es einrichten, daß die Gesamtwellenfunktion antisymmetrisch wird. Der Preis für die Verträglichkeit von Quarkmodell und Paulischem Ausschließungsprinzip ist also die Einführung einer neuen Quantenzahl, die die Quarks unterscheidbar macht. Weil es im Proton drei Quarks gibt, braucht man auch drei Farben, um sie zu unterscheiden; wir wählen: rot, grün, blau. So erhalten die Quarks in Δ^{++} oder Ω^- die Farbzuordnung wie in Bild 31.1. Im Endeffekt führt die Farbe zu einer Verdreifachung der Anzahl der Quarks: Jeder Typ existiert in drei Farbvarianten (siehe hierzu Tabelle 31.I).

Die Zahl der vermeintlich fundamentalen Quarks einfach zu verdreifachen, läuft eigentlich dem Geist des Modells zuwider, da man ja mit möglichst wenigen Grundbausteinen auskommen will. Die Argumente für die Einführung der Farbe waren zwar reizvoll, andererseits bedurften sie jedoch einer direkten Bestätigung, um die Farbquantenzahl als physikalisch sinnvolle Grundlage des Quarksmodells zu etablieren. Diese Bestätigung fand sich dann glücklicherweise schnell ein.

Ein Indiz für die farbigen Quarks liefert der Zerfall des neutralen Pions in zwei Photonen (Bild 7.2). Im Quarkmodell berechnet man seine Zerfallsrate, indem man über alle möglichen Quarktypen im Zwischenzustand summiert. Der experimentell gemessenen Rate kommt die Theorie auf einige Prozent nahe, wenn man Quarks in drei Farben annimmt. Nimmt man nur eine Quarkfarbe an, ist das Ergebnis um den Faktor 9 zu klein (die Zahl der Quarks geht als Quadrat in die Formel ein).

Ein zweites Indiz kommt aus der Elektron-Positron-Vernichtung, bei der ein Photon im Zwischenzustand entsteht. Dieses virtuelle Photon zerfällt dann in ein Myon-Antimyon-

Paar oder in einen hadronischen Schauer, wobei diese Hadronen letztlich aus einem Quark-Antiquark-Paar entstehen (Bild 31.2).

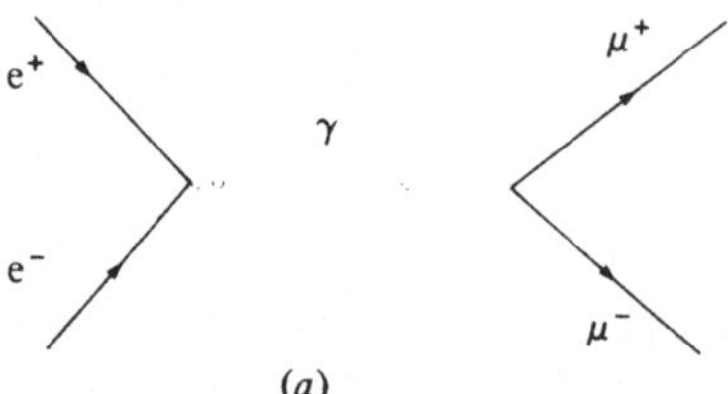

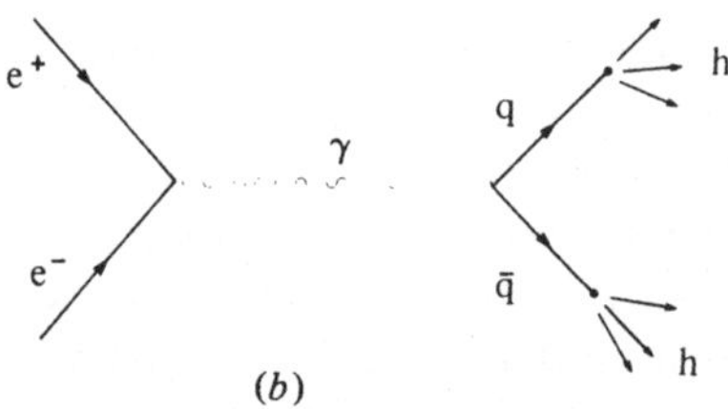

Bild 31.2 Ein Elektron-Positron-Paar annihiliert zu einem virtuellen Photon, das in ein Myon-Antimyon-Paar *(a)* oder in ein Quark-Antiquark-Paar (das später in Hadronen übergeht) *(b)* zerfällt.

Das Verhältnis der Wirkungsquerschnitte dieser beiden Prozesse ist eine sehr vielsagende Zahl, auf die wir in Kapitel VIII weiter eingehen werden. Hier soll die Bemerkung reichen, daß das Verhältnis zur Summe der Quadrate der Quarkladungen proportional ist und daß das Quarkmodell nur dann den beobachteten Wert erklären kann, wenn man annimmt, daß jeder Quarktyp in drei verschiedenen Farbzuständen existiert.

Wir haben also drei unabhängige Indizien für die physikalische Existenz der Farbquantenzahl gefunden: in der *Quarkspektroskopie* (d.h. wie aus den Quarks die Hadronen zusammengebaut sind); im Zerfall des π^0; und in der e^+e^--Vernichtung. Jetzt ergeben sich sofort zwei wichtige Fragen: (i) Wenn Quarks Farbe tragen, kann man dann auch farbige Hadronen beobachten? (ii) Wenn die Farbe schon existiert, wozu dient sie eigentlich und kann sie die Grundlage einer Theorie für wechselwirkende Quarks bilden?

31.3 Unsichtbare Farbe

Die Beobachtbarkeit der Farbe und die Quarkstruktur der Materie sind eng miteinander verknüpft. Die Farbe erlaubt uns, wie wir gleich sehen werden, zugelassene Quarkstrukturen von verbotenen zu unterscheiden. In Kapitel II haben wir gesehen, wie die Hadronen ihren Platz in Multipletts finden, die aus Kombinationen der fundamentalen Darstellung der Symmetriegruppe $SU(3)$ (die die Up-, Down- und Strange-Quarks enthält) entstehen. Wir sahen auch, daß nur ganz bestimmte Verbindungen des *Flavourtripletts* die Multipletts der beobachteten Teilchen ergeben (siehe Tabelle 31.II).

Die Farbe kann nun erklären, welche die erlaubten Verbindungen von Quarks und Antiquarks sind. Dazu betrachtet man zunächst die drei Farben als fundamentale Darstellung einer neuen Symmetriegruppe, der $SU(3)_C$ (*C* für engl.: *colour*, Farbe). Die Gruppentheorie erlaubt erneut die Zusammensetzung der fundamentalen Darstellung (des Farbtri-

Tabelle 31.II Kombinationen des fundamentalen Flavourtripletts und erzeugte Multipletts

Grund-darstellung	Mögliche Verbindungen	Erzeugte Multipletts	Beobachtet
$q = \begin{pmatrix} u \\ d \\ s \end{pmatrix}$	$q \otimes \overline{q}$	$\mathbf{1} \oplus \mathbf{8}$	Ja
	$q \otimes q \otimes q$	$\mathbf{1} \oplus \mathbf{8} \oplus \mathbf{8} \oplus \mathbf{10}$	Ja
	$q \otimes q$	$\mathbf{3}^* \oplus \mathbf{8}$	Nein

pletts) zu Farbmultipletts (siehe Tabelle 31.III). Die Mathematik der $SU(3)_C$ ist exakt dieselbe wie die der $SU(3)_F$, aber die $SU(3)_C$-Farbmultipletts stellen die verschiedenen Farbzusammensetzungen *eines gegebenen* Quarktyps dar und haben nichts mit den $SU(3)_F$-Flavourmultipletts zu tun. Früher haben wir uns gefragt, welche Flavourmultipletts die beobachteten Hadronen enthielten; jetzt können wir uns die gleiche Frage für die erlaubten Farbmultipletts stellen.

Tabelle 31.III Kombinationen des fundamentalen Farbtripletts und erzeugte Multipletts

Grund-darstellung	Mögliche Verbindungen	Erzeugte Multipletts	Beobachtet
$q = \begin{pmatrix} r \\ g \\ b \end{pmatrix}$	$q \otimes \overline{q}$	$\mathbf{1} \oplus \mathbf{8}$	?
	$q \otimes q \otimes q$	$\mathbf{1} \oplus \mathbf{8} \oplus \mathbf{8} \oplus \mathbf{10}$	?
	$q \otimes q$	$\mathbf{3}^* \oplus \mathbf{8}$	?

Ursprünglich wurde die Farbe eingeführt, damit die Wellenfunktion der Quarks, die ein Hadron bilden, durch einen antisymmetrischen Farbfaktor insgesamt antisymmetrisch bei Vertauschung zweier Teilchen wird. Die Gruppentheorie kann uns jetzt sagen, welche Farbmultipletts antisymmetrisch, also nützlich, sind und welche nicht (und damit wertlos sind). Das naheliegendste und einfachste dieser antisymmetrischen Multipletts ist das Singlett **1**. Daraus formulieren wir jetzt folgende Annahme, die die beobachteten Quarkstrukturen erklären soll:

Alle beobachteten Hadronen sind Farbsingletts.

Mit dieser Annahme sind $q\overline{q}$ oder qqq erlaubt, weil sich unter den erzeugten Farbmultipletts ein Singlett befindet. Genauso erlaubt sind z.B. $q\overline{q}q\overline{q}$ oder $qqqq\overline{q}$. Diese theoretsich erlaubten Verbindungen werden *exotische Hadronen* oder *Baryonium* genannt und wurden lange Zeit ausgiebig gesucht. Trotz manch falschem Alarm und einigen vermeintlichen Entdeckungen steht eine experimentelle Bestätigung noch aus. Unsere Annahme schließt hingegen Zustände wie qq oder qqqq aus, weil diese Verbindungen des fundamentalen Farbtripletts kein Singlett unter den erzeugten Farbmultipletts besitzen. Experimentell gibt es keine Anzeichen für ihre Existenz.

Fassen wir jetzt diese beiden parallelen Beschreibungen der Quarkstruktur, Flavour und Farbe, zusammen. Jede Verbindung von Quarks erzeugt eine Reihe von Flavour- und Farbmultipletts. Einige dieser Verbindungen ergeben Flavourmultipletts, in die die beobachteten Hadronen passen; diese Verbindungen erzeugen in jedem Fall auch ein Farb-

Tabelle 31.IV Die Flavour- und Farbstruktur einiger Verbindungen von Quarks und Antiquarks und ihre Beobachtbarkeit

(*a*) $q \times \bar{q}$

Quark und Antiquark bilden Mesonen wie π^0, ρ, K, ψ

FARBE

$$\begin{pmatrix} r \\ g \\ b \end{pmatrix} \times \begin{pmatrix} \bar{r} \\ \bar{g} \\ \bar{b} \end{pmatrix} \Downarrow \mathbf{1} + \mathbf{8}$$

FLAVOUR

$$\begin{pmatrix} u \\ d \\ s \end{pmatrix} \times \begin{pmatrix} \bar{u} \\ \bar{d} \\ \bar{s} \end{pmatrix} \Rightarrow \begin{matrix} \mathbf{1} \\ + \\ \mathbf{8} \end{matrix} \begin{pmatrix} \text{Yes} & \text{No} \\ \text{Yes} & \text{No} \end{pmatrix}$$

Farbzustände

(*b*) $q \times q$

Zustände aus zwei Quarks werden nicht beobachtet

FARBE

$$\begin{pmatrix} r \\ g \\ b \end{pmatrix} \times \begin{pmatrix} r \\ g \\ b \end{pmatrix} \Downarrow \mathbf{3^*} + \mathbf{6}$$

FLAVOUR

$$\begin{pmatrix} u \\ d \\ s \end{pmatrix} \times \begin{pmatrix} u \\ d \\ s \end{pmatrix} \Rightarrow \begin{matrix} \mathbf{3^*} \\ + \\ \mathbf{6} \end{matrix} \begin{pmatrix} \text{No} & \text{No} \\ \text{No} & \text{No} \end{pmatrix}$$

Farbzustände

(*c*) $q \times q \times q$

Drei Quarks bilden ein Baryon wie Proton, Neutron, Ω, Δ^{++}

FARBE

$$\begin{pmatrix} r \\ g \\ b \end{pmatrix} \times \begin{pmatrix} r \\ g \\ b \end{pmatrix} \times \begin{pmatrix} r \\ g \\ b \end{pmatrix} \Downarrow \mathbf{1} + \mathbf{8} + \mathbf{8} + \mathbf{10}$$

FLAVOUR

$$\begin{pmatrix} u \\ d \\ s \end{pmatrix} \times \begin{pmatrix} u \\ d \\ s \end{pmatrix} \times \begin{pmatrix} u \\ d \\ s \end{pmatrix} \Rightarrow \begin{matrix} \mathbf{1} \\ + \\ \mathbf{8} \\ + \\ \mathbf{8} \\ + \\ \mathbf{10} \end{matrix} \begin{pmatrix} \text{Yes} & \text{No} & \text{No} & \text{No} \\ \text{Yes} & \text{No} & \text{No} & \text{No} \\ \text{Yes} & \text{No} & \text{No} & \text{No} \\ \text{Yes} & \text{No} & \text{No} & \text{No} \end{pmatrix}$$

Farbzustände

---

singlett. Alle beobachteten Hadronen scheinen Farbsingletts zu sein. Tabelle 31.IV gibt einen Überblick.

Wenn die beobachteten Hadronen Farbsingletts sind, bedeutet dies, daß sie keine Farbe haben. Flavoursingletts tragen keine Nettoladung oder -seltsamkeit und Farbsingletts keine Nettofarbladung. Ein Blick auf die Farbstruktur der erlaubten Quarkverbindungen gibt Aufschluß:

$$q\overline{q} = \sqrt{\tfrac{1}{3}}(r\overline{r} + g\overline{g} + b\overline{b}),$$

$$qqq = \sqrt{\tfrac{1}{6}}(rgb + gbr + brg - rbg - bgr - grb).$$

Die Gesetze der Quantenmechanik lassen die Frage, welches Quark zu einer gegebenen Zeit welche Farbe besitzt, nicht zu; es gibt nur Wahrscheinlichkeiten, daß es rot oder grün oder blau ist. Aber im Singlettzustand einer $q\overline{q}$-Verbindung wird die Farbe des Quarks durch die Antifarbe des Antiquarks immer exakt kompensiert, und im Singlettzustand einer qqq-Verbindung mischen die Farben stets so, daß ein *weißes* Baryon ohne Nettofarbladung entsteht. Somit bleibt uns die Farbe des Quarks stets verborgen, weil alle Quarkverbindungen Singlettzustände und damit farblos sind. Der Einschluß der Quarks im Inneren der Hadronen ist also nichts anderes als der Einschluß der Farbquantenzahl.

An dieser Stelle lohnt es sich zu wiederholen, daß der Einschluß der Quarks und der Farbladung nur eine Annahme ist, die von Zeit zu Zeit, und mit Recht, nachgeprüft wird. Als man 1976 einige anomale Ereignisse in der Elektron-Positron-Vernichtung beobachtete, mutmaßten Pati und Salam, man könne es mit ungebundenen Quarks zu tun haben, die frei austreten und dann in Leptonen zerfallen, statt wie gewöhnlich in Hadronen übergehen zu müssen. Später stellte man fest, daß diese anomalen Ereignisse die Produktion des noch schwereren Bruders des Myons ankündigten. Aber für eine kurze Zeit war die Diskussion um freie Quarks wieder offen.

William Fairbank und seine Mitarbeiter an der Stanford Universität behaupteten Ende der 70er Jahre, Teilchen mit nichtganzer Ladung auf extrem gekühlten Niobkügelchen gefunden zu haben. Die Experimente waren moderne Nachahmungen von Millikans Öltröpfchenversuchen (mit denen seinerzeit die elementare elektrische Ladung e erstmals bestimmt wurde). Die Ergebnisse konnten jedoch niemals bestätigt weden. Im Gegenteil, alle Experimente an Beschleunigern und die Suche nach Quarks aus dem frühen Universum deuten darauf hin, daß es keine freien Quarks gibt. Die Untersuchung von Meerwasser ergibt, daß für den Fall, daß es freie Quarks gibt, höchstens eins auf 10^{24} Nukleonen kommt. Trotz allem kann man nicht sicher sein, freie Quarks oder farbige Mesonen oder Baryonen niemals zu beobachten.

Es ist auch wichtig anzumerken, daß dieses Modell neue Quarktypen sehr leicht einbauen kann, ohne an der Farbe der Quarks etwas ändern zu müssen. Ein neuer Quarktyp erzeugt nur größere Flavourmultipletts, die die Teilchen aufnehmen können, die durch den neuen Freiheitsgrad entstehen. Die Zahl der Farben bleibt stets drei, weil man diese Anzahl braucht, um die drei Valenzquarks eines Baryons zu unterscheiden.

32 Eichtheorie der Farbe

32.1 Einleitung

Der Grundgedanke der QCD betrachtet die *Farbladung* der Quarks als Quelle der Starken, sogenannten *chromodynamischen* Kraft, die zwischen den Quarks wirkt, analog zur elektrischen Ladung, die die Quelle der elektromagnetischen Kraft zwischen elektrisch geladenen Teilchen ist. Quarks tragen sowohl Farbe als auch elektrische Ladung und unterliegen somit der Starken wie der elektromagnetischen Kraft; außerdem spüren sie auch die Schwache Kraft und die Schwerkraft, die beide aber sehr viel schwächer sind. Die chromodynamische Kraft ist jedoch in dem Bereich, der uns hier interessiert, bei weitem die stärkste Kraft, was eine getrennte Untersuchung rechtfertigt.

Klassisch betrachtet, kann man sich die Farbladung als Quelle einer chromostatischen Kraft vorstellen, ähnlich der elektrischen Ladung, die die elektrostatische Kraft mit ihrem Coulombschen Gesetz verursacht. Trotz einiger Ähnlichkeiten wird es sich herausstellen, daß die Farbkraft viel schwieriger zu handhaben ist. In der Chromodynamik gibt es drei verschiedene Farbladungen, zwischen denen die Kraft anziehend sein muß, um drei Quarks unterschiedlicher Farbe im Inneren des Baryons binden zu können. Genauso muß die Kraft zwischen Farbe und Antifarbe anziehend sein, um das Quark und das Antiquark zu einem Meson binden zu können. Trotz dieser Unterschiede ist es lehrreich, die Analogie mit der Theorie der Elektrodynamik so weit wie möglich zu treiben.

Jede Theorie der Quarks muß wie jede andere fundamentale Theorie mit den Gesetzen der Quantenmechanik und der Relativität vereinbar sein. Gewöhnlich benutzt man dazu die relativistische Quantenfeldtheorie. Die QED und das Modell von Glashow-Weinberg-Salam gehören zu einer speziellen Klasse von Quantenfeldtheorien, den Eichtheorien. Da die Eichtheorien bereits zweimal sehr erfolgreich in der Beschreibung der Natur waren, schien es angebracht, sie auch im Fall der neuen chromodynamischen Kraft zu benutzen.

Es gehört zum Wesen einer Eichtheorie, eine fundamentale Kraft aus einer Symmetrie entstehen zu lassen. In Abschnitt 21 sahen wir, wie in der QED die Wechselwirkung zwischen Elektronen aus der Bedingung folgt, daß die Beschreibung von Elektronen gegen beliebige lokale Umdefinitionen der Phase der Wellenfunktionen sich nicht ändert. Diese Invarianz ist gleichbedeutend mit dem Gesetz der Erhaltung der elektrischen Ladung. Die Umdefinition der Phase wird mathematisch durch Symmetrietransformationen der Gruppe $U(1)$ durchgeführt. Bild 32.1 gibt einen Überblick über den Aufbau der QED.

32.2 Der Aufbau der QCD

Behalten wir den Aufbau der QED im Gedächtnis, denn das Gerüst der QCD ist ihm erstaunlich ähnlich. Als erstes brauchen wir eine Symmetrie, aus der die Farbkräfte hervorgehen sollen. Eine Kandidatin ist schnell zur Hand.

Wir haben bereits gesehen, daß das Farbtriplett als fundamentale Darstellung der Gruppe $SU(3)_C$ dienen kann und daß die Multiplettstruktur dieser Gruppe eine vernünftige Einteilung der bekannten Hadronen erlaubt (jedes Teilchen ist ein Farbsinglett). Als fundamentale Symmetrie soll dann die Invarianz der Farbkraft gegen Umdefinitionen der Farbe

(i) Die Ausbreitung eines Elektrons wird durch eine Wellenfunktion ψ beschrieben.

(ii) Die Wechselwirkung zweier Elektronen wird durch eine Lagrange-Funktion $\mathcal{L}(\psi_1, \psi_2)$ beschrieben.

(iii) Die Eichinvarianz verlangt, daß die Lagrange-Funktion invariant sei gegen Umdefinitionen der Phase der Elektronwellenfunktion. Dies entspricht der Anwendung einer Transformationsgruppe auf die Lagrange-Funktion:

$$\mathcal{G}\psi \rightarrow \psi^*, \quad \mathcal{G}\mathcal{L}(\psi_1, \psi_2) \rightarrow \mathcal{L}(\psi_1^*, \psi_2^*).$$

(iv) Jetzt kann man zusätzlich verlangen, daß die Transformation vom Raum-Zeit-Punkt abhängt. Man nennt dies *lokale* Eichinvarianz:

$$\mathcal{G}(x)\psi \rightarrow \psi^*, \quad \mathcal{G}(x)\mathcal{L}(\psi_1, \psi_2) \not\rightarrow \mathcal{L}(\psi_1^*, \psi_2^*).$$

(v) Damit die Lagrange-Funktion unter der lokalen Transformation invariant bleibt, muß ein neues Feld eingeführt werden:

$$\mathcal{G}(x)\mathcal{L}(\psi_1, \psi_2, A) \rightarrow \mathcal{L}(\psi_1^*, \psi_2^*, A^*).$$

(vi) Das Eichfeld übermittelt die lokal geltende Phasenkonvention von einem Elektron zum anderen.

(vii) Einfacher gesagt: Das elektromagnetische Feld übermittelt die Kraft, mit der sich zwei Elektronen abstoßen. In der Quantenfeldtheorie entspricht dies einem Austausch von Photonen, den Quanten des elektromagnetischen Feldes.

Bild 32.1 Überblick über den Aufbau der QED

der Quarks dienen. Dies ist in voller Übereinstimmung mit den Prizipien der Quantentheorie, denn genauso wie die Phase der Elektronwellenfunktion soll die Farbe nicht beobachtbar sein, und keine physikalische Größe darf davon abhängen, welche Konvention bei der Definition der Farbe getroffen wurde.

Die Umdefinition der Quarkfarben geschieht durch Anwendung der Gruppe $SU(3)_C$ auf das Farbtriplett der Quarks. Definieren wir zunächst die Quarkfarben durch das Multiplett

$$\mathrm{q} \equiv \begin{pmatrix} \mathrm{r} \\ \mathrm{b} \\ \mathrm{g} \end{pmatrix}.$$

Wir können jetzt unsere Farbzuordnungen durch eine $SU(3)_C$-Transformation dieses Tripletts ändern. Die Farben werden dadurch gemischt und ergeben drei verschiedene Kombinationen mit wechselnden Anteilen von r, g und b:

$$\mathcal{G}^{SU(3)}\mathrm{q} \to \begin{pmatrix} c_1(\mathrm{rbg}) \\ c_2(\mathrm{rbg}) \\ c_3(\mathrm{rbg}) \end{pmatrix} \equiv \begin{pmatrix} \mathrm{v} \\ \mathrm{t} \\ \mathrm{o} \end{pmatrix}.$$

Diese neuen Kombinationen können wir jetzt durchaus als neue Farben (nennen wir sie violett, türkis und orange) verwenden. Die physikalische Forderung ist, daß die Theorie der Quarkwechselwirkung nicht von unserer Farbwahl abhängen soll. Die Farbwahl darf sogar in jedem Raumpunkt verschieden sein; die Lagrange-Funktion muß also *lokal* eichinvariant gegen $SU(3)_C$-Transformationen sein.

Wie in anderen Eichtheorien auch, benötigen wir ein Eichfeld um die lokale Farbwahl von einem zum nächsten Punkt zu übermitteln. Die Quanten dieser neuen Farbeichfelder sind masselose Spin-1-Eichteilchen, die *Gluonen*, die die chromodynamische Kraft zwischen den Quarks übermitteln. Da die Wechselwirkung zwischen zwei Quarks in unterschiedlichen Farbzuständen stattfindet, müssen die Gluonen zu einem von der Gruppentheorie erlaubten Farbmultiplett gehören. Genauer: da ein Quark und ein Antiquark in ein Gluon übergehen können, muß die Farbquantenzahl eines Gluons eine Kombination der Quantenzahlen von Quark und Antiquark sein. Die Farbe des Gluons ist also eine Verbindung des Farbtripletts $\mathbf{3} = (\mathrm{r}, \mathrm{g}, \mathrm{b})$ des Quarks und des Antifarbtripletts $\mathbf{3}^* = (\bar{\mathrm{r}}, \bar{\mathrm{g}}, \bar{\mathrm{b}})$ des Antiquarks:

$$\mathbf{3} \otimes \mathbf{3}^* = \mathbf{1} \oplus \mathbf{8}.$$

In der Tat gehören die Gluonen zum Farboktett **8** mit Quantenzahlen wie $\mathrm{r}\bar{\mathrm{g}}$ (rot-antigrün) oder $\mathrm{b}\bar{\mathrm{r}}$ (blau-antirot). Jetzt ist klar, wie bei QCD-Reaktionen die Farben erhalten bleiben. In Bild 32.2 sieht man z.B., wie ein rotes Quark ein rot-antigrünes Gluon emittiert und sich in ein grünes Quark verwandelt.

Bild 32.2 Quarks wechselwirken durch Austausch von Gluonen. Die Farbquantenzahlen des Gluons entsprechen denen eines $\mathrm{q}\bar{\mathrm{q}}$-Paares.

Das Photon der QED ist elektrisch ungeladen und damit keine Quelle elektromagnetischer Felder. Dies bedeutet, daß Photonen nicht direkt miteinander wechselwirken können. Das geht nur, indem sie in ein Elektron-Positron-Paar oder ein anderes Paar geladener Teilchen zerfallen und diese dann an ihrer Stelle wechselwirken. Die Wahrscheinlichkeit hierfür ist jedoch viel geringer, als sie für eine direkte Wechselwirkung wäre. In der QCD haben die Gluonen Farbe und erzeugen ihr eigenes Farbfeld. Dies bedeutet, daß sie sehr wohl direkt miteinander wechselwirken können. Beide Fälle sind in Bild 32.3 dargestellt.

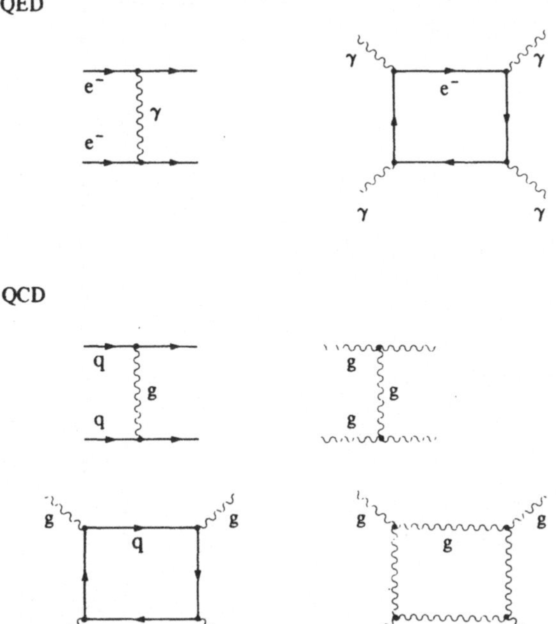

Bild 32.3 *(a)* In der QED können Photonen nicht direkt wechselwirken, sondern nur auf dem Umweg über ein e^+e^--Paar. *(b)* In der QCD können Gluonen direkt miteinander wechselwirken.

Dieser Unterschied zwischen beiden Theorien ist fundamental und hat weitreichende Folgen von großer Bedeutung. Der eigentliche Grund hierfür liegt letztlich in der unterschiedlichen Anzahl von Ladungen in der Theorie. In Kapitel V sahen wir, daß die QED eine Abelsche Eichtheorie mit Q als einziger Ladung ist. Das Modell von Glashow-Weinberg-Salam mit seinen komplizierteren elektroschwachen Ladungen ist nicht-Abelsch: Das Ergebnis zweier Transformationen hängt von ihrer Reihenfolge ab. Auch die QCD mit ihren Farbladungen hat eine nicht-Abelsche Symmetriegruppe, die $SU(3)_C$. Der Aufbau der QCD ist in Bild 32.4 zusammengefaßt.

In dieser Theorie findet in den Hadronen ein andauernder Austausch von Gluonen zwischen den Quarks statt. Die Quarks wechseln ständig ihre Farbe, aber stets so, daß das Hadron als Ganzes ein Farbsinglett bleibt (Bild 32.5).

Eine interessante Folge der Selbstkopplung der Gluonen in der QCD ist die mögliche Existenz von Teilchen, die nur aus Gluonen bestehen. Man nennt sie *Glueballs* (engl., wörtlich Leimkugeln) oder *Gluonium.* Zugelassen sind sie, weil die Verbindung zweier Farboktetts immer ein erlaubtes Farbsinglett neben nichterlaubten Multipletts enthält (Bild 32.6). Auch mehr als zwei Gluonen können sich zu einem Teilchen verbinden, und man erhält so-

(i) Die Ausbreitung eines Quarks wird durch eine Wellenfunktion ψ beschrieben.

ψ q

(ii) Die Wechselwirkung zweier Quarks wird durch eine Lagrangefunktion $\mathcal{L}(\psi_1, \psi_2)$ beschrieben.

$\mathscr{L}(\psi_1, \psi_2) \equiv$ q_1 q_2

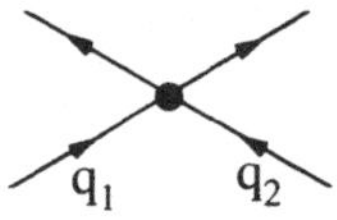

(iii) Die Eichinvarianz verlangt, daß die Lagrange-Funktion invariant sei gegen Umdefinitionen der Farbe der Quarks:

$$\mathcal{G}^{SU(3)c}\psi \to \psi^*, \quad \mathcal{G}^{SU(3)c}\mathcal{L}(\psi_1, \psi_2) \to \mathcal{L}(\psi_1^*, \psi_2^*).$$

(iv) Diese Eichinvarianz soll lokal gelten:

$$\mathcal{G}^{SU(3)c}(x)\psi \to \psi^*, \quad \mathcal{G}^{SU(3)c}(x)\mathcal{L}(\psi_1, \psi_2) \not\to \mathcal{L}(\psi_1^*, \psi_2^*).$$

(v) Die Lagrange-Funktion bleibt unter der lokalen Gruppe invariant, wenn ein neues, selbstwechselwirkendes Eichfeld eingeführt wird:

$$\mathcal{G}^{SU(3)c}(x)\mathcal{L}(\psi_1, \psi_2, \widetilde{A}) \not\to \mathcal{L}(\psi_1^*, \psi_2^*, \widetilde{A}^*).$$

(vi) Das Eichfeld übermittelt die lokal geltende Wahl der Farbe von einem Quark zum anderen. Einfacher gesagt: Die Quanten des Farbeichfelds, die Gluonen, übermitteln die Kraft, mit der Quarks und Gluonen untereiander wechselwirken.

Bild 32.4 Überblick über den Aufbau der QCD

mit die Möglichkeit eines ganzen Spektrums von Gluonium. Die Frage wird zur Zeit heiß diskutiert, und manche Autoren wollen in Unregelmäßigkeiten des Hadronspektrums im Quarkmodell bereits Hinweise auf Gluonium gefunden haben.

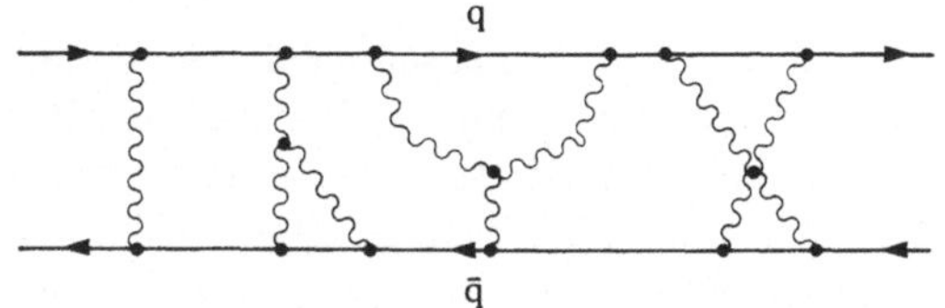

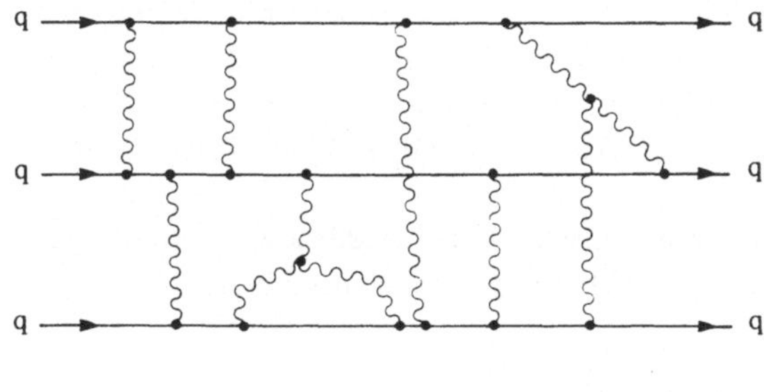

Bild 32.5 Die Quarks im Hadron sind durch fortwährenden Austausch von Gluonen aneinander gebunden.

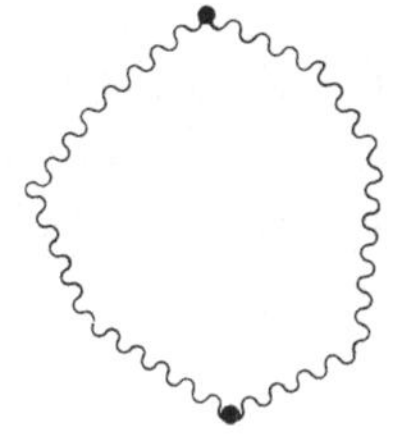

$$8 \otimes 8 = 1 + 8 + 8 + 10 + 10 + 27$$

Bild 32.6 Die nicht-Abelsche QCD läßt die Existenz von Teilchen zu, die nur aus Gluonen bestehen.

33 Asymptotische Freiheit

33.1 Einleitung

Wir haben jetzt eine Eichtheorie für die Farbkraft nach dem Muster der Theorie der elektromagnetischen Wechselwirkung gestrickt — bleibt die Frage: ist sie korrekt? Kann sie die Eigenschaften der Starken Kraft, die im Experiment beobachtet werden, erklären? Dies, und nicht ihre Eleganz oder sonst ein Kriterium, ist letztlich der Prüfstein für eine Theorie. Insbesondere interessiert uns der Vergleich der Kräfte aus dem Gluonaustausch mit dem Verhalten der Starken Wechselwirkung in der tiefinelastischen Streuung. Hier sahen wir, daß, wenn die untersuchten Abstände sehr klein werden (also wenn der Impulsübertrag sehr groß ist), die Kraft zwischen den Quarks überraschenderweise schwach wird und diese sich wie fast freie Teilchen verhalten. Andererseits hat man nie ein freies Quark beobachtet, so daß man davon ausgehen kann, daß bei zunehmendem Abstand die Kraft zwischen den Quarks immer größer wird.

Es stellt sich heraus, daß damit auch die theoretische Frage zusammenhängt, ob man in der QCD konkrete Rechnungen anstellen kann oder nicht. In der QED ist es möglich, physikalisch interessante Größen zu berechnen, weil komplizierte Prozesse höherer Ordnung immer weniger beitragen. Der Grund dafür ist der kleine Wert der Elektron-Photon-Kopplungskonstante ($\alpha = 1/137$). In der QCD aber können aufgrund der Stärke der chromodynamischen Kräfte die Quark-Gluon- und die Gluon-Gluon-Kopplungen Werte erreichen, die größer als 1 sind, was bedeutet, daß zunehmend komplizierte Prozesse immer stärker beitragen. In diesem Fall kann man die mathematischen Hilfsmittel der Störungstheorie nicht mehr zur Berechnung von physikalisch relevanten Größen heranziehen.

Die Lösung sowohl der experimentellen als auch der theoretischen Frage beruht letztlich auf dem überaus nichttrivialen physikalischen Fakt, daß die Stärke einer Kraft (also der Wert der Kopplungskonstanten) von der Entfernung abhängt, und zwar *zusätzlich* zur wohlbekannten räumlichen Abhängigkeit der Stärke einer Kraft, z.B. den $1/r^2$-Gesetzen der klassischen Physik.

Als Beispiel betrachten wir die elektromagnetische Kraft. In der klassischen Physik wird die elektrostatische Kraft zwischen zwei Punktladungen durch das Coulombsche Gesetz gegeben:

$$F = K\frac{N_1 e \cdot N_2 e}{r^2}.$$

Die *intrinsische Stärke* der Kraft wird in dieser Formel durch den Wert der Konstanten der elektrischen Ladung e festgelegt. Wenn der Abstand zwischen beiden Teilchen sehr klein wird, ist die klassiche Physik nicht mehr zuständig, und quantenmechanische Effekte müssen berücksichtigt werden.

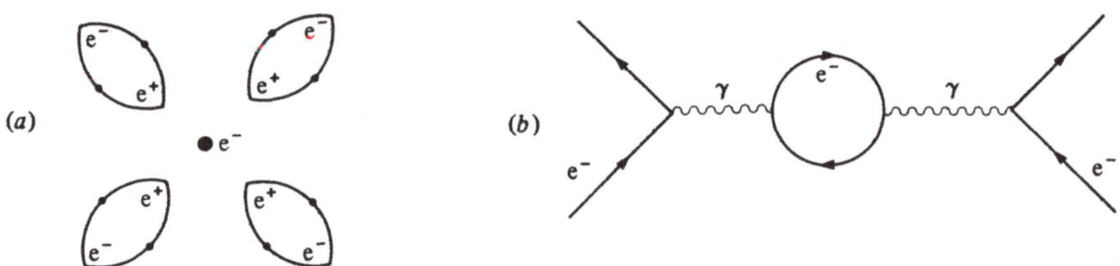

Bild 33.1 *(a)* Virtuelle Elektron-Positron-Paare schirmen die *nackte* elektrische Ladung bei kleinen Abständen ab. Diesen Effekt kann mit Hilfe von Feynman-Diagrammen wie in *(b)* berechnet werden.

Diese Effekte kann man als Polarisation des Vakuums durch eine Wolke von virtuellen Elektron-Positron-Paaren in der Nähe der elektrischen Ladung beschreiben. So wird in der Nähe eines Elektrons ein virtuelles Positron angezogen und ein virtuelles Elektron abgestoßen. Dadurch erhält man eine Wolke von virtuellen positiven Ladungen, die die *nackte* negative Ladung des realen Elektrons abschirmen (Bild 33.1(a)); aus der Entfernung sieht man eine effektive negative Ladung, die viel kleiner ist als ihr *nackter* Wert. Die elektrische Ladung, die im Coulombschen Gesetz auftaucht, ist diese abgeschirmte, effektive Ladung.

Die quantenmechanische Abschirmung nennt man auch *Renormierung* der nackten Ladung; zu ihrer Berechnung braucht man die quantenmechanische Wahrscheinlichkeit von Prozessen wie jenes aus Bild 33.1(b). Es stellt sich heraus, daß diese Wahrscheinlichkeit sogar unendlich ist! Dies bedeutet, daß die nackte Ladung ebenfalls unendlich und negativ ist; somit kürzen sich die unendlichen Terme und übrig bleibt der endliche Wert e der klassischen elektrischen Elementarladung.

Um das quantenmechanische Verhalten der elektrischen Ladung besser zu verstehen, führen wir ein einfaches Gedankenexperiment durch. Lassen wir zwei Elektronen bei immer höheren Energien aneinander streuen. Je näher beide sich kommen, umso tiefer dringen sie in die Ladungswolke des anderen ein und spüren immer mehr von dessen negativer nackter Ladung. Der Wert der effektiven elektrischen Ladung ist in Bild 33.2(a) als Funktion des Abstands aufgezeichnet.

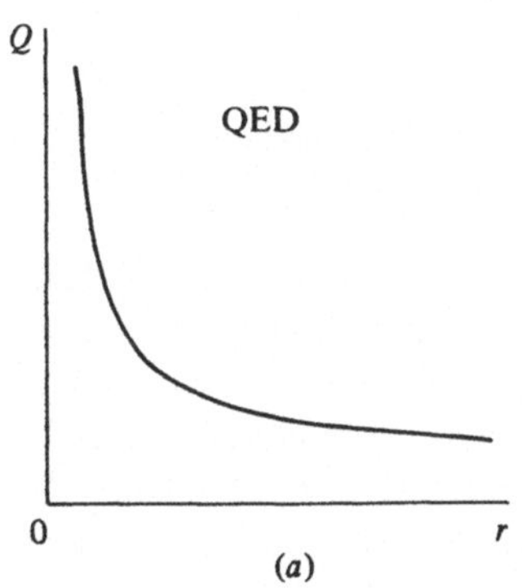

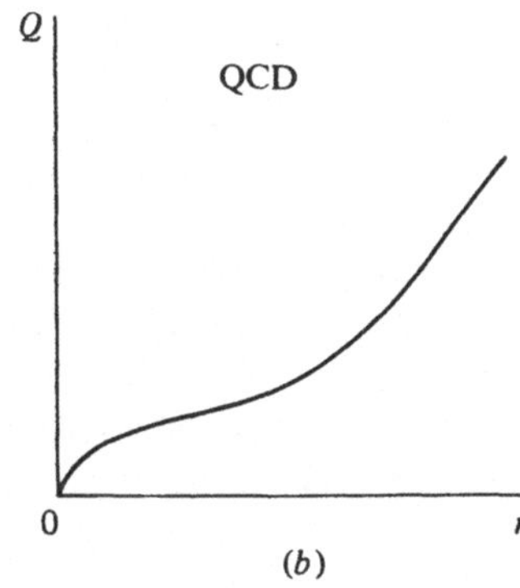

Bild 33.2 Die Stärke einer elektrischen Ladung *(a)* und der Farbladung eines Quarks *(b)* als Funktion ihrer Entfernung

Ähnlich geht es in der QCD zu. Man kann sich vorstellen, daß das Vakuum nicht nur mit virtuellen Elektron-Positron-Paaren, sondern auch mit virtuellen Quark-Antiquark-Paaren und Gluonen gefüllt ist (Bild 33.3(a)). Die *nackte* Farbladung eines einzelnen Quarks wird dann durch die Polarisation dieser Wolken von Quarks, Antiquarks und Gluonen abgeschirmt. Die Renormierung der nackten Farbladung kann man mit Hilfe der quantenmechanischen Wahrscheinlichkeiten für Prozesse wie in Bild 33.3(b) ausrechnen. Das entscheidend Neue an der QCD ist die Abschirmung durch die Gluonen, die durch die Selbstwechselwirkung möglich wird. Während in der QED die Abschirmung mit zunehmender Entfernung zu einer Verringerung der elektrischen Ladung gegenüber der nackten führt, erzielt die Gluonabschirmung in der QCD einen noch größeren, entgegengesetzt wirkenden Effekt: Die effektive Farbladung nimmt im Vergleich zur nackten zu. Andersherum gesagt: Die Farbkraft zwischen zwei Quarks nimmt mit abnehmendem Abstand ab (Bild 33.2(b)).

Den gleichen Effekt haben wir qualitativ bei der tiefinelastischen Streuung bereits kennengelernt: Sind die Quarks nahe beieinander, ist die chromodynamische Kraft zwischen ihnen schwach; nimmt ihr Abstand zu, wird die Kraft größer. Dieses Verhalten nennt man *asymptotische Freiheit*: Wenn die Abstände der Quarks asymptotisch klein werden (oder, in der Sprache der tiefinelastischen Streuung: Wenn der Impuls des Leptons asymptotisch groß wird), verschwinden die chromodynamischen Kräfte, und die Quarks werden effektiv zu freien Teilchen.

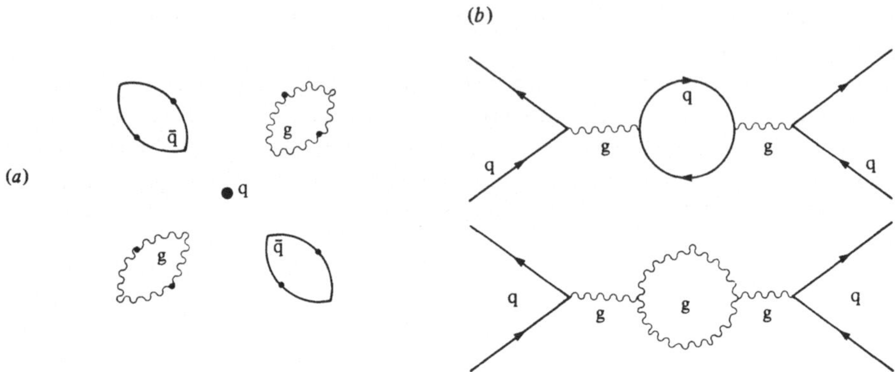

Bild 33.3 *(a)* Virtuelle Quark-Antiquark-Paare und Gluonen *verstärken* die Farbladung eines Quarks. Dieser Effekt wird durch Feynman-Diagramme wie in *(b)* beschrieben.

Diese herausragende Eigenschaft der QCD wurde 1973 von H. David Politzer in Harvard und, unabhängig von ihm, von David Gross und Frank Wilczek in Princeton entdeckt. Die Entwicklung der Feldtheorie für die Starke Kraft erhielt sogleich einen enormen Schub. Einerseits konnte das Modell das Verhalten im Experiment beschreiben, andererseits stellte eine Starke Kopplungskonstante, die unter bestimmten Umständen klein werden kann, die Verwendung der üblichen Störungstheorie in Aussicht, um physikalisch relevante Größen auszurechnen.

Noch besser wurde die Stellung der QCD als Kandidatin für eine Feldtheorie der Starken Wechselwirkung, als Gross und Wilczek 1974 mathematisch bewiesen, daß nur nicht-Abelsche Feldtheorien (wie die QCD eine ist) überhaupt asymptotische Freiheit zulassen. Weiter zeigten sie, daß dies nur gilt, wenn die Zahl der Fermionen begrenzt ist (nicht mehr als 16 Quarks in der QCD), und wenn es keine Higgs-Bosonen gibt, die die $SU(3)_C$ spontan brechen. Wenn wir also meinen, unsere Theorie solle asymptotisch frei sein, müssen wir eine Reihe anderer Eigenschaften automatisch in Kauf nehmen.

An dieser Stelle sollten wir die Glaubwürdigkeit der QCD noch untermauern, indem wir die Gültigkeit der Störungstheorie für Prozesse mit Quarks und Gluonen zeigen. Ein Beispiel brauchen wir nicht lange zu suchen.

33.2 Brechung der Skalensymmetrie

Die Beschreibung der tiefinelastischen Streuung aus Kapitel VI gewährte einen ersten, nützlichen Einblick in das Innere des Protons. Wir konnten die Ergebnisse der tiefinelastischen Experimente nicht nur als ersten dynamischen Beweis für die Existenz punktförmiger Quarks im Proton werten, sondern auch die Eigenschaften der Quarkkraft, die sie aufdeckten, als Rohmaterial für die Formulierung der QCD nutzen. Jetzt können wir zur tiefinelastischen Streuung zurückkehren und im Lichte der neuen Theorie versuchen, eine bessere Erklärung der Strukturfunkionen des Nukleons zu geben.

Wären die Quarks wirklich freie Teilchen, würde jedes ein Drittel des Protonimpulses tragen (bei drei Valenzquarks im Proton). Man erhielte die sehr einfachen Strukturfunktionen aus Bild 33.4(a) für das Proton. Ganz kann dies jedoch nicht stimmen, denn wir wissen

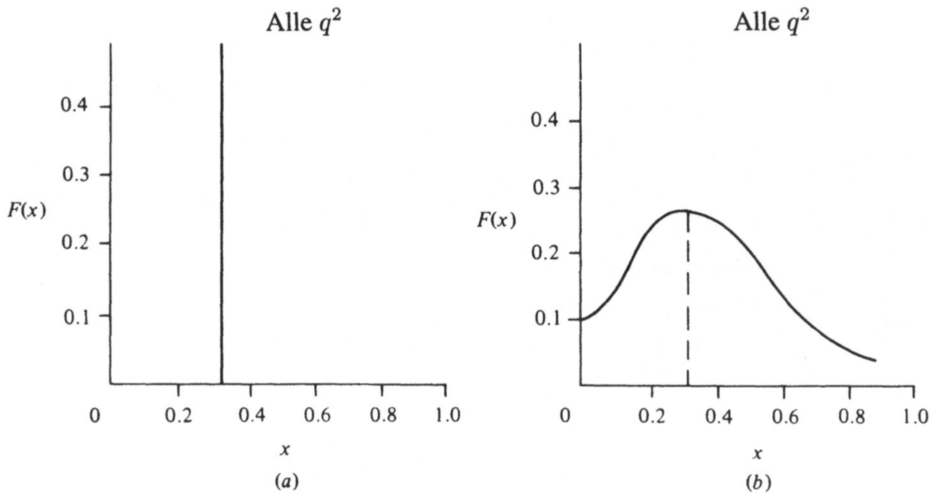

Bild 33.4 Die erwartete Strukturfunktion eines Nukleons *(a)* für freie und *(b)* für eingeschlossene Quarks

ja, daß die Quarks im Innern des Protons gefangen sind; ihre Ortsunschärfe ist also kleiner als $2r_\mathrm{p}$. Mit Hilfe der Heisenbergschen Unschärferelation erhalten wir dann für die Impulsunschärfe mindestens

$$\Delta p = \hbar/2r_\mathrm{p} \approx 200\mathrm{MeV}/c.$$

Die Strukturfunktionen werden wie in Bild 32.4(b) verbreitert.

Die tiefinelastische Streuung versteht man besser, wenn man das Verhalten der tiefinelastischen Strukturfunktionen genauer untersucht. So zeigt es sich, daß die Strukturfunktionen keineswegs die gleiche Form für alle Werte des übertragenen Impulses haben (wie die eigentliche Skalensymmetrie es möchte); vielmehr variieren sie in einer wohldefinierten Weise. Dies sehen wir in den Bildern 33.5(a) und (b). Dieses Diagramm zeigt übrigens, warum man ursprünglich die Skalensymmetrie für besser hielt, als sie in Wahrheit ist: Die frühen Experimente maßen die Strukturfunktionen nur für einen kleinen Bereich von q^2, vorwiegend bei mittleren x, wo es tatsächlich nur wenig Veränderungen gibt. Die starken Variationen in q^2 hat man bei niedrigen und hohen Werten von x. So hat man lange Zeit die Skalensymmetrie überschätzt. Die genaueren Daten zeigen, daß nicht die Konstanz, sondern die Veränderung der Strukturfunktionen das eigentlich Interessante sind.

Die Veränderung der Strukturfunktionen sind so, daß sie bei niedrigen Werten von x mit wachsendem Impulsübertrag zunehmen und daß sie bei großen x entsprechend abnehmen. Dies bedeutet, daß bei steigendem Impuls das Lepton eher ein Quark trifft, das wenig vom Protonimpuls trägt, als eines, das viel davon trägt. Dieses komplizierte Verhalten ist verständlich, wenn man die Regeln der tiefinelastischen Streuung auf das QCD-Modell des Protons anwendet.

Wie gesagt: Wirkten keine Kräfte zwischen den Quarks, trüge jedes Valenzquark ein Drittel des Impulses des Protons. Die entsprechende Strukturfunktion ist in Bild 33.6(a) dargestellt. Da aber die Quarks im Inneren des Protons eingeschlossen sind, müssen irgendwelche Kräfte zwischen ihnen wirken — selbst wenn sie immer schwächer werden, wenn die betrachteten Abstände kleiner werden als der Protondurchmesser. Die QCD beschreibt die

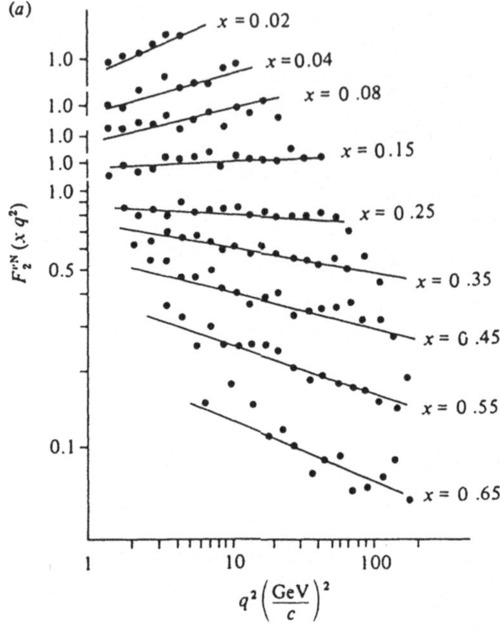

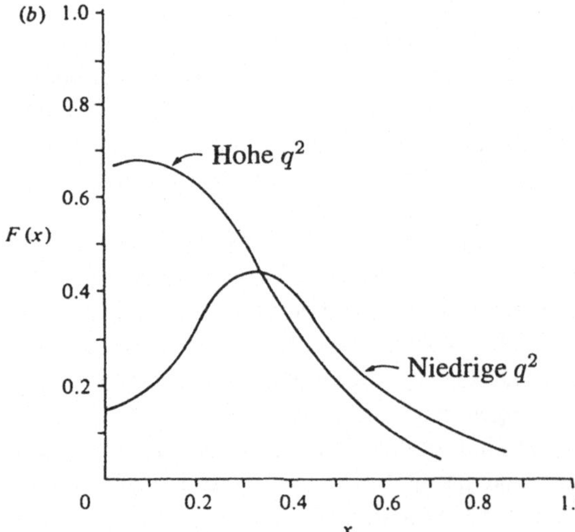

Bild 33.5 Die Verletzung der Skalensymmetrie: *(a)* Die Strukturfunktion des Nukleons ändert sich systematisch mit dem übertragenen Impulsquadrat. Die angegebenen Werte von x sind Mittelwerte von Verteilungen um diesen Wert. *(b)* Die Änderung der Form der Strukturfunktion des Nukleons

chromodynamischen Kräfte durch Gluonaustausch zwischen den Quarks. Der fortwährende Austausch von Gluonen bringt Impuls von einem Quark zum nächsten und verbreitert die tiefineslastische Strukturfunktion (Bild 33.6(b)). Wenn der Impuls des Leptons zunimmt und so der aufgelöste Abstand verringert wird, werden die einzelnen quantenmechanischen Subprozesse der QCD in der Nähe des getroffenen Quarks sichtbar. Was für ein langwelliges Photon wie ein Quark aussah, kann für ein kurzwelliges noch einen Gluon als Begleiter haben (Bild 33.6(c)). Zudem muß der Quarkimpuls, den das langwellige Photon maß, jetzt auf das Quark und das Gluon aufgeteilt werden, wobei für das Quark dann ein geringerer Anteil bleibt. Mit zunehmendem Leptonimpuls scheint der auf die Quarks entfallende Anteil am Protonimpuls abzunehmen — wie in Bild 33.5 gezeigt. Nimmt der Leptonimpuls noch weiter zu und geht man zu noch kleineren Abständen über, kann das Photon sehen, wie das begleitende Gluon sich in ein virtuelles Quark-Antiquark-Paar aufspaltet. So scheinen noch mehr Quarks einen sehr geringen Anteil am Protonimpuls zu haben (Bild 33.6(d)).

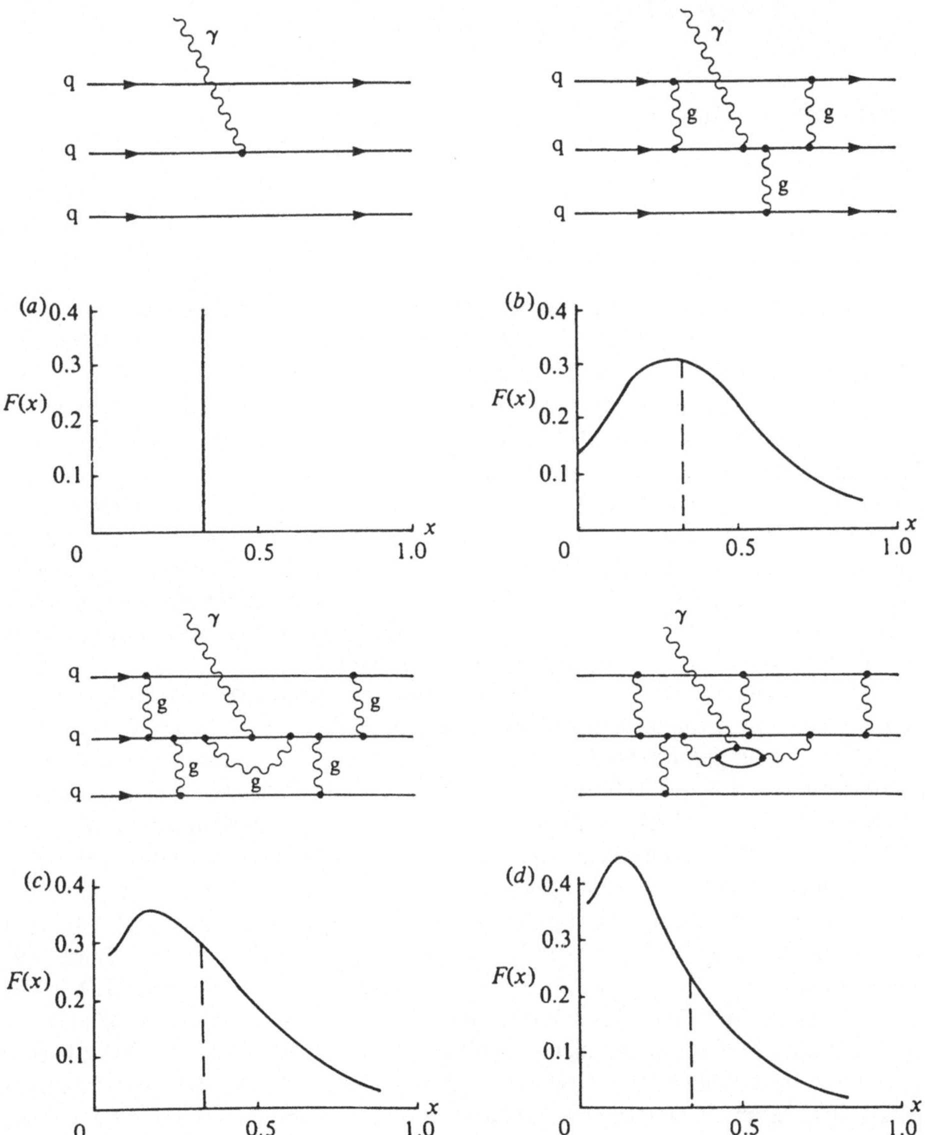

Bild 33.6 Je kürzer die Wellenlänge des Photons ist, um so mehr Bestandteile des Nukleons mit entsprechend geringerem Anteil an dessen Impuls sieht man.

Mit der QCD kann man all die Wahrscheinlichkeiten für diese verschiedenen quantenmechanischen Subprozesse berechnen und deren Auswirkung auf die Strukturfunktionen in Abhängigkeit des Leptonimpulses ableiten. Leider ist dies ein ziemliches kompliziertes Geschäft, und es gibt keinen direkten Weg, die Voraussagen der QCD mit dem experimentellen Verhalten der Strukturfunktion, wie wir es kennengelernt haben, zu vergleichen. Benutzt man jedoch ausgefeiltere Beschreibungen der Strukturfunktionen, wird ein solcher Vergleich möglich und zeigt dann, daß die Voraussagen der QCD in voller Übereinstimmung mit den Experimenten sind.

34 Quarkeinschluß

34.1 Einleitung

Als größtes Rätsel der Teilchenphysik galt jahrelang die Frage, warum man nie ein isoliertes Quark fand. Wie hoch auch immer die Energie der Protonen war, die man am CERN und anderswo aufeinander losließ, nie sah man ein einzelnes Quark in den Trümmern. Alle möglichen Teilchensorten werden produziert, aber nie ein Teilchen mit einer gebrochenen Ladung, das man als Quark hätte identifizieren können. Dies bedeutet, daß die Bindungskräfte viel stärker sein müssen als jene, die beim Stoß wirken — das heißt, sie müssen enorm sein. Erinnern wir uns, daß die Bindungsenergien von Elektronen in Atomen einige Elektronvolt betragen. Die Bindungsenergien von Protonen und Neutronen im Innern der Kerne betragen einige Millionen Elektronvolt. Die Energien beim Stoß zweier Protonen betragen bis zu Hunderten von Milliarden Elektronvolt, und trotzdem sind keine Quarks zu sehen, was darauf hindeutet, daß die chromodynamischen Kräfte zwischen den Quarks mindestens von dieser Größenordnung sein müssen.

Es ist deshalb nicht verwunderlich, daß auch anderen, ausgefalleneren Versuchen, das Quark zu jagen, kein Erfolg beschieden war. Man hat in allen erdenklichen Weisen jedes mögliche Material auf gebrochene Ladungen hin untersucht — von Austern (weil sie große Mengen Meerwasser filtern) bis hin zu Mondstaub — ohne nennenswerten Erfolg. Die Experimente sind in der Regel sehr empfindlich (im Wesentlichen sind es moderne Versionen des Millikanschen Öltropfenversuchs), und mehrmals wurde die Entdeckung von gebrochenen Ladungen angekündigt: jedesmal ohne die Fachwelt überzeugen zu können.

Diese chronische Erfolglosigkeit hat die Theoretiker zu der Annahme verleitet, Quarks könnten auf Grund einer fundamentalen Eigenschaft der chromodynamischen Kraft vielleicht auf Dauer im Hadron eingeschlossen sein. Im Gegensatz zur Abelschen QED, in der die elektrostatische Anziehung durch das Coulombsche Gesetz gegeben wird, könnte die nicht-Abelsche QCD eine einschließende Kraft erzeugen, die mit zunehmendem Abstand nicht abnimmt. In der Tat ergibt sich bereits aus der asymptotischen Freiheit, daß die effektive Stärke der chromodynamischen Kraft zunehmen muß, wenn die Quarks auseinandergezogen werden. Dies nennt man auch die *infrarote Sklaverei*. Es ist nicht bekannt, ob die QCD zur infraroten Sklaverei führt oder ob die Kraft, nach einem Anstieg, einem konstanten Wert zustrebt oder gar abfällt, wenn der Abstand zwischen den Quarks zunimmt. Fällt die Kraft irgendwann ab, können die Quarks getrennt werden, und der Einschluß wäre nicht permanent. Man sähe freie Quarks nur nicht, weil die Beschleuniger die dazu nötige Energie nicht erreichten. Bild 34.1 zeigt die verschiedenen Varianten.

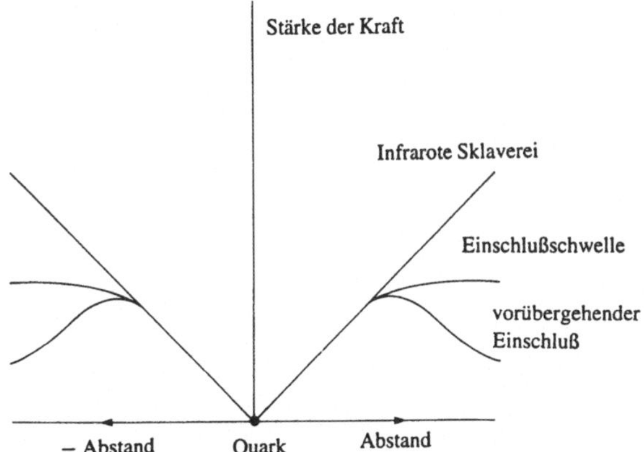

Bild 34.1 Mögliches Verhalten der chromodynamischen Kraft bei großen Abständen

Eine direkte Untersuchung des Einschlußproblems wird hauptsächlich durch die mathematischen Schwierigkeiten der Theorie der Starken Kraft verhindert. Die Störungstheorie, die wir aus der QED und aus dem asymptotisch freien Teil der QCD kennen, funktioniert nur bei schwachen Kräften. Andere Methoden sind zwar versucht worden (etwa die sogenannte Gittereichtheorie, in der das Raum-Zeit-Kontinuum in ein Gitter von diskreten Raum-Zeit-Punkten zerlegt wird), haben aber bisher keine voll zufriedenstellenden Resultate erbracht.

Stattdessen geben wir uns hier mit einem intuitiven Modell zufrieden, um den Einschlußmechanismus aus der nicht-Abelschen Natur der QCD zu verstehen. Wir beginnen, wie gehabt, mit der uns wohlbekannten Elektrodynamik. Die Feldlinien, die zwei Ladungen verbinden, reichen kreisförmig bis ins Unendliche. Erhöht man den Abstand zwischen den Ladungen, werden auch die Feldlinien auseinandergezogen. Weil die Dichte der Feldlinien in jedem Punkt mit der elektrostatischen Kraft an diesem Ort in Verbindung steht, heißt das, daß die Kraft mit zunehmendem Abstand der Ladungen schwächer wird (Bild 34.2).

Betrachten wir jetzt die chromodynamische Kraft zwischen Quark und Antiquark in einem Meson. Zwar möchten die chromodynamischen Feldlinien, wie die elektrodynamischen, sich bis ins Unendliche ausdehnen, aber die nicht-Abelsche QCD erzeugt eine Selbstwechselwirkung des Eichfelds, das die Feldlinien stattdessen zusammenhält. Dies ist in Bild 34.3 dargestellt, wo man die Felder eine *Flußröhre* zwischen den Quarks bilden sieht. Zieht man die Quarks auseinander, breiten sich die Feldlinien nicht aus, sondern behalten im Inneren der Röhre eine konstante Dichte, und die Kraft zwischen ihnen bleibt konstant. Wenn wir mehr und mehr Arbeit aufwenden, um die Quarks zu trennen, kommt der Augenblick, in dem das System genug Energie besitzt, um einem virtuellen Quark-Antiquark-Paar aus dem Vakuum zur realen Existenz zu verhelfen: Man schafft also ein neues Meson. Die Energie, mit der man versucht hat, das $q\bar{q}$-Paar zu trennen, hat schlußendlich zur Erzeugung eines weiteren Mesons geführt, wie man es in Hochenergieexperimenten auch tatsächlich feststellt!

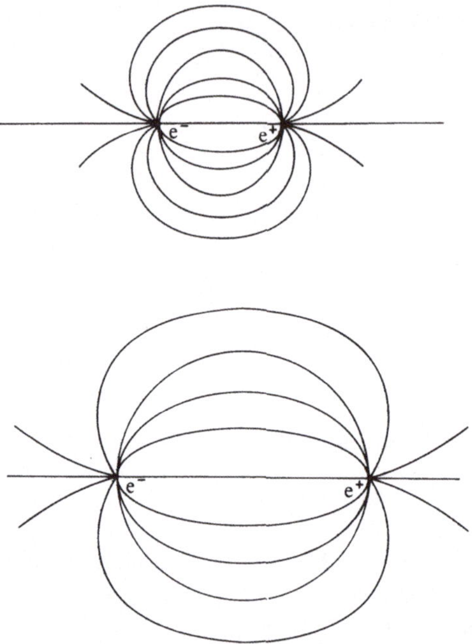

Bild 34.2 Die elektrischen Feldlinien werden auseinandergezogen, wenn der Abstand zwischen den Ladungen wächst.

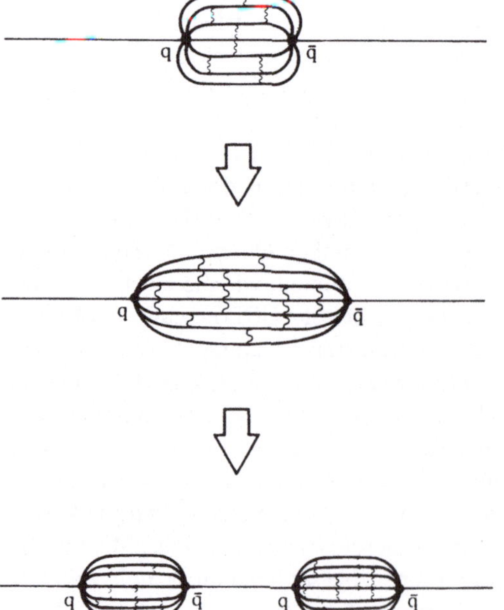

Bild 34.3 Die Kraftlinien der Farbkraft behalten ihre röhrenartige Gestalt, wenn die Quarks getrennt werden, und dehnen sich nicht im ganzen Raum aus. Eine einzelne Röhre wird letztlich in zwei aufgeteilt, wenn die angewendete Kraft genug Arbeit verrichtet hat.

34.2 Quarkkräfte — hadronische Kräfte

Wir haben gesehen, wie die QCD die Kräfte, die zwischen den Quarks wirken, in vernünftiger Weise beschreibt. Es lohnt sich, nun auf den Zusammenhang mit den Kräften, die zwischen den beobachtbaren Hadronen wirken und die wir kurz in Kapitel II erwähnten, einzugehen. Die hadronischen Kräfte halten Protonen und Neutronen in den Kernen zusammen und erzeugen die vielen Sekundärteilchen bei hochenergetischen Stößen von Hadronen.

Man betrachtet diese Kräfte heute als *van-der-Waals-Kräfte* zwischen Hadronen. In der Atomphysik sind die van-der-Waals-Kräfte die sehr schwachen Restkräfte zwischen neutralen, aus Elektronen und Kern zusammengesetzten Atomen (Bild 34.4). Analog dazu sind die hadronischen van-der-Waals-Kräfte ein chromodynamischer Effekt zwischen Farbsinglettzuständen aus gebundenen farbigen Teilchen. Im Gegensatz zur Elektrodynamik kann man nicht sicher sein, daß diese *sekundären* Kräfte schwächer als die *primären* chromodynamischen Kräfte zwischen Quarks sind, weil es im wesentlichen langreichweitige Effekte sind, für die in der QCD die Kopplung ja groß ist.

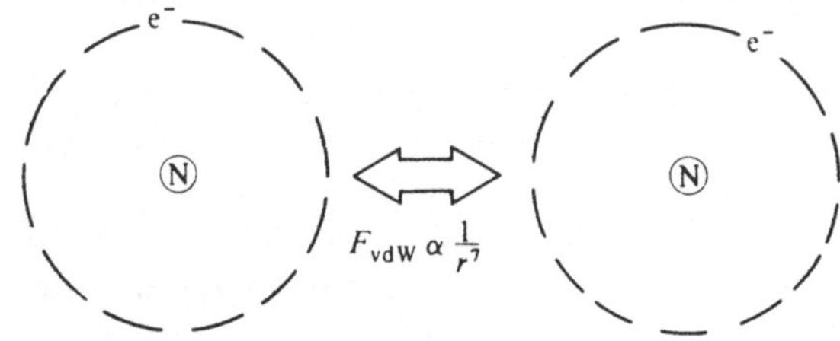

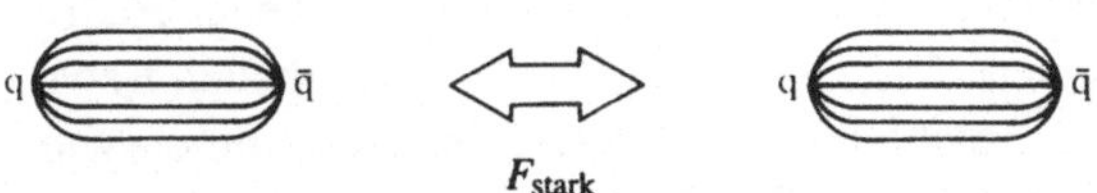

Bild 34.4 Die Analogie zwischen den van-der-Waals-Kräften bei Atomen und der langreichweitigen Farbkraft bei den beobachteten Hadronen

Hadronische Stöße kann man in zwei Hauptklassen einteilen. Zu der ersten gehören diffraktive Prozesse, die man sich als Streifschüsse vorstellen kann. In Kapitel II sahen wir, daß es sich dabei um die Mehrheit aller Reaktionen handelt und daß man sie, wenn auch nicht auf fundamentalem Niveau, durch die Reggesche Theorie beschreiben kann. In der QCD sind solche langreichweitigen Prozesse kompliziert zu beschreiben, weil sie einen mehrfachen Gluonaustausch mit vielen Subprozessen enthalten (Bild 34.5). Wegen der starken Kopplungen gibt es keine angemessene Methode, das Verhalten von Quarks und Gluonen in solchen Stößen zu beschreiben. Es gibt auch keinen triftigen Grund, solche Reaktionen auf dem detaillierten Niveau der Quarks und Gluonen zu untersuchen, da es unwahrscheinlich ist, daß man aus einem solch komplizierten Vorgang viel über das Wesen dieser

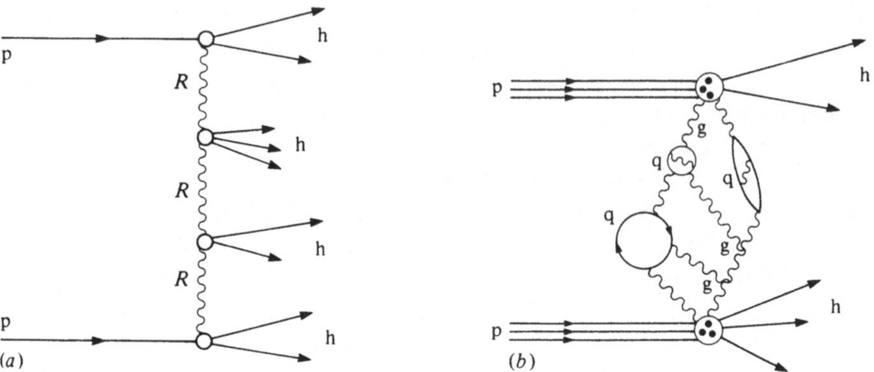

Bild 34.5 Diffraktive (streifende) hadronische Stöße sind das Ergebnis eines komplexen Prozesses mit der Beteiligung vieler Quarks und Gluonen. *(a)* Modell mit Austausch von Reggeonen (R). *(b)* Ein Subprozeß mit Quarks und Gluonen in der QCD

Kräfte erfährt. Es ist so, als müßte man die Elektrodynamik anhand von Stößen komplexer Atome verstehen!

Die zweite Klasse von Reaktionen ist nichtdiffraktiv: Dabei handelt es sich sozusagen um *frontale* Stöße. Sie sind viel seltener als die diffraktiven und wurden deshalb vor dem Aufstieg der QCD eher ignoriert. Vielleicht war der Grund auch nur, daß die Reggesche Theorie sie nicht vernünftig beschreiben konnte! Auf dem Niveau der Quarks und Gluonen sind nichtdiffraktive Reaktionen ziemlich einfach und so bedient man sich ihrer mit Vorliebe, um mehr über die Quarkkräfte zu erfahren. Bei einem solchen frontalen Stoß kommen sich die Quarks in den Hadronen sehr nahe. Man denkt, daß die Reaktion dann vorwiegend durch Austausch eines einzelnen Gluons zwischen zwei Quarks stattfindet, während die übrigen Quarks bloß zusehen (Bild 34.6). Dabei werden die kollidierenden Quarks gewaltsam seitlich aus ihren Hadronen herausgeschleudert. Natürlich findet man sie nicht als freie Teilchen wieder (der Einschlußmechanismus sorgt für die Entstehung neuer Hadronen), sondern als Hadronstrahlen, sogenannte *Jets*, die entlang der ursprünglichen Bewegungsrichtung der Quarks sichtbar werden. Solche Jets mit hohem Transversalimpuls wurden Anfang der 80er Jahre an der $p\bar{p}$-Maschine am CERN beobachtet.

Jets treten auch bei anderen hochenergetischen Reaktionen auf, etwa bei Elektron-Positron-Vernichtungen, und hier sogar ohne zusätzliche Komplikationen durch begleitende Quarks. Diese Reaktionen sind um einiges sauberer, wie wir in Kapitel VIII sehen werden. Es ist interessant, das gleiche Phänomen bei so verschiedenen Reaktionen zu beobachten, denn dies legt eine gemeinsame Herkunft nahe, die wir in der fundamentalen Dynamik der Quarks und Gluonen suchen sollten.

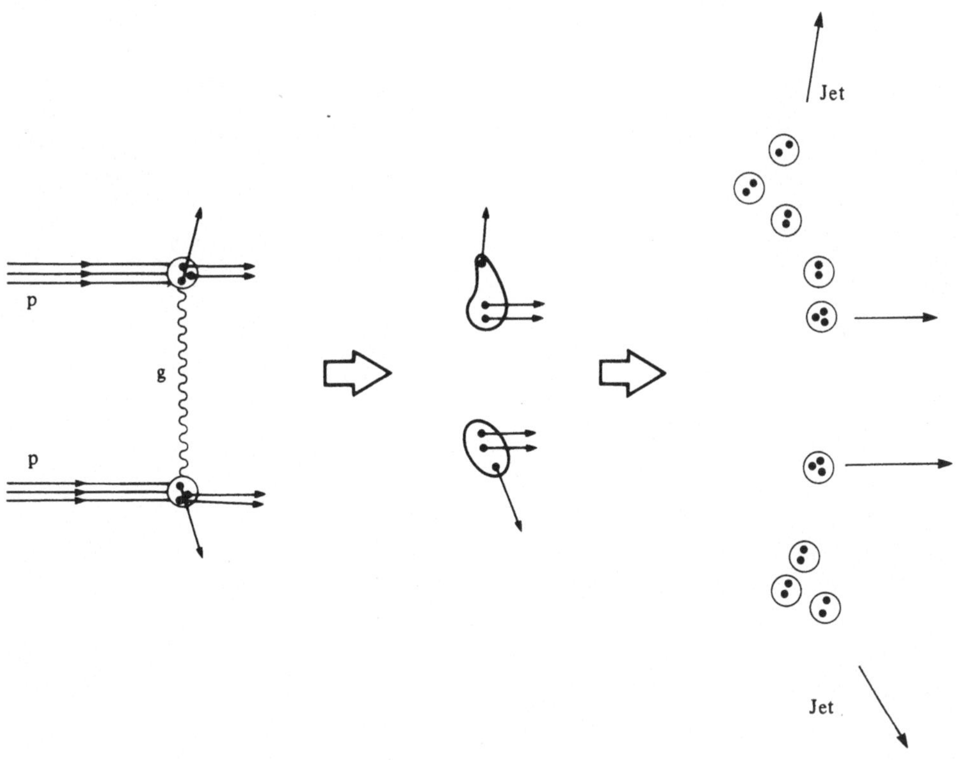

Bild 34.6 Frontale hadronische Stöße werden durch Prozesse mit wenigen Quarks und Gluonen beschrieben (hier ein einzelner Gluonaustausch). Im Endzustand beobachtet man zwei Strahlen oder Jets von Hadronen.

VIII Elektron-Positron-Streuung

35 Die Erforschung des Vakuums

35.1 Einleitung

Streuexperimente sind die wichtigsten Hilfsmittel, um die kleinsten Materieteilchen zu erforschen, und dies seit den Anfängen der Teilchenphysik. Eine Gattung von Reaktionen, die sich in den letzten zwei Jahrzehnten als äußerst fruchtbar erwiesen hat, benutzt Elektronen und Positronen im Anfangszustand. Experimente mit e^+e^- haben viel zum Verständnis der Starken, der Schwachen und der elektromagnetischen Kraft beigetragen und spielten eine hervorragende Rolle bei der Errichtung des *Standardmodells* der Teilchenphysik: QCD und elektroschwaches Modell von Glashow-Weinberg-Salam.

Vorteilhaft sind e^+e^--Experimente, weil das Elektron das Antiteilchen des Positrons ist und es somit oft zu einer Vernichtung in einen Zustand reiner Energie kommt. Alle Quantenzahlen des Anfangszustands verschwinden, und man umgeht so die lästigen Einschränkungen mancher Erhaltungssätze. Die Energie, die aus der Vernichtung (in Form eines Photons oder eines Z^0) entsteht, kann dann den im Vakuum versteckten Zuständen negativer Energie zur Existenz verhelfen. Es geht praktisch wie in Bild 4.2 zu, wo das Photon ein Teilchen aus dem See negativer Energien fischt und somit, zum Beispiel, ein neues e^+e^--Paar oder ein $q\overline{q}$-Paar entstehen läßt. Deshalb sind e^+e^--Experimente ideal, um neue Teilchen zu entdecken. Weiterhin ermöglichten sie die Untersuchung der Lepton- und Quarkkopplungen an das Photon und das Z^0 und somit der elektroschwachen Eigenschaften dieser Fermionen, aber auch der Starken Kraft zwischen Hadronen.

Es gibt noch einen positiven Aspekt: Läßt man Elektron und Positron frontal und mit entgegengesetzt gleichem Impuls zusammenstoßen, befindet sich der Massenschwerpunkt des Gesamtsystems exakt in Ruhe, und die beim Stoß zur Verfügung stehende Energie ist genau die Summe der Energien beider Teilchen. (Wenn Elektronen auf eine ruhende Probe aufprallen, ist der Massenschwerpunkt des Gesamtsystems nicht in Ruhe, und die zur Verfügung stehende Energie ist viel geringer als die des Elektrons.) Da bei frontalen Stößen der Massenschwerpunkt ruht, kann man die Winkelverteilung der erzeugten Teilchen sehr einfach bestimmen und Asymmetrien viel leichter nachweisen.

Da das e^+e^--System ins Vakuum annihiliert, sind diese Reaktionen sehr sauber. Es gibt keine Bruchstücke aus dem Anfangszustand, die neue Effekte verdecken oder die Nachweisgeräte verwirren könnten, ganz im Gegensatz zur tiefinelastischen Streuung, wo die Photon-Quark-Streuung in Anwesenheit nichtbeteiligter Quarks und Leptonen stattfindet.

35.2 Die Experimente

Selbstverständlich gibt es bei der e^+e^--Streuung auch Nachteile. Um einen Haufen Elektronen frontal mit einem Haufen Positronen kollidieren zu lassen, braucht man eine verhältnismäßig ausgereifte Beschleunigertechnologie. Der größte Minuspunkt ist die Zahl der in jedem Haufen zur Verfügung stehenden Teilchen. Der erreichbare Fluß schränkt die beobachtbare Reaktionsrate und damit die Meßgenauigkeit ein.

Ebenfalls von Nachteil ist, daß die beobachtbaren Phänomene von der Gesamtenergie beim Stoß abhängen. Bei frontalen Stößen ist dies, wie gesagt, die Gesamtenergie des

e^+e^--Systems, die sich vollständig in die Masse der neu erzeugten Teilchen verwandelt. Die Teilchen geben jedoch, wenn sie auf eine Kreisbahn gezwungen werden, einen Teil ihrer Energie in Form von Synchrotronstrahlung wieder ab. Dieser Verlust wächst sehr schnell mit ihrer Energie (wie die vierte Potenz) und der Krümmung der Kreisbahn (invers zum Krümmungsradius). Um sehr hohe Energien zu erreichen, braucht man also gigantische Ringe und enorme Mengen an elektromagnetischer Energie in Form von Radiofrequenzen, um den Energieverlust auszugleichen. Die stete Suche nach neuen Teilchen führte so zum Bau immer stärkerer Beschleuniger. Der Fortschritt auf diesem Gebiet ist in Tabelle 35.I festgehalten.

Tabelle 35.I Wichtige e^+e^--Speicherringe

Beschleuniger	Standort	Jahr der Inbetriebnahme	Höchstenergie (GeV) (Schwerpunkt)
SPEAR	Stanford (USA)	1972	8
DORIS	DESY, Hamburg	1973	12
PETRA	DESY, Hamburg	1978	45
CESR	Cornell (USA)	1979	12
PEP	Stanford (USA)	1980	30
TRISTAN	Tsukuba (Japan)	1987	64
SLC	Stanford (USA)	1989	100
LEP	CERN, Genf	1989	200

Die modernsten e^+e^--Beschleuniger sind zur Zeit das LEP (Large Electron Positron Collider) am CERN in Genf, sowie das SLC (Stanford Linear Collider) am SLAC in Kalifornien. Wegen seiner historischen Bedeutung wollen wir uns zur Veranschaulichung eines e^+e^--Experiments den SPEAR-Ring am SLAC (Bild 35.1) genauer ansehen. An ihm wurden Mitte der 70er Jahre viele wichtige Entdeckungen gemacht.

Die Elektronen werden an einem Ende des drei Kilometer langen Beschleunigerrohrs erzeugt und durch elektrische Felder soweit beschleunigt, daß sie eine große Zahl von Bruchstücken erzeugen, wenn sie auf eine Probe treffen. Aus diesen werden die Positronen ausgesondert. Elektronen und Positronen werden dann im Rohr durch elektromagnetische Wechselfelder beschleunigt und schließlich in entgegengesetzten Richtungen in den SPEAR-Ring eingeführt. Die Haufen können dann stundenlang durch Magnetfelder und Radiofrequenzen im Ring gespeichert und beschleunigt werden. An bestimmten Stellen, den Wechselwirkungszonen, läßt man die e^+- und e^--Strahlen sich kreuzen. Die einzelnen e^+e^--Wechselwirkungen werden dann durch eine große Zahl von verschiedenartigen Nachweisgeräten aufgezeichnet, die meistens aus einer zylindrischen oder kugelförmigen Verteilung von Sensoren um den Wechselwirkungspunkt herum bestehen.

Bild 35.1 Luftbild des Stanford Linear Accelerator Center (SLAC). Hier befinden sich der historische SPEAR-Ring für Elektronen und Positronen sowie der viel größere PEP-Ring. Der drei Kilometer lange Linearbeschleuniger ist jetzt ein Teil der neuen SLC-Maschine. Im SLC werden Haufen von Elektronen und Positronen aus dem Linearbeschleuniger in zwei getrennten Armen zum Wechselwirkungspunkt gebracht (Bild SLAC).

35.3 Die grundlegenden Reaktionen

Sinnvollerweise teilt man die e^+e^--Reaktionen in Klassen ein. Zunächst gibt es die rein elektromagnetischen Prozesse. Die elastische Streuung $e^+e^- \to e^+e^-$ heißt auch *Bhabha-Streuung*, dargestellt durch die beiden Feynman-Diagramme von Bild 35.2(a), die dem Austausch eines Photons bzw. der Vernichtung in ein virtuelles Photon mit anschließender Erzeugung eines neuen e^+e^--Paares entsprechen.

Der einfachste elektromagnetische Prozeß ist jedoch die Erzeugung eines Myonpaares $e^+e^- \to \mu^+\mu^-$ (Bild 35.2(b)), denn hier ist nur das Diagramm mit der Vernichtung erlaubt. Das erzeugte Photon muß virtuell sein, da sonst Energie und Impuls nicht beide erhalten sein können, wie wir in Kapitel IV gesehen haben. Die Energie des Anfangszustandes ist nämlich immer größer als $2m_e$ und der Impuls verschwindet, während für reelle Photonen die Beziehung $E = pc$ gilt.

Wenn die Energie des e^+e^--Paares größer als $2m_\mu$ ist, kann das virtuelle Photon ein Myonpaar aus dem See negativer Energien fischen, wie es auch ein e^+e^--Paar erzeugen kann. Eine weitere Möglichkeit ist die Erzeugung zweier reeller Photonen (Bild 35.2(c)). Dies ist wiederum erlaubt, denn die beiden Photonen können mit entgegengesetzt gleichem Impuls erzeugt werden und damit Energie und Impuls erhalten.

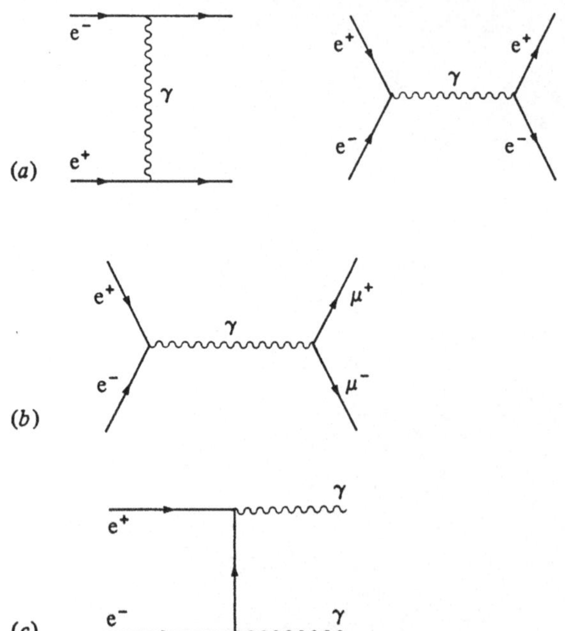

Bild 35.2 Elektromagnetische Reaktionen, die bei e^+e^--Stößen möglich sind: *(a)* Bhabha-Streuung, *(b)* Erzeugung eines Myonpaares, *(c)* Erzeugung zweier Photonen

Genaue Messungen dieser elektromagnetischen Reaktionen sind ein Prüfstein für die QED bei sehr hohen Energien. Üblich ist es, die Winkelverteilungen der erzeugten Teilchen mit den Voraussagen der Theorie zu vergleichen. Bis zu den höchsten Beschleunigerenergien stellte sich die QED als absolut zuverlässig heraus. Dies bedeutet auch, daß die Leptonen tatsächlich punktförmig sind (Teilchen, aus denen sie zusammengesetzt wären, müßten kleiner als 10^{-18} m sein).

Die zweite Klasse enthält die e^+e^--Reaktionen mit Hadronen im Endzustand, bei denen somit die Starke Wechselwirkung eine Rolle spielt (Bild 35.3(a)). Eine der bedeutendsten Zahlen der gesamten Teilchenphysik ist das Verhältnis R des Wirkungsquerschnitts der Reaktionen $e^+e^- \to$ Hadronen zu dem der Reaktion $e^+e^- \to \mu^+\mu^-$ als Funktion der Energie gemessen:

$$R = \frac{\sigma(e^+e^- \to \text{Hadronen})}{\sigma(e^+e^- \to \mu^+\mu^-)}.$$

Die Bedeutung von R liegt darin, daß es eine sehr gut verstandene Reaktion (die Myonproduktion) mit Reaktionen (die Hadronproduktion) verknüpft, die wir zu verstehen trachten, und uns somit Anhaltspunkte liefert, um das Unbekannte zu erraten. Hinzu kommt, daß es experimentell leicht zu messen ist. Bei einer Myonproduktion sind nur zwei Spuren geladener Teilchen im Endzustand sichtbar, während es bei hadronischen Endzuständen fast immer mehr als zwei sind. Das Verhältnis läßt sich also einfach bestimmen, indem man die Anzahl der Reaktionen mit mehr als zwei Spuren geladener Teilchen durch die Anzahl der Reaktionen mit genau zwei Spuren teilt.

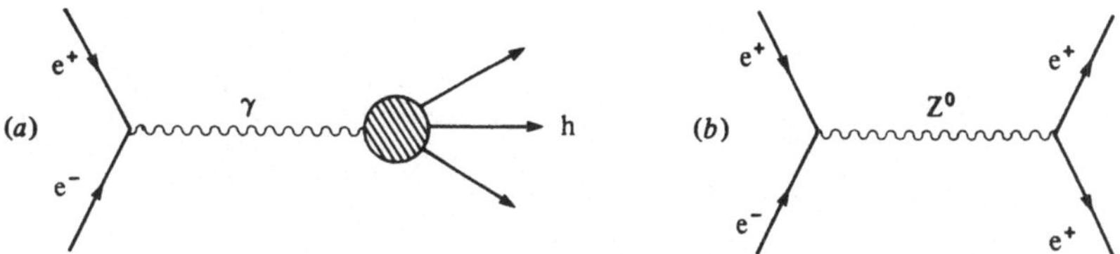

Bild 35.3 Nicht-elektromagnetische Effekte: *(a)* Erzeugung von Hadronen im Endzustand (Kreis), *(b)* Vernichtung in ein virtuelles Z^0

Überraschenderweise ist das Verhältnis R über weite Energiebereiche hinweg konstant, was zeigt, daß die komplizierten hadronischen Endzustände auf ähnliche Weise entstehen wie die Myonpaare. In einem Fall taucht das virtuelle Photon in den See der Hadronen mit negativer Energie, in dem anderen in den See der Myonen. Im nächsten Abschnitt werden wir das mit Hilfe des Quarkbilds präziser interpretieren. Hier soll der Hinweis reichen, daß das e^+e^--Paar die Hadronen nicht über ein virtuelles Gluon erzeugen kann, weil Leptonen farblos sind und deswegen mit Gluonen nicht wechselwirken können.

Zu guter Letzt wenden wir uns noch einer dritten Klasse von Reaktionen zu, bei denen die Schwache Wechselwirkung eine Rolle spielt, weil das e^+e^--System Schwachen Isospin trägt und somit in ein virtuelles Z^0 übergehen kann. Wie wir bereits bei der Besprechung des Modells von Glashow-Weinberg-Salam sahen, sind das Photon und das Z^0-Boson zwei (wenn auch ziemlich unterschiedliche) Quanten der vereinigten elektroschwachen Kraft. Es kann also kaum wundern, die Schwache Wechselwirkung hier anzutreffen.

Das virtuelle Z^0-Boson kann genau wie das Photon in die Zustände negativer Energie des Vakuums tauchen (Bild 35.3(b)). Wir erwarten also einige genuine Effekte der Schwachen Wechselwirkung (etwa Paritätsverletzung) bei hohen Energien. Mehr dazu sehen wir in Abschnitt 38. Bis dahin werden wir diese Schwachen Effekte schlicht weglassen und uns stattdessen auf die Hadronproduktion und das Verhältnis R konzentrieren.

36 Quarks und Charm

36.1 Einleitung

Die Entdeckung der Skalensymmetrie in der tiefinelastischen Streuung legt die Wechselwirkung des Photons mit punktförmigen Quarks im Inneren der Hadronen sehr nahe. Das beste Bild für den Prozeß $e^+e^- \rightarrow$ Hadronen ist das eines virtuellen Photons, das nicht mit dem Hadron als Ganzes, sondern direkt mit den Quarks wechselwirkt (Bild 36.1(a)). Das Photon erzeugt aus dem Vakuum ein Quark-Antiquark-Paar ($q\overline{q}$) und veleiht ihm eine kinetische Energie, die von der Energie des Anfangszustands abhängt. Quark und Antiquark müssen mit entgegengesetzt gleichen Impulsen auseinanderfliegen, damit der Gesamtimpuls weiterhin verschwindet. Dabei werden sie durch einen noch nicht

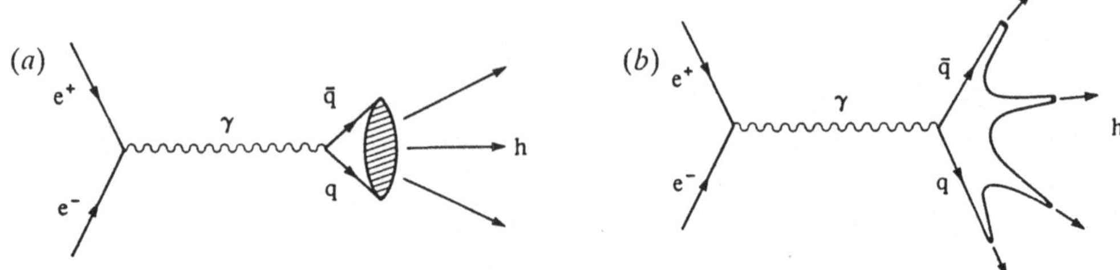

Bild 36.1 *(a)* Die Reaktion $e^+e^- \to$ Hadronen läuft über einen $q\bar{q}$-Zwischenzustand ab. *(b)* Der Übergang dieses Zustands in die beobachteten Hadronen geschieht durch weitere Erzeugung von $q\bar{q}$-Paaren.

erklärten Einschlußmechanismus *bekleidet* und in Hadronen verwandelt (Bild 36.1(b)). Man kann sich vorstellen, daß die aus dem Vakuum neu entstehenden $q\bar{q}$-Paare aus der potentiellen Energie der langreichweitigen, anziehenden Quarkkraft stammen.

36.2 Das Quarkbild

Da der Einschlußmechanismus letztlich *immer* in Erscheinung tritt (wenn man die Annahme von dauerhaft eingeschlossenen Quarks voraussetzt), tritt er in der Berechnung des Prozesses $e^+e^- \to$ Hadronen lediglich als Faktor Eins auf, mit dem die Wahrscheinlichkeit des zugrunde liegenden Prozesses $e^+e^- \to q\bar{q}$ multipliziert wird. Die Beobachtung zeigt, daß Quarks punktförmig sind und Spin $\frac{1}{2}$ haben: Somit ist der Prozeß $e^+e^- \to q\bar{q}$ dem Prozeß $e^+e^- \to \mu^+\mu^-$ sehr ähnlich, da der einzige Unterschied in der Ladung der Quarks besteht, die nur einen Bruchteil der Ladung des Myons beträgt.

Dies erklärt die Konstanz des Verhältnisses R, der wir oben begegnet sind und die in Bild 36.2 dargestellt ist. Die zugrunde liegende Dynamik ist für beide Prozesse identisch, so daß R als Funktion der Energie eine Konstante ist, die nur von den Quadraten der Ladungen der beteiligten Teilchen abhängt (Bild 36.3). Da es verschiedene Quarktypen gibt, die zur Erzeugung von Hadronen führen, und da die Myonladung gleich Eins ist, ergibt R die Summe der Ladungsquadrate der Quarks.

Die hervorragende Bedeutung von R tritt somit ins Rampenlicht: Mit seiner Messung kann man direkt die Anzahl der Quarktypen zählen und ihre Eigenschaften feststellen. So wird der Wert von R im einfachsten Quarkmodell mit den drei Typen Up ($\frac{2}{3}e$), Down ($-\frac{1}{3}e$) und Strange ($-\frac{1}{3}e$) zu

$$R = (\tfrac{2}{3})^2 + (-\tfrac{1}{3})^2 + (-\tfrac{1}{3})^2 = \tfrac{2}{3}$$

vorausgesagt. In Abschnitt 31 haben wir in der Diskussion der QCD bereits erwähnt, daß der Farbfreiheitsgrad die Anzahl der Quarks verdreifacht. Somit ist der vorausgesagte Wert bei niedrigen Energien $R = 2$.

Jetzt haben wir zwar die Konstanz von R erklärt, aber nicht die scharfen Spitzen, die im Diagramm auftauchen. Diese erinnern sehr an die Resonanzen aus Abschnitt 9, und tatsächlich ist dies hier auch der Fall. Bei gewissen Anfangsenergien des e^+e^--Systems erzeugt das Photon ein $q\bar{q}$-Paar, das genau die Masse besitzt, um als Einteilchenresonanz zu bestehen. Dies wird durch einen starken Anstieg der Wahrscheinlichkeit für dieses Ereignis im Vergleich zum nichtresonanten Hintergrund der $q\bar{q}$-Erzeugung bei benachbarten

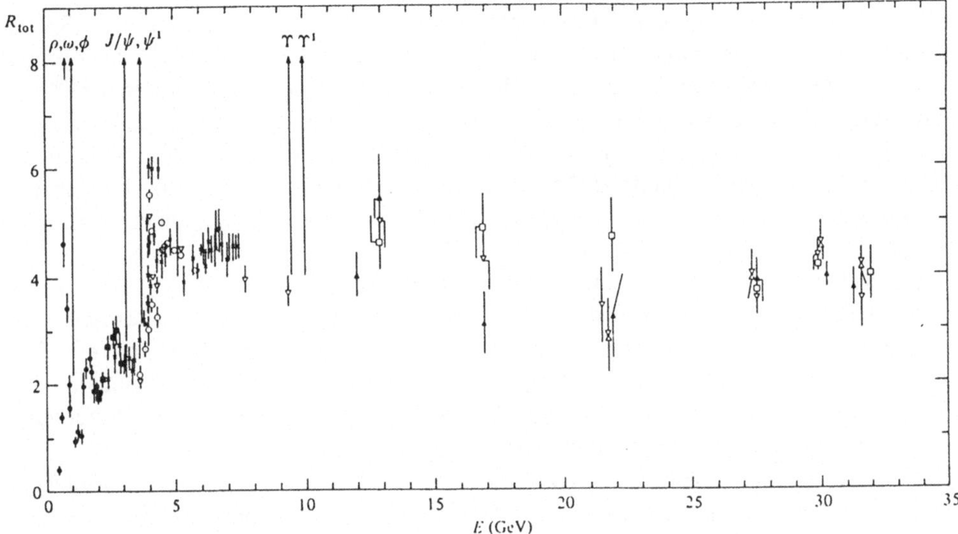

Bild 36.2 Das Verhältnis R des gesamten hadronischen Wirkungsquerschnitts zu $\sigma(e^+e^- \to \mu^+\mu^-)$ als Funktion der Schwerpunktsenergie E

Energien angezeigt und führt zu den Spitzen im Wirkungsquerschnitt. Am Ende ihres kurzen Lebens zerfällt die Resonanz auf die übliche Art in die beobachteten Endzustandshadronen.

Die erzeugten Resonanzen sind eine Auswahl aus den vielen Hundert, die man aus der Hadron-Hadron-Streuung kennt. Sie zeichnen sich dadurch aus, daß sie die Quantenzahlen des virtuellen Photons, von dem sie abstammen, besitzen: Spin Eins, keine Ladung, keine Seltsamkeit. Deshalb gehören sie zu den Mesonen des Vektornonetts $\mathbf{8} \oplus \mathbf{1}$ der $SU(3)$-Flavoursymmetrie.

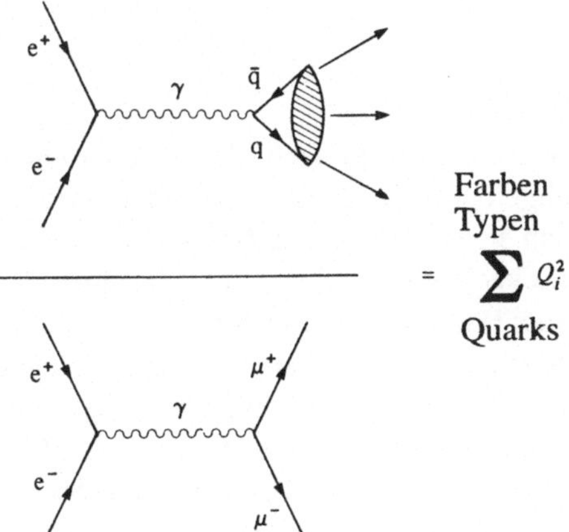

$$= \sum_{\substack{\text{Farben} \\ \text{Typen}}}^{\text{Quarks}} Q_i^2$$

Bild 36.3 Das Verhältnis R ist gleich der Summe der Ladungsquadrate der Quarks.

36.3 Die Entdeckung von Charm

Die zweifellos sensationellste Entdeckung der 70er Jahre war die unerwartete neue Spitze bei 3.096 GeV in der Streuung $e^+e^- \to$ Hadronen, der wenig später eine weitere Spitze bei 3.687 GeV und ein starker Anstieg des Wertes von R auf ein höheres Plateau folgte (Bild 36.2). Die neue Resonanz erhielt von Burton Richter und Kollegen, die es in der e^+e^--Vernichtung am SLAC beobachteten, den Namen ψ. Gleichzeitig wurde sie als Resonanzproduktion in der Reaktion $p + p \to e^+e^- + X$ von Samuel Ting und Mitarbeitern am Fermilab gefunden und J getauft. Richter und Ting teilten sich für diese Entdeckungen den Nobelpreis des Jahres 1976. Das Teilchen mit der Masse 3.097 GeV heißt heute allgemein J/ψ, das mit der Masse 3.687 GeV nennt man ψ'.

Nach einer kurzzeitigen Unsicherheit fand man die korrekte Interpretation des J/ψ. Es stellte sich heraus, daß die Energie der e^+e^--Streuung die Schwelle überschritten hatte, um ein $q\overline{q}$-Paar eines neuen Typs zu erzeugen. Ein neuer, schwererer Quarktyp war aus dem See negativer Energien gehoben worden. Das J/ψ und das ψ' sind gebundene Zustände, also Mesonen, dieses $q\overline{q}$-Paares. Bei Energien, die oberhalb der Schwelle zu ihrer Erzeugung liegen, tragen diese Paare zum Verhältnis R bei und bewirken somit den Anstieg.

Der neue Quarktyp heißt *Charm* und wurde im GIM-Mechanismus bereits vorausgesagt, um das Verhalten der Hadronen im Modell von Glashow-Weinberg-Salam der Schwachen Kraft zu erklären. In Abschnitt 24.2 sahen wir, daß er dazu diente, die Abwesenheit von neutralen Strömen, die die Seltsamkeit verändern, zu erklären. Außerdem erhielt man dadurch eine ästhetisch befriedigende Entsprechung zwischen der Zahl der fundamentalen Leptonen und der der fundamentalen Hadronen. Die Entdeckung des Charm-Quarks ermöglichte die Gruppierung der Leptonen und Quarks in zwei Generationen, von denen die zweite bloß die schwerere Variante der ersten ist (siehe Tabelle 36.I).

Tabelle 36.I Die ersten beiden Generationen von Quarks und Leptonen werden durch das Charm-Quark vervollständigt.

Generation:	Erste	Zweite	Ladung
Quarks	u	c	$\frac{2}{3}$
	d	s	$-\frac{1}{3}$
Leptonen	e^-	μ^-	-1
	ν_e	ν_μ	0

Die Entdeckung des Charm-Quarks verlangte automatisch auch die Existenz einer Horde von neuen Teilchen, die nicht nur den angeregten Zuständen des $c\overline{c}$-Paares entsprechen, sondern allen möglichen Kombinationen eines Charm-Quarks mit Up-, Down- oder Strange-Quarks in mesonischer oder baryonischer Konfiguration und deren angeregte Zustände. Kurzum, die $SU(3)$-Flavoursymmetrie der Hadronen ist in Wahrheit eine $SU(4)$-Symmetrie. Mesonen mit einem Charm-Quark und einem Up- oder Down-Antiquark nennt man D-Mesonen. Diese Teilchen haben eine von Null verschiedene Charm-Quantenzahl, genau wie die K-Mesonen Seltsamkeit tragen. Im Gegensatz dazu kompensiert beim J/ψ als $c\overline{c}$-Paar die Charm-Quantenzahl des Quarks die des Antiquarks. Es gibt ebenfalls Mesonen mit Charm- und Strange-Quarks bzw. -Antiquarks, die sowohl eine Charm-Quantenzahl als auch Seltsamkeit besitzen. Früher hießen diese Mesonen $F^{\pm}$; sie wurden kürzlich in $D_s^{\pm}$ umgetauft. Alle Spin-0-Mesonen sind in einem Hexadekuplett (**16**) der $SU(4)$-Flavoursymmetrie enthalten (Bild 36.4). Es gibt ebenfalls Baryonen, die sowohl Charm als auch Seltsamkeit tragen.

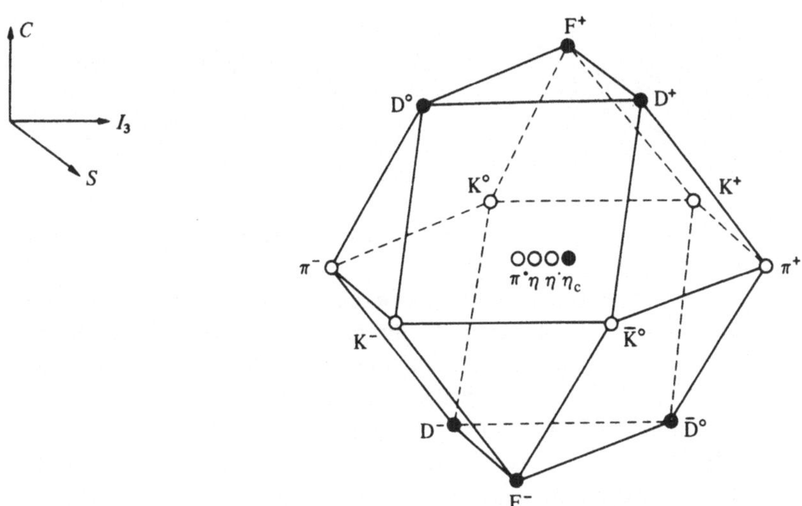

Bild 36.4 Das Hexadekuplett der Spin-0-Mesonen der $SU(4)$-Flavoursymmetrie. Das bekannte $SU(3)$-Flavournonett liegt in der $C = 0$-Ebene.

Die Aussicht auf die Entdeckung solch vieler neuer Teilchen spornte in den 70er Jahren Experimentalphysiker wie Theoretiker gleichermaßen an, das Modell zu bestätigen. Oft kam es zu regelrechten Rennen zwischen experimentellen Gruppen, um ein besonders schwierig zu findendes Teilchen als erste zu sehen, während die Theoretiker um die Wette Massen und Eigenschaften der neuen Teilchen vorherzusagen versuchten. Dies alles führte zu raschen, großen Fortschritten im Verständnis der Quarks und der QCD.

36.4 *Psi*chologie

Unverstanden blieb eine Weile die ungewöhnliche Höhe der J/ψ-Resonanz (ihre Entstehung ist etwa dreitausendmal wahrscheinlicher als die Erzeugung eines nichtresonanten $q\overline{q}$-Paares bei einer benachbarten Energie) und ihre extreme Schmalheit. Das ψ hat eine Breite von etwa 0.002% der Masse. Zum Vergleich: Die Breite des ρ beträgt etwa 20% der Masse. Aus dem Heisenbergschen Unschärfeprinzip folgt, daß das ψ viel länger lebt als ein gewöhnliches Hadron.

Diese ungewöhnlich kleine Breite entsteht, weil die bevorzugten Zerfallskanäle wegen der Masse der D-Mesonen verboten sind. Der normale Zerfall wäre in D^+D^-- oder $D^0\overline{D}^0$-Paare, für die man Quarkliniendiagramme wie beim Zerfall des ρ^0 in $\pi^+\pi^-$ oder in $2\pi^0$ hätte (Bild 36.5(a)). Der Zerfall des ρ^0 ist aber nur erlaubt, weil seine Masse von 0.77 GeV größer ist als die des Zweipionzustands mit 2×0.135 GeV. Das J/ψ ist so schmal, weil seine Masse kleiner ist als die der beiden D-Mesonen. Diese wurden lange nach der Entdeckung

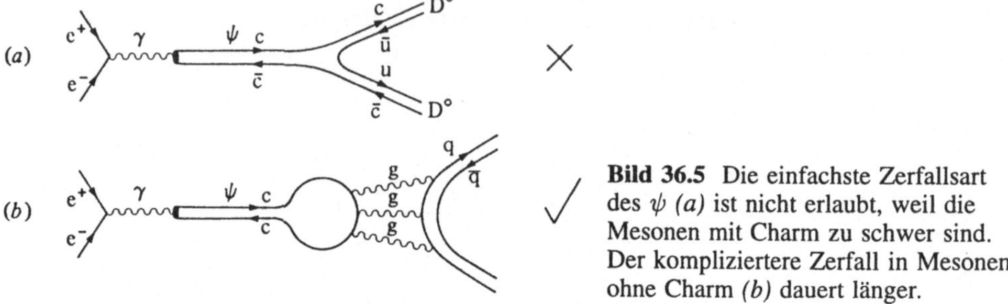

Bild 36.5 Die einfachste Zerfallsart des ψ *(a)* ist nicht erlaubt, weil die Mesonen mit Charm zu schwer sind. Der kompliziertere Zerfall in Mesonen ohne Charm *(b)* dauert länger.

des J/ψ gefunden und haben eine Masse von 1.86 GeV. Ein Teilchen, das in sie zerfallen will, muß also mindestens eine Masse von 3.72 GeV haben.

Der Zerfall des J/ψ ist ein ziemlich komplexes Geschäft. Das $c\bar{c}$-Paar muß zunächst in einen Zustand mit drei Gluonen annihilieren, die ihrerseits in die beobachteten Hadronen zerfallen. Dabei wirkt wiederum der Farbeinschlußmechanismus, den wir bereits früher kennengelernt haben (Bild 36.5(b)). Zwischenzustände mit einem bzw. zwei Gluonen sind wegen der Erhaltung der Farbe bzw. der $\mathcal{C}$-Parität verboten.

Das J/ψ ist das auffälligste einer ganzen Mesonfamilie von $c\bar{c}$-Zuständen. Einige haben bloß eine höhere Masse, die von einer Anregung im Bahndrehimpuls stammt. Das leichteste unter ihnen ist das ψ' bei 3.687 GeV. Es ist wie das J/ψ sehr schmal, weil es ebenfalls unterhalb der Schwelle der $D\overline{D}$-Erzeugung liegt. Das nächste, ψ'' genannt, folgt bei 3.77 GeV. Es ist ein Hadron normaler Breite (0.7% der Masse) und liegt (ganz knapp!) über der $D\overline{D}$-Schwelle. Darüber folgt eine Reihe von weiteren Zuständen.

Einige der schwereren $c\bar{c}$-Mesonen haben einen anderen Spin oder andere $\mathcal{P}$- oder $\mathcal{C}$-Paritäten als das J/ψ. Man nennt sie χ; sie entstehen, wenn eines der schwereren ψ-Mesonen ein Photon emittiert und somit ein $c\bar{c}$-Zustand mit anderen Quantenzahlen erzeugt (Bild 36.6).

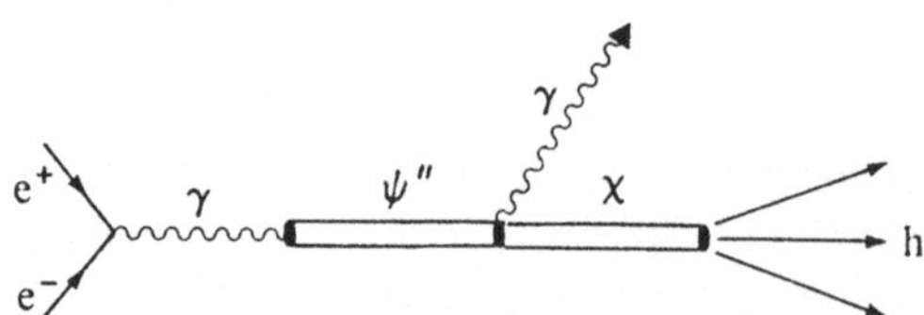

Bild 36.6 Emittiert ein schweres ψ-Meson ein Photon, entstehen $c\bar{c}$-Mesonen mit neuen Quantenzahlen.

In Bild 36.7 ist ein vereinfachtes Schema der gesamten $c\bar{c}$-Familie (oft auch *Charmonium* genannt) gezeigt. Man bemerke, daß das spinlose η_c mit das leichteste $c\bar{c}$-Meson ist. Um all diese *sekundären* $c\bar{c}$-Zustände zu finden, mußte die Energie der Photonen in Prozessen wie in Bild 36.6 gemessen werden. Wird eine Energie besonders bevorzugt, gibt sie die Massendifferenz zwischen einem schweren ψ-Teilchen (mit der Energie der e^+e^--Streuung) und dem sekundären $c\bar{c}$-Zustand mit verschiedenem Spin oder anderer Parität an.

Um diese Präzisionsmessungen durchzuführen, bauten die Experimentalphysiker am SLAC einen völlig neuen Photonendetektor mit dem schönen Namen *Crystal Ball* (engl.;

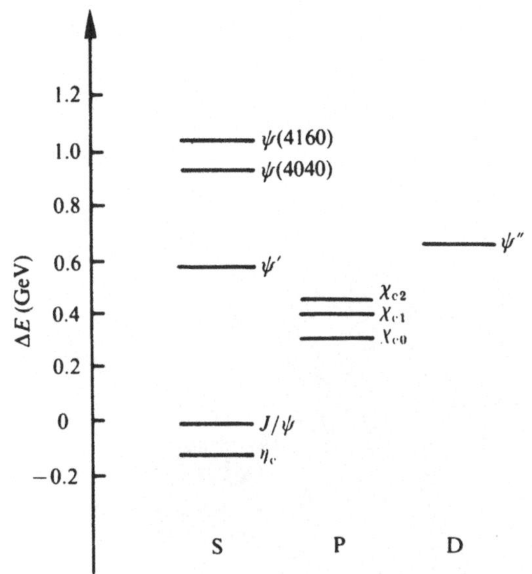

Bild 36.7 Das experimentell beobachtete Spektrum der $c\bar{c}$-Mesonen mit den verschiedenen Werten des Spins und des Bahndrehimpuls der Quarks, aus denen sie bestehen. Die Bezeichnungen S, P, D entsprechen einem Gesamtdrehimpuls von $0, \hbar, 2\hbar$.

Kristallkugel). Er besteht aus einer Schale von Natriumiodidkristallen, die alle auf den Wechselwirkungspunkt im Inneren der Kugel ausgerichtet sind. An den Kristallen sind Sekundärelektronenvervielfältiger (engl.: *Photomultiplier*) angeschlossen, mit denen die Energie gemessen werden kann, die ein Photon im Kristall deponiert (Bild 36.8).

Der in Atomphysik bewanderte Leser erkennt die Ähnlichkeit des Schemas in Bild 36.7 mit den Energieniveaus des Wasserstoffatoms. Dies ist nicht erstaunlich, handelt es sich doch beim gebundenen Zustand von c und $\bar{c}$ um eine aus Elementarteilchen bestehende exotische Atomsorte. Den Teilchenphysikern kam dies sehr entgegen, weil ein aus solch schweren Teilchen wie Charm-Quarks aufgebautes Atom durch die wohlverstandene nichtrelativistische Quantenmechanik beschrieben werden kann. Die Kraft zwischen den Quarks kann mit Hilfe eines Potentials der Farbladungen beschrieben werden, genauso wie das elektrische Potential in der klassischen Elektrodynamik, das von elektrischen Ladungen erzeugt wird, das Coulombsche Kraftgesetz ergibt.

Die Verteilung der Energieniveaus, oder in unserem Fall der Massen der $c\bar{c}$-Mesonen, hängt von der Form des Potentials ab. Da die Massen mit großer Genauigkeit bestimmt werden können, verschaffen sie ein gutes Bild von der Kraft, die zwischen den Quarks wirkt.

Das Potential, das die beste Übereinstimmung mit dem Massenspektrum vorweist, besteht bei kurzen Abständen aus einem einfachen Coulombschen Potential (was dem Austausch eines einzelnen Gluons im asymptotisch freien Bereich entspricht) und einem linear ansteigenden anziehenden Potential bei größeren Abständen, das den dauerhaften Einschluß der Quarks sicherstellt. Das theoretisch erwartete Schema für dieses Potential zeigt Bild 36.9(b); im Vergleich dazu zeigt Bild 36.9(a) die Energieniveaus von Positronium, den gebundenen Zuständen von e^+e^-, die aus dem Coulombschen Potential der beiden elektrischen Ladungen entstehen.

Bild 36.8 Der Detektor *Crystal Ball* am SLAC. Aus dem kugelförmigen Behälter ragen zahlreiche Sekundärelektronenvervielfacher, die zu Natriumiodidszintillatoren gehören. Diese sollen Photonen registrieren, die vom Wechselwirkungspunkt stammen (Bild SLAC).

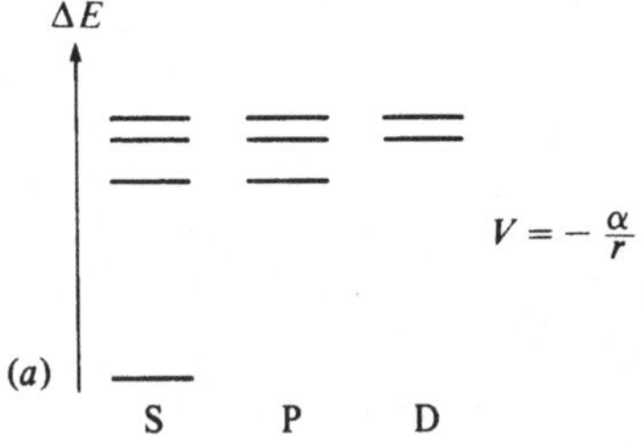

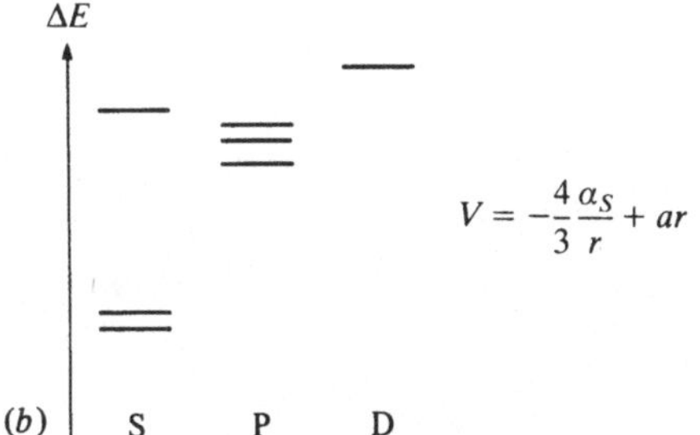

Bild 36.9 *(a)* Spektrum des gewöhnlichen elektrischen Potentials. *(b)* Spektrum des mutmaßlichen Quarkpotentials, das dem gemessenen Spektrum viel mehr ähnelt.

Die Massen der $c\bar{c}$-Mesonen (das Charmoniumspektrum) sind eine direkte Bestätigung des QCD-Bildes der Quarkkräfte mit asymptotischer Freiheit bei kurzen und Einschlußkräften bei großen Abständen.

36.5 Teilchen mit Charm

Nach der Entdeckung des J/ψ suchten die Experimentalphysiker mehrere Jahre lang nach anderen Teilchen, die explizit Charm tragen, und nach ihren angeregten Zuständen mit höherem Spin. Diese waren um einiges schwieriger aus den Daten zu exhumieren, da man sie nur bei gewissen Massenkombinationen der Endzustandshadronen finden konnte. Gibt es im Endzustand viele Teilchen und ist die Zerfallsart des gesuchten Zustands unklar, ist dies gar sehr verzwickt. Letztendlich fand sich eine ansehnliche Liste von Teilchen zusammen, die zudem die Zuordnung zu einer $SU(4)$-Flavoursymmetrie nahelegte.

Wie die seltsamen Teilchen, zerfallen Teilchen mit Charm durch die Starke Kraft, indem sie solange Pionen emittieren, bis sie in den Zustand geringster Masse mit Charm angelangen. Die Starke Kraft erhält Charm, und so kann dieser Zustand, etwa ein D-Meson, nur noch durch die Schwache Kraft weiter zerfallen. Es muß also ein W-Boson emittieren, um den Quarktyp zu wechseln. Dies ist eine Erweiterung der Cabbiboschen Theorie aus Abschnitt 18. Am liebsten verwandelt sich das Charm-Quark in ein Strange-Quark, statt in ein Up- oder Down-Quark, was durch den hohen Anteil von Teilchen mit Seltsamkeit unter den Zerfallsprodukten des D angezeigt wird. Diese seltsamen Teilchen zerfallen dann erneut durch Schwache Wechselwirkung in Mesonen ohne Seltsamkeit oder gleich in Leptonen. Der Zerfall eines Teilchens mit Charm eignet sich also zur Untersuchung von Schwachen Zerfällen, von denen bis zu drei in Folge stattfinden können (Bild 36.10).

Alles in allem hat die Entdeckung von Charm und die nachfolgende Aufzeichnung des $c\bar{c}$-Spektrums sehr dazu beigetragen, unser Wissen über die Starke Kraft zwischen Quarks,

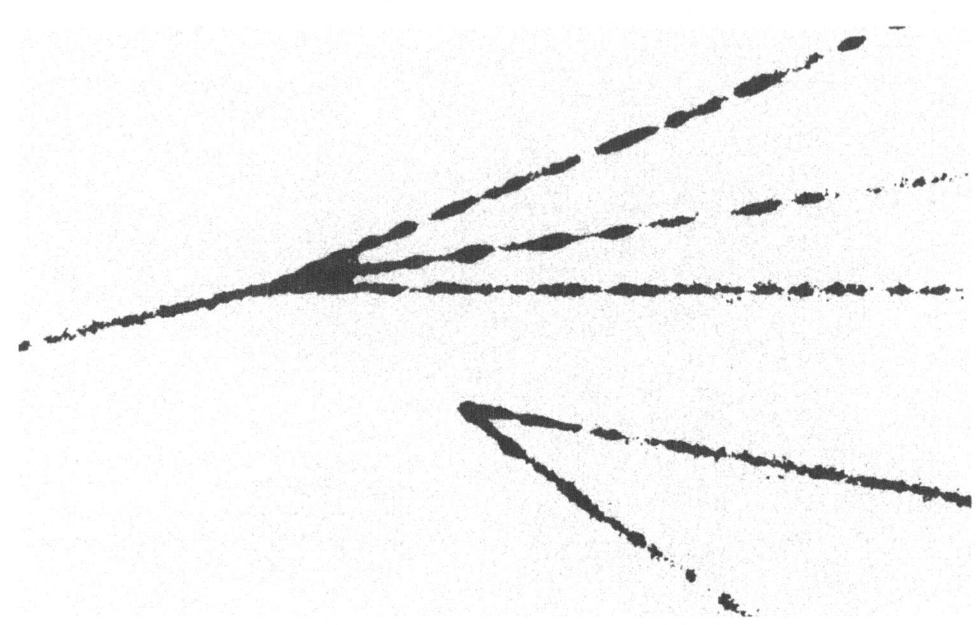

Bild 36.10 Vergrößerte Blasenkammeraufnahme des Zerfalls eines Teilchens mit Charm. Oben zerfällt ein von links kommendes positives Meson mit Charm in drei geladene Teilchen. Unten zerfällt ein neutrales, und daher unsichtbares, Meson mit Charm in ein Paar geladener Teilchen.

wie sie von den Gluonen der QCD übermittelt wird, zu erweitern. Die Zerfälle der D- und F- (also D_s-) Mesonen bestätigte die Beschreibung des Schwachen Zerfalls von Hadronen im Modell von Glashow-Weinberg-Salam.

37 Eine weitere Generation

37.1 Einleitung

Kurz nachdem die Physiker ψ-Meson und Charm verdaut hatten, drohte ihnen mit einer neuen Entdeckung eine weitere Magenverstimmung durch Elementarteilchen. In einem Experiment, das dem von Ting mit seinem J/ψ ähnelte, fanden Leon Lederman und seine Mannschaft am Fermilab ein neues Teilchen in der Reaktion

$$\mathrm{p} + \mathrm{N} \rightarrow \mu^+\mu^- + X.$$

Lederman und Kollegen beobachteten, daß der Querschnitt dieser Reaktion bei der Myonpaarenergie von 9.46 GeV leicht überhöht war gegenüber dem allgemein abfallenden Hintergrund bei den benachbarten Energien (Bild 37.1). Dieses Signal deutete auf eine weitere sehr schwere Mesonresonanz, die aus einem gebundenen Zustand eines neuen Quarks mit seinem Antiquark bestehen sollte. Das neue Meson nannte man Υ und das Quark, aus dem es besteht, *Bottom*-Quark (engl., Grund, Boden), abgekürzt b. (Die romantische Schule hatte den geistreichen, aber letzlich erfolglosen Namensvorschlag *Beauty* (Schönheit) gewagt.)

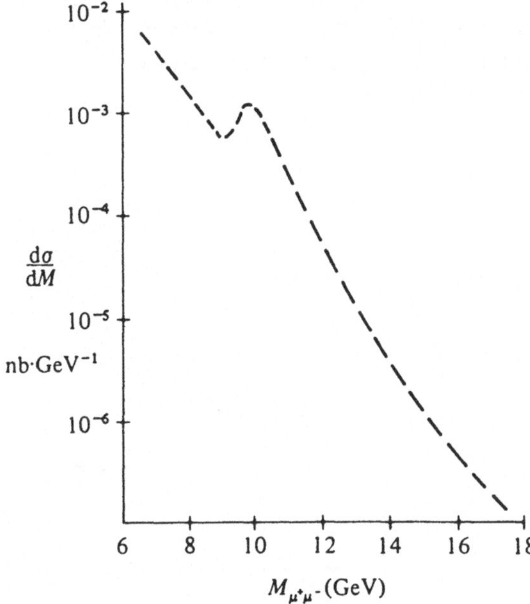

Bild 37.1 Das $\mu^+\mu^-$-Massenspektrum in pN-Stößen mit der Schulter, die das Υ verrät

37.2 Das Υ

Diese Deutung ist keineswegs von Anfang an gesichert gewesen und das pN-Experiment keineswegs die beste Reaktion, um das neue Teilchen zu finden. Die hadronischen Bruchstücke X verwirren das Bild des Endzustands, und die sehr schweren Myonpaare $\mu^+\mu^-$ sind so selten, daß man nur mühsam eine vernünftige Statistik zu Wege bringt. War die Deutung korrekt, mußte das Teilchen, wie zuvor das J/ψ, ebenfalls in e^+e^--Experimenten zu sehen sein. Selbstverständlich verfolgte man gleich diese Fährte genauer, nur lag die Υ-Masse mit 9.46 GeV unglücklicherweise genau *zwischen* den verfügbaren Energien des SPEAR-Rings am SLAC und des neuen PETRA-Rings am DESY, der 1978 in Betrieb ging. Zweifellos rechneten die Maschinenplaner nicht damit, daß die Hand Gottes ein Teilchen genau zwischen 8.4 und 10 GeV pflanzen würde. Da es aber überaus wichtig war, das Υ in der sauberen Umgebung der e^+e^--Vernichtungen zu untersuchen, kitzelte man aus dem DORIS-Ring (dem Vorgänger von PETRA am DESY) noch gerade genug Energie, um das Υ zu erreichen.

Die e^+e^--Experimente bestätigten, daß das Υ ein gebundener $b\bar{b}$-Zustand ist und entdeckten seine radialen Anregungen Υ' bei 10 GeV und Υ'' bei 10.4 GeV (Bild 37.2). Die Breite dieser Zustände war sehr viel schwerer zu bestimmen als beim J/ψ,weil die Energieauflösung eines Speicherrings am Rand seines Energiebereiches viel schlechter ist als in dessen Mitte. Der beste Meßwert der Υ-Breite liegt bei etwa 0.005% der Masse; wie beim

J/ψ, ist also sein Hauptzerfallskanal (in Mesonen mit Bottom-Quantenzahl) verboten. Das Bottom-Quark und das Antibottom-Antiquark müssen sich wiederum gegenseitig vernichten und einen Zwischenzustand aus drei Gluonen bilden, der sich dann in Mesonen ohne Bottom-Quarks verwandeln kann. In Abschnitt 38 werden wir genauer darauf zurückkommen. Aus der Messung der Υ-Breite ergibt sich als wahrscheinlichster Wert der Ladung des Bottom-Quarks $-\frac{1}{3}$, womit es zu einer schweren Replik der Down- und Strange-Quarks wird. Die Aufspaltung der Υ- und Υ'-Massen kann analog zum ψ-Spektrum berechnet werden. Die experimentell beobachteten Werte legen für die Quarkkraft ein Potential wie in Bild 36.9(b) nahe.

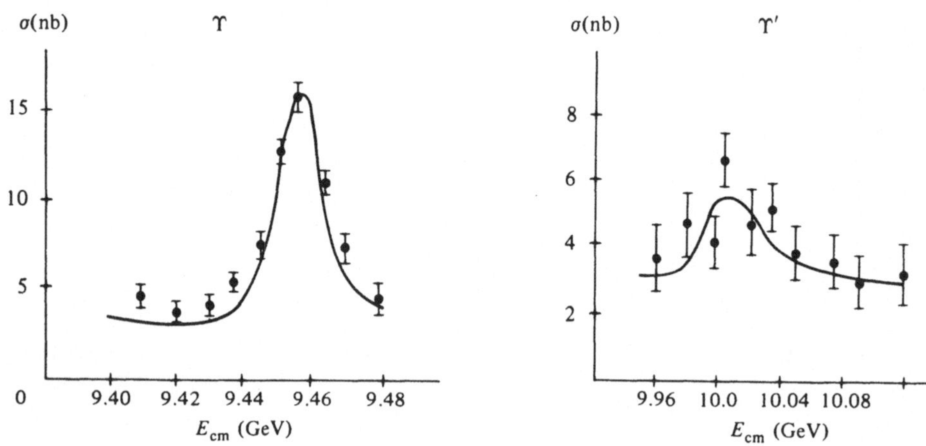

Bild 37.2 Wie das Υ und das Υ' im totalen Wirkungsquerschnitt $e^+e^- \to$ Hadronen auffallen

Aus der Existenz dieses neuen Quarktyps folgt die einer ganzen Familie von Mesonen mit expliziter Bottom-Quantenzahl, zusätzlich zu den Quantenzahlen des Isospins, der Seltsamkeit und des Charm, die wir bislang kennengelernt haben. Statt der $SU(4)$-Flavoursymmetrie hat man nun eine $SU(5)$, und das fundamentale Spin-0-Multiplett der Mesonen ist jetzt eine **25** statt des Hexadekupletts aus Bild 36.4. Baryonen mit Bottom-Quantenzahl vergrößern gleichermaßen die baryonischen Multipletts. Der Nachweis von Teilchen mit Bottom-Quantenzahl ist, verglichen mit Charm, noch schwieriger, weil diese viel schwerer sind und nur in Reaktionen mit noch mehr Energie auftauchen. Diese enthalten im Endzustand aber noch mehr Bruchstücke, aus denen man die Teilchen mit Bottom-Quantenzahl herausfiltern muß. Trotz dieser Schwierigkeiten ist es gelungen, einige Teilchen mit Bottom-Quantenzahl zu finden (Bild 37.3). Die Spektroskopie der Bottom-Teilchen hat die Quarkdynamik, die für die Teilchen mit Charm aufgestellt wurde, bestätigt.

In einem gewissen Sinne kann man behaupten, daß die bloße Existenz des Υ-Mesons und des Bottom-Quarks weit wichtiger ist als die Details ihrer Eigenschaften. In der Tat sehen die beiden ersten Teilchengenerationen keinen Platz für das Bottom-Quark vor. Was liegt dann näher, als in ihm den Vorboten einer dritten Teilchengeneration zu sehen, das ein weiteres Quark (das man natürlich *Top*, (engl., Spitze) nennt), ein neues Lepton und sein

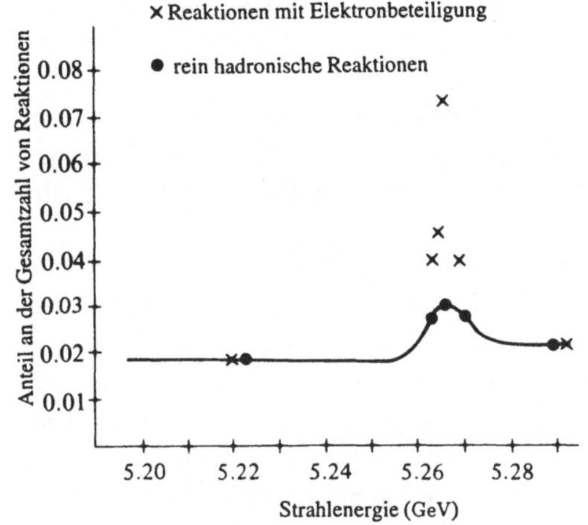

Bild 37.3 Experimenteller Hinweis auf die Erzeugung von Hadronen mit Bottom-Quantenzahl. Ein Anstieg der Anzahl von Elektronen bei einer Strahlenergie, die der Masse eines Υ-Zustands entspricht, deutet darauf hin, daß dieser in Mesonen mit Bottom-Quantenzahl zerfällt, welche ihrerseits bei ihren Schwachen Zerfällen Elektronen produzieren.

Neutrino enthalten sollte. Und tatsächlich: Gleichzeitig mit der Entdeckung des Υ wurden erste Hinweise auf ein neues Lepton gewonnen.

37.3 Das schwere τ-Lepton

Als man 1975 an den e^+e^--Experimenten mit Charm-Teilchen arbeitete, bemerkte ein Team von Physikern um Martin Perl, ebenfalls am SPEAR-Ring am SLAC, *anomale μe-Ereignisse* in e^+e^--Reaktionen, die sie mit einem noch schwereren Lepton, dem τ, erklärten. Diese anomalen μe-Ereignisse sind von der Art

$$e^+e^- \to e^\pm\mu^\mp + \text{fehlende Energie}.$$

Der Endzustand wird als gemischter Zerfall eines schweren Leptonpaares im Zwischenzustand in einen elektronischen und einen myonischen Kanal angesehen (Bild 37.4).

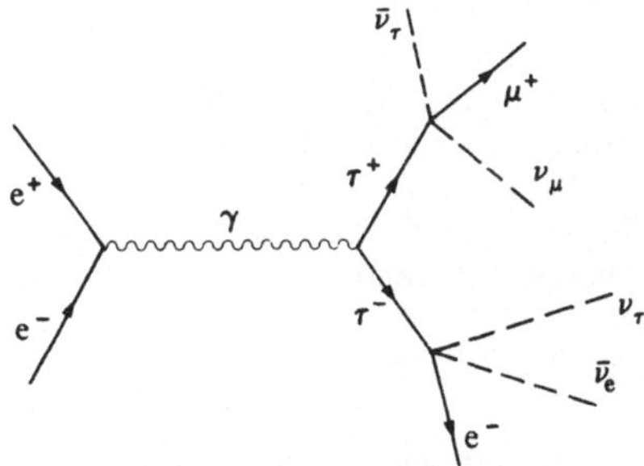

Bild 37.4 Die Erzeugung eines Paars von schweren Leptonen $\tau^+\tau^-$ in der e^+e^--Vernichtung erzeugt ein *anomales* μe-Paar im Endzustand.

Es verging jedoch einige Zeit, bis Perls Annahme bestätigt werden konnte, weil einige Komplikationen auftauchten. Die schwerste war, daß die Produktionsschwelle eines $\tau^+\tau^-$-Paares bei 3.6 GeV liegt (was einer Masse von etwa 1.8 GeV für das τ entspricht). Dies liegt aber sehr nahe an den 3.72 GeV, die zur Erzeugung eines $D^0\overline{D}^0$-Paares von Charm-Mesonen benötigt werden. Wir wissen jedoch, daß diese schwach zerfallen müssen und somit leicht mit dem Zerfall der schweren τ-Leptonen verwechselt werden können. Der Zerfall von Mesonen mit Charm geschieht in der Regel aber in Anwesenheit von hadronischen Bruchstücken. Der von Perl entdeckte Endzustand ist für den Zerfall von Teilchen mit Charm äußerst unwahrscheinlich.

Man mußte sich allerdings davon überzeugen, daß kein anderes geladenes Teilchen erzeugt wurde und sich an den Detektoren vorbeigemogelt hatte und daß die als Elektronen und Myonen identifizierten Teilchen in Wahrheit nicht Hadronen waren (eine solche falsche Zuordnung ist immer möglich).

Letzlich konnte Perl seine Behauptung aber zweifelsfrei belegen, weil er die Erzeugung von μe-Zuständen *unterhalb* der Schwelle für Mesonpaare mit Charm nachweisen konnte (dies ist wegen der leicht geringeren Masse des τ-Paares möglich). Bild 37.5 zeigt den Anstieg der Produktionswahrscheinlichkeit jenseits der theoretischen Schwelle. Die Form der Energieabhängigkeit legt ebenfalls einen Spin von $\frac{1}{2}\hbar$ wie beim Elektron und beim Myon nahe, im Gegensatz zum Spin 0 der D-Mesonen. Seither haben alle Experimente die Deutung des τ als sehr schwere Replik des Myons (das ja selber ein schwerer Doppelgänger des Elektrons ist) bestätigt. Wie alle Leptonen bleibt auch das τ von der Starken Kraft, die auf die Quarks wirkt, unbehelligt. Eine neue Eigenschaft besitzt das τ allerdings im Vergleich zu Elektron und Myon. Wegen seiner großen Masse kann es in Hadronen zerfallen und oberhalb seiner Erzeugungsschwelle eine Einheit zum Verhältnis R beitragen, zusätzlich zum Wert, der sich aus den Ladungen der Quarks ergibt.

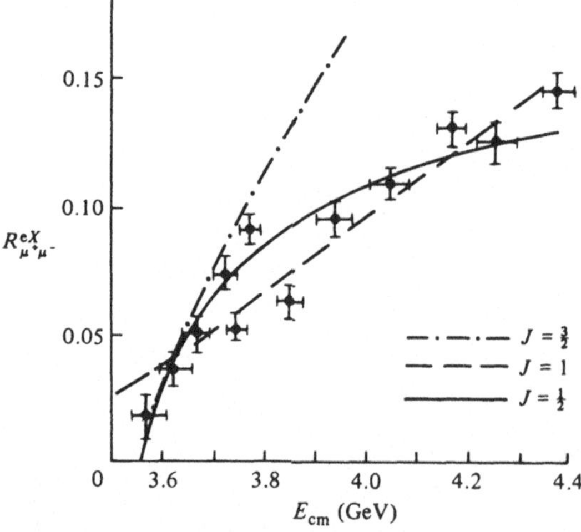

Bild 37.5 Der Anstieg der $\tau^+\tau^-$-Produktion an ihrer Schwelle als Verhältnis der Reaktionen, die nur ein Elektron und ein weiteres geladenes Teilchen (eX) enthalten, zur bekannten $\mu^+\mu^-$-Produktion. Der Spin des τ wird mit J bezeichnet.

Davon abgesehen, verhält sich das τ bei Wechselwirkungen wie seine leichteren Verwandten. Trotz seiner Masse bleibt es bis zur aktuellen Meßgrenze von 10^{-18} m exakt punktförmig und gibt keinerlei Anlaß zur Vermutung, die Leptonen seien selbst wieder aus kleineren Teilchen zusammengesetzt.

Weitere Experimente haben dann erwiesen, daß das τ, wie das Elektron und das Myon, ein eigenes Neutrino (also vom τ-Typ) besitzt und daß die τ-Zahl in der Schwachen Wechselwirkung erhalten bleibt. Das τ-Neutrino vervollständigt die dritte Generation der Leptonen (siehe Tabelle 37.I). Was jedoch die Quarks betrifft, steht die Entdeckung des letzten Mitglieds der dritten Generation, des Top-Quarks, noch aus. Wenige Physiker zweifeln an seiner Existenz, aber bisher hat es sich dem Nachweis beharrlich entzogen. Man erwartet, daß es schwerer als alle anderen Quarks ist, und Schätzungen sagen für seine Masse einen Wert von 100 bis 250 GeV voraus.

Tabelle 37.I Die drei Generationen von Elementarteilchen

Generation	Erste	Zweite	Dritte	Ladung
Quarks	u	c	t	$\frac{2}{3}$
	d	s	b	$-\frac{1}{3}$
Leptonen	e^-	μ^-	τ^-	-1
	ν_e	ν_μ	ν_τ	0

Eine kleine historische Bemerkung am Rande: Die Entdeckung der ersten Generation begann im Jahr 1897 mit den Experimenten von J. J. Thomson an Elektronen und wurde zwischen 1963 (mit Gell-Manns Einführung der u- und d-Quarks) und 1968 (mit ihrem Nachweis in der tiefinelastischen Streuung) abgeschlossen. Die zweite Generation wurde 1937 mit Andersons (falsch gedeuteter) Entdeckung des Myons begonnen und 1974 mit dem Charm-Quark vervollständigt. Die dritte Generation begann mit Perls erstem τ-Nachweis 1975 und harrt der Entdeckung des sechsten Quarks. Es wäre überraschend, wenn diese Generation zur Vollendung so viel Zeit wie die ersten beiden brauchte!*

38 Elektron-Positron-Streuung heute und morgen

38.1 Einleitung

Der Stanford Linear Collider (SLC) in Kalifornien und der Große Elektron-Positron-Ring (LEP) am CERN sind die modernsten und leistungsfähigsten e^+e^--Ringe in der Welt. Beide Maschinen erzeugten ab 1989 eine große Anzahl von Z^0-Eichbosonen für elektroschwache Präzisionsmessungen. Die experimentellen Gruppen an beiden Beschleunigern wurden rasch belohnt und konnten im Oktober desselben Jahres fast gleichzeitig ankündigen, daß es aufgrund ihrer Messungen der Z^0-Breite genau *drei* Generationen leichter Fermionen geben muß. Trotz der Faszination, die diesen gewaltigen Maschinen vorauseilt, haben ihre Vorgänger ebenfalls einen Anteil an dieser Entdeckung.

In den 80er Jahren wurde das Wissen um das Standardmodell zum großen Teil von drei e^+e^--Maschinen vermehrt: PETRA bei DESY in Hamburg, PEP beim SLAC in Kalifornien

* Im Sommer 1994 wurde das Top-Quark am Fermilab erstmals nachgewiesen. Martin Perl erhielt 1995 den Nobelpreis. (D.Üb.)

und TRISTAN in Tsukuba (Japan). PETRA nahm ihren Betrieb 1978 auf und wurde 1986 endgültig geschlossen. In Bild 38.1 sieht man die Struktur des Ringes und wie bereits bestehende Maschinen als Vorbeschleuniger eingebaut wurden. Jedes der fünf Experimente im Ring bestand aus einer großen Anzahl verschiedenartiger Einzeldetektoren, die die Wechselwirkungszonen umgaben: jedes für seinen Aufgabenbereich maßgeschneidert. Neun verschiedene Institutionen nahmen an den Experimenten teil. PEP wurde 1980 fertiggestellt und ist eine in der Anlage ähnliche Maschine von 2.2 km Umfang (nur 100 m kürzer als PETRA) und einer Maximalenergie von 30 GeV. TRISTAN ist gut 3 km lang und bringt es auf 75 GeV Energie. Ab 1986 konnte es viele der bei PETRA und PEP erforschten Prozesse bei höheren Energien untersuchen.

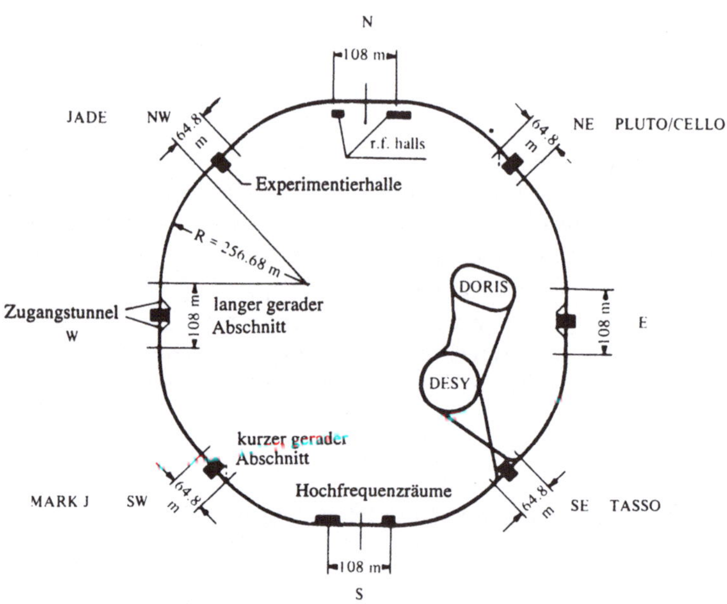

Bild 38.1 Schema des PETRA-Rings am DESY

38.2 Hadronische Prozesse

Elektron-Positron-Reaktionen mit Hadronen im Endzustand sind eine wichtige Klasse von Prozessen, die man bei PETRA, PEP und TRISTAN untersucht hat. Das Verhältnis R (der Reaktionen $e^+e^- \rightarrow$ Hadronen gegen $e^+e^- \rightarrow \mu^+\mu^-$) ist jetzt bis fast 60 GeV gemessen. Wir haben bereits gesehen, daß R konstant und gleich der Summe der Ladungsquadrate der Quarks ist. Dies ist jedoch nur die erste Näherung dieser Größe. Der QCD zufolge kann bei hohen Energien eines der Teilchen des Quark-Antiquark-Paares ein Gluon abstrahlen. Bei anwachsender Energie wird dieser Prozeß immer wahrscheinlicher und ruiniert jenseits von 40 GeV die Konstanz von R. Bild 38.2 bildet den Prozeß ab und zeigt den Einfluß auf R. Bei noch höherer Energie trägt auch die elektroschwache Theorie einige Korrekturen bei. Insbesondere werden Prozesse, bei denen das einlaufende e^+e^--Paar in ein virtuelles Z^0 statt eines Photons übergeht, wichtig. Diese Korrekturen spiegeln die experimentellen Ergebnisse hervorragend wider und stärken unseren Glauben an die QCD und die elektroschwache Theorie.

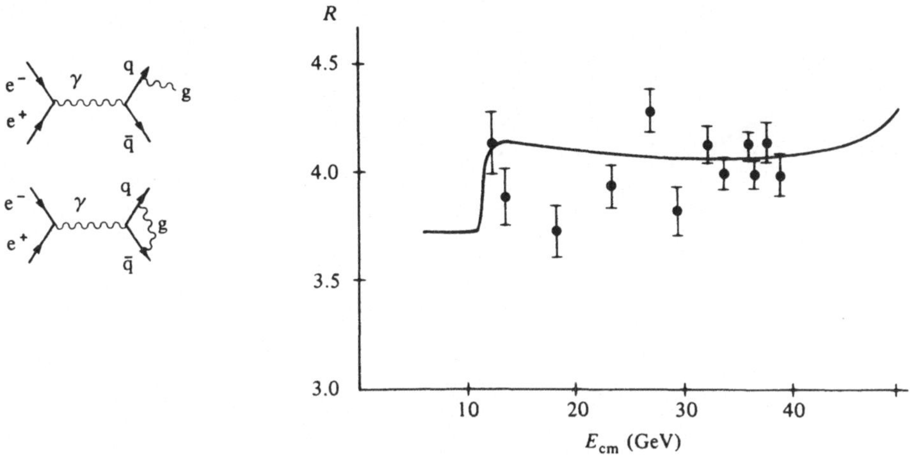

Bild 38.2 Gluonische Strahlungskorrekturen bei $q\overline{q}$-Erzeugung und das Verhalten von R in der Vorhersage der QCD

Jets

PETRA und PEP lieferten neue Indizien zugunsten der Quark- und Gluon-Subprozesse als Zwischenzustände der Reaktion $e^+e^- \rightarrow$ Hadronen in der Gestalt von Hadronenbündeln, die man *Jets* nennt und die sozusagen die Fußstapfen eines erzeugten Quarks oder Gluons sind. In der Nähe der Produktionsschwelle von schweren Quark-Antiquark-Paaren (etwa $b\overline{b}$), werden die Quarks und Antiquarks fast in Ruhe erzeugt. Ihr Zerfall in Hadronen (*Fragmentierung*) ist dann isotrop, d.h. die Hadronen werden gleichmäßig in alle Richtungen ausgesendet. Wird die Strahlenergie erhöht, werden die Quarks und Antiquarks mit immer höheren, entgegengesetzt gerichteten Impulsen erzeugt. Die Fragmentierung in Hadronen erfolgt dann vorzugsweise entlang der Bewegungsrichtungen der Quarks und Antiquarks und erzeugt Hadronenstrahlen, die immer enger gebündelt sind, je höher die Energie ist (Bild 38.3(a)).

Eine bedeutende Eigenschaft dieser hadronischen Jets ist, daß ihre Achsen den Bewegungsrichtungen der erzeugten Quarks entsprechen. Dies ist wichtig, weil die Verteilung der Richtungen wiederum vom Spin der Quarks abhängt. Die Messung der Winkelverteilung der Jetachsen ist also zugleich eine Bestimmung des Quarkspins. Für jedes Ereignis kann man die Jetachse aus den hadronischen Spuren mittels eines Rechners rekonstruieren. Bild 38.3(b) zeigt die Winkelverteilung der Achsen über eine große Zahl von Ereignissen gemittelt. Die resultierende Kurve ist proportional zu $1 + \cos^2 \vartheta$, wobei ϑ der Winkel zwischen dem einlaufenden Strahl und der Jetachse ist. Dies ist gerade die Verteilung, die man bei Spin-$\frac{1}{2}$-Quarks erwartet, womit unsere frühere Zuweisung bestätigt wird.

Wie erwähnt sagt die QCD eine Fülle von weiteren, komplexeren Prozessen voraus, die bei höheren Energien relevant werden. Einer dieser Prozesse besitzt im Endzustand ne-

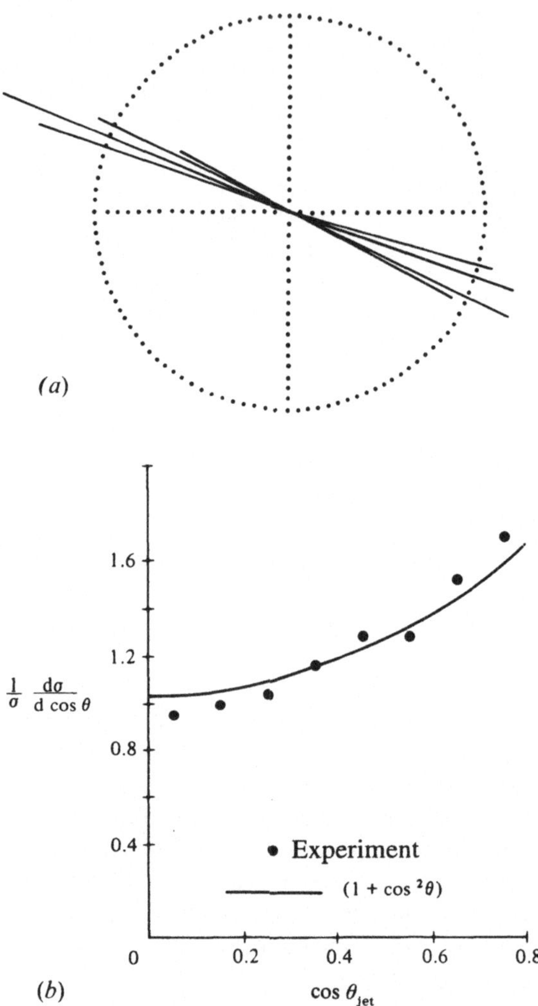

Bild 38.3 *(a)* Offensichtliches Zwei-Jet-Ereignis in der hochenergetischen e^+e^--Streuung, das von der Erzeugung eines Quark-Antiquark-Paares stammt. *(b)* Die Winkelverteilung der Jetachsen aus der e^+e^--Streuung folgt dem $1 + \cos^2\vartheta$-Gesetz, das man erwartet, wenn der Zwischenzustand ein Spin-$\frac{1}{2}$-Teilchen ist.

ben dem Quark-Antiquark-Paar ein abgestrahltes Gluon, das einen eigenen Jet erzeugt. Das Ergebnis ist ein Drei-Jet-Ereignis wie in Bild 38.4, das einen klaren dynamischen Nachweis für die Existenz der Gluonen erbringt. Die Untersuchung der Verteilung dieser Jetachse bestätigt, daß Gluonen Spin-1-Teilchen sind.

Es gibt eine weitere Klasse von Drei-Jet-Ereignissen, die als Indiz für das Gluon gilt. Wir haben bereits gesehen, daß das J/ψ-Meson nur über einen Drei-Gluon-Zwischenzustand zerfallen kann. Wegen seiner geringen Masse, wird man seine Jets kaum nachweisen können. Das schwerere Υ zerfällt jedoch ebenfalls in drei Gluonen, wobei der Nachweis der Jets hierbei viel einfacher ist. Auch wenn sie nicht so offensichtlich sind wie die wahren Hochenergie-Jets, die wir eben besprachen, kann man auch in diesem Fall eine klare Drei-Jet-Struktur erkennen.

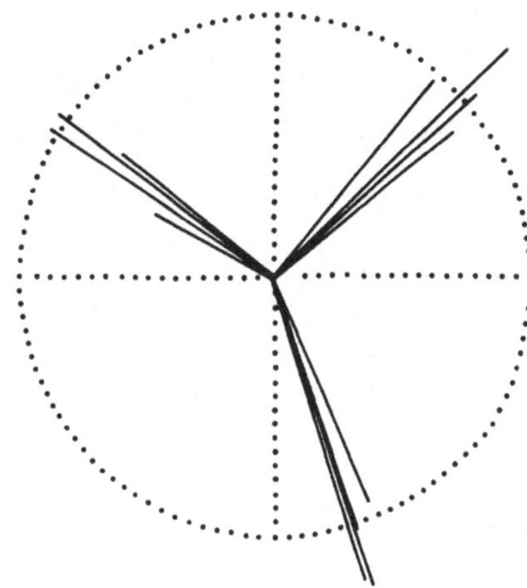

Bild 38.4 Ein Drei-Jet-Ereignis in der e^+e^--Streuung, das aus der Erzeugung eines Quark-Antiquark-Paares mit einem abgestrahlten Gluon stammt

38.3 Die Schwache Kraft in e^+e^-

Alle bisher erwähnten Prozesse ließen das Elektron-Positron-Paar in ein virtuelles Photon übergehen. Der Zwischenzustand kann jedoch auch ein virtuelles Z^0 sein, das dann an den Schwachen Anteil des Vakuums (statt des elektromagnetsichen) koppelt. Weil das wahre Z^0 sehr schwer ist (91 GeV), sind die bei PETRA, PEP und TRISTAN erzeugten Z^0 sehr virtuell (im Jargon: *sehr weit weg von der Massenschale*), und ihr Einfluß durch den vorherrschenden Photonkanal stark unterdrückt. Geht man jedoch zu höheren Wechselwirkungsenergien, bewegt sich das virtuelle Photon immer weiter von seiner Massenschale weg (weil $E = pc$ immer stärker verletzt wird), während das virtuelle Z^0 seiner Massenschale näherkommt ($E^2 = p^2c^2 + M_{Z^0}^2c^4$ ist schwächer verletzt). Die Effekte der Schwachen Wechselwirkung durch das Z^0 werden also, verglichen mit den elektromagnetischen des Photons, immer bedeutender. In den großen Beschleunigern kann man die Wechselwirkungsenergie bis zu M_{Z^0} treiben und reelle Z^0-Bosonen in Ruhe erzeugen. Bei diesen Energien sind die Schwachen Effekte vorherrschend und bestimmen die allgemeine Struktur des Endzustands.

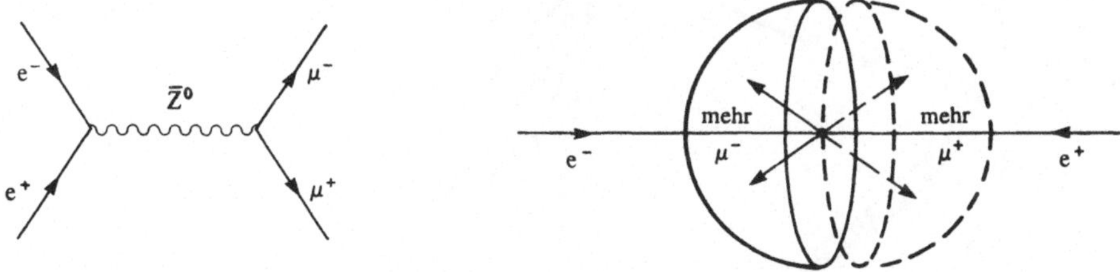

Bild 38.5 Die Vernichtung von e^+e^- in ein Z^0 erzeugt eine beobachtete Asymmetrie in der Verteilung der Myonen.

Aber bereits bei PETRA konnte man den Einfluß der Schwachen Wechselwirkung beobachten. Wie bereits erwähnt, ist die wichtigste Eigenschaft der Schwachen Kraft die Paritätsverletzung. Für den Prozeß $e^+e^- \to \mu^+\mu^-$ bewirkt diese, daß die auslaufenden Myonen nicht symmetrisch um die Wechselwirkungsachse verteilt sind, wie im rein elektromagnetsichen Fall. Die elektroschwache Theorie sagt vielmehr voraus, daß man etwas mehr μ^+ in der einen Hemisphäre finden sollte als in der anderen (für die μ^- gilt das Entgegengesetzte, siehe Bild 38.5). Diese Voraussage wurde 1981 von PETRA bestätigt. Andere Schwache Effekte wurden seitdem beobachtet und mit dem Modell von Glashow-Weinberg-Salam voll verträglich befunden.

38.4 Das SLC

Am frühen Morgen des 11. April 1989 wurde im neuen Beschleuniger des Stanford Linear Accelerator Center (SLAC) in Kalifornien das erste Z^0 aus einer e^+e^--Reaktion beobachtet (Bild 38.6). Bemerkenswerter als das Ereignis selbst ist aber die Maschine, die es erzeugte: der Stanford Linear Collider (SLC).

Run 17723 Event 1493 First Z at SLC 7:37 April 11, 1989

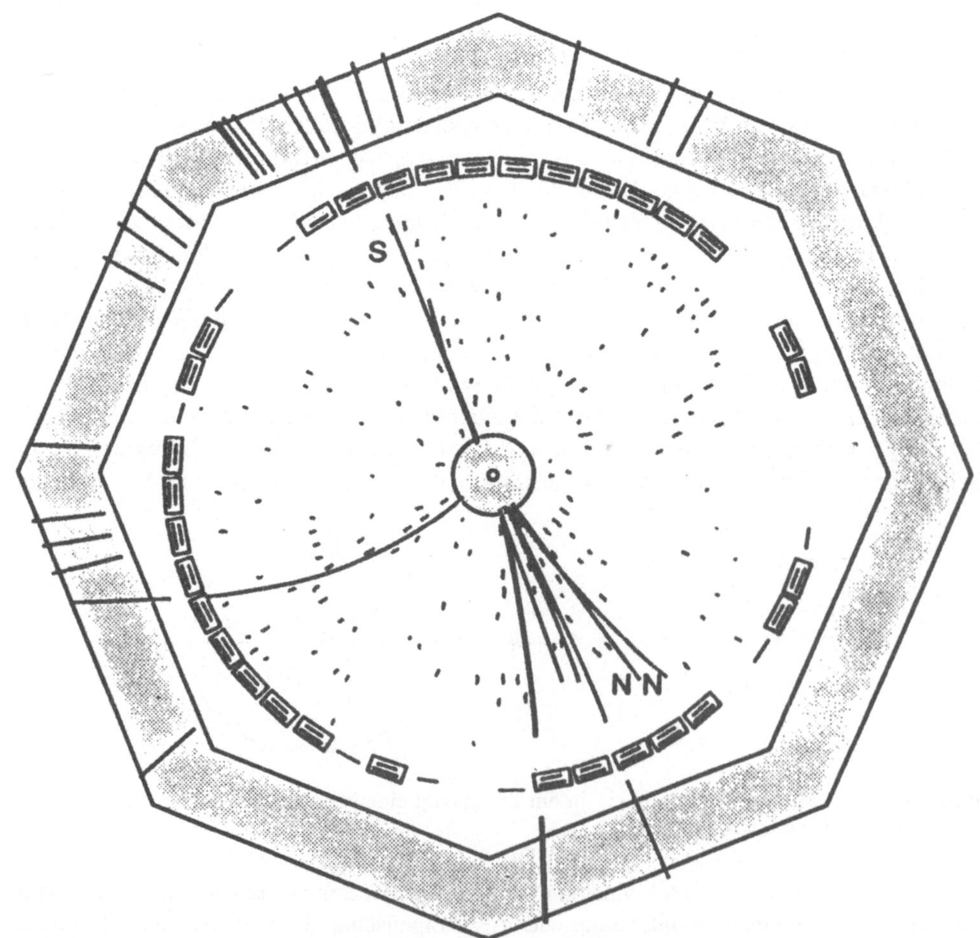

Bild 38.6 Rechnererzeugtes Diagramm des ersten am SLC beobachteten Z^0 (Photo SLAC)

Bereits in der Planungsphase, zehn Jahre zuvor, ist das SLC ein verwegenes Unterfangen gewesen. Statt sich auf bewährte Beschleunigertechnologie zu verlassen, wurden neue, ehrgeizige Entwicklungen angestrebt, die dem Direktor de SLAC, Burton Richter, mehr als einmal heftige Kopfschmerzen bereiteten. Anders als das LEP und andere konventionelle Beschleuniger ist das SLC eine Einweg-Maschine: Beide Strahlen gehen nach einer Wechselwirkung verloren. Die Maschine benutzt den drei Kilometer langen Linearbeschleuniger, der Haufen von Elektronen und Positronen auf 50 GeV beschleunigen kann, bevor sie durch zwei Bögen zu einer frontalen Kollision mit insgesamt 100 GeV Wechselwirkungsenergie geführt werden (Bild 38.7). Um die Wechselwirkungszone ist ein hochmoderner Detektor, der *SLAC Large Detector* (Großer Detektor), aufgebaut, der in Bild 38.8 zu sehen ist.

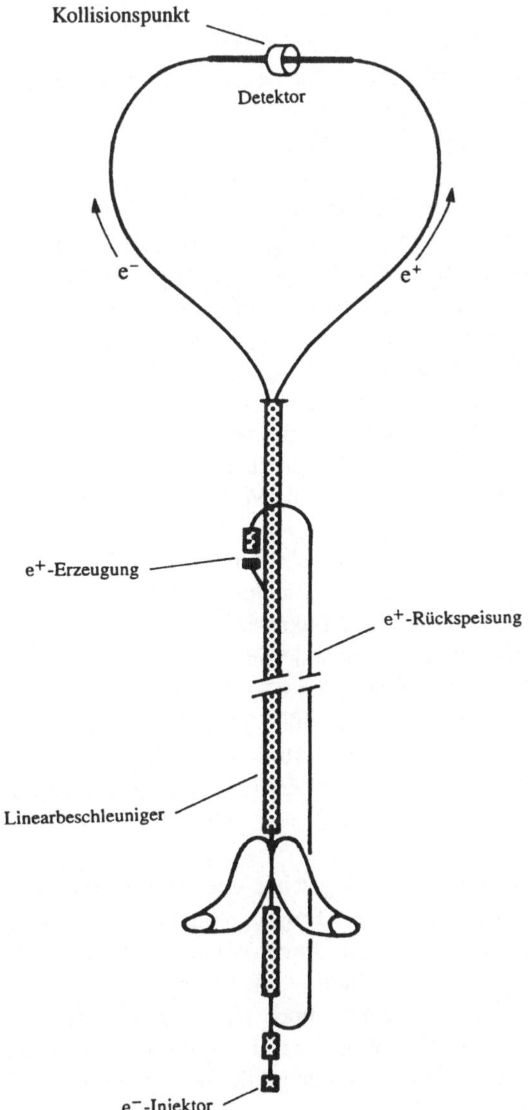

Bild 38.7 Schema des SLC in Stanford

Für ein solch ehrgeiziges Projekt gab es auch gute Gründe. Linearbeschleuniger haben im wesentlichen keine Probleme mit der Synchrotronstrahlung, die geladenen Teilchen Energie entführt, sobald sie auf krumme Pfade gelangen. Bei Speicherringen geht bei jedem Umlauf Energie verloren, wodurch Maschinen mit sehr hoher Energie, wie das LEP, einen gigantischen Umfang haben müssen, um die Verluste klein zu halten. Beim SLC gibt es einen kleinen, einmaligen Verlust beim Umbiegen der Strahlen in die Zielgerade. Ein Linearbeschleuniger ist also alles in allem kleiner und billiger. Und da der Linearbeschleuniger bereits vorhanden war, konnte das SLAC den SLC etwa zeitgleich mit dem LEP fertigstellen. Tatsächlich war es sogar vier Monate im Vorsprung.

38.5 Das LEP

Im August 1989 starrte die Gemeinschaft der Teilchenphysiker wie gebannt auf das größte wissenschaftliche Instrument, das je gebaut wurde: Der Bau des 27 Kilometer langen Large Electron-Positron Collider (LEP), am CERN vor Genf quer unter die französisch-schweizerische Grenze getrieben, hatte sechs Jahre und 1.2 Milliarden Schweizer Franken verschlungen.

Der 3.8 Meter große LEP-Tunnel, in dem das Strahlrohr untergebracht ist, liegt in einer Tiefe von 100 bis 150 Meter unter der Erde und ist um etwa $0.8°$ gegen die Horizontale geneigt, um den Anteil seiner Länge zu verringern, die in das Gestein des Jura gebohrt werden mußte (Bild 38.9). Einen Eindruck für die Größenverhältnisse gibt eine Luftaufnahme (Bild 38.10), in dem das LEP und das SPS eingezeichnet wurden. Die Länge von 27 Kilometer ist notwendig, um die Verluste durch Synchrotronstrahlung so gering wie möglich zu halten. Der Energieverlust eines geladenen Teilchens durch Synchrotronstrahlung ist proportional zu $(E/m)^4/R$, wobei E und m die Energie und Masse des Teilchens sind und R der Radius des Rings. Bei Strahlen von 50 GeV (die Hälfte der vorgesehenen Energie) verliert man pro Umlauf 400 MeV; bei 100 GeV Strahlenergie summieren sich die Verluste auf über 3 GeV pro Umlauf auf.

Die Elektronen und Positronen werden in den LEP-Ring eingespeist, nachdem sie im SPS auf 20 GeV vorbeschlenigt wurden. In entgegengesetzten Richtungen umlaufend, werden sie durch 3328 Biegemagneten geführt und durch 1272 Fokussiermagnete in bleistiftdicke Strahlen gebündelt. An vier Stellen in gleichem Abstand voneinander läßt man die gegenläufigen Strahlen sich kreuzen. Die daraus entstehenden e^+e^--Reaktionen werden durch vier gewaltige Detektoren registriert, von denen jeder 3000 Tonnen Gewicht übersteigt. Die vier Detektoren, OPAL, ALEPH, DELPHI und L3, wurden durch internationale Kollaborationen, an denen auch Nichtmitgliedsstaaten des CERN (wie die USA) teilnehmen, gebaut und betrieben und bestehen aus vielen verschiedenen, sich ergänzenden Einzelteilen.

Der Bau des LEP war ein organisatorisches, technologisches und ingenieurwissenschaftliches Wunder. Wahrhaft bemerkenswert ist, daß das Projekt rechtzeitig und ohne Überziehung der Mittel fertiggestellt wurde. Der Beweis für dieses Wunder war der *Pilotversuch* — der erste Betrieb mit gegenläufigen e^+e^--Strahlen — am 14. August 1989. Die Strahlenergien wurden auf 45.5 GeV gebracht, und nach knappen 16 Minuten hatte man bereits das erste Z^0 gefunden! Im Gegensatz dazu benötigte das SLC gut zwei Jahre, bis es sein erstes Z^0 produzierte, weil unerwartete Schwierigkeiten mit der unkonventionellen Beschleunigertechnologie auftauchten.

Bild 38.8 Ansicht entlang der Strahlachse des SLAC Large Detector (Großer Detektor), der den Wechselwirkungspunkt des SLC umgibt (Photo SLAC)

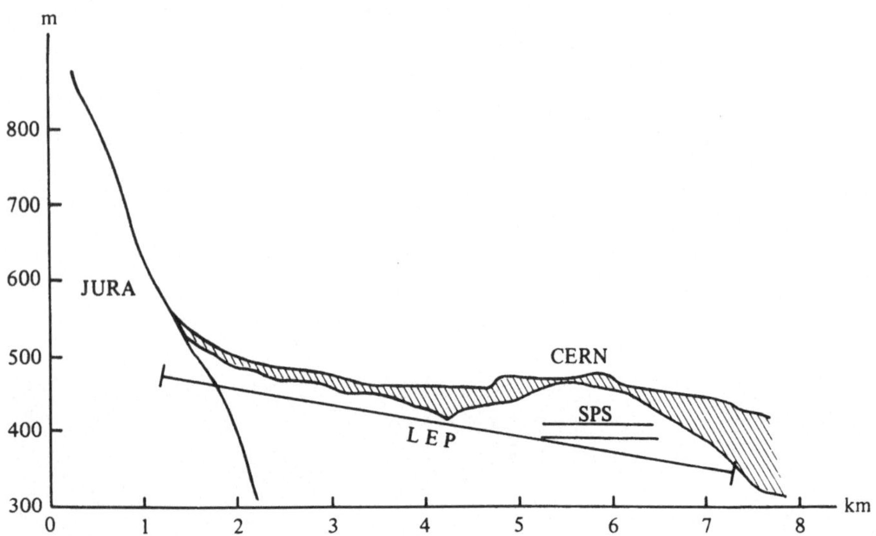

Bild 38.9 Lage des LEP-Rings am CERN

Zur Zeit wird das LEP in seiner ersten Phase mit Strahlenergieen bis maximal 55 GeV betrieben, die Reaktionsenergien von höchstens 110 GeV im Schwerpunktsystem zulassen. In den nächsten Jahren sollen die 128 Radiofrequenzkavitäten aus Kupfer Zug um Zug durch supraleitende Kavitäten aus Niob ersetzt werden, was zu einer Verdopplung der Energie führen sollte. Bis dahin wird das LEP im Wesentlichen als Z^0-Fabrik genutzt, um dessen Masse und Zerfallsbreite mit hoher Präzision zu bestimmen*.

38.6 Ausblick

Beschließen wir dieses Kapitel mit einer Zusammenfassung der wichtigsten Erkenntnisse aus zwei Jahrzehnten e^+e^--Physik. Am spektakulärsten war wohl die Entdeckung von Charm und der ganzen Fülle an neuen Teilchen, die sich als gebundene Quark-Antiquark-Zustände herausstellten. Anschließend wurde das Bottom-Quark mit seinem gebundenen $b\bar{b}$-Zustand gefunden, durch das sich die dritte Generation der Fermionen (Quarks und Leptonen) ankündigte. Kurz darauf wurde das τ als leptonisches Mitglied dieser dritten Generation erkannt.

Aus den e^+e^--Reaktionen haben wir nicht nur über die elektroschwachen Eigenschaften der Quarks und Leptonen, sondern auch über die hadronische Struktur und die Starke Wechselwirkung viel gelernt. Erstens deutete die Konstanz des Verhältnisses R auf die Existenz von Partonen als punktförmige Bestandteile der Hadronen hin. Zweitens zeigte die Winkelverteilung der hadronischen Zwei-Jet-Ereignisse, daß die geladenen Partonen den Spin $\frac{1}{2}\hbar$ besitzen. Drittens kann der Wert von R nur dann verstanden werden, wenn man für die Quarks gebrochene Ladungen annimmt. Und viertens zeigte die Winkelverteilung der Drei-Jet-Ereignisse, daß dic Gluonen den Spin $\hbar$ tragen.

* Im Sommer 1996 erzeugte das LEP erstmals W-Paare. (D.Üb.)

Bild 38.10 Luftaufnahme des CERN vor den Bergen des Jura. Die großen Kreise haben einen Umfang von 27 bzw. 7 Kilometer und zeigen die Lage der LEP- und SPS-Ringe (Photo CERN).

Während die großen e^+e^--Beschleuniger immer genauere Messungen der detaillierten Voraussagen des Standardmodells liefern, warten die Teilchenphysiker auf eine noch interessantere und wichtigere Bestätigung der Theorie: die Entdeckung des flüchtigen Higgs-Bosons und des Top-Quarks. Aber selbst wenn diese zwei Teilchen mit den derzeitigen Beschleunigern nicht zu produzieren wären, sollten wir nicht verzagen. Viele wichtige Entdeckungen der Physik (zum Beispiel die von Charm) waren zu ihrer Zeit völlig überraschend gewesen, und es gibt immer die Möglichkeit, daß bei höheren Energien wieder wichtige und ganz unerwartete Phänomene auftauchen.

IX Aktueller Forschungsstand

39 Große vereinheitlichte Theorien

39.1 Einleitung

Das erfolgreiche Modell der elektroschwachen Wechselwirkung von Glashow-Weinberg-Salam und die Fortschritte der QCD haben das Interesse der Teilchenphysik auf zwei Teilchensorten (Leptonen und Quarks) und zwei Kräfte (die elektroschwache und die Starke) reduziert, wenn man die Schwerkraft einmal vergißt. Zusammen bilden die elektroschwache Theorie und die QCD das *Standardmodell* der Teilchenphysik. Das Standardmodell war über alle Hoffnungen hinaus erfolgreich in der Beschreibung der Experimente. Es gibt keinen Hinweis, daß es falsch oder in irgendwelchem Bereich ungültig sei. Aber als die endgültige Theorie der Mikrowelt will es trotzdem nicht erscheinen, weil es einerseits sehr komplex ist und andererseits vielen Fragen die Antwort verweigert. Diese Einwände deuten darauf hin, daß es möglicherweise tiefere Symmetrien im Standardmodell gibt, die zu einer Vereinheitlichung der Starken und der elektroschwachen Wechselwirkungen zu einer einzigen *Großen vereinheitlichten Theorie** (GvT) führen könnten. Die Kräfte, die wir jetzt beobachten, wären dann lediglich niederenergetische Erscheinungsweisen einer einzigen vereinheitlichten Kraft.

Selbst bei niedrigen Energien gibt es eine starke Ähnlichkeit zwischen Quarks und Leptonen. Sie sind beide punktförmig, tauchen beide in drei Generationen auf und werden von der elektroschwachen Kraft gleich behandelt. Die Kräfte, die auf sie wirken, werden mit Hilfe von Eichtheorien beschrieben, die anzudeuten scheinen, daß ihre jeweilige Stärke bei sehr kurzen Abständen (also sehr hohen Energien) zum gleichen Wert strebt. Diese Beobachtungen deuten auf eine einheitliche Beschreibung von Quarks und Leptonen und eine einheitliche Formulierung der Starken und der elektroschwachen Wechselwirkung hin — eben eine Große vereinheitlichte Theorie.

Es gibt nicht nur ästhetische, sondern auch praktische Gesichtspunkte, die eine solche Theorie wünschenswert erscheinen lassen. Zunächst möchte man die Quantisierung der elektrischen Ladung verstehen, und insbesondere, warum die Ladung des Elektrons der des Protons genau entgegengesetzt ist (was zu Ladungen mit Drittelzahlen für die Quarks führt). Andererseits möchte man die Anzahl der *freien* Parameter in der Theorie verringern. In getrennten Theorien braucht man deren 19 (Massen, Ladungen, Mischungswinkel, usw.), die aus dem Experiment bestimmt werden müssen. In einer vereinheitlichten Theorie müßten etliche von ihnen aus Gründen der Selbstkonsistenz festgelegte Werte besitzen.

Die allgemeine Vorgehensweise für eine vereinheitlichte Theorie wird durch den Erfolg der Eichtheorien bei der Schwachen und der Starken Kraft nahegelegt. Die Vereinheitlichung der so verschiedenen elektromagnetischen und Schwachen Kräfte durch das Prinzip der spontanen Symmetriebrechung deutet darauf hin, daß dieses auch bei der Großen vereinheitlichten Theorie eine Rolle spielen könnte. Schauen wir uns diesen Mechanismus noch einmal kurz an.

Die Einführung eines Higgs-Bosons erlaubt es den elektroschwachen Eichbosonen, verschiedene Massen anzunehmen ($M_{W^\pm} = 80\,\text{GeV}, M_{Z^0} = 91\,\text{GeV}, M_\gamma = 0$). Bei

* Engl.: *Grand Unified Theory*, abgekürzt *GUT*

Wechselwirkungsenergien, die viel größer als diese Massen sind (etwa ab 10^4 GeV), sind die Massen unwichtig, und alle Eichbosonen werden leicht erzeugt. Die von ihnen übermittelten Kräfte sind dann alle gleich stark, und die $SU(2) \otimes U(1)$-Symmetrie wird offensichtlich. Bei Energien von der Größenordnung der Eichbosonenmassen (etwa 10^2 GeV) kann man die Massen nicht mehr vernachlässigen, und die Erzeugung von $W^\pm$ und Z^0 wird schwierig. Bei Energien unterhalb der Eichbosonenmassen, können (aus Gründen der Energieerhaltung) $W^\pm$ und Z^0 nur als virtuelle Teilchen erzeugt werden. Dadurch erklärt sich die kurze Reichweite der Schwachen Kraft: Das Unschärfeprinzip besagt, daß Energie- und Impulserhaltung nur über kleine Entfernungen hinweg verletzt werden dürfen. Bei Abständen über 10^{-16} m (Energien unter 10^2 GeV entsprechend) ist die Schwache Kraft viel schwächer als die elektromagnetische, und die elektroschwache Symmetrie ist gebrochen. Nur die Abelsche elektromagnetische Symmetrie überlebt.

39.2 Der Aufbau einer GvT

Wir haben gesehen, daß die Lagrange-Funktion der Wechselwirkung der Leptonen gegen Transformationen der Gruppe $SU(2) \otimes U(1)$ invariant sein muß, damit sie die richtigen Eichbosonen der elektroschwachen Kraft erzeugt. Genauso erhält man die Gluonstruktur der QCD, wenn man annimmt, daß die Lagrange-Funktion der Quarks gegen Transformationen der Gruppe $SU(3)_C$ invariant sei. Für die Eichbosonen einer GvT muß die Gruppe, gegen die die Lagrange-Funktion der Wechselwirkungen der Quarks *und* Leptonen invariant sein soll, sowohl $SU(2) \otimes U(1)$ als auch $SU(3)_C$ als Untergruppe enthalten.

$$\mathbf{5} = [(\mathrm{d^r}, \mathrm{d^g}, \mathrm{d^b}), \mathrm{e}^+, \overline{\nu}_\mathrm{e}]_R; \quad \mathbf{10}^* = [(\mathrm{u^r}, \mathrm{u^g}, \mathrm{u^b}), (\overline{\mathrm{u}}^\mathrm{r}, \overline{\mathrm{u}}^\mathrm{g}, \overline{\mathrm{u}}^\mathrm{b}), (\overline{\mathrm{d}}^\mathrm{r}, \overline{\mathrm{d}}^\mathrm{g}, \overline{\mathrm{d}}^\mathrm{b}), \mathrm{e}^-]_R$$
$$\mathbf{5}^* = [(\overline{\mathrm{d}}^\mathrm{r}, \overline{\mathrm{d}}^\mathrm{g}, \overline{\mathrm{d}}^\mathrm{b}), \mathrm{e}^-, \nu_\mathrm{e}]_L; \quad \mathbf{10} = [(\overline{\mathrm{u}}^\mathrm{r}, \overline{\mathrm{u}}^\mathrm{g}, \overline{\mathrm{u}}^\mathrm{b}), (\mathrm{u^r}, \mathrm{u^g}, \mathrm{u^b}), (\mathrm{d^r}, \mathrm{d^g}, \mathrm{d^b}), \mathrm{e}^+]_L$$

Bild 39.1 Die fünf- und zehnkomponentigen Multipletts der einfachsten $SU(5)$-GvT. Entsprechend sind die zweite und dritte Generation aufgebaut.

Es gibt mehrere Möglichkeiten für diese Große Symmetriegruppe, und jede erzeugt eine anderes Teilchenspektrum. Die einfachste Theorie basiert auf einer $SU(5)$-Symmetrie. Die Grunddarstellung dieser Theorie ist eine **5**, die die rechtshändigen Komponenten des Down-Quarks in den drei Farben, des Positrons und des Elektron-Antineutrinos (das es ja nur als rechtshändiges gibt) enthält. Die rechtshändigen Komponenten der übrigen Teilchen der ersten Generation befinden sich in einem $\mathbf{10}^*$-Multiplett und die linkshändigen in den konjugierten $\mathbf{5}^*$- und $\mathbf{10}$-Multipletts (Bild 39.1). Die zweite und dritte Generation befinden sich dann in Multipletts der gleichen $SU(5)$-Struktur: $(\mathbf{5} \oplus \mathbf{10}^*) \oplus (\mathbf{5}^* \oplus \mathbf{10})$. Eine $SU(5)$-Transformation der Multipletts entspricht einer Umdefinition von Quarks und Leptonen. Soll die Lagrange-Funktion gegen lokale $SU(5)$-Transformationen invariant sein, braucht man eine **24** als Eichbosonmultiplett. Die Hälfte davon sind uns geläufige Teilchen: das Photon, $W^\pm$, Z^0 und die acht Gluonen. Die zwölf übrigen Bosonen sind neu und haben die Ladungen $\pm\frac{4}{3}$ und $\pm\frac{1}{3}$; sie werden mit X bezeichnet und übermitteln neue Kräfte, die Quarks in Leptonen und umgekehrt verwandeln können (Bild 39.2).

An dieser Stelle können wir bereits die Ladungsquantisierung als natürliche Eigenschaft der $SU(5)$ erkennen. Erstens verlangt die Symmetrie, daß die Gesamtladung einer

	d_R^r	d_R^g	d_R^b	e_R^+	$\overline{\nu}_e$
d_R^r	g^0, γ, Z^0	$g^{r\to g}$	$g^{r\to b}$	$X_{-4/3}^r$	$X_{-1/3}^r$
d_R^g	$g^{g\to r}$	g^0, γ, Z^0	$g^{g\to b}$	$X_{-4/3}^g$	$X_{-1/3}^g$
d_R^b	$g^{b\to r}$	$g^{b\to g}$	g^0, γ, Z^0	$X_{-4/3}^b$	$X_{-1/3}^b$
e_R^+	$X_{4/3}^r$	$X_{4/3}^g$	$X_{4/3}^b$	γ, Z^0	W^+
$\overline{\nu}_e$	$X_{1/3}^r$	$X_{1/3}^g$	$X_{1/3}^b$	W^-	γ, Z^0

Bild 39.2 Die $SU(5)$-Symmetrie der GvT bewirkt Übergänge innerhalb der fundamentalen fünfkomponentigen Darstellung (bestehend aus den rechtshändigen Down-Quarks in den drei Farben, Positron und Antineutrino). Zu den Eichbosonen gehören die acht Gluonen g der $SU(3)_C$ der QCD, sowie die $\gamma, W^{\pm}, Z^0$ der $SU(2) \otimes U(1)$ der elektroschwachen Theorie.

fundamentalen Darstellung verschwindet, und zweitens kann die Ladung sich nur um den Betrag der Ladung der Eichbosonen verändern (also um Vielfache von $\frac{1}{3}e$). Damit ist auch das Verhältnis der Quark- zur Leptonladung erklärt.

Bis zum heutigen Tag wurde keine Kraft entdeckt, die Quarks in Leptonen oder Leptonen in Quarks umwandelt. Dies erklärt man mit einer spontanen Brechung der $SU(5)$-Symmetrie durch ein geeignetes Multiplett von H genannten Higgs-Feldern, die die gewünschten Massen der $W^{\pm}$ und Z^0 erzeugen, während die X-Bosonen Massen um die 10^{15} GeV bekommen. Diese überschweren Teilchen liegen weit jenseits der Energie, die von Beschleunigern je erreicht werden wird, und übertrifft selbst die energiereichsten Vorgänge im gesamten Universum. (Es gab sie jedoch in großer Zahl in den ersten 10^{-35} s nach dem Urknall, als die Temperatur noch über 10^{28} K lag, was eben 10^{15} GeV entspricht.) Ein direkter Nachweis scheint demnach völlig ausgeschlossen. Aus ihren enormen Massen folgt auch, daß die Kräfte, die sie übermitteln, bei Wechselwirkungsenergien, die den Massen der Quanten der anderen Kräfte entsprechen, völlig unwichtig sind.

Die Große vereinheitlichte Theorie enthält eine ganze Hierarchie von spontanen Symmetriebrechungen, die von einem sehr einfachen Zustand bei sehr hoher Energie zur Komplexität bei beobachtbaren Energien führt. Oberhalb von 10^{15} GeV werden alle Eichbosonen, auch die X-Bosonen, frei erzeugt, und alle Kräfte sind sichtbar: Quarks können sich genauso einfach in Leptonen verwandeln wie ihre Farbe wechseln. Die Große $SU(5)$-Symmetrie ist offenbar. Bei einer Energie um 10^{15} GeV zerfällt die $SU(5)$-Symmetrie in getrennte $SU(3)$ und $SU(2)\otimes U(1)$-Symmetrien, und die Große vereinheitlichte Kraft spaltet sich in die Starke Farbkraft und die elektroschwache Kraft auf; die Kraft, die Quarks in Leptonen verwandelt, verliert an Bedeutung. Zwischen 10^4 und 10^{15} GeV existieren die Starke und die elektroschwache Kraft nebeneinander, und zwischen Quarks und Leptonen gibt es nur noch wenig Wechselwirkungen. Bei etwa 10^2 GeV wird die $SU(2) \otimes U(1)$-Symmetrie ihrerseits gebrochen, und die elektroschwache Kraft zerfällt in eine Schwache und eine elektromagnetische.

Zu diesem Bild der Vereinheitlichung aller Kräfte gehört auch die Abhängigkeit der Stärke der einzelnen Ladungen als Funktion des Abstandes, aus dem man sie sieht. Wir erinnern uns an die asymptotische Freiheit in der QCD, deren Entdeckung erstmals die Wichtigkeit dieses Effektes unterstrich. Die Farbladung eines Quarks verteilt sich im See von virtuellen Gluonen und Quark-Antiquark-Paaren in der Umgebung des Quarks. Je näher man dem Quark rückt (je größer die Energie des mit ihm wechselwirkenden Teilchens ist), um so weniger Farbe scheint es zu tragen. Ein ähnlicher abschwächender Effekt tritt, wenn auch in geringerem Umfang, bei der Schwachen leptonischen Ladung auf, während die Abelsche Struktur des Elektromagnetismus' die effektive Stärke der elektrischen Ladung mit abnehmendem Abstand ansteigen läßt, wie wir in Abschnitt 32 sahen.

Die relative Stärke der Kräfte, gemessen an gängigen experimentellen Abständen (siehe Tabelle 5.I), und die oben beschriebenen Abhängigkeiten führen zu der Vermutung, daß bei einem gewissen Abstand alle drei Kräfte die gleiche Stärke besitzen. In der Tat kann man diesen Punkt berechnen, und bei der $SU(5)$ ergibt sich die phantastisch kleine Zahl von 10^{-29} cm. Umgekehrt benötigt man, um solch kleine Distanzen aufzulösen, eine Energie von 10^{15} GeV. Dies ist aber genau der Wert, bei dem die Große Symmetriegruppe $SU(5)$ wirksam wird und die X-Bosonen die Quark-Lepton-Umwandlungen frei vermitteln können. Die Abhängigkeit der Stärke der Kräfte mit dem Abstand wird in Bild 39.3 gezeigt: Die jenseits von 10^{15} GeV vereinheitlichte Kraft spaltet sich in drei Kräfte verschiedener Stärke auf, die unterhalb von 10^2 GeV beobachtet werden.

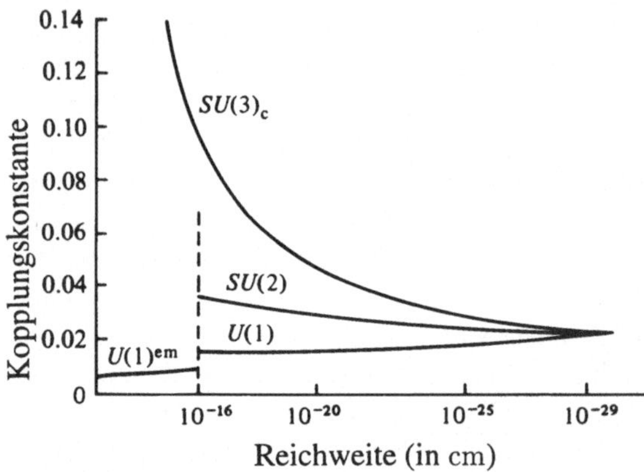

Bild 39.3 Quantentheoretische Abschirmung und Antiabschirmung der Ladung sagen eine Gleichheit der Kopplungskonstanten (Stärke der Kräfte) bei sehr hohen Energien von etwa 10^{15} GeV (entspricht Abständen von 10^{-29} cm) voraus. Die Unstetigkeit bei 10^{-16} cm rührt vom Zerfall der vereinheitlichten elektroschwachen Kraft in die elektromagnetische und die Schwache Kraft (deren Reichweite diese Entfernung nicht übersteigt) her.

Große vereinheitlichte Theorien erlauben ebenfalls weitere Berechnungen, an denen man den Erfolg dieses Konzeptes messen kann. Erstens erlaubt die Vereinheitlichung der Kopplungsstärken das Verhältnis der $U(1)$-Kopplungskonstanten zur $SU(2)$-Konstanten in der elektroschwachen Theorie, also den Schwachen Mischungswinkel, zu berechnen. Die minimale $SU(5)$-Theorie liefert den Wert $\sin^2 \vartheta_W = 0.214$, was mit dem derzeitigen experimentellen Wert von 0.2324 ± 0.0011 verglichen werden muß. Diese Werte sind zwar deutlich verschieden; daß sie aber dennoch so nahe beieinander liegen, ist einer der größten Erfolge der Großen Vereinheitlichung. In der Tat kann man etwas kompliziertere GvT's mit mehr Feldern und/oder anderen Großen Symmetriegruppen (die immer noch $SU(3)_C$ und $SU(2) \otimes U(1)$ enthalten) basteln, die den gemessenen Wert sehr gut wiedergeben. Zweitens kann man das Verhältnis der Masse des Bottom-Quarks zu der des τ-Leptons berechnen und erhält ungefähr einen Faktor 3, während man experimentell den Wert 2.5 mißt.

Diese Resultate stärken unser Vertrauen in die Große Vereinheitlichung, aber auf sie schwören kann man erst, wenn man Phänomene beobachtet, die nur von ihr vorausgesagt werden. Dies ist bisher nicht der Fall gewesen.

39.3 Folgen der Großen Vereinheitlichung

Die dramatischste Folge der Großen Vereinheitlichung ist, daß die Baryonenzahl nicht mehr unbedingt erhalten ist. Ein Quark (mit Baryonzahl $B = \frac{1}{3}$) kann in ein Lepton (mit $B = 0$) oder ein Antiquark (mit $B = -\frac{1}{3}$) übergehen. Dies wirft die Frage nach dem Protonzerfall auf, während es, da das leichteste aller Baryonen, bisher als absolut stabil galt. Das Proton kann zerfallen, wenn eines seiner u-Quarks ein virtuelles X aussendet und sich in ein $\overline{\mathrm{u}}$-Quark verwandelt, während das X-Boson, vom d-Quark absorbiert, dieses in ein Positron umwandelt (Bild 39.4). Somit können Proton wie Neutron in ein Positron nebst Pion zerfallen:

$$\mathrm{p} \rightarrow \mathrm{e}^+ + \pi^0, \quad \mathrm{n} \rightarrow \mathrm{e}^+ + \pi^-.$$

Bedenkt man, daß das neutrale Pion in zwei Photonen zerfällt und das Positron mit einem Elektron ebenfalls zu Photonen annihiliert, gelangt man zu der apokalyptischen Schlußfolgerung, daß alle Materie letztlich in Strahlung zerfällt und somit eine Art Batterie für eine kosmische Taschenlampe ist.

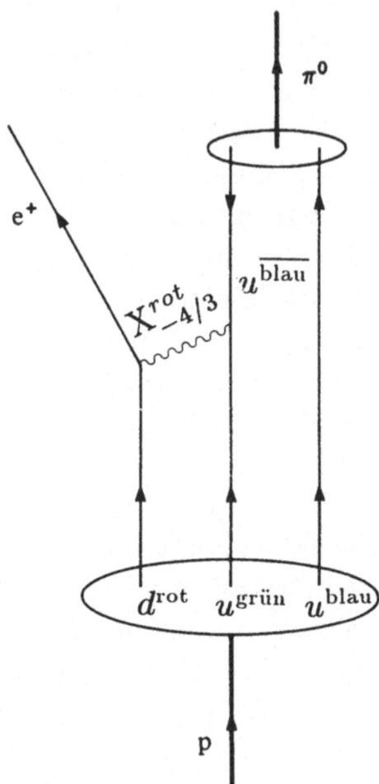

Bild 39.4 Der Zerfall eines Protons in ein Positron und ein Pion findet über den Austausch eines überschweren X-Bosons zwischen einem u- und einem d-Quark statt.

Da aber noch keiner unter uns eines schönen Tages wie ein Komet verglühte, bleibt uns ein Hoffnungsschimmer: Es muß sich um einen sehr langsamen Prozeß handeln. In der Tat kann man die Zerfallsrate des Protons in den GvT berechnen. In der minimalen $SU(5)$-GvT, die wir oben vorgestellt haben, beträgt die mittlere Lebensdauer des Protons 10^{31} Jahre. Bedenkt man, daß das Universum (seit dem Urknall) gerade 10^{10} Jahre alt ist, scheint das Proton doch recht langlebig zu sein. Trotz dieser immens langen Lebensdauer braucht man nur genügend Protonen anzuhäufen, um, mit etwas Glück, das eine oder andere zerfallen zu sehen — vielleicht eins bis zwei pro Jahr in einem geeigneten Detektor. So gibt es z.B. etwa 5×10^{31} Protonen und Neutronen in hundert Tonnen Materie. Der $SU(5)$ zufolge können wir fünf Zerfälle pro Jahr pro hundert Tonnen Materie erwarten.

In den letzten Jahren wurden mehrere Experimente zum Protonzerfall durchgeführt. Üblicherweise werden sie in aufgegebenen Bergwerksschächten tief unter der Erdoberfläche aufgebaut, um den Einfluß der kosmischen Strahlung zu vermeiden. Das Experiment besteht einfach darin, eine große Menge von Materie zu überwachen und nach einer spontanen Reaktion, die nach Protonzerfall aussieht, Ausschau zu halten. Bis heute ist es jedoch den Gruppen in Indien, Europa, Japan und den USA nicht gelungen, auch nur ein einziges, über alle Zweifel erhabenes Ereignis vorzustellen. Experimentell gibt es jetzt eine untere Schranke auf der Protonlebensdauer von $\tau(\mathrm{p} \rightarrow \pi^0 \mathrm{e}^+) > 4 \times 10^{32}$ Jahre. Diese Grenze, zusammen mit dem gemessenen Wert von $\sin^2 \vartheta_W$, scheint die einfachste $SU(5)$-GvT auszuschließen. Es gibt aber viele andere GvT, die einen korrekten Wert von $\sin^2 \vartheta_W$ und eine mit dem Experiment verträgliche Protonlebensdauer voraussagen. Die minimale GvT ist vielleicht tot, aber dem Konzept der GvT geht es sehr gut.

Eine weitere Folge der GvT ist, daß Neutrinos vielleicht doch eine kleine Masse besitzen. Im Modell der elektroschwachen Kraft von Glashow-Weinberg-Salam sorgen die Einhändigkeit der Neutrinos und die besondere Form des Higgs-Feldes für die spontane Symmetriebrechung dafür, daß die Neutrinos masselos bleiben. Auch in der einfachen $SU(5)$-GvT ist das noch so. Es gibt aber vernünftige GvT mit komplizierteren Higgs-Feldern und mehr fundamentalen Teilchen (unter ihnen dann auch rechtshändige Neutrinos), die eine sehr kleine Masse zwischen 10^{-3} und 10 eV vorsehen.

Gibt es eine solche Masse, dann können die Neutrinos möglicherweise zwischen dem Elektron-, dem Myon- und dem Tau-Typ oszillieren und so die bislang hochheilige Leptontypzahlerhaltung verletzen. Dieser Effekt ähnelt der K^0-$\overline{\mathrm{K}^0}$-Mischung aus Abschnitt 15; das heißt, daß die Masseneigenzustände der Neutrinos nicht unbedingt mit den Eigenzuständen der Schwachen Kraft übereinstimmen. Dies würde zu einer Oszillation zwischen den verschiedenen Neutrinotypen führen, wenn ein Neutrinostrahl sich im Raum fortpflanzt, genau wie ein K^0-Strahl sich spontan in einen $\overline{\mathrm{K}^0}$-Strahl umwandeln kann (siehe Abschnitt 15).

Dieser Effekt würde einen Strahl von Elektron-Antineutrinos (z.B. aus einem Kernreaktor) in Myon-Antineutrinos umwandeln und damit eine Abnahme der elektronartigen Reaktionen des Typs $\overline{\nu}_\mathrm{e} + \mathrm{p} \rightarrow \mathrm{e}^+ + \mathrm{n}$ in der Nähe des Reaktors (verglichen mit den Raten, die man aus der nicht-oszillierenden Neutrinotheorie erwartet) hervorrufen. Es gibt mehrere Experimente, die derzeit versuchen, Neutrinooszillationen zu messen, und ihre Ergebnisse sind ziemlich widersprüchlich. Unter Physikern herrscht das Gefühl vor, daß die Hinweise auf Neutrinooszillationen nicht ausreichen, aber ganz ausschließen kann man sie deshalb noch nicht.

Ohne Neutrinomasse gibt es keine Oszillationen, aber das Gegenteil ist nicht notwendigerweise wahr. Das Neutrino kann wohl eine Masse haben und trotzdem nicht oszillieren. Es gibt Experimente, die die Masse des Neutrinos direkt zu bestimmen versuchen, indem sie die Energien aller anderen an einem β-Zerfall beteiligten Teilchen messen. Ein russisches Experiment aus den 80er Jahren behauptet, eine endliche Masse für das Neutrino gefunden zu haben, aber das Ergebnis konnte bisher nirgends bestätigt werden. Schlimmer noch, es widerspricht einigen anderen Experimenten, die eine obere Grenze für die Masse des Elektronneutrino von $m_{\nu_\mathrm{e}} < 10\,\mathrm{eV}$ angeben.

Daß das Neutrino eine winzige Masse haben sollte, klingt zunächst eher nebensächlich, aber die kosmologischen Folgen wären in der Tat beträchtlich. Die augenblickliche Neutrinodichte im Weltall beträgt ungefähr hundertzehn Exemplare jeder Sorte pro Kubikzentimeter. Eine kleine von Null verschiedene Masse bedeutete, daß die Neutrinos einen signifikanten Beitrag zur Massendichte im Weltall beitrügen und damit eine entscheidende Rolle in der Entwicklung des Universums spielten (Abschnitt 42.3). Dies ist die erste einer Reihe von Schnittstellen zwischen Teilchenphysik und Kosmologie, auf die wir in Abschnitt 42 genauer eingehen werden.

Große vereinheitlichte Theorien sehen ebenfalls die Existenz von magnetischen Monopolen vor mit einer Masse, die etwas über der von X-Bosonen liegt, nämlich bei 10^{16} GeV. (Die Frage nach den magnetischen Monopolen wird ausführlich in Abschnitt 44.4 erörtert.) Zusätzlich zu ihren elektromagnetischen Eigenschaften könnten die Monopole der GvT als Katalysatoren in baryonzahlverletzenden Reaktionen wirken und damit z.B. den Protonzerfall beschleunigen.

39.4 Baryogenese

In diesem Abschnitt greifen wir der Besprechung der engen Verbindung von Teilchenphysik und Kosmologie aus Abschnitt 42 etwas voraus. Wir wollen untersuchen, warum das Weltall aus Materie und nicht aus Antimaterie besteht.

Es gilt als wahrscheinlich, daß es nirgends im Universum große Ansammlungen von Antimaterie gibt und in unserem lokalen Galaxienhaufen schon gar nicht. Es erhebt sich die Frage, warum dies so ist, wenn man die (philosophisch einzig befriedigende) Annahme macht, daß beim Urknall die Hand Gottes sich nicht beliebig für die eine oder die andere Sorte von Materie entschieden hat (also, daß der Anfangszustand symmetrisch bezüglich Materie und Antimaterie war). Materie bedeutet für uns die gewöhnliche baryonische Materie; wir müssen also erklären, wie der Überschuß von Baryonen, verglichen mit Antibaryonen, zustande kam. 1967 zeigte der russische Physiker (und Dissident) Andrej Sakharov, daß man einen Überschuß an Baryonen nur erhält, wenn (i) die Baryonzahl verletzt ist, (ii) $\mathcal{CP}$ und $\mathcal{C}$ verletzt sind (sonst wären die Erzeugungsraten für Quarks und Antiquarks gleich) und (iii) der Zustand nicht im Gleichgewicht ist (im Gleichgewicht verlangt $\mathcal{CPT}$ die gleiche Anzahl von Baryonen und Antibaryonen). Die Großen vereinheitlichten Theorien haben natürlich die verlangte Baryonzahlverletzung. Gibt es auch $\mathcal{CP}$- und $\mathcal{C}$-Verletzung und durchläuft das Weltall eine Phase, in der es nicht im Gleichgewicht ist, kann eine von Null verschiedene Baryonzahl entstehen. Diesen Prozeß nennt man *Baryogenese*. Der Vorgang ist noch recht spekulativ, aber es gibt viele gute Argumente dafür.

Bis zu 10^{-35} s nach dem Urknall war die Temperatur des jungen Universums höher als 10^{28} K, was einer durchschnittlichen Energie der Materieteilchen von über 10^{15} GeV($\approx M_{\mathrm{X}}$) entspricht. In diesem Zustand werden die überschweren Eichbosonen X und ihre Antiteilchen $\overline{\mathrm{X}}$ in Teilchenstößen leicht erzeugt, und im thermischen Gleichgewicht bleiben gleich viele X wie $\overline{\mathrm{X}}$ übrig (d.h. daß bei Stößen genau so viele erzeugt wie vernichtet werden):

$$\mathrm{X} + \overline{\mathrm{X}} \leftrightarrow \text{Materie} + \text{Strahlung}.$$

Beim Ausdehnen kühlte sich das Weltall jedoch ab. Als die Temperatur unterhalb von M_{X} fiel, konnten keine X und $\overline{\mathrm{X}}$-Bosonen mehr erzeugt werden, da die durchschnittliche Reaktionsenergie nicht mehr ausreichte. Gleichzeitig konnten sie nicht mehr annihilieren, denn die Expansion des Weltalls hatte aus dem Gleichgewicht herausgeführt, weil das Weltall sich schneller ausdehnte, als die Bosonen wechselwirken konnten (Bild 39.5). Die

X und $\overline{\mathrm{X}}$-Bosonen mußten also zerfallen. Wegen der in Abschnitt 15 beschriebenen $\mathcal{CP}$-Verletzung ist es nicht sicher, ob die Baryonzahl der Zerfallsprodukte des X genau entgegengesetzt jener der Endzustände des $\overline{\mathrm{X}}$-Zerfalls ist.

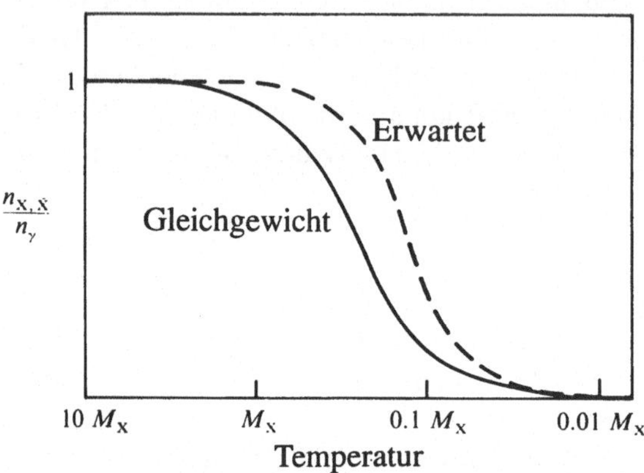

Bild 39.5 Anzahl der X, $\overline{\mathrm{X}}$-Bosonen pro Photon. Sinkt die durchschnittliche Teilchenenergie $k_B T$ unterhalb von $M_X c^2$, bewirkt die Ausdehnung des Weltalls ein Ungleichgewicht, und die X und $\overline{\mathrm{X}}$ können sich nicht mehr vernichten. Bei weiterer Abkühlung beginnen sie zu zerfallen, um das Gleichgewicht wieder herzustellen. (N.B.: In der Achsenbeschriftung wurden c und die Boltzmannsche Konstante k_B gleich eins gesetzt.)

Der $\mathcal{CP}$-verletzende Zerfall der X- und $\overline{\mathrm{X}}$-Bosonen kann also eine von Null verschiedene Baroynzahl für das Universum erzeugen, obwohl anfangs die X und $\overline{\mathrm{X}}$ in gleicher Zahl existierten. Bei weiterhin fallender Durchschnittsenergie der Teilchen werden dann baryonzahlverletzende Prozesse zunehmend unwichtiger und der Nettoüberschuß an Baryonen somit eingefroren. Als Maß für diesen Überschuß benutzt man das Verhältnis der Baryondichte n_B zur kosmologischen Photonendichte zum Zeitpunkt des Urknalls n_γ ($\approx$ 400 cm^{-3}). Der beobachtete Wert für dieses Verhältnis,

$$\eta = \frac{n_B}{n_\gamma} = (4 \pm 1) \times 10^{-10},$$

wird von vielen GvT richtig vorausgesagt.

Dieses faszinierend einfache Bild der Baryogenese sollte jedoch nicht verschleiern, daß die Anwendung der GvT auf den Zustand des frühen Universums in hohem Maß spekulativ sind. Wir haben viele mögliche Unbekannte schlicht ignoriert. Hierzu gehört zum Beispiel die Rolle der überschweren Großen Higgs-Bosonen (die in allen GvT vorkommen müssen), der ursprünglichen Schwarzen Löcher (siehe Abschnitt 40.4) und der magnetischen Monopole. In der Tat spielen in einigen GvT die überschweren Higgs-Bosonen H die zentrale Rolle in der Baryogenese; die obige Diskussion bleibt gültig, wenn wir X und $\overline{\mathrm{X}}$ durch H und $\overline{\mathrm{H}}$ ersetzen.

39.5 Zusammenfassung

Die Wichtigkeit des Begriffs der Großen Vereinheitlichung liegt in der verlockenden Möglichkeit, die er uns eröffnet, die Starken, elektromagnetischen und Schwachen Wechselwirkungen einheitlich als *eine* einzige universelle Kraft zu beschreiben, die *einer* Großen vereinheitlichten Symmetriegruppe entstammt. Die drei Kräfte, die wir beobachten, wären dann nichts weiteres, als verschiedene niederenergetische (langreichweitige) Erscheinungen der Großen vereinheitlichten Kraft. Natürlich können die GvT nicht der Weisheit letzter Schluß sein, da sie ja die Schwerkraft nicht berücksichtigen. Ihre interessanten Eigenschaften — Ladungsquantisierung, Baryogenese, Vorhersage von $\sin^2 \vartheta_W$, usw. — lassen jedoch vermuten, daß sie den Weg zu einer noch besser vereinheitlichten Theorie weisen können.

40 Quantengravitation

40.1 Einleitung

In Abschnitt 5 haben wir gesehen, daß die Schwerkraft universell ist: Jedes Teilchen verspürt sie kraft seiner Masse und Energie. Die Schwerkraft ist auch, um viele Größenordnungen, die schwächste der vier bekannten Kräfte. Sie besitzt jedoch zwei Eigenschaften, die ihr einen wichtigen, wenn nicht einen herausragenden Stellenwert sichern: (i) Sie ist langreichweitig und (ii) stets anziehend. Diese Eigenschaften machen aus der Schwerkraft eine kumulative Kraft und sorgen dafür, daß die sehr schwache Anziehung zwischen den Teilchen, aus denen z.B. Sonne und Erde bestehen, sich am Ende zu sehr großen Kräften aufsummiert. Die übrigen drei Kräfte sind hingegen entweder (i) kurzreichweitig oder (ii) sowohl anziehend als auch abstoßend, so daß ihre Effekte sich meistens aufheben. Deswegen bestimmt die Schwerkraft praktisch alleine das Verhalten der Weltalls im großen Maßstab.

Die beiden großen physikalischen Theorien des Jahrhunderts sind die Quantenmechanik und die allgemeine Relativitätstheorie. Jeder Versuch, eine Theorie der Quantengravitation aufzustellen, muß deshalb auf diesen beiden aufbauen. Zunächst aber beschreiben die Theorien die Natur von zwei entgegengesetzten Standpunkten aus. Die allgemeine Relativitätstheorie gibt ein Bild der Physik im größtmöglichen Maßstab, den des Weltalls — die Quantenmechanik im kleinstmöglichen, den der Elementarteilchen. Warum soll man also beide in einem Rahmen vereinigen? Die Antwort ist einfach: Es gibt viele Situationen, in denen sowohl die allgemeine Relativitätstheorie als auch die Quantenmechanik eine Rolle spielen und ein gemeinsamer Rahmen somit wesentlich ist. Eindeutig ist dies im frühen Universum der Fall, gleich nach dem Urknall (siehe Abschnitt 42). Man beobachtet eine Ausdehnung des Universums, die darauf hindeutet, daß es in einer sehr entfernten Vergangenheit viel kleiner als heute war (d.h. die typischen Abstände zwischen Galaxien waren viel kleiner). Naive Extrapolationen zeigen nämlich, daß der Abstand der Galaxien vor 10 bis 20 Milliarden Jahren Null gewesen sein muß. Dichte und Krümmung der Raum-Zeit waren unendlich groß, was bedeutet, daß man über die Zeit davor keinerlei Voraussage mehr machen kann. Die allgemeine Relativitätstheorie sagt also voraus, daß es einen Raum-Zeit-Punkt gibt, in dem sie selbst versagt. Dieser Punkt heißt *Urknallsingularität.* Ohne gleich bis zur Singularität vordringen zu wollen, gab es einen Zeitpunkt, in dem die Materie so dicht gepackt war, daß die durchschnittlichen kosmologischen Abstände von der Größenordnung der quantenmechanischen waren. Vor dieser Zeit sind mikro- und makroskopische Physik verschmolzen und zu ihrer Beschreibung wird dann eine vereinheitlichte Theorie der Quantenphysik und der Schwerkraft benötigt.

Versucht man, die Schwerkraft in Analogie zu den anderen Kräften zu quantisieren, erhält die Newtonsche Gravitationskonstante G die Rolle der Kopplungskonstanten zugewiesen, analog der Feinstrukturkonstanten $\alpha = e^2/\hbar c$ in der QED. Anders als das dimensionslose α besitzt G jedoch eine Dimension. Max Planck bemerkte bereits 1899, daß man aus den Konstanten $G, \hbar, c$ eine neue fundamentale Längeneinheit ℓ_P und eine neue fundamentale Zeiteinheit t_P bilden kann (siehe Tabelle 40.I). Diese fundamentalen Einheiten heißen Plancksche Länge bzw. Plancksche Zeit und setzen den Maßstab, bei dem sowohl Quantenmechanik als auch Schwerkraft von Belang sind. Sind die Abstände und Zeiten kleiner als diese Planckschen Werte, benötigt man zur Beschreibung der Physik eine Quantentheorie der Schwerkraft. Man bemerke, wie klein diese Maßstäbe sind (und entsprechend wie groß die Plancksche Energie, Masse und Temperatur).

Tabelle 40.I Die Planckschen Einheiten. Die Boltzmannsche Konstante k_B verbindet die Energie mit der absoluten Temperatur in der Kelvin-Skala.

Plancksche Länge	$\ell_P = \sqrt{G\hbar/c^3}$	$= 1.62 \times 10^{-33}$ cm
Plancksche Zeit	$t_P = \sqrt{G\hbar/c^5}$	$= 5.39 \times 10^{-44}$ s
Plancksche Masse	$M_P = \sqrt{\hbar c/G}$	$= 2.17 \times 10^{-5}$ g
Plancksche Energie	$E_P = \sqrt{\hbar c^5/G}$	$= 1.22 \times 10^{19}$ GeV
Plancksche Temperatur	$T_P = \sqrt{\hbar c^5/G k_B^2}$	$= 1.42 \times 10^{32}$ K

Das junge Weltall ist nicht die einzige Situation, in der die Quantengravitation eine Rolle spielt. Der allgemeinen Relativitätstheorie zufolge koppelt die Schwerkraft an alle Formen von Materie und Energie — Gravitationsenergie eingeschlossen. Die Schwerkraft koppelt also an sich selbst (wie auch die $W^{\pm}$, Z^0 und Gluonen, die durch nicht-Abelsche Eichtheorien beschrieben werden, an sich selbst koppeln). Diese nichtlinearen Eigenschaften bedeuten, daß die Quantengravitation sich bei allen Längen- und Zeitskalen bemerkbar machen kann. Man hat viel Mühe darauf verwendet, solche Effekte bei anderen als den Planckschen Skalen zu suchen, wo die Quantengravitation halbklassisch genähert werden kann.

40.2 Annäherung an eine Quantentheorie der Schwerkraft

Wir haben es in Abschnitt 5.2 bereits erwähnt: Es gibt bislang keine widerspruchsfreie Quantentheorie der Schwerkraft. Es gibt raffinierte und profunde Einwände, die die Verbindung von allgemeiner Relativitätstheorie und Quantenmechanik verhindern und deren Herzstück die unterschiedliche Auffassung dieser beiden Theorien von den Begriffen von Zeit und Raum ist. Zu den begrifflichen Schwierigkeiten kommen noch technische Probleme, die von den Symmetrien und der Nichtlinearität der allgemeinen Relativitätstheorie herrühren.

Die allgemeine Relativitätstheorie als Eichtheorie

Es hat viele (erfolglose) Versuche gegeben, die allgemeine Relativitätstheorie als nicht-Abelsche Eichtheorie zu quantisieren. Dazu ging man wie folgt vor:

Ohne Schwerkraft sind die Gesetze der Physik invariant gegen die Lorentz-Transformationen der speziellen Relativitätstheorie (siehe Abschnitt 2.5) und gegen raum-zeitliche Verschiebungen (die Gesetze der Physik sind in allen Raumpunkten gleich und ändern sich nicht mit der Zeit). Diese Transformationen nennt man *globale Poincaré-Transformationen*; sie bilden zusammengefaßt die globale Poincaré-Gruppe (siehe Abschnitt 6.2). Wir können allerdings einen Schritt weitergehen und, wie in den Eichtheorien üblich, verlangen, daß die Gesetze der Physik auch gegen *lokale* Poincaré-Transformationen, die an jedem Raum-Zeit-Punkt unterschiedlich sind, invariant bleiben sollen. Eine solche Transformation könnte etwa jeden Raum-Zeit-Punkt um einen beliebigen Betrag verschieben, so daß ein regelmäßiges Gitter übel verzerrt würde. Um die Verzerrungen der lokalen Poincaré-Gruppe wieder auszubügeln, müssen wir den Begriff des Gravitationsfeldes einführen. Dies ist völlig analog zur Einführung des elektromagnetischen Feldes, um die Veränderung der Wellenfunktion des Elektrons nach einer lokalen Eichtransformation in der QED zu kompensieren und so die Eichsymmetrie wiederherzustellen. Das Gravitationsfeld übermittelt das Koordinatensystem, das an verschiedenen Raum-Zeit-Punkten verschieden gewählt werden kann.

Unter diesem Gesichtspunkt kann man die allgemeine Relativitätstheorie als Eichtheorie zur lokalen Poincaré-Gruppe betrachten. Es ist aber eine ganz spezielle Eichtheorie, denn sie benutzt keine interne Symmetrie, sondern eine raum-zeitliche und ihre Quanten, die *Gravitonen*, haben Spin 2.

Halbklassische Schwerkraft

Trotz der bereits erwähnten Schwierigkeiten kann man eine halbklassische Beschreibung einiger Effekte der Quantengravitation entwickeln. Betrachten wir zunächst die klassische allgemeine Relativitätstheorie. Man kann die Raum-Zeit in einen Hintergrund plus kleine Störungen durch die Schwerkraft (die Gravitationswellen) zerlegen:

$$\text{(Raum-Zeit)} = \text{(Hintergrund)} + \text{(kleine Störungen)}.$$

Kehren wir zur Analogie der Raum-Zeit mit einer Gummimatte zurück. Ohne Bewegung ist die Gestalt der Matte analog zum Hintergrund. Tippt man die Matte leicht an, erzeugt man kleine Vibrationen, Wellen, die sich in der Matte fortbewegen. Diese wären das Analogon zu den Gravitationswellen, die sich auf dem Hintergrund ausbreiten. Bleiben die Vibrationen klein, behält die Matte im wesentlichen ihre Gestalt.

Wir erinnern uns an die Einsteinschen Gleichungen (Abschnitt 5.2), die die Geometrie der Raum-Zeit (was wir Schwerkraft nennen) mit Masse und Energie (den Quellen der Schwerkraft) verbinden. Es erscheint vernünftig, die Raum-Zeit so umzudefinieren, daß die Gravitationswellen (die eine Form von Energie und somit eine Quelle der Schwerkraft sind) zu den Quellen auf der rechten Seite der Einsteinschen Gleichungen geschlagen werden. Die Geometrie der Raum-Zeit wird somit durch den Hintergrund, den wir auf der linken Seite lassen, gegeben. Die Einsteinschen Gleichungen lauten also schematisch:

$$\text{(Geometrie des Hintergrunds)} = 8\pi G \times \text{(Masse und Energie, einschl. Gravitationswellen)}$$

Bis hierhin war alles klassisch. Wir wollen jetzt die Quantennatur der Materie (einschließlich Gravitationswellen) berücksichtigen, das heißt, daß wir die Quellen der Schwerkraft (Materie und Gravitationswellen) als Quantenfelder ansetzen. Der Hintergrund soll weiterhin klassisch behandelt werden. Wir haben somit eine halbklassische (oder eine halbe Quanten-) Theorie, die man als Startpunkt für eine vollständige Quantentheorie der Schwerkraft betrachten kann. Diese Theorie führt jedoch zu Unendlichkeiten in den Feynman-Diagrammen, die im Gegensatz zur QED nicht renormiert werden können (siehe Abschnitt 4.8). Die Renormierbarkeit scheidet letztlich aus, weil die Kopplungskonstante der Schwerkraft, G, nicht dimensionslos ist. Beschränkt man jedoch die Quanteneffekte auf Diagramme mit höchstens einer Schleife mit Gravitonen (siehe Bild 40.1), kann diese abgespeckte Theorie für viele Berechnungen einen vernünftigen Rahmen abgeben, wie ja die Fermische Strom-Strom-Theorie, obwohl nicht renormierbar, die Schwache Wechselwirkung bei niedrigen Energien gut beschreibt. Natürlich werden dabei Quanteneffekte höherer Ordnung vernachlässigt, aber dies dürfte in den meisten Fällen kein Hinderungsgrund sein, vorausgesetzt die Längen- und Zeitskalen sind viel größer als die Planckschen.

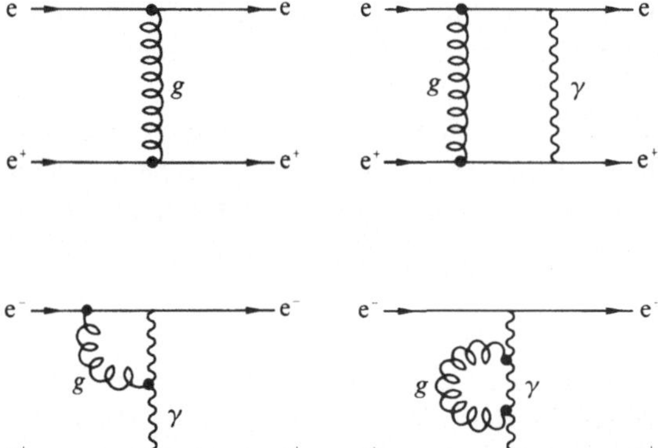

Bild 40.1 Einige Beiträge der Quantengravitation zur e^+e^--Streuung mit virtuellen Gravitonen in einem festen raum-zeitlichen Hintergrund

Fassen wir zusammen: Das Graviton, ein masseloses Spin-2-Teilchen, ist das Quant des Gravitationsfeldes und übermittelt die Schwerkraft. Es pflanzt sich, wie die anderen Quantenfelder, in einem klassichen raum-zeitlichen Hintergrund fort, der den Einsteinschen Gleichungen gehorcht. Da die allgemeine Relativitätstheorie die Schwerkraft mit Hilfe der Raum-Zeit-Geometrie beschreibt, sind die Gravitonen kleine Störungen des raum-zeitlichen Hintergrunds. Obwohl diese Formulierung der Quantengravitation unvollständig ist, hat man durch sie viele wichtige Einsichten und interessante Ergebnisse erhalten, die man in der vollständigen Theorie wahrscheinlich wiederfinden wird. Beispiele hierfür sind die Erzeugung von Teilchen in der gekrümmten Raum-Zeit und Stephen Hawkings berühmte Entdeckung, daß ein Schwarzes Loch Teilchen ausstrahlen kann.

40.3 Teilchenerzeugung in der gekrümmten Raum-Zeit

Teilchenerzeugung in der gekrümmten Raum-Zeit ist ein lehrreiches Beispiel für den Einfluß der Schwerkraft auf die Quantenfelder. Insbesondere können Teilchen durch ein zeitlich veränderliches Schwerefeld, wie z.B. das des sich ausdehnenden Weltalls, erzeugt werden. Erinnern wir uns an die Beschreibung von Abschnitt 4.4, in der wir die Quantenfelder als Ansammlung von unendlich vielen harmonischen Oszillatoren (an Federn befestigte Massen) betrachteten. In jedem Raum-Zeit-Punkt stellt man sich einen solchen harmonischen Oszillator vor. Wenn jetzt die Krümmung der Raum-Zeit sich ändert, wie dies im sich ausdehnenden Weltall der Fall ist, kommt das einer Veränderung der physikalischen Eigenschaften der Oszillatoren gleich. Angenommen, ein solcher Oszillator sei ursprünglich in seinem Grundzustand (also im Zustand geringster Energie) und vollführe dort Nullpunktsschwingungen (siehe Abschnitt 4.9). Wird nun eine seiner physikalischen Eigenschaften (also seine Masse oder die Steifheit der Feder) verändert, müssen sich die Nullpunktsschwingungen an den neuen Zustand anpassen. Nach der Anpassung gibt es eine von Null verschiedene Wahrscheinlichkeit, den Oszillator nicht mehr im Grundzustand, sondern in einem angeregten Zustand, der einem Teilchen entspricht, vorzufinden.

Wie man intuitiv erwartet, ist die Teilchenerzeugung am stärksten, wenn die Krümmung groß ist und sich schnell verändert. Auch werden die leichtesten Teilchen am ehesten erzeugt, weil sie am wenigsten Energie benötigen. Die Energie für die erzeugten Teilchen stammt jedoch nicht aus dem Nichts: Sie wird dem Schwerefeld, also der Krümmung der Raum-Zeit selbst entzogen.

Untersuchungen in verschiedenen raum-zeitlichen Modellen haben erbracht, daß der Begriff des *Teilchens* nicht allgemeingültig ist, sondern vom Beobachter abhängt. Einige (ideale) Teilchendetektoren registrieren Teilchen, andere nicht. Insbesondere hängt es vom Bewegungszustand eines Detektors ab, ob er ein Teilchen wahrnimmt oder nicht. Dies ist selbst in der flachen Raum-Zeit so: Ein beschleunigter Detektor sieht Teilchen, die ein nichtbeschleunigter nicht sieht. Ein gleichförmig beschleunigter Beobachter beobachtet nämlich Teilchen, die einer thermischen Verteilung der Temperatur

$$T = \frac{\hbar}{2\pi k_B c} a$$

entsprechen, wobei a die Beschleunigung und k_B die Boltzmannsche Konstante ist. Dies sollte uns nicht zu sehr wundern. Das Äquivalenzprinzip besagt, daß Effekte der Beschleunigung und der Schwerkraft letztlich identisch sind. Es ist so, als befinde sich der beschleunigte Beobachter in einem Schwerefeld, dessen Krümmung die Oszillationen der entsprechenden Quantenfelder verändert. Was dieser Beobachter eine Nullpunktsoszillation nennt, unterscheidet sich vollkommen von dem, was ein unbeschleunigter Beobachter so nennt. Insbesondere sind die Nullpunktsoszillationen des letzteren für ersteren angeregte Zustände, also Teilchen.

40.4 Hawking-Strahlung aus Schwarzen Löchern

Schwarze Löcher sind massereiche klassische Objekte, die von der allgemeinen Relativitätstheorie vorhergesagt werden. Ein Schwarzes Loch kann als Raum-Zeit-Bereich definiert werden, aus dem nichts, nicht einmal Licht, entweichen kann. Folglich ist es absolut schwarz und kann nur durch die Auswirkungen seines starken Schwerefeldes auf benachbarte Materie ausfindig gemacht werden. Die Grenzfläche eines (nichtrotierenden) Schwarzen Loches der Masse M ist eine Kugel, die *Ereignishorizont* genannt wird und den Radius

$$r_S = \frac{2GM}{c^2}, \tag{40.a}$$

Schwarzschild-Radius genannt, besitzt.

Schwarze Löcher sind, wie man annimmt, das letzte Stadium in der Entwicklung von sehr schweren Sternen. Man stelle sich einen Stern vor, der sehr viel schwerer als die Sonne ist. Die erste Jahrmilliarde seines Lebens leuchtet der Stern sehr hell und produziert Licht und Wärme durch Kernfusionsreaktionen. Die Energie, die bei der Kernverschmelzung erzeugt wird, baut einen Druck auf, der ausreicht, um einen Zusammenbruch des Sterns unter seiner eigenen Schwerkraft zu verhindern. Der Stern befindet sich im hydrostatischen Gleichgewicht, bei dem die zum Mittelpunkt gerichtete Schwerkraft durch den nach außen gerichteten Druck exakt kompensiert wird. Hat der Stern aber sein Brennmaterial aufgebraucht, bricht der Strahlungsdruck zusammen, und die Schwerkraft bleibt Sieger: Der Stern stürzt zusammen. Während des Kollapses wächst das Schwerefeld an der Oberfläche des Sterns enorm stark an. Wird der Radius kleiner als der Schwarzschildradius, ist die Schwerkraft so stark, daß selbst das Licht ihr nicht mehr entkommt: So entsteht ein Schwarzes Loch.

Ein Stern mit der zehnfachen Sonnenmasse besitzt einen Schwarzschildradius von ca. 30 Kilometern. Es gibt starke Hinweise auf Schwarze Löcher dieser Größenordnung in Doppelsternsystemen, bei denen ein sichtbarer Stern um einen unsichtbaren Partner läuft. Schwarze Löcher mit sehr viel mehr Masse — 10^8 mal die Sonnenmasse und ein Schwarzschild-Radius von 300 Millionen Kilometern — könnten die Energielieferanten im Zentrum von Quasaren sein. Es gibt auch die Möglichkeit von Schwarzen Löchern mit sehr viel weniger als der Sonnenmasse. Solche Schwarze Löcher können nicht aus einem Gravitationskollaps stammen — dafür sind sie viel zu leicht. Sie könnten aber bei sehr hoher Temperatur und sehr hohem Druck, wie sie im jungen Universum kurz nach dem Urknall herrschten, entstanden sein. Ein solches *ursprüngliches* Schwarzes Loch, mit einer Masse von, sagen wir, einer Milliarde Tonnen, hätte einen Schwarzschildradius von 10^{-15} m — gerade den Durchmesser eines Atomkerns! Bei diesen winzigen Abmessungen könnten dann Effekte der Quantengravitation bei ursprünglichen Schwarzen Löchern eine Rolle spielen — und das tritt auch ein.

Entropie und Thermodynamik

Wenn Materie in ein Schwarzes Loch fällt, wächst dessen Masse und, infolge von (40.a), dessen Schwarzschild-Radius. Da jedoch nichts von jenseits des Ereignishorizonts aus einem Schwarzen Loch austreten kann, nimmt seine Oberfläche nicht ab. Dies erinnert an die thermodynamische Größe, die man *Entropie* nennt (siehe Kasten), und die ein Maß für die Unordnung eines Systems, beziehungsweise für die Unkenntnis seines Zustands ist. Eines der fundamentalen Gesetze der Physik, der Zweite Hauptsatz der Thermodynamik, besagt, daß die Entropie nie abnimmt. Diese Analogie war der erste Hinweis für den Zusammenhang von Schwarzen Löchern und Thermodynamik. Daraus entwickelte sich 1972 die Vorstellung, die Oberfläche eines Schwarzen Loches als Maß für seine Entropie zu nehmen. Wenn Materie, als Trägerin von Entropie, in ein Schwarzes Loch fällt, nimmt die Oberfläche des Horizonts um einen Betrag zu, der sogar größer ist als die Entropie der einfallenden Materie. Das Schwarze Loch verschluckt nicht nur die Materie, sondern auch die Information über den Zustand, in dem sie sich befand. Ob die Materie ein Stern, eine Gaswolke oder ein Felsblock war, spielt für das Schwarze Loch keine Rolle. Diese Information geht verloren, und so nimmt die Gesamtentropie zu.

Es gibt in der Tat ein mathematisches Theorem, demzufolge der Zustand eines Sterns, der zu einem Schwarzen Loch wird, irgendwann nur noch durch seine Masse, seinen Drehimpuls und seine elektrische Ladung charakterisiert wird. Alle anderen Details des Sterns gehen verloren. Beim Einsturz verlieren wir also die Kenntnis von fast allen Eigenschaften des Sterns, und die Entropie erhöht sich um einen enormen Betrag. Die Entropie eines Schwarzen Loches der Masse der Sonne beträgt etwa $10^{54}\,\mathrm{J/K}$, während die Sonne selbst nur eine Entropie von etwa $10^{35}\,\mathrm{J/K}$ besitzt.

Diese Argumente scheinen jedoch einen tödlichen Fehler zu beinhalten, denn mit einer Entropie sollte ein Schwarzes Loch ebenfalls eine Temperatur haben, und dann sollte es strahlen. Die klassische Physik aber behauptet, *nichts* könne einem Schwarzen Loch entweichen. Wie kann man ihm dann eine Temperatur zuschreiben?

Hawking-Strahlung

Hierzu machte Stephen Hawking 1974 eine der überraschendsten und vielleicht der wichtigsten Entdeckungen der modernen Physik. Als er das Verhalten von Quantenfeldern in der Nähe von Schwarzen Löchern untersuchte, fand er zu seiner Überraschung, daß Schwarze Löcher tatsächlich stetig Teilchen abstrahlen sollten, bis sie völlig verdampfen. Außerdem ist das Spektrum der emittierten Teilchen thermisch: Teilchen und Strahlung werden genauso abgestrahlt, als sei das Schwarze Loch ein Objekt der Temperatur

$$T_H = \frac{\hbar c^3}{8\pi k_B G M}. \tag{40.b}$$

Hier ist k_B die Boltzmannsche Konstante, M die Masse und T_H die sogenannte Hawking-Temperatur. Die Gleichsetzung der Oberfläche des Ereignishorizonts des Schwarzen Loches mit seiner Entropie ist somit perfekt. Tabelle 40.II gibt die Hawking-Temperatur und die geschätzte Lebensdauer von Schwarzen Löchern verschiedener Masse an.

Tabelle 40.II Eigenschaften einiger Schwarzer Löcher. (Die Sonnenmasse beträgt $M_\odot = 2 \times 10^{27}$ Tonnen.)

Masse	Schwarzschild-Radius	Hawking-Temperatur	Lebensdauer
10^9 Tonnen	10^{-15} m	10^{11} K	10^{10} Jahre
$1 \times M_\odot$	3 km	10^{-7} K	10^{66} Jahre
$10 \times M_\odot$	30 km	10^{-8} K	10^{69} Jahre

Um zu verstehen, wie ein Schwarzes Loch Teilchen abstrahlen kann, erinnere man sich an die Diskussion des Vakuums in Abschnitt 4.9. Das Unschärfeprinzip besagt, daß es selbst im leeren Raum Nullpunktsfluktuationen aller Quantenfelder gibt. Man kann sich diese Fluktuationen als Paare von virtuellen Teilchen und Antiteilchen vorstellen, die sich ständig im Vakuum bilden, kurz voneinander lösen und wieder vernichten (siehe Abschnitt 33.1.)

In der Nähe von Schwarzen Löchern können starke Gezeitenkräfte eines der Teilchen des virtuellen Paares ins Loch stürzen lassen, wobei dem anderen dann der Partner zum Annihilieren fehlt. Wird dieses dann nicht auch noch vom Schwarzen Loch geschluckt, bleibt es als reelles Teilchen übrig und scheint vom ihm emittiert worden zu sein (siehe Bild 40.2). Da dies ein reeller Prozeß ist, müssen Energie und Impuls streng erhalten sein. Man kann sich den Prozeß folgendermaßen vorstellen: Eines der beiden Teilchen des erzeugten Paares besitzt positive Energie und entkommt, das andere, das vom Schwarzen Loch geschluckt wird, besitzt negative Energie. Das Schwarze Loch, das die negative Energie schluckt, verringert seine Masse um den Betrag, den das andere Teilchen wegträgt. Die Entropie des Schwarzen Loches wird um den Betrag verringert, der mit der Massenverringerung einhergeht, aber dies wird durch die Entropie, die das fliehende Teilchen davonträgt, mehr als aufgewogen. Insgesamt nimmt die Entropie also wieder zu. Außerdem erwarten wir, daß kleinere Schwarze Löcher stärkere Gezeitenkräfte erzeugen, also virtuelle Teilchen dann eher ins Loch fallen, und dadurch die Emissionsrate steigt. Dies bestätigt Tabelle 40.II, die besagt, daß kleine Schwarze Löcher heißer sind als große.

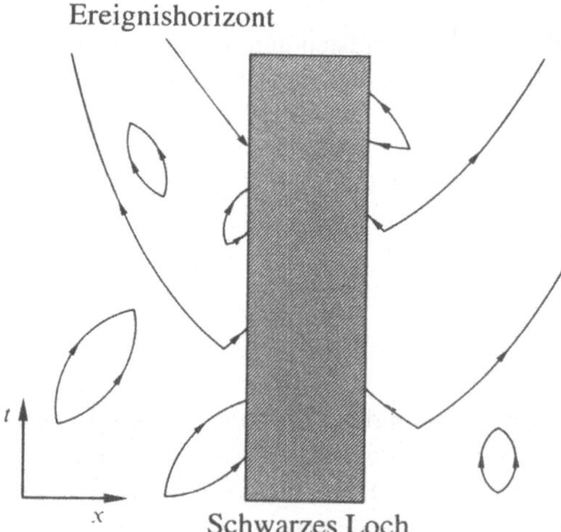

Bild 40.2 Die Hawking-Strahlung kann man mit Hilfe von virtuellen Teilchen-Antiteilchen-Paaren erklären, die in der Nähe eines Schwarzen Loches erzeugt werden.

Ein strahlendes Schwarzes Loch verliert Masse und wird nach Gleichung (40.b) heißer. Je heißer es wird, um so mehr Teilchen strahlt es aus, verliert dadurch Masse usw. Diese sich selbst verstärkende Teilchenstrahlung führt letztlich dazu, daß die Voraussetzungen des thermischen Gleichgewichts und eines festen raum-zeitlichen Hintergrunds nicht länger gültig sind. Was dann passiert, ist nicht völlig klar. Es ist jedoch wahrscheinlich, daß das Schwarze Loch in der letzten Zehntelsekunde seiner Existenz etwa 10^{23} J ($\approx 10^{33}$ GeV) Energie größtenteils in Form von γ-Srahlung freisetzt. Dies entspricht einer Kernexplosion von einer Million Megatonnen!

Eine weitere Folge der Strahlung des Schwarzen Loches ist die Verletzung der Baryonenzahl und anderer globaler Quantenzahlen. Das Schwarze Loch, das aus dem Zusammenbruch eines Sterns entsteht, vergißt dessen Baryonzahl und strahlt dann ein thermisches Spektrum ab, in welchem Baryonen und Antibaryonen in gleicher Zahl vorkommen.

40.5 Quantenkosmologie

Wir haben gerade gesehen, wie eine halbklassische Beschreibung der Quantengravitation zu interessanten Quanteneffekten führt, wenn man sie auf Schwarze Löcher oder das sich ausdehnende Weltall anwendet. Offenbar kann die Quantenmechanik die Voraussagen der allgemeinen Relativitätstheorie auf sehr profunde und überraschende Art verändern. Die Physiker sahen darin eine Ermutigung, sich mit Hilfe der Quantenmechanik einen anderen Anfang für das Universum auszudenken, als eine Singularität, auf die scheinbar alles hindeutet. Man kann ja hoffen, daß die wahre Theorie der Quantengravitation die Urknallsingularität durch ein quantengravitatives Unschärfeprinzip *glättet*. Die Raum-Zeit könnte dann auch zum Zeitpunkt des Urknalls glatt gewesen sein und die Gesetze der Physik selbst damals anwendbar (siehe Bid 40.3). In diesem Abschnitt wollen wir einen Ansatz betrachten, der die Beschränkungen der halbklassischen Theorie beiseite läßt und sich der Eigenschaften des Universums als Ganzes annimmt. Dieser Ansatz fußt auf Feynmans Beschreibung der Quantenmechanik als *Summe über Pfade*.

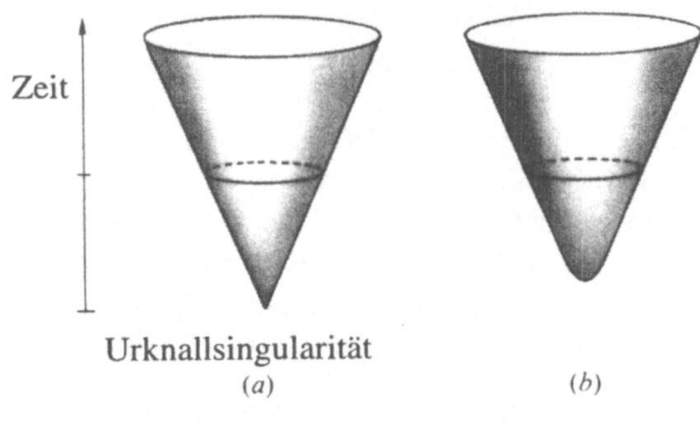

Bild 40.3 Die Raum-Zeit kann man sich schematisch als Kegeloberfläche vorstellen, dessen Spitze die Urknallsingularität darstellt *(a)*. Zu einer gegebenen Zeit entspricht das Weltall dem Kreis, den ein horizontaler Schnitt durch einen Kegel erzeugt. Die Quantenmechanik bewirkt möglicherweise, daß es in Wahrheit keine Urknallsingularität gibt *(b)*.

Die Summe über Pfade

Lassen wir die Schwerkraft einen Augenblick beiseite, und wenden wir uns Feynmans Beschreibung zu. Betrachten wir ein Teilchen, das sich vom Punkt y zum Zeitpunkt t_i nach x bewegt, wo es zum Zeitpunkt t_f ankommt. Klassisch folgt es dabei einem wohldefinierten *Pfad*, den die Newtonsche Physik festlegt. In der Quantenmechanik ist dies nicht möglich, denn wir wissen, daß ein festgelegter Pfad mit dem Unschärfeprinzip nicht zu vereinbaren ist. Wir müssen deshalb auch andere, klassisch nicht erlaubte Pfade betrachten (Bild 40.4). Feynman zufolge darf ein Teilchen nicht nur den klassischen, sondern alle Pfade in der Raum-Zeit einschlagen. Ein Teilchen hat also eine unendliche Auswahl an Möglichkeiten. Zu jedem Pfad kann Feynman nun eine quantenmechanische Amplitude angeben, die der Wahrscheinlichkeit entspricht, mit der das Teilchen diesen Pfad beschreitet. Die Wahrscheinlichkeit, das Teilchen zu einem gegebenen Zeitpunkt an einem bestimmten Ort vor-

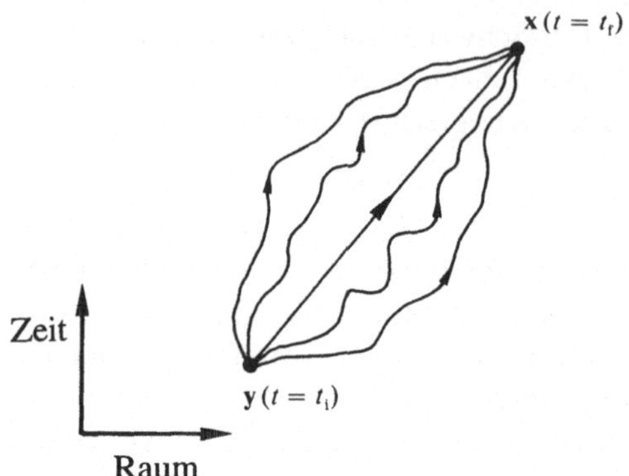

Bild 40.4 Alle Pfade tragen zur Wahrscheinlichkeitsamplitude bei, daß ein Teilchen von $\boldsymbol{y}$ (zur Zeit t_i) nach $\boldsymbol{x}$ (zur Zeit t_f) gelangt.

zufinden, ist dann gleich der Summe der Wahrscheinlichkeiten aller Pfade, die durch diesen Raum-Zeit-Punkt gehen. Dies ist Feynmans *Summe über alle Pfade.*

Hier mag man sich fragen, wie dies mit der Wellenfunktion des Teilchens zusammenhängt. Nun, die Wellenfunktion zum Zeitpunkt t_0 ist nichts anderes als die Summe über die Pfade

$$\psi(\boldsymbol{x}, t_0) = \sum_P m[P], \tag{40.c}$$

wobei $m[P]$ die quantenmechanische Amplitude des Pfades P vom Anfangspunkt $\boldsymbol{y}$ bei $t_i = -\infty$ zum Punkt $\boldsymbol{x}$ bei $t_f = t_0$ ist. Um diese Werte zu berechnen, muß man die Schrödinger-Gleichung lösen, woraus folgt, daß beide Beschreibungen der Quantenmechanik äquivalent sind.

Wegen technischer Schwierigkeiten mit der Summe über die Pfade arbeitet man in der Quantenkosmologie gern mit *imaginären* Zeiten. Die imaginäre Zeit τ ist mit der reellen Zeit t durch die Formel $\tau = it$ verbunden, wobei i die Quadratwurzel von -1 darstellt. Es ist also $i = \sqrt{-1}$ oder $i^2 = -1$. Mit imaginärer Zeit ist das invariante Raum-Zeit-Intervall aus Abschnitt 2.8 durch

$$s^2 = x^2 + (c\tau)^2 \tag{40.d}$$

gegeben, da $\tau^2 = -t^2$. Das relative Minuszeichen zwischen Zeit- und Raumanteil ist verschwunden — beide werden gleich behandelt, die Zeit wird raumartig. Eine Raum-Zeit mit dieser Eigenschaft heißt Euklidisch, nach Euklid, dem Begründer der Geometrie. (Die Gleichung (40.d) erinnert den Leser möglicherweise an die Beziehung zwischen den Seitenlängen eines rechtwinkligen Dreiecks — ein Theorem, das Pythagoras zugeschrieben wird, aber auf der Euklidischen Geometrie beruht.) Mit imaginärer Zeit wird die vierdimensionale Raum-Zeit zum vierdimensionalen Euklidischen Raum.

Die Ansichten der Physiker über die Bedeutung der imaginären Zeit sind durchaus kontrovers. Einige sagen, sie sei nichts weiter als ein mathematischer Trick, ein nützliches Instrument ohne tiefere physikalische Bedeutung. Andere glauben, daß die imaginäre Zeit die wahre physikalische Größe sei. In der Tat ist die Rolle der Zeit in der Quantenmechanik überhaupt sehr umstritten. Viele Physiker glauben, die Zeit sei ein halbklassisches Konzept und somit — selbst im Prinzip — nicht auf die Quantengravitation anwendbar. Hier könnte die imaginäre Zeit tatsächlich die sinnvollere Größe sein.

Die Wellenfunktion des Universums

In der Quantenkosmologie werden diese Überlegungen nicht auf ein Teilchen, sondern auf das Universum als Ganzes angewendet. Im gekrümmten Euklidischen Raum (also mit imaginärer Zeit) ist die Wahrscheinlichkeit, das Weltall zu einer bestimmten Zeit in einer gegebenen Raum-Zeit-Geometrie vorzufinden, durch die Summe über alle Pfade gegeben, die zu dieser Geometrie führen. Der klassische Pfad des Universums wird durch die Einsteinschen Gleichungen gegeben, wie der klassische Pfad eines Teilchens durch die Newtonschen Gleichungen.

Die Wellenfunktion des gesamten Universums ist (wie die Wellenfunktion eines Teilches) ein Objekt, das seinen Quantenzustand erschöpfend beschreibt. (Dabei treten eine Fülle von Interpretationsschwierigkeiten und philosophischen Fragestellungen auf, die weit ins Gebiet der Metaphysik führen und jenseits des Rahmens dieser Besprechung liegen.) Die Wellenfunktion des Universums wird ebenfalls durch eine Summe über Pfade ähnlich der Gleichung (40.c) gegeben; sie genügt einer Art Schrödinger-Gleichung, die Wheeler-De-Witt-Gleichung heißt. Wie die Summe über die kosmischen Pfade, ist diese Gleichung extrem kompliziert. Jede Lösung dieser Gleichung stellt ein Universum dar. Wir sind jedoch an einer speziellen Lösung — die unserem Universum entspricht — interessiert und müssen, um sie zu erhalten, geeignete Randbedingungen vorschreiben. Um die Wellenfunktion für *unser* Weltall zu bekommen, brauchen wir die Randbedingungen, die seinen Anfangszustand beschreiben. Leider kennen wir diese Randbedingungen nicht.

Stephen Hawking und James Hartle haben als Randbedingung für unser Weltall vorgeschlagen, daß es keinen Rand haben solle. Mit anderen Worten, die Euklidische Raum-Zeit solle einer Kugelschale (allerdings in vier Dimesionen) ähneln: also endlich in den Ausmaßen, aber ohne Begrenzung und Rand. In der Euklidischen Raum-Zeit ist dies möglich, weil Raum und Zeit gleich behandelt werden. Der Verzicht auf einen Rand entbindet uns von der Festlegung von Randbedingungen (und von deren Rechtfertigung). Es deutet auch darauf hin, daß, mit imaginärer Zeit, die Urknallsingularität überhaupt keine Singularität ist, weil eine Kugeloberfläche (auch eine vierdimensionale) glatt ist und keinen Anfang hat; sie hat keine Spitzen und keine Löcher, wo die Gesetze der Physik ungültig werden könnten. Eine Singularität auf der Kugel entspräche einem Rand in der Raum-Zeit.

Selbt wenn die randlose Lösung korrekt wäre, müßten wir immer noch die Wheeler-De-Witt-Gleichungen lösen, oder, äquivalent dazu, die Summe über die kosmischen Pfade durchführen. Beides umfaßt eine unendliche Anzahl von Freiheitsgraden und liegt weit jenseits unserer derzeitigen Möglichkeiten. Stattdessen betrachtet man eine endliche Untermenge von Freiheitsgraden, die immerhin zu lösbaren Gleichungen führt, auch wenn man ihre Auswahl nicht rechtfertigen kann. Noch ist es zu früh, um abzuschätzen, ob dieser Ansatz letztlich zum Erfolg führen wird. Die einfachen Lösungen, die man bisher gefunden hat, sind noch zu grob und unglaubwürdig. Andererseits liefern sie erste notwendige Einsichten in dieses faszinierende Gebiet, das gestern noch zur reinen Metaphysik gerechnet worden wäre.

40.6 Zusammenfassung und Ausblick

Die Verbindung von Schwerkraft und Quantenmechanik innerhalb eines konsistenten Rahmens steht noch aus, aber einige Bestandteile einer solchen Theorie sind uns bereits bekannt. Erstens führt die Verbindung beider Theorien zu einem Satz neuer physikalischer Einheiten — den Planckschen Einheiten — die sich aus Kombinationen der Gravitationskonstanten G, der Lichtgeschwindigkeit c und des Planckschen Wirkungsquants $\hbar$ ergeben. Diese Einheiten legen die Skalen der Länge, Zeit und Energie fest, bei denen Effekte der Quantengravitation wesentlich werden und man eine widerspruchsfreie Theorie der Quantengravitation zu ihrer Beschreibung braucht. Weit weg von diesen Skalen genügt ein halbklassischer Ansatz, bei dem zur Beschreibung der Schwerkraft ein klassischer raum-zeitlicher Hintergrund mit Gravitonen, die wie andere Quantenfelder sich in diesem Hintergrund fausbreiten, reicht. Dies führt zur Voraussage der Teilchenerzeugung in der gekrümmten Raum-Zeit und der Hawking-Strahlung Schwarzer Löcher.

Das halbklassische Bild ist letztlich jedoch nicht überzeugend. Die Physiker möchten, daß die Eigenschaften der Raum-Zeit aus der Theorie folgen und nicht als Hintergrund vorgegeben werden. Die Raum-Zeit sollte ein aktiver Bestandteil und nicht ein passiver Hintergrund sein. Die wahre Theorie der Quantengravitation sollte die Struktur der Raum-Zeit auf dem Maßstab der Planckschen Länge radikal verändern. Roger Penrose von der Universität Oxford geht noch weiter und behauptet, eine solche Theorie müsse zeitumkehrunsymmetrisch sein; $\mathcal{T}$ solle also auf einem fundamentalen Niveau gebrochen sein. Ob dem so sei oder nicht: Klar scheint jedenfalls, daß dieses Gebiet, mehr als alle anderen, radikal neue Konzepte und Ideen braucht.

Entropie

Die Entropie ist im wesentlichen ein Maß für die Unordnung. Betrachten wir zwei Behälter A und B, die mit verschiedenen Gasen gefüllt sind. Verbindet man beide Behälter, vermischen sich die Gasmoleküle. Das Gesamtsystem geht von einem geordneten Zustand (A und B getrennt) in einen ungeordneteren (A und B gemischt) über. Das System geht von einem Zustand mit wenig Entropie zu einem mit mehr Entropie über. Der ungeordnete Zustand kann durch viel mehr Anordnungen der Einzelmoleküle erreicht werden als der geordnete. Die Wahrscheinlichkeit, daß ersterer eintritt, ist also weitaus größer.

Äquivalent dazu kann man die Entropie als Maß unseres Unwissens über ein System betrachten. Ist ein System in einem ungeordneten Zustand, wissen wir weniger über es, als in einem geordneten. In einem ungeordneten Zustand befinden sich die Moleküle in einer von vielen möglichen Anordnungen; in einem geordneten ist die Zahl der Möglichkeiten viel kleiner. Die Entropie wird in Einheiten von Energie pro Temperatur gemessen.

41 Supersymmetrische Theorien

41.1 Einleitung

In Abschnitt 39 haben wir gesehen, wie die Großen vereinheitlichten Theorien einen vernünftigen Rahmen für eine gemeinsame Theorie der elektroschwachen und Starken Kräfte abgeben. Dies ist ein Weg, wie das Standardmodell bei hohen Energien abgeändert werden kann. Ein anderer Weg ist die Supersymmetrie — eine neuartige, noch unbestätigte Symmetrie, die erstmals Teilchen mit verschiedenem Spin miteinander verknüpft.

Beim Versuch, den Verlauf der Physik jenseits des Standardmodells zu ergründen, haben die Physiker supersymmetrische Versionen des Modells von Glashow-Weinberg-Salam, der QCD und sogar der GvT ersonnen. Diese Weiterentwicklungen haben zwei wesentliche Vorteile. Erstens löst die Supersymmetrie das grundlegende Problem, warum die elektroschwache Massenskala ($M_{W^\pm} \approx M_{Z^0} \approx 10^2$ GeV) so viel kleiner als die Skala der Großen vereinheitlichten Theorien ($M_X \approx 10^{15}$ GeV) oder als die Plancksche Skala ($M_P \approx 10^{19}$ GeV) ist. Dies nennt man das *Hierarchieproblem.* Ist das Standardmodell ein Teil einer umfassenderen Theorie — etwa einer GvT oder der Quantengravitation — sollten die Massen der $W^\pm$- und Z^0-Bosonen aus dieser Theorie folgen. Da dem nichts im Wege steht, würde man sogar erwarten, daß diese Massen ebenfalls sehr groß seien, also $M_{W^\pm} \approx M_{Z^0} \approx M_X$ oder M_P.

Natürlich kann man aus gigantischen Konstanten immer Ausdrücke bilden, die eine solch kleine Zahl wie 10^2 GeV hervorbringen — was immerhin 10^{17} mal kleiner ist als M_P. Aber es wäre doch ein arger Zufall, wenn sich einige Kopplungskonstanten auf siebzehn Stellen kompensierten, ohne daß es dafür einen tieferen Grund gäbe.

In der Supersymmetrie tauchen im Verlauf der Rechnung ganz zwanglos Terme auf, die sich gegenseitig aufheben. Der Unterschied zwischen der elektroschwachen Skala und der GvT- oder der Planckschen Skala ist ein natürlicher Bestandteil der supersymmetrischen Modelle.

Das zweite Argument für die Supersymmetrie ist ihre enge Verbindung zur Schwerkraft. Wird die Supersymmetrie als *lokale* Eichsymmetrie eingeführt, enthält die Theorie automatisch die Einsteinsche allgemeine Relativitätstheorie! Theorien mit lokaler Supersymmetrie heißen deswegen Supergravitationstheorien.

41.1 Supersymmetrie

Was die Supersymmetrie von allen anderen Symmetrien unterscheidet ist, daß sie zwei radikal verschiedene Klassen von Elementarteilchen miteinander verbindet: Fermionen (also Teilchen mit Spin $\frac{1}{2}, \frac{3}{2}, \frac{5}{2}, \ldots$) und Bosonen (Teilchen mit Spin $0, 1, 2, \ldots$). Ursprünglich sah man diese beiden Klassen als völlig unterschiedlich an, und somit war die Symmetrie, die beide verknüpft, als man sie zu Beginn der 70er Jahre entdeckte, gänzlich neu und unerwartet.

Der Supersymmetrie zufolge besitzt jedes Teilchen einen *Superpartner* mit gleichen Eigenschaften, aber einem Spin, der sich um eine halbe Einheit unterscheidet. Die Wechselwirkungsstärke der Superpartner und der entsprechenden gewöhnlichen Teilchen sind gleich. Die Superpartner erhalten Namen nach folgenden Regeln (siehe Tabelle 41.I): (i) Bosonische Superpartner von Fermionen erhalten ein *s* vor dem Namen. Das Spin-$\frac{1}{2}$-Elektron e hat einen Spin-0-Superpartner $\tilde{e}$ mit dem Namen Selektron. (ii) Den fermionischen Superpartnern der Bosonen wird die Nachsilbe *-ino* angehängt. So wird aus dem Spin-1-Photon γ ein Spin-$\frac{1}{2}$-Photino $\tilde{\gamma}$. (iii) Die Symbole der supersymmetrischen Partner haben in der Regel eine Tilde über dem Symbol des entsprechenden gewöhnlichen Teilchens.

Tabelle 41.I Nomenklatur der supersymmetrischen Teilchen. Ist die Supersymmetrie exakt, gibt es zu jedem Teilchen einen Superpartner mit gleichen Eigenschaften, aber verschiedenem Spin.

Teilchen	Spin	Superpartner	Spin
Fermionen		Sfermionen	
Quark	$\frac{1}{2}$	Squark	0
Lepton	$\frac{1}{2}$	Slepton	0
Bosonen		Bosinos	
Higgs	0	Higgsino	$\frac{1}{2}$
Eichboson	1	Eichbosino	$\frac{1}{2}$
Graviton	2	Gravitino	$\frac{3}{2}$

Bild 41.1 zeigt, wie es neben der elektromagnetischen Kopplung eines Photons an zwei Elektronen (Bild 41.1(a)) auch ähnliche Kopplungen eines Photons an zwei Selektronen (Bild 41.1(b)) und eines Photinos an ein Elektron und ein Selektron (Bild 41.1(c)) gibt. Die Wechselwirkungen in supersymmetrischen Varianten des Standardmodells findet man, indem bei den Standardkopplungen zwei gewöhnliche Teilchen durch ihre Superpartner ersetzt werden. So erhält man zusätzlich zur W-Kopplung an ein Elektron und ein Neutrino die Kopplungen (i) eines W an ein Selektron und ein Sneutrino, (ii) eines Wino an ein Selektron und ein Neutrino und (iii) eines Wino an ein Elektron und ein Sneutrino. Andere Möglichkeiten sind nicht zugelassen, da man nur mit einer geraden Anzahl an Spin-$\frac{1}{2}$-Teilchen den Drehimpuls erhalten kann.

Experimentelle Folgen

Wäre die Supersymmetrie exakt und ungebrochen, hätten alle Sleptonen dieselbe Masse wie die entsprechenden Leptonen, die Squarks dieselbe wie die Quarks und die Eichbosinos dieselbe wie die Eichbosonen. Solche Teilchen sind jedoch noch nie beobachtet worden, und demzufolge muß die Supersymmetrie, wenn sie eine wahre Symmetrie der Teilchenphysik sein soll, gebrochen sein. Eine gebrochene Supersymmetrie erlaubt Superpartner, die schwerer als die normalen Teilchen sind, und deshalb noch nicht gefunden wären. Allerdings wird auch die elegante Lösung des Hierarchieproblems aufs Spiel gesetzt. In einer exakten Supersymmetrie würden sich die Beiträge der sehr großen Skalen (M_X oder M_P) zu den $W^{\pm}$- und Z^0-Massen auf zwanglose Weise gegenseitig aufheben. Wird die Supersymmetrie gebrochen, gehen diese Kompensationen verloren — aber nur teilweise. Der Beitrag ist jetzt propotional zum Unterschied der Massen von Teilchen und Superpartner. Um die elektroschwache Skala auf zwanglose Art (ohne Feinabstimmung) bei 10 GeV zu halten, darf diese Massendifferenz höchstens 10^3 GeV betragen:

$$|m^2(\text{Teilchen}) - m^2(\text{Superpartner})| < (10^3\,\text{GeV})^2.$$

Die Supersymmetrie sagt also eine Menge von neuen Teilchen mit Massen unterhalb von 10^3 GeV voraus — ein Massenbereich, der den neuen Beschleunigern gut zugänglich ist.

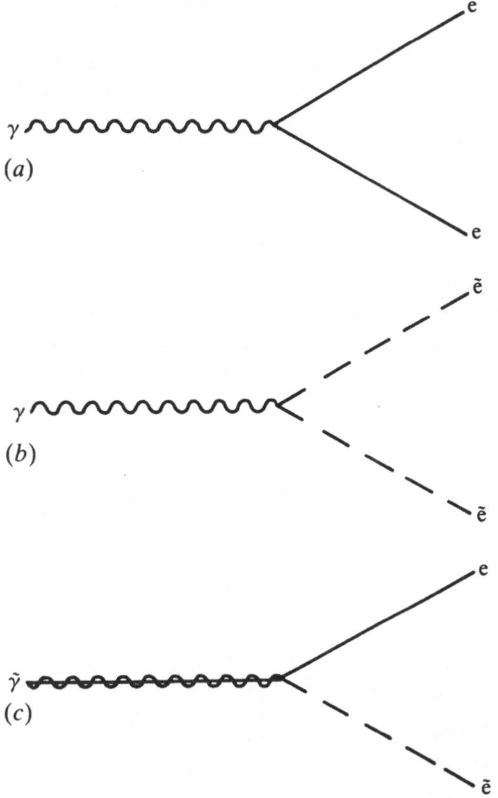

Bild 41.1 In der supersymmetrischen QED haben diese drei Kopplungen die gleiche Stärke ($\tilde{\gamma}$ bezeichnet ein Photino, $\tilde{e}$ ein Selektron).

In vielen supersymmetrischen Modellen gibt es eine neue Erhaltungsgröße, die $\mathcal{R}$-Parität, die normale Teilchen von ihren Superpartnern unterscheidet. Die $\mathcal{R}$-Parität eines Teilchens hängt mit dessen Baryon- und Leptonzahl sowie dessen Spin zusammen: $\mathcal{R}$ ist gleich $+1$, wenn $3B + L + 2s$ gerade ist, sonst ist es gleich -1. Die $\mathcal{R}$-Parität ist also eine Quantenzahl wie die Parität (Raumspiegelung) aus Abschnitt 6. Sie ist gerade ($\mathcal{R} = +1$) für alle normalen Teilchen, und ungerade ($\mathcal{R} = -1$) für die Superpartner (Tabelle 41.II). Ist die $\mathcal{R}$-Parität erhalten, ergeben sich unmittelbar zwei Schlußfolgerungen: (i) Superpartner können nicht einzeln, sondern nur paarweise erzeugt werden (der Anfangszustand hat gerade $\mathcal{R}$-Parität, also muß der Endzustand ebenfalls gerade sein); (ii) ein Superpartner zerfällt in einen Zustand mit einer ungeraden Anzahl von Superpartnern (der Anfangszustand hat ungerade $\mathcal{R}$-Parität, also muß der Endzustand ebenfalls ungerade sein). Diese beiden Folgerungen aus der $\mathcal{R}$-Parität sind in Bild 41.2 dargestellt.

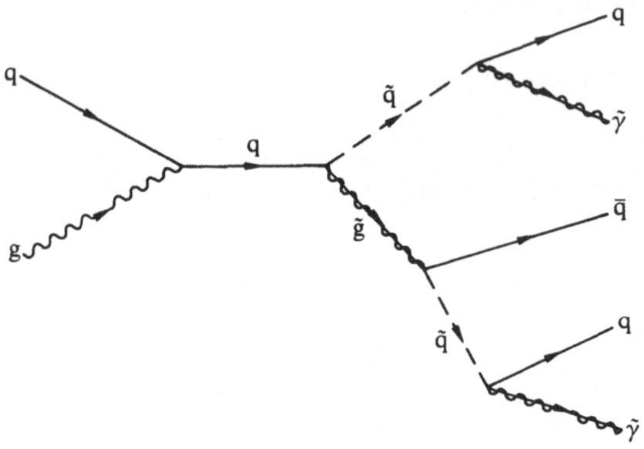

Bild 41.2 Die Erhaltung der $\mathcal{R}$-Parität bedeutet, daß Superpartner immer paarweise erzeugt werden und daß alle, außer den leichtesten, in eine ungerade Anzahl von Superpartnern zerfallen. In diesem Beispiel erzeugt eine $p\bar{p}$-Reaktion ein Squark und ein Gluino, welche anschließend wieder zerfallen. Es wurde angenommen, daß das Photino der leichteste Superpartner ist.

Aus der $\mathcal{R}$-Erhaltung kann man sofort folgern, daß der leichteste Superpartner ein stabiles Teilchen ist, da es nicht mehr in leichtere Superpartner zerfallen kann. Welcher nun der leichteste aller Superpartner ist, hängt vom speziellen supersymmetrischen Modell ab, das man betrachtet; üblicherweise kommen das neutrale Higgsino, das Photino und das Zino in Frage. Die meisten Modelle entscheiden sich für das Photino. Der leichteste Partner könnte, wie das Neutrino mit Masse, eine große Rolle in der Kosmologie spielen. Hat es eine Masse zwischen 10 und 10^3 GeV, könnte es einen beträchtlichen Anteil an der gesamten Massendichte im Weltall haben (siehe Abschnitt 42).

Tabelle 41.II Gewöhnliche Teilchen haben gerade und ihre Superpartner ungerade $\mathcal{R}$-Parität. (B, L, s bezeichnen Baryonzahl, Leptonzahl und Spin.)

Teilchen	$3B+L+2s$	$\mathcal{R}$	Superpartner	$3B+L+2s$	$\mathcal{R}$
Quark	2	+1	Squark	1	−1
Lepton	2	+1	Slepton	1	−1
Photon	2	+1	Photino	1	−1
$W^\pm, Z^0$	2	+1	Wino,Zino	1	−1
Gluon	2	+1	Gluino	1	−1
Higgs	0	+1	Higgsino	1	−1
Graviton	4	+1	Gravitino	3	−1

Supersymmetrische GvT

Supersymmetrische Große vereinheilichte Theorien sind ähnlich wie gewöhnliche GvT aufgebaut. Sie enthalten jedoch weitere leichte Teilchen (die Superpartner und einige zusätzliche Higgs-Teilchen), die die Massenvoraussage für das X-Boson und den Schwachen Mischungswinkel verändern. In der minimalen supersymmetrischen $SU(5)$-GvT erhält man einen leicht höheren Wert für die X-Bosonmasse bei 10^{16} GeV. Der Wert von $\sin^2 \vartheta_W$ ist gerade noch mit den experimentellen Werten vereinbar — ein kleiner Fortschritt gegenüber den konventionellen GvT.

Die Supersymmetrie erlaubt auch neue Zerfallskanäle für das Proton. Im Gegensatz zu nicht-supersymmetrischen Modellen, bei denen der wichtigste Zerfall über ein Pion und ein Positron geht, ist in supersymmetrischen Modellen der dominante Zerfall in ein Kaon und ein myonisches Antineutrino. In diesem Diagramm tritt eine Schleife auf, die ein Wino und ein Higgsino enthält (Bild 41.3). In der minimalen $SU(5)$-GvT erhält man damit für die Lebensdauer des Protons einen Wert zwischen 10^{26} und 10^{31} Jahren, je nachdem, wie schwer die unbekannten Superpartner sind. Leider ist das zu kurz im Vergleich zum derzeitigen experimentellen Wert von $\tau(\mathrm{p} \to \overline{\nu}_\mu K^+) > 7 \times 10^{31}$ Jahre; somit scheidet das minimale supersymmetrische $SU(5)$-Modell endgültig aus. Es gibt jedoch noch viele andere GvT (mit anderen Teilchenmultipletts und/oder anderen GvT-Symmetrien, z.B. E_6 oder $SO(10)$), die mit diesem Wert verträglich sind und darüber hinaus einen annehmbaren Wert von $\sin^2 \vartheta_W$ voraussagen.

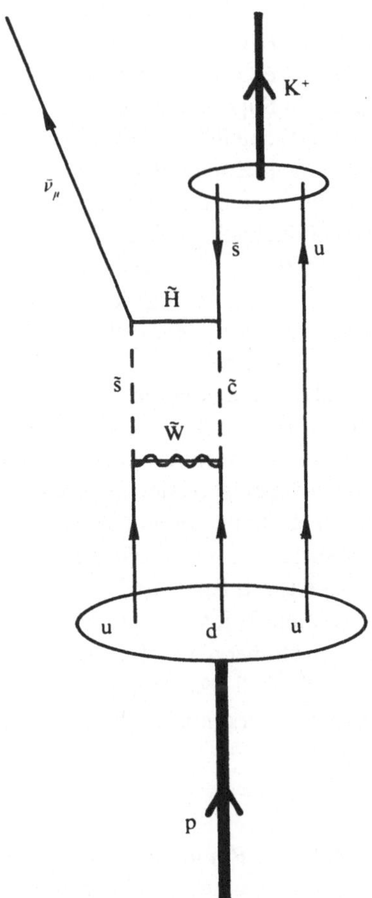

Bild 41.3 Das Proton zerfällt in ein Kaon und ein myonisches Antineutrino mit Austausch eines Winos und eines farbigen Higgsinos und mit zwei Squarks im Zwischenzustand.

41.3 Supergravitation

In Abschnitt 40 haben wir betont, wie wenig wir die Quantennatur der Schwerkraft verstehen. Eine konsistente Theorie der Quantengravitation steht noch aus. Für praktische Berechnungen benötigen wir jedoch eine Feldtheorie, die sowohl die Schwerkraft, als auch die anderen Kräfte beschreibt und die, wenn sie auch nicht völlig widerspruchsfrei ist, doch einige Voraussagen erlaubt. Die Supergravitation ist eine solche Theorie.

Eine der bemerkenswertesten Eigenschaften der Supersymmetrie ist, daß die Transformationen, die den Spin eines Teilchens ändern, ebenfalls in Raum und Zeit verschieben. Insbesondere kann man mit zwei (globalen) supersymmetrischen Transformationen eine globale Verschiebung in Raum und Zeit, also eine globale Poincaré-Transformation erreichen. Den Erkenntnissen aus den Eichtheorien folgend, verlangen wir nun eine *lokale* Supersymmetrie, d.h. wir wollen, daß die Physik an jedem Raum-Zeit-Punkt gegen *lokale* supersymmetrische Transformationen unverändert bleibt. Dann muß diese lokale Supersymmetrie die lokale Poincaré-Gruppe und damit, dem Argument aus Abschnitt 40.2 folgend, die Schwerkraft enthalten. Deswegen heißt die lokale Supersymmetrie auch Supergravitation.

Damit die Supergravitation gegen die lokale *Super-Poincaré*-Gruppe (Poincaré-Gruppe plus Supersymmetrie) invariant bleibt, müssen wir nun ein Supergravitationsfeld einführen. Dieses Feld enthält außer dem Graviton ein weiteres Eichteilchen, das *Gravitino*, als dessen Superpartner. Es ist das einzige Fermion mit Spin $\frac{3}{2}$. Zunächst ist dies ziemlich beunruhigend! Wir wollen keinesfalls neue Kräfte einführen, die die so erfolgreichen Voraussagen der allgemeinen Relativitätstheorie gefährden. Glücklicherweise gibt es aber kein klassisches Pendant zu Kräften, die von Fermionen übermittelt werden: Es handelt sich bei ihnen um reine Quanteneffekte. Der Grund hierfür liegt beim Paulischen Ausschließungsprinzip, das einer großen Zahl von Fermionen untersagt, sich gleich zu verhalten, und dadurch verhindert, daß langreichweitige Kräfte zustande kommen.

Welches ist die Aufgabe dieses neuen Feldes? Wir haben bereits gesehen, daß man die quantenmechanische Wahrscheinlichkeit für einen Streuprozeß erhält, indem man über alle möglichen Austauschteilchen im Zwischenzustand aufsummiert. In der Supergravitation müssen wir also zu jedem bekannten Gravitonaustausch die entsprechenden Prozesse mit Austausch von Gravitinos hinzufügen. Die Ergebnisse der Rechnungen sind bemerkenswert. In vielen Fällen werden die Unendlichkeiten aus dem Austausch von Gravitonen durch Gegenterme aus dem Austausch von Gravitinos exakt kompensiert! Erstmals ist es gelungen, einige Unendlichkeiten, die die Quantengravitation so lange Zeit verseucht haben, zu vermeiden. Leider werden nicht alle Unendlichkeiten durch die Supersymmetrie eliminiert. Trotz der großen Hoffnungen, die sie anfangs aufkommen ließ, ist die Supergravitation nur der erste (wenngleich äußerst wichtige) Schritt auf dem Weg zu einer renormierbaren Quantentheorie der Schwerkraft.

Zusätzliche Raum-Zeit-Dimensionen

Unsere gewöhnliche Welt ist offensichtlich vierdimensional: drei Raumdimensionen und die Zeit. Eine spezielle Supergravitationstheorie, die seinerzeit ein guter Kandidat für eine vereinheitlichte Theorie der fundamentalen Wechselwirkungen war, verlangte eine Raum-Zeit mit elf statt vier Dimensionen. Da sie als ernsthafte physikalische Theorie gehandelt wurde, stellt sich die offensichtliche Frage: Wie können die überzähligen Raum-Zeit-Dimensionen mit unserer vierdimensionalen Wahrnehmung in Einklang gebracht werden?

Die kurze Antwort darauf ist, daß diese Dimensionen versteckt sind. Besser gesagt, sind sie in Form von kleinen Kugeln aufgerollt, die so winzig sind, daß man sie nicht bemerkt.

Der Begriff von unbeobachtbar kleinen Dimensionen können wir an einem zweidimensionalen Beispiel erklären. Betrachten wir einen Gartenschlauch. Seine Oberfläche ist im wesentlichen ein zweidimensionaler Zylinder. Aus der Ferne gesehen, scheint er jedoch eine eindimensionale Linie zu sein, da sein Durchmesser zu klein ist, um aufgelöst zu werden. Nähert man sich dem Schlauch, sieht man, daß jeder Punkt dieser Linie in Wahrheit ein kleiner (eindimensionaler) Kreis ist. Die elfdimensionale Supergravitation behauptet gleichermaßen, daß jeder Raum-Zeit-Punkt, den wir wahrnehmen, in Wahrheit eine siebendimensionale Kugel vom Ausmaß der Planckschen Länge ist. Man sagt, diese zusätzlichen Dimensionen seien *kompakt* (Bild 41.4).

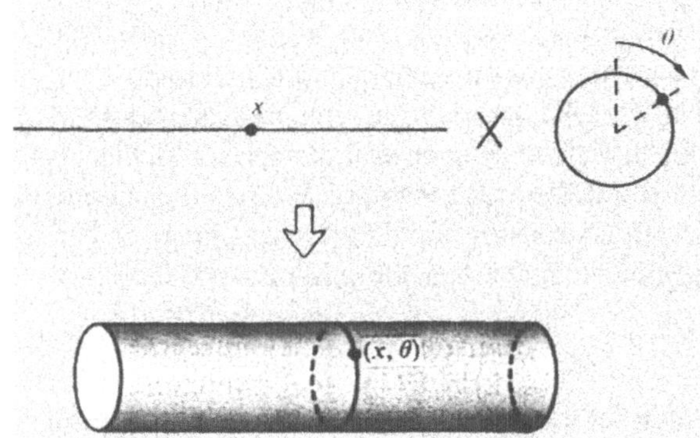

Bild 41.4 Ordnet man jedem Punkt auf einer Geraden einen Kreis zu, erhält man eine zweidimensionale Oberfläche, nämlich einen Zylinder. Ähnlich kann man sich eine verborgene Dimension als kleine Kreise vorstellen, die jedem Raum-Zeit-Punkt zugeordnet sind.

Die Vorstellung von kompakten Zusatzdimensionen ist alles andere als neu. Bereits 1919 entwarf Theodor Kaluza eine Raum-Zeit mit fünf Dimensionen, wobei er die fünfte Dimension als kleinen Kreis aufwickelte. Indem er die allgemeine Relativitätstheorie in fünf Dimensionen betrachtete, versuchte er die beiden zu seiner Zeit bekannten fundamentalen Kräfte, die Schwerkraft und den Elektromagnetismus, zu vereinigen. Die elektromagnetische Wechselwirkung fand ihren Weg in die Theorie über diese fünfte, kompakte Dimension. Das können wir uns folgendermaßen vorstellen:

Ein Punkt (oder Ereignis) in Kaluzas fünfdimensionaler Raum-Zeit wird durch die Angabe von fünf Koordinaten spezifiziert: Neben den üblichen vier, x, y, z, t, braucht man noch eine fünfte, ϑ. Diese zusätzliche Koordinate kann man sich direkt als *Winkel* vorstellen: ϑ gibt die Lage des Ereignisses auf dem Kreis an, der die zusätzliche Dimension kennzeichnet. Weil dieser Kreis so klein ist, ist der Wert von ϑ gänzlich unbeobachtbar. Die Gesetze der Physik sollten deswegen gegen Verschiebungen in ϑ unverändert bleiben — selbst unter lokalen Verschiebungen, die an jedem Raum-Zeit-Punkt einen anderen Wert annehmen. Dieses Verhalten erinnert an eine andere Winkelgröße, nämlich an die Phase der Elektronwellenfunktion. Die Invarianz gegen lokale Verschiebungen in ϑ entspricht genau der Invarianz, die wir in der Eichtheorie der QED kennengelernt haben (siehe Abschnitt 21.2). Eine lokale Transformation einer kompakten Dimension entspricht somit exakt einer lokalen Eichtransformation und zieht die Existenz einer lokalen $U(1)$-Symmetrie nach sich.

Bleibt noch eine Frage: Woher kommt das Eichboson? Um diese Frage zu beantworten erinnern wir uns, daß Gravitonen als Gravitationswellen in Form von kleinen Verzerrungen der Raum-Zeit angesehen werden können. Dies ist auch in fünf Dimensionen noch so und gilt auch für die Kaluzasche Theorie. Die Verzerrungen, die mit der normalen vierdimensionalen Raum-Zeit zusammenhängen, entsprechen, wie zuvor, Spin-2-Gravitonen. Die Verzerrungen in der kompakten Dimension ϑ kommen neu hinzu und entsprechen Spin-1-Eichbosonen.

Die Kaluzasche Theorie zeigt einen engen Zusammenhang zwischen Raum-Zeit-Symmetrien und inneren Symmetrien. So kann man sich die fünfdimensionale Poincaré-Gruppe (die Eichgruppe der Schwerkraft in fünf Dimensionen) in eine vierdimensionale Poicaré-Gruppe und eine zusätzliche lokale $U(1)$-Eichsymmerie zerlegt denken. Damit beschreibt die Theorie sowohl die Schwerkraft als auch den Elektromagnetismus.

Die Kaluzasche Theorie veranschaulicht ein sehr allgemeines Phänomen: Zusätzliche kompakte Dimensionen führen zu lokalen Eichsymmetrien. Gibt es mehrere von diesen kompakten Dimensionen, kann man auch nicht-Abelsche Eichtheorien bekommen. Im Fall der elfdimensionalen Supergravitation gibt es sieben kompakte Dimensionen, die verschiedene nicht-Abelsche Symmetrien erzeugen können, je nachdem, in welcher Gestalt sie auftreten. Die Hoffnung, damit eine vereinheitlichte Theorie für alle vier Wechselwirkungen gefunden zu haben und aus den sieben kompakten Dimensionen die bekannten Teilchen und Eichsymmetrien zu erhalten, wurde durch eine Reihe von Schwierigeiten (u.a. Nichtrenormierbarkeit) zunichte gemacht. Am verheerendsten aber war die Voraussage gleicher $W^{\pm}$-Kopplungen für rechts- wie linkshändige Teilchen: in krassem Gegensatz zum Experiment.

Supergravitation und Teilchenphysik

Obwohl die elfdimensionale Supergravitation ein Fehlschlag war, ist die einfache Supergravitation in vier Dimensionen ein interessanter (wenn auch unvollkommener) Rahmen für die Schwerkraft und die anderen Kräfte. Allein jedoch kann sie die Teilchenphysik nicht vernünftig beschreiben; dazu muß sie mit einer geeigneten Eichtheorie verknüpft werden. Die vierdimensionale Supergravitation mit $SU(3)_C \times SU(2) \times U(1)$ liefert eine supersymmetrische Variante des Standardmodells mit Kopplung an die Schwerkraft. Mit $SU(5)$ erhält man eine supersymmetrische GvT mit Kopplung an die Schwerkraft. Diese Theorien haben als gesamte Eichgruppe $\mathcal{G}\times$ (Super-Poincaré-Gruppe), die es uns ermöglicht, einige Effekte der Quantengravitation auf die Teilchenphysik zu berechnen. Alles in allem bleiben sie jedoch sehr unvollkommen. Das sollte uns nicht zu sehr stören, solange uns Energien interessieren, die viel kleiner als die Plancksche Energie, und Längen, die viel größer als die Plancksche Länge sind (siehe Tabelle 40.I).

Wie die globale Supersymmetrie, muß auch die lokale gebrochen sein, um mit dem Experiment übereinzustimmen. Die spontane Verletzung dieser lokalen Symmetrie ist der spontanen Brechung einer lokalen Eichsymmetrie sehr ähnlich (siehe Abschnitt 22). Die gebrochene Supersymmetrie erzeugt aber nicht ein masseloses Goldstone-Boson, sondern ein masseloses Goldstone-*Fermion*! Und weil die Supersymmetrie lokal ist, wird das Goldstone-Fermion vom Gravitino geschluckt, das dadurch Masse erhält. Dies ist das Pendant zum Higgsschen Mechanismus der spontan gebrochenen Eichtheorien, wo das masselosen Eichboson das Goldstone-Boson absorbiert und somit Masse bekommt. In diesem Fall spricht man vom *Super-Higgs-Mechanismus.*

Ist die Supergravitation spontan gebrochen, sieht sie wie eine Theorie mit fast exakter globaler Supersymmetrie aus. Dadurch werden die Voraussagen von spontan gebrochenen

Supergravitationsmodellen fast identisch mit denen von globalen supersymmetrsichen Modellen; erstere haben jedoch den Vorteil, zusätzlich der Schwerkraft Platz zu bieten.

Große vereinheitlichte Theorien mit lokaler Supersymmetrie (also Supergravitations-GvT) könnten der erste Schritt auf dem Weg zu einer vereinheitlichten Theorie aller vier fundamentalen Wechselwirkungen sein. Eine solche Theorie, wenn sie denn existiert, nennen wir *Theorie aller Kräfte* (TaK, engl.: *Theory Of Everything, TOE*). Die zur Zeit beste Kandidatin für eine Theorie aller Kräfte ist die Superstringtheorie (siehe Abschnitt 43). Eine Eigenschaft der Superstringtheorie ist, daß sie bei Energien unterhalb E_P und Abständen oberhalb ℓ_P zu einer Supergravitations-GvT äquivalent wird. Die genauen Eigenschaften dieser GvT sind zur Zeit nicht bekannt, aber es gibt vielversprechende Ansätze.

42 Teilchenphysik und Kosmologie

42.1 Einleitung

In den letzten Jahren sind zwei der interessantesten unter den fundamentalen Teilgebieten der Physik zusammengewachsen: die Elementarteilchenphysik und die Kosmologie. Diese beiden Gebiete, die von der Physik im kleinstmöglichen und im größtmöglichen Maßstab handeln, sind nun im Rahmen der Urknalltheorie der Entstehung des Weltalls unzertrennlich miteinander verwoben. In dieser innigen Beziehung üben sie wechselseitig einen großen Einfluß aufeinander aus.

Der Urknalltheorie zufolge entstand das Weltall vor etwa 10^{10} Jahren aus einer Raum-Zeit-Singularität, einem Punkt unendlicher Energiedichte und mit unendlicher Raum-Zeit-Krümmung. Der Schöpfungsakt — eben der Urknall — war eine unvorstellbare Explosion, bei der ein extrem heißes, dichtes und sich schnell ausdehnendes Universum entstand. Das junge Universum war eine dicke, heiße Ursuppe, in der alle möglichen Elementarteilchen in rauhen Mengen vorkamen und deren Entwicklung durch die Wechselwirkungen der Teilchen untereinander bestimmt wurde.

Somit ist das frühe Weltall auch der ideale Teilchenbeschleuniger. Durch seine extreme Temperatur und Dichte bietet es die einmalige Gelegenheit, eine Physik zu untersuchen, an die irdische Beschleuniger nie herankommen werden, und Konzepte wie die Großen vereinheitlichten Theorien, Supersymmetrie und Supergravitation zu testen.

42.2 Urknallkosmologie

Die Urknallkosmologie beruht auf nicht mehr als drei Beobachtungen. Die erste stammt aus dem Jahre 1929 von Edwin Hubble, der bemerkte, daß das Universum sich ausdehnt. Er beobachtete, daß weit entfernte Galaxien sich von uns wegbewegen und daß ihre Fluchtgeschwindigkeit mit dem Abstand wächst. Diese Entdeckung wird im Hubbleschen Gesetz festgehalten:

$$v = Hr,$$

wobei v die Fluchtgeschwindigkeit der Galaxis, r ihre Entfernung von uns und H eine Proportionalitätskonstante, die sogenannte Hubblesche Konstante, ist. Wir wissen weiter, daß H in Wahrheit keine Konstante ist, sondern mit der Zeit sehr langsam abnimmt. Ihr derzeitiger Wert ist nicht genau bekannt, weil galaktische Abstände sehr schwer zu messen sind. Sie bewegt sich im Bereich

$$H = 100h \,\mathrm{km\,s^{-1}/Mpc}, \quad (0.4 \leq h \leq 1),$$

also zwischen 40 und 100 Kilometer pro Sekunde pro Megaparsec Abstand. (Ein Megaparsec ist definiert als: $1\,\mathrm{Mpc} = 3 \times 10^6$ Lichtjahre $= 3 \times 10^{24}$ cm.) Eine Galaxis, ein Megaparsec von uns entfernt, bewegt sich also typischerweise mit einer Geschwindigkeit von 40 bis 100 Kilometern pro Sekunde von uns weg; eine Galaxis in 10 Megaparsec Abstand etwa zehn mal schneller.

Die zweite Beobachtung betrifft die Häufigkeiten der leichten Elemente im Weltall. Ende der 40er Jahre konnten George Gamow und Mitarbeiter diese Häufigkeiten unter der Annahme eines in seiner Anfangsphase sehr heißen und dichten Universums erklären. Demnach sollten die leichten Elemente entstanden sein, als das Weltall eine Temperatur von 10^9 K hatte. Diese Temperatur entspricht einer thermischen Energie von etwa 0.1 MeV pro Teilchen. (Es ist oft günstiger, Temperaturen in Elektronvolt anzugeben: $1\,\mathrm{eV} = 1.2 \times 10^4$ K.) Dieser Vorgang wird *Nukleosynthese* genannt und erklärt die Entstehung der leichten Elemente — die schwereren wurden erst viel später im Inneren der Sterne erzeugt und durch Supernova-Explosionen im Weltall verteilt.

Die dritte Beobachtung ist die kosmische Hintergrundstrahlung im Mikrowellenbereich, die 1965 von Arno Penzias und Robert Wilson zufällig entdeckt wurde. Diese richtungsunabhängige Strahlung, in der wir sozusagen ständig baden, ist ein Relikt der heißen Phase des Universums. Seitdem ist ihre Temperatur infolge der Expansion des Universums auf 2.7 K zurückgegangen.

Friedmann-Modelle

Eigentlich hätte Einstein selbst die Ausdehnung des Universums vorhersagen müssen. Die Tatsache, daß seine allgemeine Relativitätstheorie jedoch keine statische Lösung zuließ, beunruhigte ihn jedoch so sehr, daß er die Theorie durch die Einführung eines Zusatzglieds, der *kosmologischen Konstanten,* in die Gleichungen veränderte. Die kosmologische Konstante wirkt wie eine abstoßende Antischwerkraft und ist von der Materie vollkommen unabhängig. Sie entspricht einer Energie im leeren Raum und ist eine Eigenschaft der Raum-Zeit selber. Laut Einstein sollte sie die Schwerkraftanziehung der Materie im Weltall ausgleichen, so daß ein statisches kosmologisches Modell entsteht.

Der russische Mathematiker Aleksandr Friedmann (und viel später unabhängig voneinander Howard Robertson und Arthur Walker) betrachtete 1922 mit den unveränderten Einstein-Gleichungen ein sich ausdehnendes Universum unter folgenden Annahmen: es sollte (i) isotrop (also in allen Richtung gleich) und (ii) homogen (in jedem Raumpunkt gleich) sein. Diese Annahmen führen zu den sogenannten Friedmann-Modellen, die unser Universum zu beschreiben scheinen. Obwohl in kosmisch kleinen Abständen das Weltall ganz und gar nicht in allen Richtungen gleich erscheint, ist es auf großem Maßstab (viel größer als der Abstand zwischen Galaxien) erstaunlich einförmig und isotrop. Weit entfernte Galaxien sind mehr oder weniger gleich verteilt. Mehr noch: Die Richtungsabweichungen der kosmischen Hintergrundstrahlung sind geringer als $1{:}10^5$, was darauf schließen läßt, daß das Weltall früher noch gleichmäßiger war.

Ein sich ausdehnendes Universum wirft die Frage auf, ob die Expansion immer weiter gehen oder letzlich zum Stillstand kommen wird. Im Rahmen der Friedmann-Modelle hängt die Antwort davon ab, (i) wie schnell das Universum sich ausdehnt, und (ii) wieviel Materie es enthält. Ist die Massen- oder Energiedichte des Weltalls größer als ein gewisser kritischer Grenzwert, wird die Schwerkraftsanziehung letztlich gegen die Expansion obsiegen, und das Universum wird in sich zusammenfallen. Ist andererseits die Dichte geringer als der kritische Grenzwert, geht die Expansion für immer weiter. Die kritische Dichte beträgt

$$\rho_k = \frac{3H^2}{8\pi G} = 2 \times 10^{-29} h^2 \,\mathrm{g/cm^3} = 10^4 h^2 \,\mathrm{eV/cm^3},$$

was etwa zehn Wasserstoffatomen pro Kubikmeter im ganzen Universum entspricht. Die aktuellen Beobachtungen liefern für die Dichte des Universums Werte zwischen $0.1\rho_k$ und $2\rho_k$ (siehe Abschnitt 42.3). Die Sache ist also weiterhin anhängig und wartet auf genauere Messungen.

In der allgemeinen Relativitätstheorie geht es vor allem um Geometrie (Bild 42.1). Ist die Dichte größer als der kritische Wert, ist der Raum (nicht die Raum-Zeit) wie die Oberfläche einer Kugel positiv gekrümmt; das Universum ist *geschlossen*: Es expandiert eine Zeit lang und fällt dann wieder in sich zusammen. Ist die Dichte kleiner als der kritische Wert, ist der Raum wie ein Sattel negativ gekrümmt; das Universum ist *offen* und dehnt sich in alle Ewigkeit aus. Ist die Dichte exakt kritisch, ist der Raum gar nicht gekrümmt, sondern *flach* (die Raum-Zeit ist immer noch gekrümmt).

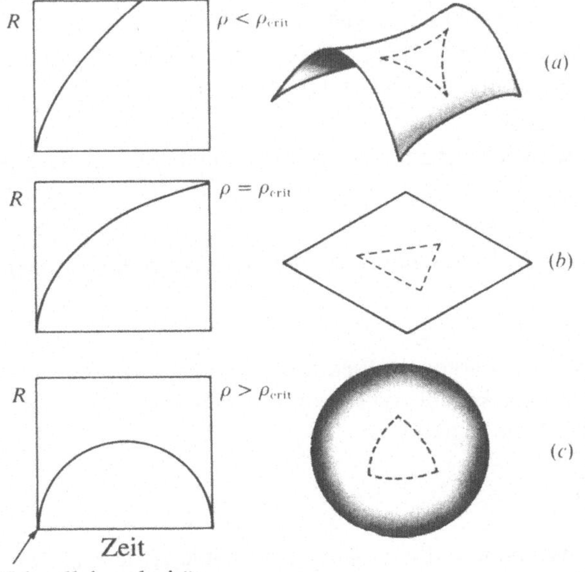

Bild 42.1 Für eine offene *(a)*, flache *(b)* und geschlossene *(c)* Friedmann-Kosmologie ist die Größe des Universums als Funktion der Zeit angegeben. Die Krümmung des Raumes ist so, daß die Winkel eines Dreiecks, aufaddiert in einem offenen Universum, weniger als 180°, in einem geschlossenen mehr als 180° ergeben.

Die Friedmann-Modelle sind die Grundlage der Standardkosmologie des Urknalls. Welches genau unserem Universum entspricht, hängt von der Expansionsrate H und der Dichte ρ ab. Leider sind beide nicht genau bekannt. Obwohl sie sich dramatisch unterscheiden, wenn es um das endgültige Schicksal des Weltalls geht, sind all diese Modelle in der Anfangsphase des Universums einander sehr ähnlich.

Chronologie der Urknallkosmologie

Dem Hubbleschen Gesetz zufolge ist die Ausdehnung des Weltalls so, daß je zwei Punkte sich mit einer Geschwindigkeit, die proportional zu ihrem Abstand ist, voneinander wegbewegen. Diese Expansion wird durch das Verhalten der kosmologischen Skala R zusammengefaßt; alle kosmologischen Abstände wachsen mit R an, und die Temperatur ist umgekehrt proportional zu R:

$$T \sim R^{-1}.$$

(Dies bedeutet wohlgemerkt, daß es Punkte gibt, die so weit voneinander entfernt sind, daß sie sich mit Überlichtgeschwindigkeit voneinander entfernen! Dies steht nicht im Widerspruch zur allgemeinen Relativitätstheorie. Lokal bleibt die spezielle Relativitätstheorie gültig, und mit ihr bleibt c die Grenzgeschwindigkeit.) Verschaffen wir uns nun einen kleinen Überblick über die Entwicklung des Universums seit dem Urknall:

- ▷ $t \approx 10^{-43}\,\mathrm{s}, \quad T \approx 10^{32}\,\mathrm{K} \approx 10^{19}\,\mathrm{GeV}$:
  Das Universum beendet die Plancksche Epoche, während der die Quantengravitation dominierte; es wird jetzt (vielleicht) durch eine GvT beschrieben. Die Energiedichte wird durch extrem relativistische Teilchen dominiert und nimmt wie $\rho \sim R^{-4} \sim T^4$ ab.
- ▷ $t \approx 10^{-35}\,\mathrm{s}, \quad T \approx 10^{28}\,\mathrm{K} \approx 10^{15}\,\mathrm{GeV}$:
  Die Große vereinheitlichte Symmetrie wird gebrochen. Unser derzeit beobachtbares Weltall — ein Gebiet mit derzeit etwa 10^{10} Lichtjahren Durchmesser (10^{28} cm) — ist einige Millimeter groß. Etwas später führt die Baryogenese zu einem kosmologischen Überschuß von Materie gegenüber Antimaterie (siehe Abschnitt 39.4).
- ▷ $t \approx 10^{-10}\,\mathrm{s}, \quad T \approx 10^{15}\,\mathrm{K} \approx 10^{2}\,\mathrm{GeV}$:
  Die elektroschwache Symmetrie wird gebrochen. Das jetzt beobachtbare Weltall ist auf 10^{14} cm angewachsen.
- ▷ $t \approx 10^{-5}\,\mathrm{s}, \quad T \approx 3 \times 10^{12}\,\mathrm{K} \approx 300\,\mathrm{MeV}$:
  Der Einschlußmechanismus der QCD tritt in Kraft: Freie Quarks werden in Hadronen gebunden.
- ▷ $t \approx 10^{-2}\,\mathrm{s}, \quad T \approx 10^{11}\,\mathrm{K} \approx 10\,\mathrm{MeV}$:
  Das Weltall besteht hauptsächlich aus Photonen, Elektronen, Positronen, Neutrinos und Antineutrinos. Es gibt eine geringe Anzahl von Protonen und Neutronen, die sich bei solch hohen Temperaturen durch die Reaktionen

  $$\nu_\mathrm{e} + \mathrm{p} \leftrightarrow \mathrm{e}^+ + \mathrm{n}, \quad \overline{\nu}_\mathrm{e} + \mathrm{n} \leftrightarrow \mathrm{e}^- + \mathrm{p}$$

  häufig ineinander umwandeln. Unser beobachtbares Universum hat jetzt einen Durchmesser von einem Lichtjahr (10^{18} cm), seine Dichte ist eine Milliarde mal größer als die von Wasser.

▷ $t \approx 0.1\,\mathrm{s}, \quad T \approx 3 \times 10^{10}\,\mathrm{K} \approx 3\,\mathrm{MeV}$:
Bei diesen Temperaturen verwandeln sich die schwereren Neutronen häufiger in die leichteren Protonen, als umgekehrt. Es gibt anderthalb mal mehr Protonen als Neutronen.

▷ $t \approx 1\,\mathrm{s}, \quad T \approx 10^{10}\,\mathrm{K} \approx 1\,\mathrm{MeV}$:
Neutrinos und Antineutrinos verhalten sich wie freie Teilchen. Sie *koppeln* sich vom Rest der Materie *ab* und entwickeln sich unabhängig davon. Elektronen und Positronen beginnen, sich in Photonen zu vernichten; die Photonentemperatur steigt im Vergleich zur Temperatur der Neutrinos: $T_\gamma = 1.4 T_\nu$.

▷ $t \approx 10^2\,\mathrm{s}, \quad T \approx 10^9\,\mathrm{K} \approx 0.1\,\mathrm{MeV}$:
Das Universum besteht fast nur noch aus Photonen, Neutrinos und Antineutrinos, plus einer kleinen Anzahl von Elektronen und Nukleonen. Es gibt sechs mal soviel Protonen wie Neutronen. Unser beobachtbares Weltall ist ungefähr hundert Lichtjahre (10^{20} cm) groß, seine Dichte etwa vierzig mal die von Wasser.

▷ $t \approx 3-4\,\mathrm{min}, \quad T \approx 8 \times 10^8\,\mathrm{K}$:
Die Nukleosynthese setzt ein: Dabei werden alle freien Neutronen und einige freie Protonen zu Kernen leichter Elemente zusammengeschmolzen, hauptsächlich zu Kernen von Deuterium (^{2}D), Helium (^{3}He, ^{4}He) und Lithium (^{7}Li). Nach einigen Stunden ist die Synthese abgeschlossen: Übrig bleiben 24% Helium und 76% Wasserstoff (also unbenutzte Protonen) nebst kleineren Mengen an weiteren leichten Elementen. Das Weltall besteht jedoch weiterhin zum größten Teil aus Photonen und Neutrinos.

▷ $t \approx 10^4$ Jahre, $\quad T \approx 10^5\,\mathrm{K}$:
Nichtrelativistische Materie dominiert jetzt die Energiedichte, die nur noch wie $\rho \sim R^{-3} \sim T^3$ abnimmt.

▷ $t \approx 10^5$ Jahre, $\quad T \approx 4000\,\mathrm{K}$:
Elektronen und Kerne verbinden sich zu neutralen Atomen. Ohne geladene Teilchen (die die Photonen streuen könnten) wird das Weltall durchsichtig. Insbesondere wurde die kosmische Hintergrundstrahlung zu dieser Zeit letztmals gestreut. Optische und radioastronomische Beobachtungen können nicht weiter in die Vergangeheit blicken.

▷ $t \approx 10^9 - 10^{10}$ Jahre, $\quad T \approx 10\,\mathrm{K}$:
Die Galaxien entstehen.

▷ $t \approx 10^{10}$ Jahre, $\quad T \approx 2.7\,\mathrm{K}$:
Heute. Das beobachtbare Universum ist 10^{10} Lichtjahre (10^{28} cm) groß.

Soweit die Entwicklungsstadien des Weltalls bis zum heutigen Tag. Die nächsten zehn Milliarden Jahre werden dagegen sehr geruhsam sein!

42.3 Einfluß der Kosmologie

Wir haben gerade gesehen, wie die Standardkosmologie des Urknalls die bedeutende Rolle der Teilchenphysik in der Entwicklung des jungen Universums unterstreicht. Die Eigenschaften der Elementarteilchen — ihre Massen und Wechselwirkungen — bestimmen die allgemeine Ausdehnungsrate des Weltalls, die Temperatur in Abhängigkeit von der Zeit und die wesentlichen Ereignisse in der Geschichte des Universums. Der Einfluß der Teilchenphysik auf die Kosmologie ist kapital. Umgekehrt haben wir bereits hervorgehoben, daß auch die Kosmologie viel zum Verständnis der Teilchenphysik beiträgt. Wie stark das Zusammenspiel ist, kann man etwa an der Physik der Nukleosynthese erkennen.

Die leichten Elemente (^{2}D, ^{3}He, ^{4}He, ^{7}Li) werden durch Kernreaktionen in den ersten 10^2 bis 10^4 Sekunden erzeugt. Im Urknallmodell hängen die relativen Häufigkeiten nur von einem Parameter ab: von der Energiedichte der Nukleonen, das heißt vom Verhältnis der Anzahl der Baryonen zu der Anzahl der Photonen $\eta = n_B/n_\gamma$. Aus den vorausgesagten und beobachteten Häufigkeiten kann man für η eine Schätzung wagen:

$$\eta = (4 \pm 1) \times 10^{-10}.$$

Die Photonendichte im Weltraum kennt man aus Messungen der Temperatur der kosmischen Hintergrundstrahlung; sie liegt bei etwa 400 Photonen pro Kubikmeter. Daraus kann man jetzt auf die derzeitige Energiedichte der Baryonen schließen:

$$0.10\rho_k \leq \rho_B \leq 0.12\rho_k.$$

Selbst wenn der Wert von η exakt bekannt wäre, bleibt ρ_k sehr unsicher, weil wir die Hubblesche Konstante nicht genau kennen. Aus der Nukleosynthese folgt also, daß die Baryonen maximal etwa 10% der Dichte aufbringen, die ein geschlossenes Universum erfordert. Wenn also das Universum geschlossen ist ($\rho > \rho_k$), muß es etwas anderes geben, dessen Dichte die der Baryonen bei weitem überwiegt.

Die Nukleosynthese erlaubt auch eine strenge Voraussage der Zahl der Neutrinotypen aus der beobachteten Häufigkeit von Helium. Die Menge an ursprünglich erzeugtem Helium hängt vom Verhältnis von Protonen zu Neutronen zu Beginn der Nukleosynthese (bei $T = 10^9$ K) ab, weil fast alle Neutronen letztlich in Helium gebunden werden (im Gegensatz zu den Protonen). Wenn es noch andere leichte Neutrinos gäbe, würden sie die Expansionsrate des Weltalls (verglichen mit dem Wert für drei Neutrinotypen) erhöhen, und das Weltall würde schneller die Temperatur erreichen, bei der die Nukleosynthese einsetzt. Dies würde den Neutronen vor der Nukleosynthese weniger Zeit zur Umwandlung in Protonen lassen. Es wären dann mehr Neutronen zugegen und mehr Helium würde produziert. Weil seit der Nukleosynthese nur wenig weiteres Helium in den Sternen entstanden ist, führt die beobachtete Häufigkeit zu

$$N_\nu = 3 \pm 1,$$

was bedeutet, daß es höchstens *ein* weiteres Neutrino und damit *eine* weitere Teilchengeneration gibt. Lange Zeit war dies die bestmögliche Abschätzung. Erst im Oktober 1989 ergaben die Experimente an den Beschleunigern am CERN und in Stanford bessere Ergebnisse, die die Anzahl der leichten Neutrinos endgültig auf drei festlegten.

Ein anderes Argument ergibt kosmologische Grenzen für die Masse von Neutrinos. In der Ursuppe waren bei den hohen Temperaturen Neutrinos und Antineutrinos im thermischen Gleichgewicht mit Materie und Photonen. Mit fallender Temperatur wurde die Wechselwirkung zwischen Neutrinos und Ursuppe geringer. Bei einer gewissen Temperatur T_e wird die Wechselwirkungsrate kleiner als die Expansionsrate und das Universum wächst schneller, als die Neutrinos wechselwirken können. Ab dann verhalten sich diese wie freie, von Strahlung und Restmaterie entkoppelte Teilchen. Verlangt man, daß die Energiedichte der Neutrinos heute kleiner als die kritische Dichte sei ($\rho_\nu \leq \rho_k$), ergeben sich folgende Einschränkungen auf ihre Massen: für jeden Typ von schweren Neutrinos

$$m_\nu \geq 2\,\text{GeV};$$

für die Summe der Massen der leichten Neutrinos

$$\sum_i m_{\nu_i} \leq 92h^2\,\mathrm{eV},$$

wobei h die Ungenauigkeit in der Bestimmung der Hubbleschen Konstanten ($0.4 \leq h \leq 1$) widerspiegelt und zu $\sum_i m_{\nu_i} \leq 15$ bis $92\,\mathrm{eV}$ führt. Man vergleiche dies mit den experimentellen Obergrenzen von 10 eV, 250 keV und 35 MeV jeweils für ν_e, ν_μ und ν_τ. Die kosmologischen Schranken sind also im Vergleich zu den experimentellen Daten zur Zeit sehr streng.

Exotische Überbleibsel des Urknalls

Ähnliche Abschätzungen kann man für alle stabilen, schwach wechselwirkenden Teilchen mit Masse*, die den Urknall überlebt haben, aufstellen. Die meisten dieser Voraussagen hängen von den Details der betrachteten Großen vereinheitlichten Theorie und von den Annahmen für die Masse von anderen, nicht beobachteten Teilchen ab. Die Voraussagen für das Photino ($\widetilde{\gamma}$, der Superpartner des Photons) beruhen auf den Annahmen, daß es (i) das leichteste Superteilchen sei, (ii) stabil sei und daß (iii) die Sfermionen (Squarks und Sleptonen) alle gleiche Massen haben. Für eine Sfermionmasse von 100 GeV erhält man dann $m_{\widetilde{\gamma}} > 5\,\mathrm{GeV}$. Das *Axion* seinerseits (siehe Abschnitt 44.2), ist ein Teilchen, dessen Schranke von den Annahmen ziemlich unabhängig ist. Wenn es denn existiert, verlangt die Einschränkung, daß seine Dichte kleiner als die kritsiche sei: $m_a \geq 10^{-5}\,\mathrm{eV}$. Damit es die Entwicklung von Sternen und Supernovæ (siehe Abschnitt 17.2) nicht durcheinanderbringt, muß andererseits $m_a \leq 10^{-3}\,\mathrm{eV}$ gelten, was das Massenfenster für die Axionmasse beachtlich einschränkt.

Dunkle Materie

Wie wir gesehen haben, lassen sich aus der Kosmologie viele Eigenschaften von Elementarteilchen herleiten. Das legt die Frage nahe: Welche Hinweise besitzt man, daß diese (oft nur hypothetischen) Teilchen ihrerseits eine wichtige Rolle in der Kosmologie spielen? Die Antwort könnte das liefern, was die Astrophysiker *dunkle Materie* nennen.

Tabelle 42.I Schätzung der kosmologischen Dichte. Der charakteristische Maßstab für jede Abschätzung ist in Megaparsec (1 pc = 3.26 Lichtjahre) angegeben. Die Zahl h liegt zwischen 0.4 und 1 und gibt die Unsicherheit in der Bestimmung der Hubbleschen Konstanten an.

Quelle	Maßstab (Mpc)	ρ/ρ_k
Leuchtende Teile der Galaxien	$0.02h^{-1}$	0.01
Galaktische Halos und Galxiengruppen	$0.1 - 1h^{-1}$	0.02 – 0.2
Haufen und Superhaufen	$3 - 30h^{-1}$	0.2
Kosmologische Tests	$3\,000h^{-1}$	0.1 – 2
Kosmologische Inflation	$> 3\,000h^{-1}$ (?)	1

* Engl.: *Weakly interacting massive partilces*, abgekürzt *WIMPs*

Es gibt jetzt überzeugende Indizien dafür, daß die leuchtende Materie — Sterne und Galaxien — weniger als 10% der Masse des Universums ausmachen (siehe Tabelle 42.I). Also könnten 90% der Materie im Weltall dunkel sein! Der stärkste Hinweis auf dunkle Materie kommt von den Spiralnebeln. Die Anziehung durch die Schwerkraft, die man durch die Umlaufgeschwindigkeit der Sterne in solchen Galaxien messen kann, nimmt mit zunehmendem Abstand vom Zentrum nicht so stark ab, wie man es erwartet (Bild 42.2). Es sieht so aus, als sei fünf bis zehn mal mehr Masse vorhanden als man beobachtet. Die nichtleuchtende Materie scheint die Galaxis in einem nahezu kugelförmigen Halo zu umgeben (Bild 42.3). Auf größerem Maßstab ist bereits seit 1933 bekannt, daß das Schwerefeld, welches Galaxienhaufen zusammenhält, typischerweise zehn mal stärker ist, als es die sichtbaren Galaxien erzeugen können.

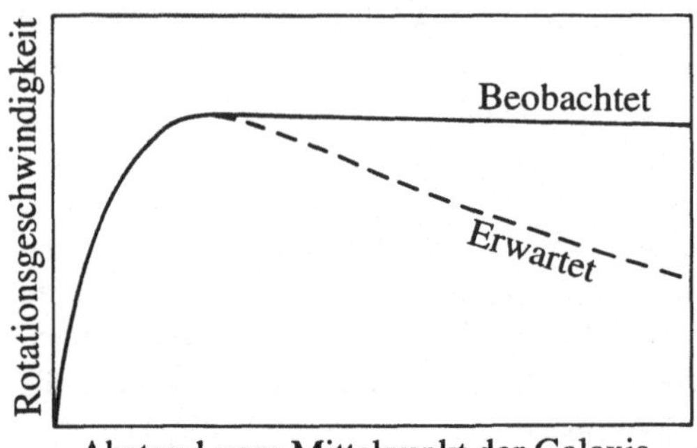

Bild 42.2 Typische Rotationskurve von Sternen in einem Spiralnebel, die das Vorhandensein von dunkler Materie vermuten läßt

Dies ist aber wahrscheinlich nicht das Ende vom Lied. Es könnte auch dunkle Materie geben, die nicht in der Umgebung von Galaxien oder Galaxienhaufen konzentriert, sondern fein verteilt im ganzen Weltall zu finden ist. Sie könnte den nötigen Beitrag zur Dichte des Weltalls bringen, um sie kritisch werden zu lassen ($\rho = \rho_k$). Die kosmologische Inflation (siehe Abschnitt 42.5) liefert ein starkes Argument für $\rho = \rho_k$. Wegen der Einschränkungen auf der Nukleosynthese ($\rho_B \leq 0.12\rho_k$) kann diese dunkle Materie nicht baryonischen Ursprungs sein.

Die dunkle Materie in Galaxien und Galaxienhaufen kann sehr wohl baryonisch sein. Es ist jedoch unklar, welche Form sie annehmen kann und wie die Entstehung der Galaxien mit der isotropen kosmischen Hintergrundstrahlung verträglich sein soll. Eine Möglichkeit ist, daß die bereits erwähnten, schwach wechselwirkenden Teilchen mit Masse (WIMPs) die Lücke füllen. Je nach Masse der Kandidaten würde das Weltall dann über mehr oder weniger nichbaryonische dunkle Materie verfügen. Diese exotische dunkle Materie wird in zwei Kategorien unterteilt: heiße und kalte, je nachdem bei welcher Temperatur sie von der Restmaterie entkoppelt, um sich dann frei weiterzubewegen. Heiße dunkle Materie, wie leichte Neutrinos ($m_\nu \approx 30\,\mathrm{eV}$), entkoppelt im relativistischen Zustand ($T_e \gg m$). Kalte dunkle Materie, etwa schwere Neutrinos ($m_\nu \approx 1\,\mathrm{GeV}$), Photinos oder Axionen, entkoppelt im nichtrelativistischen Zustand ($T_e < m$).

Mehrere Experimente versuchen derzeit, kalte dunkle Materie im Halo unserer Milchstraße nachzuweisen. Man kann sie in zwei Sorten einteilen: Die einen suchen nach WIMPs, wie Photinos oder schweren Neutrinos, die anderen nach Axionen. Diese Experimente sind technisch extrem schwer durchzuführen. Ein positives Ergebnis hätte jedoch wichtige und

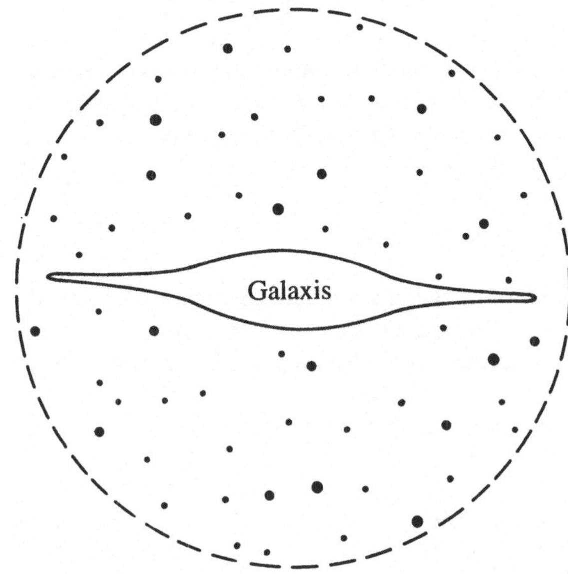

Bild 42.3 Die Bewegung von Sternen in einem Spiralnebel kann man nur erklären, wenn man die Existenz eines Halo von dunkler Materie voraussetzt.

weitreichende Konsequenzen, gewährte es doch nicht nur einen Einblick in die Physik jenseits des Standardmodells, sondern auch in die Urknallkosmologie, die Entstehung von Galaxien und das Schicksal des Universums schlechthin.

42.4 Die Supernova 1987A

Am engsten ist die Verbindung zwischen Teilchenphysik und Kosmolgie kurz nach der Entstehung des Universums vor 10^{10} Jahren gewesen. Aber auch noch heute gibt es astronomische Ereignisse, bei denen der Zusammenhang mit der Teilchenphysik offenkundig ist. Am 23. Februar 1987 erschien in unserer Nachbargalaxis, der Großen Magellanschen Wolke, die hellste Supernova seit vierhundert Jahren. Die Große Magellansche Wolke ist ein Satellit unserer Milchstraße und befindet sich in nur 50 Kiloparsec (etwa 160 000 Lichtjahre) Entfernung. Der Stern, aus dem die Supernova entstand, war ein blauer Überriese von etwa 15 bis 20 Sonnenmassen, der unter den Namen Sanduleak $-69°202$ in den Katalogen erschien. Diese Supernova, 1987A genannt, war die uns nächste seit 1604 und lieferte viele neue Ergebnisse und eine Reihe von unerwarteten Details. Am interessantesten war wohl der Nachweis des Neutrinostroms, der beim Zusammenbruch eines sehr schweren Sterns zu einem Neutronenstern entsteht.

SN1987A war eine Supernova vom Typ II: das Endstadium der Entwicklung von Sternen mit mehr als ungefähr acht Sonnenmassen. Die sehr große Masse führt zu sehr hohen Temperaturen, so daß im Zentrum, nachdem aller Wasserstoff aufgebraucht wurde, weitere Kernverschmelzungen einsetzen. Zunächst wird das bei der Verschmelzung von Wasserstoff erzeugte Helium zu Kohlenstoff verarbeitet, dann der Kohlenstoff zu Sauerstoff, und weiter zu Neon, Silizium und schließlich zu Eisen. Die Kernschmelze hört beim Isotop ^{56}Fe von Eisen auf, weil dieser Kern die höchste (also betragsmäßig größte negative) Bindungsenergie pro Nukleon besitzt (Bild 5.6 in Abschnitt 5.4). Jenseits von ^{56}Fe liefert die Kernschmelze keine Energie mehr; im Gegenteil, es wird Energie dazu benötigt. Am Ende seiner Existenz sieht der Stern wie eine Zwiebel aus, mit einem Eisenkern in der Mitte und Schichten immer leichterer Elemente drumherum. Das Eisen sammelt sich im Zentrum an, bis es die 1.4fache Sonnenmasse erreicht: Dann ist das Gewicht des Sterns so groß, daß der Kern selbst in sich zusammenbricht und einen Neutronenstern gebiert, wenn die Elektronen aus den Eisenatomen förmlich in den Kern *gequetscht* werden, die Protonen in Neutronen umwandeln und einen gewaltigen Ausstoß an Neutrinos erzeugen:

$$\mathrm{e}^- + \mathrm{p} \to \mathrm{n} + \nu_\mathrm{e}.$$

Wenn die Dichte die Größenordnung der Atomkerndichte erreicht (bei etwa $10^{14}\ \mathrm{g/cm^3}$) werden die Kernkräfte groß genug, um den Kollaps zu stoppen: Der Kern *prallt zurück* und erzeugt dabei eine kolossale Schockwelle, die sich nach außen hin fortpflanzt und eine enorme Materieschicht ins Weltall pustet.

Rechnungen ergeben, daß, ungeachtet der Einzelheiten des Sterns, die freigesetzte Energiemenge ungeheuer groß ist:

$$E_\mathrm{tot} \approx 2 \times 10^{46}\ \mathrm{J}.$$

Davon werden 10^{44} J in Form von Licht und kinetischer Energie der sich ausbreitenden Materie produziert. Das heißt, daß etwa 99% der Gesamtenergie in Form von unsichtbaren Teilchen erzeugt wird — als Neutrinos. Etwa 10% werden durch Elektronneutrinos bei der *Neutronisierung* des Kerns und der Rest durch Neutrino-Antineutrino-Paare aller Typen (die thermisch erzeugt werden) abgeführt (Bild 42.4).

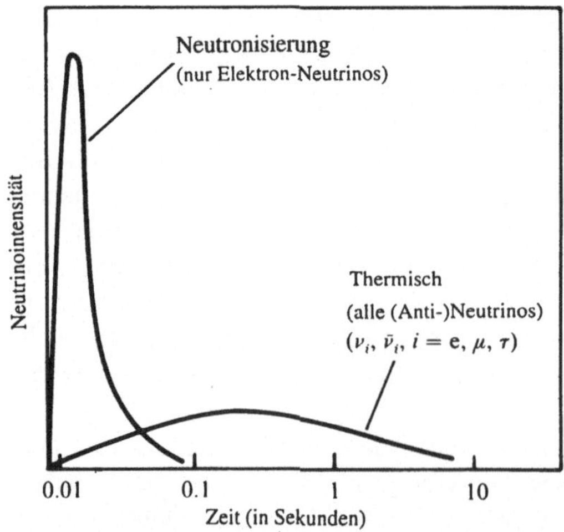

Bild 42.4 Bei einer Supernova erfolgt die Aussendung von Neutrinos in zwei Schritten: (i) Neutronisierung, bei der 10^{57} Protonen zu Neutronen werden; (ii) thermische $\nu\bar{\nu}$-Erzeugung, bei der das thermische Gleichgewicht in etwa hergestellt wird.

Zwei Experimente, das IMB (ein gemeinsames Unterfangen der Institute aus Irvine, Michigan und Brookhaven) in den USA und Kamioka (eine japanisch-amerikanische Kooperation), haben Neutrinoereignisse zum Zeitpunkt der Supernova registriert. Bild 42.5 zeigt diese Ereignisse gegen die Zeit aufgetragen; die Übereinstimmung mit der Theorie ist

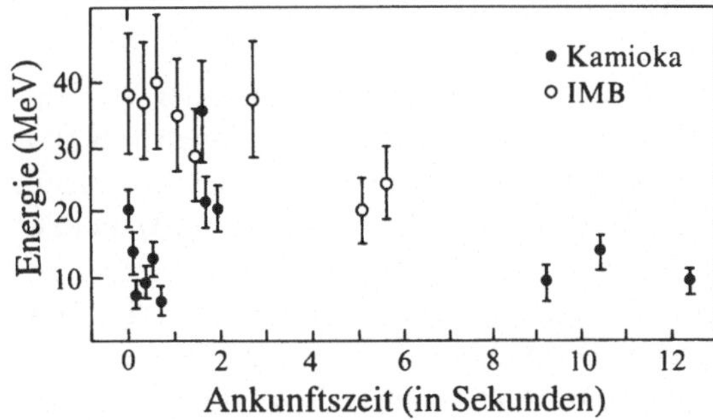

Bild 42.5 Energien der Neutrinos der IMB- und Kamioka-Experimente als Funktion der Ankunftszeit

zufriedenstellend. (Die Detektoren können nur Antineutrinos vom Elektrontyp über die Reaktion $\overline{\nu}_e + \mathrm{p} \rightarrow \mathrm{n} + \mathrm{e}^+$ wahrnehmen.) Diese Ergebnisse liefern auch unabhängige Schranken für einige Neutrinoeigenschaften. Diese lauten $N_\nu \leq 7$ und $m_{\nu_e} \leq 20 - 25\,\mathrm{eV}$, was mit den bekannten Grenzwerten vereinbar ist, aber keine Verbesserung derselben darstellt.

42.5 Inflation

Die Urknalltheorie liefert einerseits ein erfolgreiches Modell für die Entwicklung des Weltalls seit seinem Bestehen. Andererseits gibt sie keine Antwort auf einige sehr wichtige Fragen, die man lange Zeit einfach als Anfangsbedingungen hinnahm:

(i) Warum ist die kosmologische Dichte nach 10^{10} Jahren so nah an der kritischen Dichte? Wenn die Dichte jetzt zwischen $0.1\rho_k$ und $2\rho_k$ liegt, muß sie 10^{-10} Sekunden nach dem Urknall auf 25 Dezimalstellen genau die kritische Dichte gewesen sein! Warum die Dichte damals so nah an der kritischen war oder, in anderen Worten, warum unser Raum so flach ist, bleibt ein tiefes Rätsel.

(ii) Warum ist das Weltall auf großem Maßstab so einheitlich? Die Temperatur der kosmischen Hintergrundstrahlung ist über Raumgebiete, die sehr weit voneinander entfernt sind, auf 5 Dezimalstellen genau gleich. Solche Gebiete können sogar soweit voneinander entfernt sein, daß sie seit dem Urknall nicht einmal das Licht miteinander verbunden hat. Es ist deswegen sehr schwer einzusehen, warum sie die gleiche Temperatur haben sollten.

(iii) Was ist letztlich der Grund für die Entstehung von Unregelmäßigkeiten auf einem relativ kleinen Maßstab, wie es die Galaxien sind?

Die Kosmologen glauben die Antwort zu kennen: Alan Guth hat im Jahr 1981 das Konzept der *Inflation* ersonnen, das im Grunde besagt, daß es eine Zeit in der Geschichte des Weltalls gegeben hat, zu der es sich extrem schnell ausgedehnte (engl.: *to inflate*, aufblasen, aufblähen). Dieser Hypothese zufolge ist der kosmologische Skalenfaktor R exponentiell gewachsen, und in einem winzigen Bruchteil einer Sekunde soll sich das Universum um den Faktor 10^{30} vergrößert haben!

Diese enorme Expansion soll, so Guth, Folge einer (vorübergehenden) kosmologischen Konstanten gewesen sein. Erinnern wir uns, daß Einstein, beim Versuch, ein statisches Modell des Weltalls zu konstruieren, eine kosmologische Konstante zu dem Zweck einführte, eine die Schwerkraft ausgleichende, abstoßende Kraft zu liefern. In seinem Modell hielten sich beide Kräfte sorgsam im Gleichgewicht. Ist jedoch die kosmologische Konstante groß genug, überwältigt die Abstoßung die Anziehung durch die Schwerkraft, und das Universum expandiert wie wild: Es bläht sich eben auf.

Skalare Felder wie das Higgs-Feld können Inflation auf zwanglose Weise erklären. Nehmen wir an, ein solches Feld habe eine Wechselwirkungsenergie mit einer Weinflaschenform (siehe Abschnitt 22). Im Grundzustand (Vakuum) hat das Feld einen von Null verschiedenen Erwartungswert. Bei den hohen Temperaturen, wie sie im frühen Universum vorgeherrscht haben, hatte diese Energie jedoch eine andere Form (Bild 42.6(a)) und der Erwartungswert war tatsächlich Null: Dies ist bei hohen Temperaturen der Grundzustand. Während der Abkühlung geht die bevorzugte Konfiguration in das Vakuum bei tiefen Temperaturen, wo die Symmetrie gebrochen ist, über. Das Feld bleibt zunächst in einem instabilen Gleichgewicht bei Null mit einer hohen potentiellen Energie (Bild 42.6(b)). Zu dieser potentiellen Energie gehören zunächst nicht irgendwelche Teilchen, sondern einfach eine konstante Energie des Feldes, die gleichmäßig über den ganzen Raum verteilt ist. Es wirkt wie eine kosmologische Konstante, die eine Inflation in Gang setzt, in deren Verlauf sich das Feld langsam vom Zentrum des Potentials zum Vakuumzustand bewegt, wie eine Murmel, die einen Hubbel hinunterläuft. Weil die Kurve der potentiellen Energie anfangs sehr flach ist, ist die Bewegung sehr langsam, und das Weltall hat Zeit, sich sehr stark aufzublähen. Die Inflation kommt zum Erliegen, wenn das Feld den Hubbel sehr schnell hinabrollt und dabei potentielle Energie in Teilchen umsetzt.

Eine Variante dieses Modells nennt man *chaotische Inflation*. In diesem Modell sind es Quantenfluktuationen, die dem skalaren Feld zufällige (chaotische) Werte in verschiedenen Raumbereichen zuteilen. In einigen Bereichen entspricht der Wert einer hohen potentiellen Energie, die eine Inflation erzeugt; in anderen Gebieten gibt es wenig oder gar keine potentielle Energie und somit auch keine Inflation. Der chaotischen Inflation zufolge ist unser derzeit beobachtbares Universum aus einer einzigen, solchermaßen sich aufblähenden Region entstanden.

Die Inflation gibt sehr kluge Antworten auf die eingangs gestellten Fragen und zeigt, wie eine große Zahl sehr verschiedener Anfangsbedingungen alle zum heutigen Zustand des Weltalls geführt haben können. So ist die Dichte des Universums nach der Inflation immer sehr nahe an der kritischen, egal wie groß sie davor war. Die schnelle Aufblähung macht den Raum flacher, wie ein Ballon, den man aufbläst, flacher wird. Erreicht der Ballon die Größe der Erdkugel, ist er gewiß flacher, als wenn er die Größe eines Fußballs hat. Und ein flaches Universum hat genau kritische Dichte. Die einheitliche Temperaturverteilung der kosmischen Hintergrundstrahlung kann ebenfalls durch Inflation erklärt werden. Regionen, die jetzt sehr weit voneinander entfernt sind, waren vor der Inflation in Wahrheit sehr nah beieinander. Somit ist es ziemlich einleuchtend, daß sie auch nach der Inflation die gleiche Temperatur haben sollten. Und letztlich sind die Quantenfluktuationen des Feldes, das die Inflation erzeugt, eine natürliche Quelle von Dichteschwankungen, die zur Bildung von Galaxien führen können. Die Inflation erklärt auch, warum wir solch exotische Objekte wie etwa magnetische Monopole nicht beobachten: Die Expansion verdünnt sie bis zur Unbeobachtbarkeit.

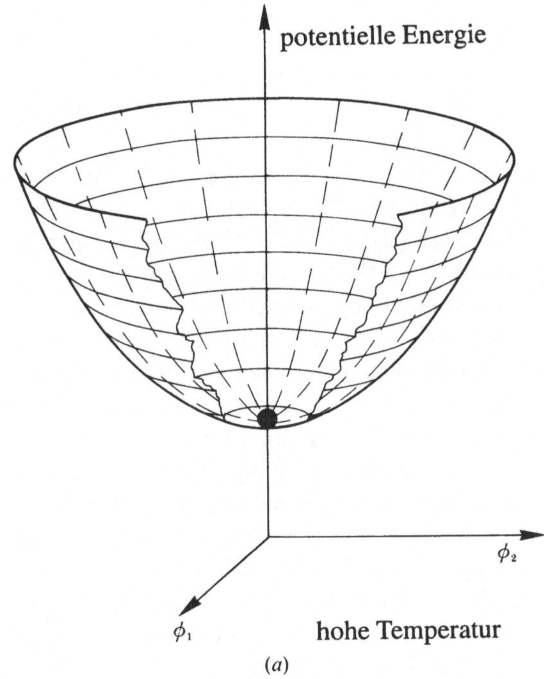

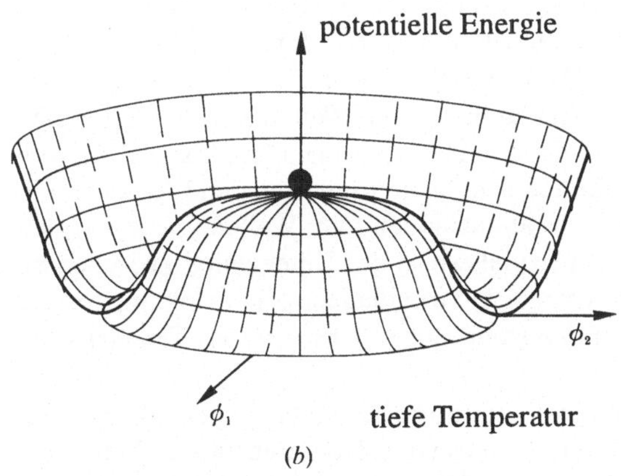

Bild 42.6 *(a)* Wechselwirkungsenergie bei hohen Temperaturen. Man bemerke, daß der Vakuumerwartungswert des skalaren Felds verschwindet. *(b)* Wechselwirkungsenergie bei niedrigen Temperaturen, die zur Inflation führt. Das skalare Feld befindet sich zunächst im Hochtemperaturvakuum mit einer hohen potentiellen Energie und entwickelt sich langsam zu einem Zustand niedriger Energie. Während dieser Entwicklung wirkt die von Null verschiedene potentielle Energie wie eine kosmologische Konstante und erzeugt Inflation.

42.6 Zusammenfassung

Die enge Beziehung zwischen Teilchenphysik und Kosmologie erlaubt uns, (i) die Frühgeschichte des Weltalls mit Hilfe des bekannten oder vermuteten Verhalten der Elementarteilchen nachzuzeichnen, und (ii) die Eigenschaften von bekannten und vermuteten Elementarteilchen mit Hilfe kosmologischer Beobachtungen einzuschränken. Außerdem stellte sich heraus, daß Effekte der Quantenfeldtheorie (etwa die spontane Symmetriebrechung) die derzeit beobachtete Struktur des Universums auf großem Maßstab erklären können.

43 Superstrings

43.1 Einleitung

Ab 1984 erwärmte sich ein Teil der Physiker für eine neue fundamentale physikalische Theorie — die Theorie der Supestrings (engl.: *string*, Saite) — die eine vollständige vereinigte Darstellung der vier Grundkräfte, eine *Theorie aller Kräfte* zu werden versprach. Diese Theorie scheint gegen zwei schwere Krankheiten, die alle anderen Quantenfeldtheorien befallen, immun zu sein: gegen Divergenzen (Unendlichkeiten) und gegen Anomalien (quantenmechanische Inkonsistenzen). Der theoretische Rahmen der Superstrings ist so zwingend, daß viele Teilchenphysiker und sogar Mathematiker von ihrer großen Eleganz und Schönheit und von ihrem Reichtum schwärmen und behaupten, diese Eigenschaften allein seien es schon wert, die Theorie genauer auszuloten. Nicht alle Physiker jedoch sind dieser Meinung. Einige behaupten, bereits der Begriff der Saite sei physikalisch wie philosophisch irreführend. Trotzdem haben die Superstrings die Phantasie vieler Physiker angeregt und einen kolossalen Ausstoß an Fachpublikationen in so verschiedenen Gebieten wie der Teilchenphysik, der Statistischen Physik und der reinen Mathematik erzeugt.

Der Theorie der Superstrings zufolge sind die fundamentalen Bausteine der Materie nicht punktförmige Elementarteilchen, sondern winzige eindimensionale Objekte, die man sich als Saiten vorstellen kann. Diese Saiten sind wirklich eindimensional: Ihre Länge ist von der Größenordnung der Planckschen Länge ($\ell_P = 1.62 \times 10^{-33}$ cm), aber sie besitzen keine Dicke. Wie die Saiten einer Violine können sie auf viele verschiedene Arten schwingen. Die unterschiedlichen Schwingungsformen, deren Frequenz durch die Spannung der Saite gegeben ist, stellen die verschiedenen Elementarteilchen dar. Unsere Diskussion der Quantenmechanik in Abschnitt 3 hat gezeigt, daß Teilchen und Welle zwei Bilder der gleichen Realität sind: Manchmal ist das Teilchenbild angebracht, manchmal ist es das Wellenbild. Hier geht es um die Verbindung zwischen den Supertsrings und den Elementarteilchen. Letztere können wir als verschiedene Vibrationsmoden (d.h. Wellentypen) der gleichen Saite ansehen. Mit anderen Worten ist beispielsweise der Unterschied zwischen einem Elektron und einem Myon mehr oder weniger in verschiedenen Schwingungsformen der Saiten zu sehen. Die Frequenz einer Vibrationsmode gibt die Energie des Teilchens und damit seine Masse an.

Ist die Theorie der Superstrings korrekt, sind alle unsere bekannten physikalischen Gesetze bloße Näherungen — wenn auch sehr gute — eines vollständigeren und reicheren Satzes von Gesetzen, der seinerseits bei allen Längen- und Energieskalen gilt. Die Theorie der Superstrings sollte insbesondere eine konsistente Theorie der Quantengravitation enthalten, die selbst bei Abständen unterhalb der Planckschen Länge gültig ist. Der wesentliche Unterschied zu den üblichen Theorien liegt in der ausgedehnten, eindimensionalen Natur der Saiten, die für die Widerspruchsfreiheit des gesamten Ansatzes wesentlich ist.

43.2 Allgemeine Eigenschaften der Saiten

Wir wollen jetzt einige Eigenschaften der Saiten untersuchen, durch die sie sich von punktförmigen Teilchen unterscheiden. Wir können zunächst zwei große Klassen von Saiten unterscheiden: die *offenen* mit losen Enden und die *geschlossenen*, die eigentlich kleine Schleifen sind. Bei offenen Saiten können erhaltene Ladungen an den Endpunkten mit inneren Eichsymmetrien in Verbindung gebracht werden. Zu den Teilchen, die aus den Vibrationszuständen von offenen Saiten stammen, gehören die Spin-1-Eichbosonen. Die Zustände der geschlossenen Saiten enthalten u.a. die Spin-2-Gravitonen.

Die Teilchen entstehen aus speziellen Schwingungszuständen sowohl der offenen als auch der geschlossenen Saiten, die man *stehende Wellen* nennt. Stehende Wellen bilden sich durch Überlagerung zweier Wellen gleicher Frequenz und gleicher Wellenlänge, die in entgegengesetzten Richtungen laufen (Bild 43.1). Sie zeichnen sich durch die Anwesenheit von *Knoten* aus, also von Punkten, an denen die Saite nicht schwingt. Darüber hinaus sind Wellenlängen und Frequenzen quantisiert: Möglich sind nur solche stehenden Wellen, deren Länge in die Länge ℓ der Saite passen. Für eine offene Saite (wie bei einer Violine) haben die stehenden Wellen eine Wellenlänge von $2\ell/N$ ($N = 1, 2, 3, \ldots$). Dergleichen muß bei einer geschlossenen Saite die Länge ein ganzes Vielfaches der Wellenlänge sein; die erlaubten Wellenlängen betragen also ℓ/N.

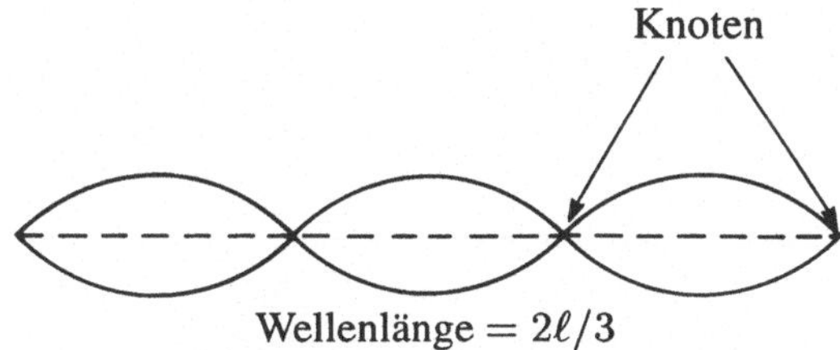

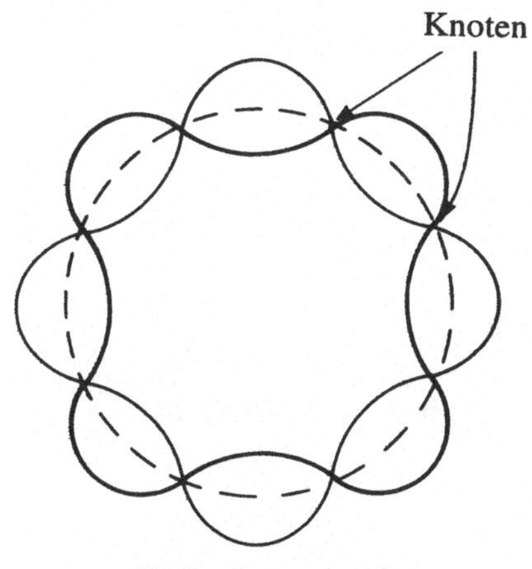

Bild 43.1 Stehende Wellen von Saiten der Länge ℓ: Stehende Wellen entstehen durch Überlagerung zweier Wellen gleicher Frequenz und gleicher Wellenlänge, die in entgegengesetzte Richtungen laufen.

Ein punktförmiges Teilchen bewegt sich im Raum auf einer Geodäten (einem Pfad geringster Länge); seine eindimensionale Bewegungslinie heißt *Weltlinie*. Die Weltlinie beschreibt die Entwicklung eines Teilchens in der Raum-Zeit. Eine Saite hingegen bildet, wenn sie sich in der Raum-Zeit fortpflanzt, eine zweidimensionale Fläche, die man analog dazu *Weltfläche* nennt. Die Weltfläche stellt die Entwicklung einer Saite in der Raum-Zeit dar, und während ein Teilchen Kurven geringster Länge durchmißt, bewegt sich eine Saite auf Flächen geringster Oberfläche. Die Weltfläche einer offenen Saite ist ein langer Streifen, der einer geschlossenen ist ein Zylindermantel (Bild 43.2). Schneiden wir eine solche Weltfläche, erhalten wir eine Linie oder eine Schleife, die die Saite zu einer gegebenen Zeit darstellen.

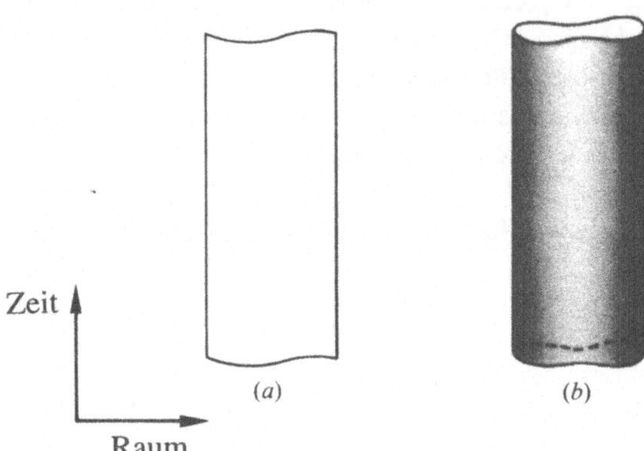

Bild 43.2 Weltflächen für eine offene *(a)* und eine geschlossene *(b)* Saite

Saiten können untereinander wechselwirken. Zwei Saiten können sich zu einer einzigen verbinden: Bei offenen Saiten hat die Weltfläche die Form eines λ; für geschlossene ähnelt sie einer Hose (Bild 43.3). Die beiden Enden einer offenen Saite können sich auch verbinden und eine geschlossene Saite bilden. Eine Theorie von offenen Saiten enthält immer auch geschlossene; das Gegenteil ist jedoch nicht der Fall.

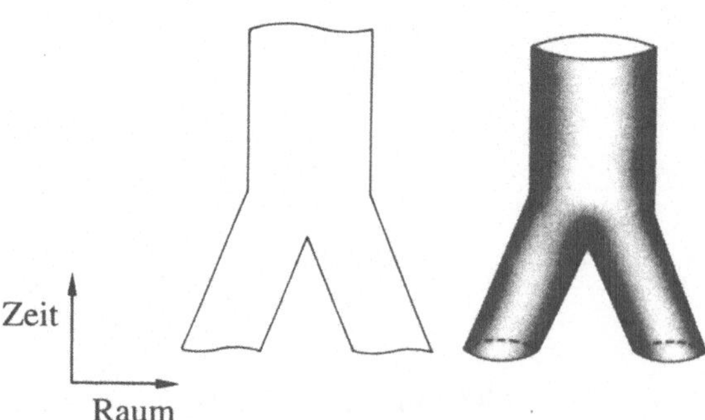

Bild 43.3 Zwei Saiten treffen sich und bilden eine einzige Saite.

43.3 Eine kurze Geschichte der Superstrings

Die Geschichte der Superstrings begann 1968, als Gabriele Veneziano eine Formel fand, die verschiedene Aspekte der Hadronenphysik abdeckt (und gar nichts mit der Quantenfeldtheorie zu tun hat). Man merkte dann, daß diese Formel die Hadronen als Schwingungszustände von Saiten beschreibt. Grob vereinfachend gesprochen, wurden innerhalb der Hadronen die Quarks durch Saiten verbunden. Diese Theorie wurde als *bosonische Stringtheorie* bekannt, weil die Vibrationszustände Teilchen mit ganzzahligem Spin entsprechen. 1971 erfanden Pierre Ramond, André Neveu und John Schwarz eine damit eng verwandte Theorie, die die Fermionen einschloß und zum Vorläufer der heutigen Superstringtheorien wurde. Diese frühen Theorien hatten jedoch mit der Beschreibung der Hadronen so ihre Schwierigkeiten. Die auffallendste ist, daß sie nur dann mit der Quantenmechanik verträglich sind, wenn die Raum-Zeit viel mehr Dimensionen hat als die vier, die wir kennen. Die bosonische Stringtheorie verlangt 26 Raum-Zeit-Dimensionen; die fermionische (und auch die modernen Theorien der Superstrings) immerhin noch zehn. Weitere Schwierigkeiten sind die Anwesenheit von Tachyonen — Teilchen, die sich mit Überlichtgeschwindigkeit bewegen und die Theorie inkonsistent werden lassen — und von masselosen Hadronen mit Spin 1 und 2, die man nicht beobachtet.

Diese letzte Schwierigkeit legte es nahe, die Stringtheorien nicht als Theorie der Hadronen, sondern der Schwerkraft und der anderen fundamentalen Kräfte zu betrachten. Der Versuch war verlockend, aber die Schwierigkeiten mit den Tachyonen und den überzähligen Dimensionen blieben bestehen. Schlimmer noch, die Theorie schien Anomalien (quantenmechanische Inkonsistenzen, die die Eichinvarianz zerstören) zu enthalten.

Die Theorie der Superstrings — ein Ableger der zehndimensionalen fermionischen Theorie — entstand ihrerseits im Jahr 1976. Die eingebaute Supersymmetrie eliminierte gleich eines der Hauptprobleme, nämlich das der Tachyonen: Da diese (wie es sich herausstellte) keine Superpartner haben können, kommen sie in der Theorie überhaupt nicht vor. Im August 1984 konnten Michael Green vom Queen Mary College in London und John Schwarz vom California Institute of Technology beweisen, daß die zehndimensionale Theorie der Superstrings völlig frei von quantenmechanischen Anomalien ist, unter der Bedingung, daß die zugeordnete Eichgruppe entweder die $SO(32)$ oder die $E_8 \times E_8$ ist. Dieses äußerst wichtige Ergebnis belebte die Superstrings neu. Plötzlich arbeiteten eine große Zahl von Physikern auf diesem Gebiet, und sehr schnell wurde eine neue, vielversprechende Version der Theorie geboren.

Die *heterotische* Theorie der Superstrings behandelt geschlossene Saiten und hat trotzdem eine zugeordnete Eichsymmetrie. In krassem Gegensatz zu den offenen Saiten, bei denen die Ladungen an den Endpunkten sitzen, sind die Eichladungen bei heterotischen Saiten über die ganze Länge verteilt. Ihre Konstruktion ist, gelinde gesagt, merkwürdig. Die nützlichen Bestandteile der Superstrings (Fermionen und Supersymmetrie) werden mit der Einfachheit der bosonischen Saiten verbunden. Wellen können auf einer geschlossenen Saite in beiden Richtungen umlaufen; bei heterotischen Saiten aber haben die Wellen, je nach Umlaufrichtung, völlig verschiedene Eigenschafen. Die im Uhrzeigersinn umlaufenden Wellen stellen die zehndimensionalen Superstrings dar, die entgegen dem Uhrzeigersinn umlaufenden die ursprünglichen 26dimensionalen bosonischen Saiten. Teilchen sind also stehende Wellen (Bild 43.1), die durch Überlagerung sehr unterschiedlicher Wellen zustande kommen. Die heterotische Saite ist somit ein Hybrid aus zwei sehr verschiedenen Theorien.

Kann dies überhaupt noch sinnvoll sein? Wie kann man für ein und dieselbe Saite zwei verschiedene Raum-Zeit-Dimensionen haben?

Zwischen den beiden Theorien ist eine direkte mathematische Verbindung erforderlich. Der wesentliche Punkt ist allerdings die Interpretation, die man einer solchen Verbindung zukommen läßt. Wir haben oben gesehen, daß die bosonische Saite nur in 26 Dimensionen widerspruchsfrei ist. Genauer gesagt: Die Theorie ist nur dann konsistent, wenn sie 26 Freiheitsgrade besitzt, die sich wie Raum-Zeit-Dimensionen *verhalten*. So gesehen, ist es naheliegend, einige dieser Freiheitsgrade nicht als Raum-Zeit-Dimensionen, sondern als *innere* Freiheitsgrade zu interpretieren. Für den Teil der heterotischen Saite, der den bosonischen Saiten entspricht, sind nur 10 der 26 Dimensionen wahre Raum-Zeit-Dimensionen; die restlichen 16 entsprechen inneren Freiheitsgraden. Hinzu kommt, daß diese 16 Freiheitsgrade nicht beobachtbar sind und es deshalb lokale Eichtransformationen dieser inneren Freiheitsgrade geben muß, die die Theorie invariant lassen. Dies wiederum führt zu einer lokalen Eichsymmetrie, ganz wie bei der Kaluzaschen Theorie (siehe Abschnitt 41.3). Das Prinzip ist zwar das gleiche, aber während es bei der Kaluzaschen Theorie um eine wahre (kompakte) Raum-Zeit-Dimension geht, sind es bei den Saiten innere Freiheitsgrade. Die Eichsymmetrie der heterotischen Saite stammt also aus der unterschiedlichen Zahl von Dimensionen der beiden ursprünglichen Stringtheorien.

In dieser Theorie entsprechen Teilchen stehenden Wellen, die aus Überlagerungen von Wellen der bosonischen Saite einerseits und des Superstrings andererseits bestehen. Sie beziehen infolgedessen ihre Eigenschaften aus beiden Theorien. So erhält ein Teilchen seine Eicheigenschaften von den Wellen der bosonischen Saite und die supersymmetrischen Eigenschaften von den Wellen des Superstrings.

43.4 Quanteneigenschaften

Bisher haben wir die Saiten als klassische Objekte ohne quantenmechanische Eigenschaften betrachtet. Diese sind für Saiten ganz andere als für punktförmige Teilchen, und es lohnt sich, sie etwas genauer zu untersuchen. Aber vorher müssen wir noch etwas ausholen.

Topologie

Die Theorie der Saiten, und auch andere Gebiete der Physik, machen ausgiebig von dem Spezialgebiet der Mathematik Gebrauch, den man *Topologie* nennt. Topologie hat etwas mit weichen, stetigen Übergängen zu tun. Es ist eine Art Geometrie, in der Längen, Winkel und Flächen stetig verformt werden können. So kann man ein Quadrat etwa auf kontinuierliche Art in einen Kreis verwandeln, indem man die Ecken nach und nach rundet. Quadrat und Kreis sind topologisch äquivalent. Eine Kugel aus weichem Ton kann man stetig in einen Becher oder eine Vase umwandeln — all diese Objekte sind topologisch äquivalent. Aber diese Kugel kann man nicht stetig in eine Tasse verwandeln ohne ein Loch für den Griff zu machen. Eine Kugel und eine Tasse sind also topologisch verschieden. Die Tasse ist ihrerseits zu einem Torus (einem Ring) äquivalent, da beide genau ein Loch besitzen.

Die Summe über Flächen

In Abschnitt 40.5 haben wir die Feynmansche Formulierung der Quantenmechanik als Summe über Pfade kennengelernt. Derzufolge nimmt ein Teilchen, wenn es sich im Raum bewegt, nicht unbedingt den klassischen Pfad (die Geodäte) zwischen Anfangs- und Endzustand. Stattdessen gibt es eine unendliche Anzahl möglicher Pfade, denen es folgen kann und denen jeweils eine Wahrscheinlichkeit zugeordnet ist, daß das Teilchen sie tatsächlich einschlägt. Diese Sichtweise kann man auch auf die Superstrings übertragen.

Für Saiten ist der klassische Pfad zwischen Anfangs- und Endzustand einfach die Weltfläche mit geringstem Inhalt. Die Summe über Pfade wird zur Summe über alle möglichen Flächen, die den Anfangszustand der Saite mit ihrem Endzustand verbinden. Diese Flächen kann man sich als Quantenfluktuationen um die Weltfläche vorstellen. Bei den Saiten gibt es jedoch eine kleine Überraschung: Die Summe muß über *alle* möglichen zusammenhängenden Flächen gebildet werden, und das gilt insbesondere für alle Flächen, die man durch Dehnen, Stauchen, Verdrehen oder anderweitiges Verformen (ohne Zerreißen) der klassischen Weltfläche erhält. Wir müssen also über alle Flächen summieren, die zur Weltfläche topologisch äquivalent sind. Somit findet man in der Summe auch Flächen mit langen dünnen Tentakeln, die man als sehr kleine geschlossene Saiten interpretieren kann, die im Vakuum entstehen und sich mit der ursprünglichen Saite vereinigen, oder aber sich von ihr abspalten und im Vakuum versinken (Bild 43.4). Die Summe über Flächen beinhaltet automatisch die Wechselwirkung der Saite mit dem raum-zeitlichen Hintergrund, in dem sie sich bewegt. Dies gilt selbst für freie Saiten ohne Wechselwirkung (aber bestimmt nicht für punktförmige Teilchen). Wegen dieser Wechselwirkung gibt es in den Stringtheorien solch starke Einschränkungen der Raum-Zeit.

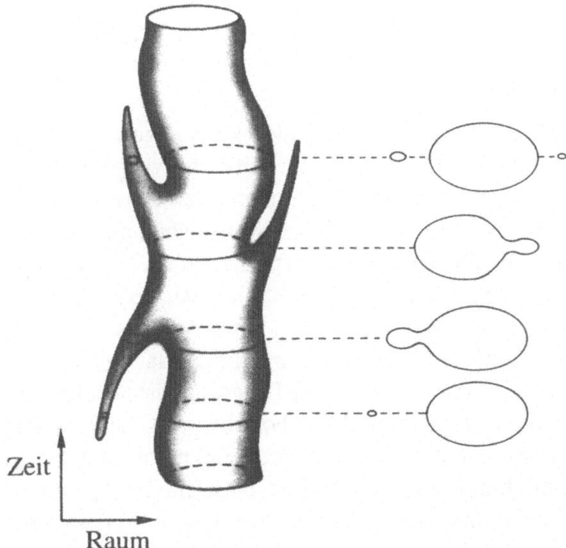

Bild 43.4 Laut Quantenmechanik wechselwirkt selbst eine freie Saite mit der Raum-Zeit. Die Summe über die Pfade enthält Weltflächen von Saiten, die im Vakuum entstehen und zur Saite stoßen, oder umgekehrt sich von der Saite lösen und im Vakuum verschwinden.

Sobald man die Wechselwirkung von Saiten untereinander betrachtet, müssen auch Quanteneffekte berücksichtigt werden. Wie es in der Quantenfeldtheorie virtuelle Subprozesse gibt (z.B. wenn ein Photon in ein virtuelles Elektron-Positron-Paar zerfällt, das dann wieder zu einem Photon wird, siehe Abschnitt 4), kann man auch eine Saite in zwei virtuelle Saiten aufspalten und diese wieder zu einer Saite verbinden (Bild 43.5). Solche Quanteneffekte tragen zum Endergebnis bei. Die Summe über die Flächen muß also alle Flächen enthalten, die zur Weltfläche mit einem Loch von Bild 43.5 topologisch äquivalent sind. Diese Weltfläche ist natürlich topologisch *nicht äquivalent* zur klassischen Weltfläche. Die Anzahl dieser Subprozesse auf der Saite ist nicht beschränkt, und so muß die Summe auch alle Flächen mit zwei, drei und mehr Löchern enthalten.

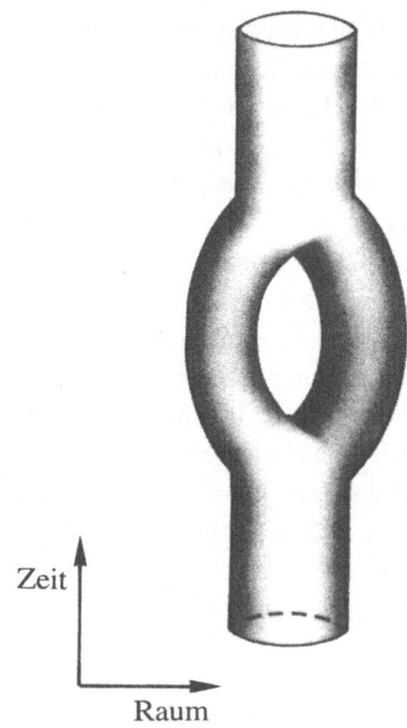

Bild 43.5 Ein Ein-Schleifen-Diagramm für Saiten

Allgemeiner kann man sich fragen, mit welcher Wahrscheinlichkeit ein gewisser Endzustand aus einem Anfangszustand mit gegebener Anzahl von Saiten hervorgeht. Diese Wahrscheinlichkeit kann man mit Hilfe von Weltflächendiagrammen, den Feynman-Diagrammen für Saiten, berechnen. Zu diesen Diagrammen gehören Weltflächen aller möglichen Topologien (beliebige Spaltungen und Vereinigungen), summiert über alle stetigen Verformungen. Die Reihe der erlaubten Feynman-Diagramme für Saiten ist, verglichen mit punktförmigen Teilchen, erstaunlich einfach. Als Beispiel wollen wir die elastische Streuung zweier Saiten betrachten (Bild 43.6). Zunächst können die beteiligten Saiten sich einfach vereinigen und wieder trennen. Dieses — erste — Feynman-Diagramm ist topologisch äquivalent zur Oberfläche einer Kugel. Eine weitere Möglichkeit besteht darin, daß die Saite im Zwischenzustand vorübergehend in zwei Saiten aufspaltet. Dieses Feynman-Diagramm ist zur Oberfläche eines Torus (einem Ring) topologisch äquivalent. Die Saite im Zwischenzustand kann auch zweimal in ein Saitenpaar aufspalten, was zu einem Diagramm mit zwei Löchern führt. Diagramme höherer Ordnung haben somit mehr und mehr Löcher.

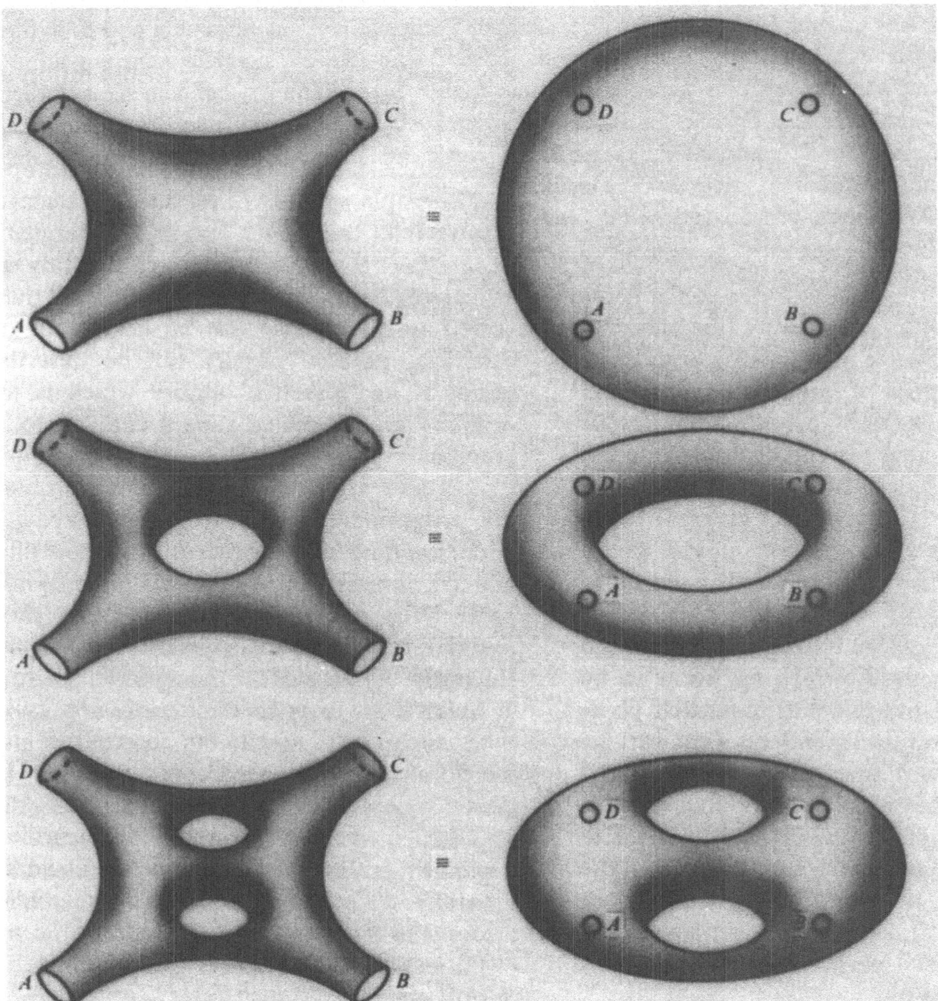

Bild 43.6 Streuung zweier Saiten. Die Wechselwirkung wird durch Weltflächen mit einer zunehmenden Zahl von Löchern dargestellt. Die Flächen sind, außer in A, B, C, D, die dem Anfangs- und Endzustand der Saiten zugeordnet sind, stetig.

43.5 Superstrings und Teilchenphysik

Die Eleganz und die Faszination, die von den mathematischen Eigenschaften der Superstrings ausgehen, sind wertlos, wenn die Theorie unsere Beobachtungen nicht erklären kann. Zur Zeit ist die für die Teilchenphysik am meisten versprechende Theorie die der heterotischen Saiten mit der Eichgruppe $E_8 \times E_8$. In diesem Abschnitt wollen wir erklären, wie das Standardmodell aus ihr folgen könnte. Dabei soll uns, trotz mancher Ungewißheit, der Ansatz von Philip Candelas, Gary Horowitz, Andrew Strominger und Edward Witten leiten.

Will man die Theorie der Superstrings ernst nehmen, muß man erklären, warum wir von den zehn Raum-Zeit-Dimensionen, in denen die Saiten existieren, nur vier wahrnehmen. Aus unserer Diskussion der überzähligen Dimensionen von Abschnitt 41.3 folgt die Antwort sogleich: Sechs dieser Dimensionen sind versteckt. Sie sind alle ganz eng aufgewickelt wie eine winzige sechsdimensionale Kugel, die so klein ist, daß man sie nicht beobachten kann. Der Theorie der Superstrings zufolge befindet sich an jedem Punkt der vierdimensionalen Raum-Zeit eine kleine Kugel von kompakten Dimensionen angeheftet, mit einem Durchmesser von etwa der Planckschen Länge.

Wir sahen gerade, daß selbst freie Saiten mit dem Vakuum wechselwirken. Diese Wechselwirkung stellt gewisse Bedingungen an die Raum-Zeit, damit die Widerspruchsfreiheit der Theorie gewährleistet ist. So benötigt man z.B. zehn Raum-Zeit-Dimensionen. Dazu gibt es äußerst starke Anforderungen an die Art, wie die überzähligen Dimensionen aufzuwickeln sind, nämlich nur in Form eines speziellen sechsdimensionalen Raumes, den man (zu Ehren zweier Mathematiker) *Calabi-Yau-Raum* nennt, oder einer Verallgemeinerung davon, die *Orbifold* heißt. Ein Calabi-Yau-Raum ist ein sehr komplexes Objekt; ein Orbifold ist ein sechsdimensionaler Raum, an dessen Oberfläche sich kegelförmige Auswüchse befinden.

Bei Längenskalen, die viel größer als die Plancksche Länge sind, benehmen sich Saiten tatsächlich wie punktförmige Teilchen (da ihre Länge nicht aufgelöst wird), und die aufgewickelten Dimensionen (die man bei diesen Skalen ebenfalls nicht wahrnimmt) können auch vernachlässigt werden. So kann man die Teilchenphysik mit Hilfe einer *effektiven* vierdimensionalen Quantenfeldtheorie beschreiben. Bemerkenswerterweise aber bestimmen die topologischen Eigenschaften der kompakten Dimensionen viele Einzelheiten der Physik bei niedrigen Energien ($E < E_P$) bzw. bei großen Abständen ($\ell > \ell_P$). So stellt es sich heraus, daß die Zahl der Generationen leichter Fermionen aus der Topologie folgt. Bislang wurde nur ein Calabi-Yau-Raum gefunden, der genau drei Generationen vorhersagt und deswegen eingehend untersucht wird.

Die Krümmung des Calabi-Yau-Raumes führt außerdem zu einem von Null verschiedenen Erwartungswert einiger Eichfelder. Andere Eichfelder können sich in den Löchern dieses Raumes verfangen. (Wie gesagt, werden diese Eichfelder durch die 16 inneren Freiheitsgrade der bosonischen Saiten erzeugt.) Diese beiden Fakten führen dazu, daß die kompakten Dimensionen die Eichsymmetrie nicht verstärken, wie man es erwarten könnte, sondern im Gegenteil $E_8 \times E_8$ zu einer kleineren Gruppe $\mathcal{G} \times E_8$ brechen. Der E_8-Anteil dieser Gruppe entspricht Wechselwirkungen, die sich von den uns bekannten drastisch unterscheiden: Keines der uns bekannten Teilchen wechselwirkt mit den E_8-Bosonen, außer durch die Schwerkraft, die, wie wir wissen, universell ist. Da dieser Teil der Teilchenphysik von dem uns geläufigen völlig losgelöst ist, hat man die Materie, die aus den Teilchen der E_8 besteht, *Schattenmaterie* genannt. Schattenmaterie ist auch Materie, nur hat sie exotische Eichwechselwirkungen. So muß die Gruppe $\mathcal{G}$, die durch die Details des kompakten Raumes festgelegt wird, alle bekannten Teilchen und Kräfte ergeben, und einige unbekannte noch dazu.

Bei Energien unterhalb E_P oder Abständen oberhalb ℓ_P führt die Theorie der heterotischen Saiten zu einer gewöhnlichen Großen vereinigten Theorie mit der Symmetriegruppe $\mathcal{G}$. Ein vielversprechendes Beispiel wäre die Gruppe $SU(3)_C \times SU(3) \times SU(3)$. Die lokale Supersymmetrie gilt noch, und damit ist die effektive Theorie in Wahrheit eine GvT mit Supergravitation, wie wir sie in Abschnitt 41.3 kennenlernten. Das Verbindungsglied zwischen Superstrings und gewöhnlicher Teilchenphysik bei niedrigen Energien ist also eine GvT mit Supergravitation.

43.6 Zusammenfassung und Ausblick

Die Theorie der Superstrings — insbesondere der heterotischen Saiten — ist eine radikal neue physikalische Theorie, die zu einer umfassenden und widerspruchsfreien Beschreibungen aller vier Kräfte zu führen verspricht. Dieser Theorie zufolge sind die fundamentalen Bausteine der Welt winzige eindimensionale Saiten, deren unterschiedliche Schwingungsarten den einzelnen Elementarteilchen entsprechen. Superstrings existieren nur in zehn Dimensionen, von denen sechs zu einer Kugel von unbeobachtbar kleinem Durchmesser aufgewickelt werden müssen. Bei Abständen weit oberhalb der Planckschen Länge oder Energien weit unterhalb der Planckschen Energie verhalten sich die winzigen Saiten wie punktförmige Teilchen, und die aufgewickelten Dimensionen können vernachlässigt werden. Somit kann die Teilchenphysik mit Hilfe einer effektiven Theorie, die gerade eine an die Supergravitation gekoppelte Große vereinheitlichte Theorie ist, beschrieben werden.

Dieses Programm läßt einige Fragen offen. Zunächst möchten die Physiker die Aufwicklung der überzähligen Dimensionen besser verstehen. Warum sind sechs Dimensionen kompakt? Warum nicht deren fünf, oder sieben? Warum entsteht ein bestimmter kompakter Raum und nicht ein anderer? Neuerdings wurden Varianten der Theorie entwickelt, in denen die sechs überzähligen Dimensionen keine raum-zeitlichen sind, sondern innere Freiheitsgrade; kompakte Dimensionen sind dann überflüssig. Zweitens ist es außerordentlich schwer, konkrete, nachprüfbare Voraussagen für die Superstrings zu bekommen. Wozu aber dient eine Theorie, die man exerimentell nicht nachprüfen kann? Um diese, und einige andere Fragen zu beantworten, scheuen die Teilchenphysiker derzeit keine Anstrengung.

44 Die neuesten Entwicklungen

44.1 Einleitung

Den ersten Teil dieses Kapitels haben wir einigen vielversprechenden Theorien gewidmet: Sie könnten die neue Physik beschreiben, die man jenseits der aktuellen experimentellen Grenzen der Hochenergiephysik erwartet. Diese Theorien, die sich aus plausiblen (aber unbewiesenen) Prinzipien wie Symmetrie, Knappheit und Eleganz entwickelten, kommen nicht umhin, das höchst erfolgreiche Standardmodell als Teil zu umfassen. Aber wir brauchen nicht einmal so weit zu schauen, um neue und interessante Physik zu finden. Bereits im Standardmodell gibt es genügend Unverstandenes, das in den nächsten Jahren für Überraschungen sorgen könnte.

In diesem Abschnitt wollen wir kurz einige der neuesten (und auch weniger neuen) Konzepte dieser wenig verstandenen Physik betrachten. Viele von ihnen fordern Veränderungen oder kleinere Ausdehnungen des Standardmodells. Alle sind in einem gewissen Ausmaß spekulativ, einige mehr, andere weniger. Unser Überblick hegt keinen Anspruch auf Vollständigkeit; das Ziel ist eher, ein Gefühl zu vermitteln für die Probleme, die noch ausstehen.

44.2 Die Axionen und das Starke $\mathcal{CP}$-Problem

Eine der wichtigsten Aufgaben im Zusammenhang mit dem Standardmodell ist zu verstehen, warum die Starke Wechselwirkung $\mathcal{CP}$-invariant ist. Eigentlich enthält die Starke Wechselwirkung zwei potentielle Quellen für große $\mathcal{CP}$-Verletzungen: die QCD ($\mathcal{CP}$-verletzende Terme in der Lagrange-Funktion) und das Modell von Glashow-Weinberg-Salam der elektroschwachen Wechselwirkung ($\mathcal{CP}$-Verletzung durch die Quarkmassen). Das Maß für die $\mathcal{CP}$-Verletzung ist der Parameter ϑ, der die Beziehung

$$|\vartheta| = |\vartheta_{\mathrm{QCD}} + \vartheta_{\mathrm{GWS}}| < 10^{-9}$$

erfüllt. Beide Beiträge scheinen einander aufzuheben, und beobachtet wird eine $\mathcal{CP}$-invariante Starke Wechselwirkung. Dies wirft einige Fragen auf, die innerhalb des Standardmodells keine Lösung haben und die man das *Starke $\mathcal{CP}$-Problem* nennt: Was bestimmt den Wert von ϑ? Und warum ist er so klein?

Eine theoretisch reizvolle Antwort auf diese Fragen liefern die Axionen. Hierbei wird der Parameter ϑ als Erwartungswert eines spinlosen Quantenfelds — eben des *Axions* — gedeutet. Der Wert von ϑ wird also dynamisch durch den Zustand geringster Energie des Axionfeldes bestimmt. In der Tat ist $\vartheta = 0$ der Zustand geringster Energie, was das Starke $\mathcal{CP}$-Problem elegant löst.

Die Axionen erfordern die Existenz einer globalen Symmetrie, der Peccei-Quinn-Symmetrie. Diese Symmetrie ist nach dem Muster von Abschnitt 22.2 spontan gebrochen. In Abschnitt 22.2 haben wir gesehen, daß die spontane Brechung einer globalen Symmetrie immer von einem Goldstone-Boson begleitet wird. Das Goldstone-Boson der gebrochenen Peccei-Quinn-Symmetrie ist kein geringeres als das Axion selber.

Ganz so einfach ist es jedoch nicht, weil die Peccei-Quinn-Symmetrie als globale Symmetrie nicht ganz exakt, sondern nur eine sehr gute Näherung ist. Stellen wir uns erneut das Weinflaschenpotential aus Abschnitt 22.2 vor, nur diesmal leicht geneigt. Das Axion ist infolgedessen fast — aber eben nur fast — masselos. Ein solches Teilchen heißt auch *Pseudo-Goldstone-Boson*. In Abschnitt 43 sahen wir, daß die Masse des Axions aus kosmologischen und astrophysikalischen Überlegungen heraus im Bereich $10^{-5}\,\mathrm{eV} < m_a < 10^{-3}\,\mathrm{eV}$ beschränkt sein muß. Trotz dieser außerordentlich kleinen Masse wechselwirkt das Axion nur sehr wenig mit gewöhnlicher Materie, was als Erklärung dienen mag, warum es bislang nicht gesichtet wurde. Zusätzlich zur direkten Suche, versuchen mehrere Experimente, kosmische Axionen nachzuweisen, die sich im Halo unserer Milchstraße befinden könnten.

44.3 Technicolour

Die Theorie der Technicolour versucht den bislang unbewiesenen Higgsschen Mechanismus der spontanen Symmetriebrechung durch eine Methode zur Massenerzeugung zu ersetzen, die auf neuen, eigens dazu eingeführten *Technicolourkräften* beruht.

Wir haben gesehen, wie in der elektroschwachen Theorie die Schwache Kernkraft durch schwere Eichbosonen, die $\mathrm{W}^{\pm}$ und Z^{0}, übertragen wird. Ihre Masse erhalten diese Teilchen, indem sie einige Komponenten eines zu diesem Zweck eingeführten (bisher nicht nachgewiesenen) Higgs-Feldes aufnehmen. Die verbleibende Komponente des Higgs-Feldes entspricht einem Elementarteilchen, dem Higgs-Boson, das in Experimenten nachzuweisen bisher nicht gelang. Wenn das Higgs-Boson aber wirklich ein elementares Teilchen ist, scheinen beim Veständnis der Theorie neue Probleme zu entstehen. Ein Ausweg ist, die Vorstellung eines elementaren Higgs-Teilchens fallenzulassen und es stattdessen aus noch kleineren Bestandteilen zusammenzusetzen. Die Theorie der Technicolour ist ein solcher Versuch und, wie ihr Name sagt, ist sie an die QCD (Theorie der *Colour*) angelehnt.

Die Theorie der Technicolour sieht die Existenz einer weiteren Familie von Elementarteilchen, der *Technifermionen*, vor. Dies sind Spin-$\frac{1}{2}$-Teilchen, die eine neue Techniladung tragen und so die Quelle von neuen Technicolourkräften sind. Eine der (selber schlecht verstandenen) QCD nachempfundene Dynamik soll diese Technifermionen durch Technikräfte zu Technimesonen binden. Einige dieser Technimesonen würden dann von den $W^{\pm}$- und Z^0-Bosonen absorbiert und gäben ihnen eine Masse, während die anderen als beobachtbare Teilchen übrig bleiben. In der elektroschwachen Theorie erzeugt das Higgs-Feld aber auch die Massen der Quarks und der Leptonen, und hierbei kommt die Theorie der Technicolour in arge Schwierigkeiten. Dazu benötigt sie nämlich eine direkte Vier-Fermion-Wechselwirkung (zwei Fermionen wechselwirken mit zwei Technifermionen), was bekanntermaßen zu Widersprüchen führt. (Zur Behebung solcher Widersprüche wurden ja die W-Bosonen eingeführt.) Um dies wiederum zu vermeiden, braucht man eine Familie von schweren Technibosonen, die ihrerseits die Technikräfte zwischen Fermionen übermitteln. Diese Technibosonen brauchen selber Masse, die wie bei den W-Bosonen erzeugt werden muß. Damit gelangt man zur *erweiterten* Theorie der Technicolour. Diese Theorie mag zwar die Erzeugung von Massen ganz gut erklären, nur die Fülle von Technimesonen, die sie voraussagt, wird an keinem Beschleuniger beobachtet.

Obwohl die erweiterte Theorie der Technicolour viele Schwierigkeiten mit unbeobachteten Technimesonen und flavourverändernden neutralen Strömen hat, bleibt die Idee dahinter eine mögliche Alternative zum Higgsschen Mechanismus: Das allgemeine Konzept eines zusammengesetzten Higgs-Bosons könnte aber auch auf gänzlich andere Art verwirklicht werden. Auf jeden Fall sollten die neuen Beschleuniger im TeV-Bereich für Klarheit auf diesem Gebiet sorgen.

44.4 Magnetische Monopole und Solitonen

In einem Aufsatz von 1931, mittlerweile zu einem Klassiker der theoretischen Physik avanciert, hat Dirac die Existenz von magnetischen Monopolen gefordert. (Übrigens bemerkt er im Vorwort, quasi *en passant*, daß die Löcher im See der Elektronen negativer Energie in Wahrheit Antielektronen sein müssen, und nicht Protonen, wie er vorher vermutete.) In diesem Aufsatz versuchte er, die Herkunft der Quantisierung der elektromagnetischen Ladung zu erklären. Dazu war er nur in der Lage, wenn er die Existenz einer magnetischen Ladung g forderte, die mit der bekannten elektrischen Ladung e über die Gleichung

$$2eg = \hbar c n, \qquad n \text{ ganz},$$

zusammenhängen sollte.

Auch wenn es sehr merkwürdig klingt, ist das Konzept einer magnetischen Ladung theoretisch sehr reizvoll. Eine Quelle des magnetischen Feldes erlaubt es nämlich, die Maxwellschen Gleichungen in eine symmetrische Form zu bringen, in der die elektrischen und magnetischen Felder durch elektrische und magnetische Ladungen erzeugt werden. Um ihre unterbliebene Entdeckung zu erklären, schrieb man ihnen eine große Masse und eine starke Wechselwirkung untereinander zu; dies sollte verhindern, daß man je einzelne Monopole zu Gesicht bekam. Das Thema behielt die ganzen Jahre hindurch ein (wenn auch karges) Interesse, und die magnetischen Monopole wurden mit der Zeit zu „wohlbekannten, unentdeckten Objekten", nach denen man routinemäßig in neuen Beschleunigerexperimenten, in der kosmischen Strahlung und in Matrie zu suchen pflegte — ohne jeglichen Erfolg.

Dann wurden sie 1974 plötzlich wieder interessant, als man sie in den Grundlagen der modernen Eichtheorien wiederfand. Gerard 't Hooft und Aleksandr Polyakov vom Landau-Institut in Moskau entdeckten, daß magnetische Monopole sogenannte *Solitonlösungen* einiger spontan gebrochener Eichtheorien sind.

Solitonen

Solitonen sind Feldkonfigurationen mit endlicher Energie, die sowohl *lokalisiert* als auch *stabil* sind. Es gibt sie bereits in der klassischen Physik, und sie sind in Gebieten wie der Hydrodynamik bestens bekannt. Eine normale Welle im Wasser etwa hat eine endliche Energie und ist anfangs lokalisiert, aber stabil ist sie nicht. Wenn sie sich auf der Wasseroberfläche fortpflanzt, breitet sie sich aus und stirbt langsam aus. Der Grund dafür ist die Dispersion der Wellenlängen (d.h. Wellen verschiedener Wellenlänge breiten sich mit unterschiedlichen Geschwindigkeiten aus). Unter sehr speziellen Umständen jedoch kann es sein, daß die Dispersion durch andere, nicht-lineare Effekte zwischen Welle und Medium kompensiert wird und eine nichtdissipierende Welle, ein Soliton, entsteht. Im Gegensatz zur Dissipation der normalen Wellen stirbt ein Soliton nicht aus, sondern pflanzt sich als stabile Störung fort. Dies ist beispielsweise der Ursprung von Flutwellen, die sich an Flußmündungen* bilden können.

In der Feldtheorie ist die Frage nach Solitonen mit der Struktur des Vakuums verknüpft; ein gutes Modell dafür ist eine zweidimensionale Gummimatte, die wir als unser Feld betrachten wollen. Das Feld hat zwei mögliche Vakuumzustände (Zustände geringster Energie) je nachdem, welche Seite nach oben zeigt. Gibt es nur einen Vakuumzustand, liegt die Matte flach. Jede Störung endlicher Energie wird sich in der Matte als Welle fortpflanzen und schließlich aussterben (Bild 44.1). Sind beide Vakua vorhanden, muß man die Matte irgendwo verdrehen, um die verschiedenen Vakuumregionen miteinander zu verbinden. Diese Verdrehung kann verschoben werden, aber so lange beide Vakua vorhanden sind, kann sie sich nicht auflösen. Dies ist ein Soliton: eine lokalisierte endliche Energiemenge, die zwei unterschiedliche, aber gleichwertige Vakua verbindet. Das einfache Beispiel zeigt, daß die Existenz von Solitonen (i) mehrere Vakuumzustände und (ii) Randbedingungen, die mehrere dieser Vakua enthalten, voraussetzt (so hat die verdrehte Matte unterschiedliche Randbedingungen an ihren Enden). Dies sind *topologische* Solitonen.

Mit Hilfe dieser Matte kann man ebenfalls verstehen, daß Solitonen (Verdrehungen) und Antisolitonen (Verdrehungen in entgegengesetzter Richtung) sich gegenseitig aufheben und eine normale, dissipierende Welle ergeben. Solitonen können auch zusammenstoßen und sich durchdringen, ohne ihre Gestalt und Energie beim Stoß zu ändern. Die Solitonlösungen der klassischen Feldtheorie haben viele Eigenschaften von Teilchen, zu deren Beschreibung man eigentlich Quantenfeldtheorien bemühen müßte. Interessant ist auch, daß Solitonen ausgedehnte Objekte sind und so in ungezwungener Art für die Beschreibung

---

* Berüchtigt ist die bis zu 20 Meter hohe Flutwelle im Mündungstrichter des Severn in Südwestengland.

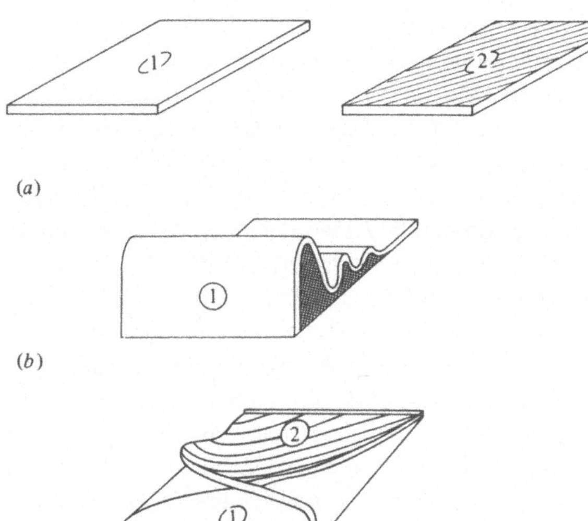

Bild 44.1 Eine Gummimatte hat zwei verschiedene Vakuumzustände, je nachdem welche Seite zuoberst liegt *(a)*. Ist nur ein Vakuum vorhanden, sterben Störungen immer aus *(b)*. Sind hingegen beide Vakua vorhanden, muß eine Verdrehung der Matte beide verbinden. Diese Verdrehung kann aus topologischen Gründen nie verschwinden *(c)*.

von Teilchen endlicher Größe in Frage kommen, im Gegensatz zu den stets punktförmigen Teilchen aus der Quantenfeldtheorie.

Die neuere Aufmerksamkeit entstand mit der Entdeckung von Solitonen in der $SU(2)$-Eichtheorie. Hier entsteht ein mehrfaches Vakuum durch das Higgs-Feld, das zur spontanen Symmetriebrechung benötigt wird. Wie in Abschnitt 22 gesehen, ist die potentielle Energie des Higgs-Feldes so beschaffen, daß alle Zustände des zweidimensionalen Feldes $\Phi = (\phi_1, \phi_2)$, die die Gleichung

$$\phi_1^2 + \phi_2^2 = R^2$$

erfüllen, geringste Energie haben. (In Wahrheit benötigt die Solitonlösung von 't Hooft-Polyakov ein Triplett $\Phi = (\phi_1, \phi_2, \phi_3)$ von Higgs-Feldern, so daß die Vakuumzustände nicht auf einem Kreis, sondern auf einer Kugel liegen. Die dritte Komponente lassen wir der Anschaulichkeit halber einfach weg.)

Bei der spontanen Symmetriebrechung bewegen sich die Felder in einen Zustand geringster Energie: Das entspricht der Wahl einer Richtung im Raum, der von ϕ_1 und ϕ_2 aufgespannt wird. Es gibt also eine unendliche Anzahl von möglichen Richtungen in diesem Raum, und jede definiert einen Zustand geringster Energie. Solitonen sind in dieser Theorie die Verwerfungen des Eichfeldes, das verschiedene Raumgebiete mit unterschiedlichen Vakua verbindet. Weitere Untersuchungen ergeben, daß diese Verwerfungen eine einzelne magnetische Ladung enthalten und eine Masse von bis zu 10^3 GeV haben können.

In dieser Theorie können Solitonen auch ungewöhnliche Effekte im Drehimpuls ergeben. So können in Anwesenheit eines Solitons Bosonen sich zu einem Fermion vereinigen, was üblicherweise völlig ausgeschlossen ist. Ein Soliton kann ebenfalls ein Fermion in zwei Halbfermionen zerlegen, was sonst auch unmöglich ist.

Monopole

Die GvT sagen ebenfalls magnetsiche Monopole voraus. In diesen Theorien entstehen die Monopole durch Brechung der Großen vereinheitlichten Eichgruppe bei Energien um die 10^{15} GeV. Hieraus kann man zeigen, daß solche Monopole gigantische Massen in der Gegend von 10^{16} GeV ($\approx 10^{-8}$ g) haben müssen. Wie die X-Eichteilchen der GvT, wird man solche Teilchen nie in einem wie auch immer gearteten Beschleunigerexperiment erzeugen. Aber wie die X-Teilchen sollten auch die GvT-Monopole im jungen Universum (etwa 10^{-35} s nach dem Urknall) in rauhen Mengen erzeugt worden sein. Es ist, gelinde gesagt, äußerst nichttrivial, in diesen Theorien die experimentelle Abwesenheit der GvT-Monopole und ihrer Folgen zu ekklären. Zum Beispiel würde man sie vermehrt im Erdkern anzutreffen vermuten, und dort müßten sie für diverse geophysikalische Effekte sorgen, die jedoch ausbleiben. Trotz weltweit enormer Anstrengungen mit einer Vielzahl unterschiedlicher Nachweistechniken ist die Suche nach Monopolen bislang erfolglos gewesen. Im Februar 1982 kündigte Blas Cabrera von der Universität Stanford die Entdeckung eines einzelnen Monopols an, aber da seither weitere potentielle Kandidaten ausblieben, ist das Ereignis stark in Zweifel geraten. Außerdem zeigt die Anwesenheit eines galaktischen Magnetfelds, daß es in unserer Milchstraße nicht sehr viele magnetische Monopole geben kann. Die kosmologische Inflation (siehe Abschnitt 42.5) kann aber einen plausiblen Grund nennen, warum es im Vergeich zu den Voraussagen der GvT so wenige magnetische Monopole gibt: Sie könnten im sich ausdehnenden Universum bis zur Unnachweisbarkeit verdünnt worden sein.

Wie bereits angedeutet, gibt es viele verschiedene mögliche GvT und Supergravitationstheorien, die sich durch die Symmetriegruppe ihrer Lagrange-Funktion und ihren Teilchenvorrat unterscheiden. Es ist möglich, daß es für jede dieser Theorien viele Solitonlösungen gibt, die eine große Zahl von Objekten mit sehr verschiedenen Eigenschaften erzeugen. Diese sogenannte *nichtstörungstheoretische Struktur* der modernen Eichtheorien ist ein völlig unbestelltes Feld, das sich erst in jüngster Zeit zu entwicklen begann und viele interessante Möglichkeiten bergen kann. Einige Theorien enthalten z.B. Objekte, die man *Dyonen* nennt und die sowohl elektrische als auch magnetische Ladung tragen. Man vermutet, daß solche Dyonen ein Modell für die Quarks sein könnten: Gebundene Systeme von Quarks würden dann durch magnetische Saiten, die die magnetischen Ladungen verbinden, zusammengehalten.

Sphaleronen und Instantonen

In der elektroschwachen Theorie gibt es zwar keine Solitonen, aber verwandte Objekte, die man *Sphaleronen* nennt und die ebenfalls lokalisierten Feldkonfigurationen mit endlicher Energie entsprechen; im Gegensatz zu den Solitonen sind sie jedoch nicht stabil. Ihr Name entstammt dem griechischen Wort *sphaleros*, das *instabil* bedeutet. Das elektroschwache Sphaleron wird bei einer Masse von 10 TeV ($= 10^4$ GeV) erwartet.

Es gibt ein einfaches mechanisches Analogon, das die Eigenschaften eines Sphaleron gut veranschaulichen kann. Man betrachte eine Perle auf einem geschlossenen, senkrecht gehaltenen Ring aus Draht. Normalerweise wird die Schwerkraft die Perle an die tiefste Stelle im Ring ziehen, denn dies ist ja die Position mit der geringsten Energie, das Analogon des Vakuumzustands einer Feldtheorie. Es gibt aber einen Punkt, der alleroberste im Kreis, von dem aus die Perle nicht nach unten rutschen wird, weil an dieser Stelle der Ring waagerecht ist, und die Schwerkraft nicht wirken kann. Klassisch kann die Perle zwar ewig in dieser Stellung verharren, aber die kleinste Störung wird sie nach unten gleiten lassen. Die Lage in der obersten Stelle des Rings ist für die Perle das Analogon des Sphalerons in der Feldtheorie. Die kleinste Störung (etwa eine Quantenfluktuation) führt zum Zerfall des Sphalerons, während die Theorie sich in den Zustand niedrigster Energie, in den Vakuumzustand begibt. Ein Sphaleron ist also im wesentlichen ein instabiles klassiches Teilchen.

Eine andere Vermutung ist, daß, in Anwesenheit mehrerer Vakua, ein System von Feldern quantenmechanisch von einem Vakuum zum anderen tunneln kann (ganz analog zum Tunnelmechanismus von Elektronen durch die Potentialwälle an den Grenzflächen von Halbleitern). Man muß sich dabei vorstellen, daß sich eine Vakuumkonfiguration von Eichfeldern in eine andere gleichwertige, aber verschiedene verwandelt. Dieses Tunneln wird durch eine Familie von solitonähnlichen, jedoch zeitlich vergänglichen Lösungen beschrieben. Diese *Instantonen* sind eigentlich keine Teilchen und haben auch keine direkte physikalische Interpretation. Sie stellen vielmehr Vakuumfluktuationen der Eichfelder dar, die zu beobachtbaren Kräften auf umliegende Teilchen, etwa Quarks, führen können. Deshalb haben manche Theoretiker versucht, einige Anomalien der Mesonenmassen als Folge von Instantoneffekten auf die Quarkkräfte zu deuten. Andere haben versucht, den Einschlußmechanismus der Quarks mit Hilfe von Instantonen zu erklären. Trotz dieser Versuche ist die physikalische Bedeutung der Instantonen alles andere als klar. Alle Vorschläge bleiben weit im Bereich des Spekulativen. Klar ist jedoch, daß die modernen Eichtheorien eine viel reichere Struktur besitzen (und eines Tages vielleicht auch viel mehr Ergebnisse liefern werden?), als man es bei ihrer Einführung vermuten konnte.

44.5 Seltsame Materie

Ein Beispiel für Überraschungen, die selbst die wohlbekannte, sozusagen etablierte Physik bereithalten kann, ist die mögliche Existenz von *seltsamer Materie*. Dies ist eine hypothetische Form von extrem dichter Kernmaterie mit ungefähr der gleichen Anzahl von Up-, Down- und Strange-Quarks. Im Jahr 1984 vermutete Edward Witten von der Universität Princeton, daß diese Sorte von Quarkmaterie im heißen und dichten Anfangsstadium des Universums, als die Temperatur bei 100 bis 200 MeV oder 10^{12} K lag, entstanden sein könnte. Weiterhin behauptete er, daß diese seltsame Materie stabil genug sein könnte, um bis zum heutigen Tag in Form von Klumpen von 0.01 bis 10 cm Größe (was bei einer Dichte von 10^5 g/cm^3 Massen von 10^9 bis 10^{18} g entspricht) zu überleben.

Gewöhnliche Materie besteht nur aus zwei Quarktypen — u und d — die jeweils zu dritt in den Nukleonen vorkommen. Die seltsame Quarkmaterie enthält weder Nukleonen noch Baryonen, in denen die Quarks zusammengebunden wären. Die Wellenfunktionen der Quarks sind vollständig unlokalisiert, und die Quarks bewegen sich frei im gesamten Volumen des Klumpens.

Zunächst sieht es danach aus, als könne diese Quarkmaterie nicht stabil sein, da gewöhnliche Kerne nicht spontan in diese Art von Materie übergehen. Dem ist aber nicht so. Es stimmt zwar, daß gewöhnliche Kernmaterie stabiler als entsprechende Quarkmaterie ist, aber die zusätzlichen Strange-Quarks könnten die Waage in die andere Richtung ausschlagen lassen. Die Seltsamkeit kann Kernmaterie sicher nicht stabiler werden lassen, da ja seltsame Baryonen schwerer sind als nichtseltsame. Fügt man aber zu den u- und d-Quarks der Quarkmaterie Strange-Quarks hinzu, wird die vom Paulischen Ausschließungsprinzip erzeugte Energie abgesenkt (siehe Abschnitt 3.10), weil bei einer gegebenen Anzahl von

Quarks weniger Fermionen identisch sind, wenn s-Quarks anwesend sind. Wenn die Abnahme der Energie die Zunahme überwiegt, die dadurch entsteht, daß s-Quarks schwerer sind als u- oder d-Quarks, könnte es schon sein, daß Quarkmaterie stabiler ist als Kernmaterie.

Klumpen von seltsamer Materie könnten den Urknall überlebt haben und einen Gutteil der dunklen Materie im Univerum ausmachen. Die Quarks wären dabei so fest in dieser dichten Materie gebunden, daß sie nicht zur Nukleosynthese zur Verfügung standen. Damit wäre auch die Einschränkung auf die gesamte Energiedichte der Baryonen aus Abschnitt 42.3 hinfällig.

Seltsame Materie könnte auch bei solch extremen Werten von Temperatur und Druck entstehen, wie sie bei einer Supernova erreicht werden. Schwache Prozesse wie $u + d \to u + s$ könnten dann statt Neutronensternen sogar *seltsame Sterne* entstehen lassen.

45 Der Anfang vom Ende?

45.1 Einleitung

Die Geschichte hat die merkwürdige Eigenschaft, sich selbst zu wiederholen. Die letzten zwanzig Jahre mit ihren abwechselnden Fortschritten in Theorie und Experiment waren wie ein Echo der 20er Jahre: Sie haben uns ein Verständnis der Natur auf einem Niveau beschert, das einige Größenordnungen unter dem liegt, welches fünfzig Jahre zuvor erreicht worden war. In den 20er Jahren konnte man bei Energien von einigen eV atomare Distanzen von etwa 10^{-8} cm auflösen; jetzt sind wir bei Energien von einigen Hundert GeV und Abständen von 10^{-16} cm angelangt.

Im Licht der neuesten Erkenntnisse können wir behaupten, die Natur auf dieser Skala in vernünftigem Maß zu verstehen. Wir haben hier versucht, den Weg zu diesem Verständnis zu schildern. Jetzt, im Rückblick, können wir unser Wissen von der Mikrowelt in einigen kurzen Sätzen zusammenfassen (was an sich doch ein gutes Zeichen ist!).

Wir glauben, daß es 24 elementare Spin-$\frac{1}{2}$-Teilchen (Fermionen) als fundamentale Bausteine der Materie gibt. Sechs von ihnen sind punktförmige Leptonen,

$$\begin{pmatrix} e \\ \nu_e \end{pmatrix}, \quad \begin{pmatrix} \mu \\ \nu_\mu \end{pmatrix}, \quad \begin{pmatrix} \tau \\ \nu_\tau \end{pmatrix},$$

die als freie Teilchen existieren können; die 18 anderen werden in sechs Quarktypen zu je drei Farben eingeteilt,

$$\begin{pmatrix} u \\ d \end{pmatrix}_{r,g,b}, \quad \begin{pmatrix} c \\ s \end{pmatrix}_{r,g,b}, \quad \begin{pmatrix} t \\ b \end{pmatrix}_{r,g,b},$$

die nur in gewissen Verbindungen, nämlich als Baryonen (qqq) oder als Mesonen ($q\bar{q}$), zu existieren scheinen. Außerdem lassen sich die sechs Leptonen und die sechs Quarktypen in drei Generationen einteilen, wie die Klammern es oben andeuten. Jede Generation ist bloß eine schwerere Version der vorhergehenden mit den gleichen Quantenzahlen.

Wir glauben auch, daß die Kräfte zwischen diesen Teilchen durch den Austausch von Spin-1-Eichbosonen übermittelt werden; deren Eigenschaften und Wechselwirkungen werden von lokalen Eichsymmetrien bestimmt. So wird die elektromagnetische Kraft von masselosen Photonen, die Schwache Kernkraft von schweren $W^{\pm}$- und Z^0-Bosonen und die Starke Kernkraft von acht masselosen, farbigen Gluonen übermittelt. Diese Kräfte werden durch die Quantenchromodynamik (QCD) und das elektroschwache Modell von Glashow-Weinberg-Salam, die zusammen das Standardmodell der Elementarteilchenphysik bilden, gut beschrieben.

45.2 Wohin als nächstes?

Das Standardmodell ist eine sehr erfolgreiche Theorie, die bisher alle experimentellen Daten zu beschreiben in der Lage ist. Aber können wir auf Überraschungen hoffen? Wohin bringt uns die Teilchenphysik am Ende des Jahrtausends? Die Große Vereinheitlichung ist eine sehr attraktive Theorie, aber bisher gibt es noch keine experimentellen Hinweise, die für sie sprächen. Hinzu kommt, daß die einfachsten unter den GvT, wie die $SU(5)$, zwischen 100 GeV (der Skala der elektroschwachen Vereinheitlichung) und 10^{15}—10^{16} GeV (der Skala der Großen Vereinheitlichung) im wesentlichen keine neue Physik vorsehen. Während die erste Skala mit enorm komplexen und teuren Maschinen untersucht wird, scheint die andere definitiv außerhalb unserer Reichweite zu liegen. Die Kosmologie kann uns bis zu einem gewissen Ausmaß behilflich sein, indem sie uns ein Bild des jungen Universums zeichnet, als die Temperatur so hoch war, daß die Große vereinheitlichte Symmetrie noch exakt war. Aber dieser Ansatz wird von vielen Unsicherheiten begleitet, und sein Nutzen ist leider begrenzt.

Auf der anderen Seite gibt es die barocke Schule der Physik, die mit einer ganzen Reihe von Alternativen zu den einfachen GvT aufwarten kann: mit Technicolour, Supersymmetrie, -gravitation und -strings. Wenn auch nur eine dieser Theorien in die richtige Richtung zeigt, müßten wir in den nächsten Jahren neue Effekte, neue Teilchen, neue Kräfte in der vermeintlichen Wüste jenseits der 100 GeV finden.

Dies wäre aber eine ziemlich selbstgefällige Art, das Thema zu beenden. Wir haben bereits gesehen, daß es der Geschichte beliebt, sich zu wiederholen. Am Ende des 19. Jahrhunderts hätte es wohl niemand für möglich gehalten, daß die leichten Unregelmäßigkeiten in der Theorie der Strahlung schwarzer Körper zu einem radikal neuen Bild der Welt in Form der Quantenmechanik führen würden. Und gleichermaßen fiel es nur einem Physiker auf, daß die scheinbare Konstanz der Lichtgeschwindigkeit letztlich zu $E = mc^2$ führen würde. Selbst als die Quantenmechanik und die spezielle Relativitätstheorie allgemein anerkannt waren, blieb die Voraussage von Antimaterie aus dem Zusammenführen der beiden eine Überraschung. In den 30er Jahren erkannte kaum jemand, daß die Entdeckung des Positrons und des Myons, die Voraussage des Pions und des Neutrinos die ersten Boten einer neuen Ordnung der Materie waren. Daraus lernen wir, daß es überraschend wäre, wenn fortan jede Überraschung ausbliebe.

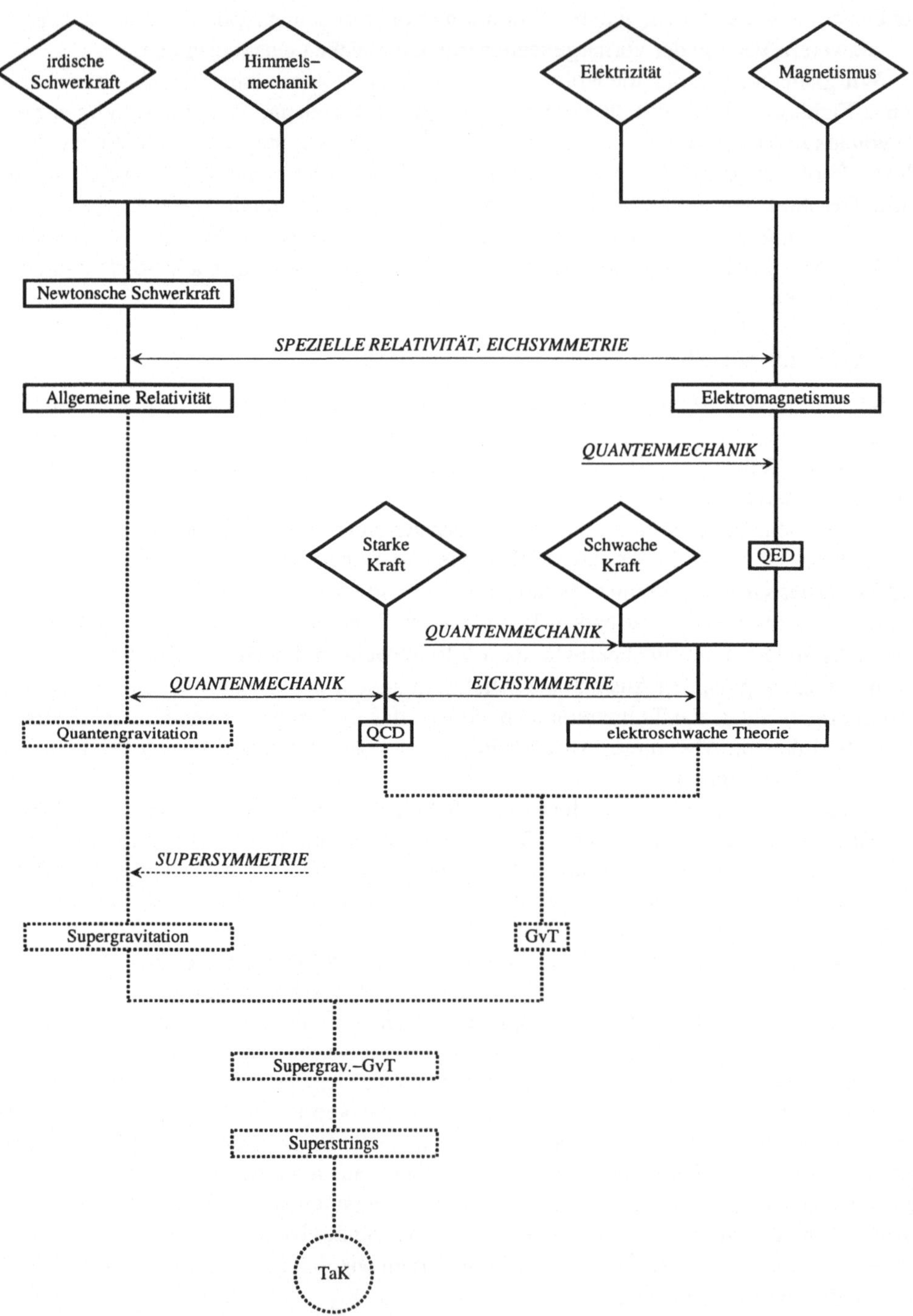

Bild 45.1 Der Weg zur Theorie aller Kräfte

45.3 Eine Theorie aller Kräfte?

Die Physik will, wie jede Wissenschaft, Vorgänge der Natur erklären und voraussagen. Sie hat immer dann Fortschritte gemacht, wenn es ihr gelang, scheinbar verschiedenartigste Phänomene unter einen Hut zu bringen. Physiker sammeln zunächst empirische Fakten, die sie mit einem Modell zu beschreiben versuchen. Aber das ist noch lange nicht das Ende. Andere Fakten führen zu anderen Modellen, die letztlich in einer einzigen, überbrückenden Theorie vereinigt werden. Die Theorie geht entschieden weiter als die einzelnen Modelle, weil sie ein tieferes Verständnis der Natur birgt und dadurch eine viel größere Fähigkeit zu Voraussagen besitzt. Später kann eine solche Theorie ihrerseits mit anderen vereinigt werden, und eine größere, noch einheitlichere Theorie entsteht, und so fort. Bild 45.1 zeigt diesen Vereinheitlichungsprozeß anhand der Entwicklung der Theorien der fundamentalen Kräfte. (Dabei ist der Akzent eher auf logische Zusammenhänge, als auf historische gelegt.)

Jetzt ergibt sich von selbst die Frage: Gibt es ein Ende? Gibt es eine letzte Theorie, auf die wir unweigerlich zusteuern? Gibt es die Theorie aller Kräfte?

Die Theorie aller Kräfte, so es sie gibt, wäre weit mehr als ein Katalog aller physikalischen Gesetze. Es wäre die wahrhaft vereinheitlichte Beschreibung der gesamten materiellen Welt, die ein dichtes Netz von Verbindungen zwischen ihren Bestandteilen spinnte, von denen jeder einzelne für die Konsistenz des Ganzen nötig wäre. Eine Theorie aller Kräfte, von einigen einfachen Annahmen ausgehend, hätte eine ausgesprochen zwingende Struktur, Symmetrie und Eleganz. Und sie erklärte nicht nur alle Eigenschaften und Wechselwirkungen aller Teilchen, sondern z.B. auch die raum-zeitliche Geometrie, und könnte uns sagen, wieso es genau vier Raum-Zeit-Dimensionen gibt.

Leider strotzt die Geschichte nur so von berühmten Physikern, die voreilig die Ankunft der Theorie aller Kräfte verkündeten und damit das Ende der Physik einläuten wollten. Solche Ankündigungen sollte man mit einer gehörigen Portion Skepsis aufnehmen. Zu vieles in unserem Universum haben wir noch nicht einmal begonnen zu verstehen, und wahrscheinlich werden die Wissenschaftler der kommenden Jahrhunderte unsere Bemühungen um eine Theorie aller Kräfte so einschätzen, wie wir die unserer Vorgänger: als zu einfach gestrickt und verfrüht.

45.4 Selbst ist der Leser

Historische Rückblicke sind vielleicht die einzigen Anhaltspunkte für die ferne Zukunft: Trotzdem versprechen die nächsten Jahre sehr spannend zu werden. Mit den derzeit arbeitenden Maschinen LEP und SLC und weiteren geplanten kann es in der Teilchenphysik kurzfristig manch interessantes Resultat geben. So könnten das Top-Quark* und das Higgs-Boson gefunden werden, ganz zu schweigen von all den exotischeren Teilchen. Der beste Abschluß dieser Lektüre wäre vielleicht, wenn Sie, geneigter Leser, sich selber eine Aufzeichnung der künftigen Entdeckungen anlegten. Tabelle 45.I gibt Ihnen einige Beispiele von möglichen Entdeckungen der nächsten Jahre, die, falls sie erfolgen, bestimmt ihren Weg bis in die Tagespresse finden werden.

Es ist interessant, den Weg seit 1983, dem Jahr, als dieses Buch erstmals in England erschien, nachzuzeichnen. Damals waren die ersten Kandidaten für die $W^{\pm}$ und Z^0 gerade

---

* siehe Fußnote in Abschnitt 37

gesichtet worden. Seitdem ist die Existenz dieser Teilchen zweifelsfrei erwiesen. Davon abgesehen hat sich aber in der Tabelle wenig getan. Keine weiteren potentiellen Entdeckungen sind bestätigt worden und keine weiteren Möglichkeiten hinzugekommen. Ganz im Gegensatz dazu hat die Theorie enorme Fortschritte gemacht, insbesondere bei den Superstrings. Die weitere Entwicklung der Teilchenphysik bleibt ganz sicher:

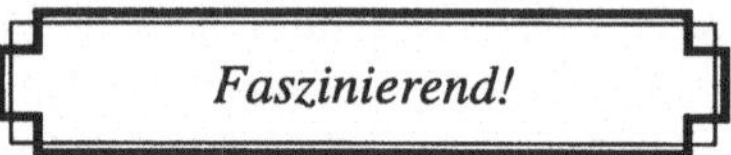

Tabelle 45.I Was die Teilchephysiker demnächst zu finden hoffen.

$W^{\pm}, Z^0$**-Bosonen** (siehe Abschnitt 25)
Bedeutung Bestätigen die elektroschwache Eichtheorie
Status 1983 am CERN entdeckt.
Messung $M_{W^{\pm}} = 80\text{GeV}, M_{Z^0} = 91\text{GeV}$.

Top-Quark (siehe Abschnitt 37)
Bedeutung Vervollständigt die dritte Generation der elementaren Fermionen
Status 1994 am Fermilab entdeckt.
Messung $M_t \approx 175\text{GeV}$.

Glueball (siehe Abschnitt 32)
Bedeutung Unterstützt QCD
Status Kandidaten vorhanden, erfordern Bestätigung. Demnächst entscheidbar.
Messung Erwartete Masse: $M_g \approx 1 - 2\text{GeV}$ (Spin 0, 2).

Higgs-Bosonen (siehe Abschnitt 23)
Bedeutung Bestätigen spontane Symmetriebrechung in Eichtheorien
Status Bei LEP oder größeren Maschinen meßbar
Messung Erwartete Masse: $M_H \geq 90\text{GeV}$.

Protonzerfall (siehe Abschnitt 39)
Bedeutung Bestätigung der GvT
Status Keine eindeutigen Kandidaten. Viele Experimente. Langfristig.
Messung Erwartete Lebensdauer: $\tau_p > 4 \times 10^{32}$ Jahre.

Magnetische Monopole (siehe Abschnitt 44)
Bedeutung Bestätigung von Diracs Vermutung der Symmetrie von elektrischer und magnetischer Ladung.
Status Ein sehr unsicherer Kandidat erfordert unabhängige Bestätigung. Langfristig.
Messung Nachweis der Existenz. Bestimmung von Masse und elektrischer Ladung.

Neutrinomasse (-oszillationen) (siehe Abschnitt 39)
Bedeutung Struktur der GvT. Schicksal des Universums.
Status Oszillationen in Reaktorexperimenten und Masse im β-Zerfall möglicherweise beobachtet. Langfristig.
Messung Nachweis der Existenz. Erwartete Masse: $M_\nu < 10\text{eV}$.

Freie Quarks (siehe Abschnitte 31, 34)
Bedeutung Erschütterte gegenwärtige Gewißheiten.
Status Angebliche Beobachtung von drittelzahligen Ladungen müssen unabhängig bestätigt werden. Langfristig.
Messung Nachweis der Existenz.

Supersymmetrische Teilchen (siehe Abschnitt 41)
Bedeutung Können zum Verstäsndnis der Schwerkraft beitragen.
Status Entdeckung jederzeit möglich. Langfristig.
Messung Nachweis der Existenz. Erwartete Massen: $M > 50 - 100\text{GeV}$.

Technicolour-Teilchen (siehe Abschnitt 44)
Bedeutung Nachweis von dynamischer Symmetriebrechung und von zusammengesetzten Higgs-Teilchen.
Status Entdeckung jederzeit möglich. Langfristig.
Messung Nachweis der Existenz.

Gravitonen (Gravitationswellen) (siehe Abschnitte 5, 42)
Bedeutung Unterstützt allgemeine Relativitätstheorie.
Status Entdeckung jederzeit möglich. Detektoren vermutlich noch nicht empfindlich genug. Sehr langfristig.
Messung Nachweis der Existenz.

Anhänge

46 Einheiten und Konstanten

Energie: Die in der Mikrowelt gebräuchlichste Einheit ist das Elektronvolt (eV). Dies ist die Energie, die ein Elektron gewinnt, wenn es in einem Potentialgefälle von einem Volt beschleunigt wird.

$$1\,\mathrm{eV} = 1.602 \times 10^{-19}\,\mathrm{J}$$
$$1\,\mathrm{keV} = 10^{3}\,\mathrm{eV}, \quad 1\,\mathrm{MeV} = 10^{6}\,\mathrm{eV},$$
$$1\,\mathrm{GeV} = 10^{9}\,\mathrm{eV}, \quad 1\,\mathrm{TeV} = 10^{12}\,\mathrm{eV}.$$

Masse:

$$\begin{aligned} \text{Elektron} \quad m_{\mathrm{e}} &= 9.109 \times 10^{-31}\,\mathrm{kg} \\ &= 0.511\,\mathrm{MeV}/c^2 \\ \text{Proton} \quad M_{\mathrm{p}} &= 1.637 \times 10^{-27}\,\mathrm{kg} \\ &= 938.27\,\mathrm{MeV}/c^2. \end{aligned}$$

Ladung:

$$\text{Elektron} \quad e = 1.602 \times 10^{-19}\,\mathrm{C}.$$

Lichtgeschwindigkeit:

$$c = 2.998 \times 10^{8}\,\mathrm{m/s}.$$

Plancksche Konstante ($\hbar = h/2\pi$):

$$\begin{aligned} \hbar &= 1.055 \times 10^{-34}\,\mathrm{Js} \\ &= 6.582 \times 10^{-22}\,\mathrm{MeV\,s}. \end{aligned}$$

Feinstrukturkonstante ($\alpha = e^2/\hbar c$):

$$\alpha = 1/137.036.$$

47 Glossar

Abelsche Gruppe Mathematische Gruppe von Transformationen mit der Eigenschaft, daß das Ergebnis mehrerer aufeinanderfolgender Transformationen nicht von ihrer Reihenfolge abhängt.

Absolute Temperatur Temperatur auf der Kelvinskala: $0\,\mathrm{K} = -273.15\,\mathrm{C}$. Die absolute Temperatur ist durch die Beziehung $E = k_B T$ direkt mit der (kinetischen) Energie verbunden (k_B: Boltzmannsche Konstante). Eine Temperatur von 0 K entspricht der Energie Null, während Raumtemperatur ($300\,\mathrm{K} = 27\,\mathrm{C}$) etwa $0.025\,\mathrm{eV}$ ergibt.

Alphateilchen (α) Teilchen, die zunächst im radioaktiven α-Zerfall entdeckt wurden und sich später als Heliumkerne (mit je zwei Protonen und Neutronen) erwiesen.

Amplitude → Quantenmechanische Amplitude.

Antiteilchen Teilchen, die von der relativistischen Quantenmechanik vorausgesagt werden. Zu jedem Teilchen muß es demzufolge ein Antiteilchen geben, dessen Ladung, magnetisches Moment und andere inneren Quantenzahlen (z.B. Leptonzahl, Baryonzahl, Seltsamkeit, Charm, usw.) den entgegengesetzten Zahlenwert haben, dessen Masse, Spin und Lebendauer jedoch gleich sind. Man bemerke, daß einige neutrale Teilchen (wie das Photon oder das π^0) ihr eigenes Antiteilchen sind.

Asymptotische Freiheit Bezeichnet die beobachtete *Abnahme* der intrinsischen Stärke der Farbkraft zwischen Quarks, wenn diese sich näherkommen. Bei asymptotisch kleinen Abständen verhalten sich die Quarks praktisch wie freie Teilchen. Dies steht in krassem Gegensatz zur elektromagnetischen Kraft, deren intrinsische Stärke zunimmt, wenn zwei Teilchen sich näherkommen.

Axion Ein hypothetisches Teilchen ohne Spin mit einer sehr kleinen Masse von 10^{-5} bis $10^{-3}\,\mathrm{eV}$. Es wurde vorgeschlagen, um das *Starke $\mathcal{CP}$-Problem* zu lösen (→ Abschnitt 44.2).

Baryogenese Der Prozeß, durch den der Baryonenüberschuß des Universums entstanden ist (→ Abschnitt 39.4).

Baryon Gattungsname für stark wechselwirkende Teilchen mit halbzahligem Spin in Einheiten von $\hbar$ (z.B. das Proton, das Neutron und ihre schweren Resonanzen).

Betateilchen (β) Teilchen, die zunächst im radioaktiven β-Zerfall entdeckt wurden und sich später als Elektronen erwiesen.

Beugung Eigenschaft von Wellen. Trifft eine Welle auf eine Wand mit einem Spalt (dessen Breite mit der Wellenlänge vergleichbar ist), wird dieser Spalt als Quelle für neue Wellen wirken.

Boson Teilchen mit ganzzahligem Spin in Einheiten von $\hbar$ $(0, \hbar, 2\hbar, \ldots)$.

Cabbibo-Winkel ϑ_C Maß für die Wahrscheinlichkeit, daß ein u-Quark unter dem Einfluß der Schwachen Wechselwirkung sich in ein d- oder s-Quark verwandelt.

CERN Europäisches Labor für Teilchenphysik, Abkürzung für *Conseil Européen pour la Recherche Nucléaire* (Europäischer Rat für Kernforschung), auf schweizerisch-französischem Gebiet in der Nähe von Genf gelegen. Die meisten Länder Europas haben sich zusammengeschlossen, um hier gemeinsam die großen Teilchenbeschleuniger, wie die Teilchenphysik sie benötigt, zu bauen. Die größten Maschinen am CERN sind das *SuperProtonSynchotron* (SPS) und der große Elektron-Positron-Beschleuniger LEP (*Large Electron-Positron collider*).

Charm Dt.: Zauber; vierter Quarktyp, dessen Entdeckung 1974 sowohl die physikalische Realität der Quarks unterstrich als auch unser Verständnis ihrer Dynamik entscheidend verbesserte. Charm ist eine Erhaltungsgröße in der Starken Wechselwirkung.

DESY Das *Deutsche ElektronenSYnchrotron* in Hamburg, das die Elektron-Positron-Speicherringe DORIS und PETRA, sowie die Elektron-Proton-Maschine HERA umfaßt.

Deuteron Kern des Wasserstoffisotops Deuterium. Es besteht aus einem Proton und einem Neutron.

Dimensionen Physikalisch relevante Größen haben in der Regel eine Dimension. Die grundlegenden Dimensionen sind die Masse M, die Länge L und die Zeit T. Die Dimension anderer Größen ist dann eine Kombination dieser Basisdimensionen. So ist die Dimension des Impulses Masse mal Geschwindigkeit (ML/T) und die der Energie Kraft mal Weg (ML^2/T^2). Mann kann Größen definieren, die dimensionslos und somit von den Definitionen der Einheiten von Masse, Länge und Zeit unabhängig sind.

Drehimpuls Das Entsprechende des gewöhnlichen Impulses für Drehbewegungen, definiert als Masse mal Winkelgeschwindigkeit. Es ist eine vektorielle Größe, die entlang der Drehachse ausgerichtet ist. In der Quantenmechanik ist der (Bahn-)Drehimpuls in Einheiten von $\hbar$ quantisiert. Dies entspricht klassisch dem Fall, daß nur gewisse Drehfrequenzen erlaubt sind.

Eichtheorie Eine Theorie, deren Dynamik aus einer Symmetrie stammt; das heißt, daß die Formeln der Theorie, insbesondere ihre Lagrange-Funktion, gegen bestimmte Symmetrietransformationen invariant sind. Diese werden *Eichtransformationen* genannt. So sind z.B. die Gesetze der klassichen Elektrodynamik invariant gegen eine lokale Umdefinition des elektrostatischen Potentials. Diese Symmetrie bewirkt letztlich die Erhaltung der elektrischen Ladung. In der Quantenelektrodynamik wird diese Eichsymmetrie als Invarianz gegen eine lokale Umdefinition der Phase der Elektronwellenfunktion interpretiert. Der Begriff *Eichtheorie* ist ein Relikt aus früheren Zeiten, als man Theorien betrachtete, die invariant gegen Skalentransformationen (Eichungen) sind.

Eigenwert, -zustand Der Eigenwert einer Matrix M ist die Zahl λ, die die Gleichung $M\psi = \lambda\psi$ für $\psi \neq 0$ erfüllt. In der Quantenmechanik entspricht der Matrix M eine dynamische Variable, wie Ort, Energie oder Impuls, und λ ist dann der Meßwert, den man bei der Messung dieser Variablen erhält, wenn das System im Zustand ψ ist. Den Zustand ψ nennt man dann Eigenzustand des Systems.

Elastische Streuung Teilchenreaktion, bei der die Teilchen im Anfangs- und Endzustand dieselben sind (etwa $\pi^- \mathrm{p} \to \pi^- \mathrm{p}$). Bei inelastischer Streuung wird ein Teil der Energie dazu benutzt, im Endzustand Teilchen zu erzeugen, die es im Anfangszustand nicht gab.

Elektron Negativ geladenes Teilchen mit Spin $\frac{1}{2}$, wechselwirkt durch den Elektromagnetismus, die Schwache Kraft und die Schwerkraft. Mit $0.511\,\mathrm{MeV}/c^2$ ist es 1800 Mal leichter als das Proton.

Farbe Engl.: *colour*; Eigenschaft, die ansonsten identische Quarks gleichen Typs unterscheidet. Man benötigt drei Farben — rot, grün, blau — um die drei Valenzquarks, aus denen ein Baryon aufgebaut ist, zu markieren. Es sei nachdrücklich unterstrichen, daß diese Farben nur Bezeichnungen sind und mit den wirklichen Farben nichts zu schaffen haben. Farbe ist die Quelle der Starken Kraft, die die Quarks im Inneren von Baryonen und Mesonen festhält. Die drei Farben kann man sich analog zum Elektromagnetismus als drei Arten von *Farbladungen* denken.

Fermilab Das *Fermi National Accelerator Laboratory* in Batavia, Illinois, USA. Am Fermilab befindet sich der weltstärkste Beschleuniger, das Tevatron, eine Proton-Antiproton-Maschine mit einer Maximalenergie von $1.8\,\text{TeV} = 1.8 \times 10^{12}\,\text{eV}$.

Fermion Teilchen mit halbzahligem Spin in Einheiten von $\hbar$: $\frac{1}{2}\hbar$, $\frac{3}{2}\hbar$, $\frac{5}{2}\hbar, \ldots$ Alle Fermionen gehorchen dem Paulischen Ausschließungsprinzip.

Flavour Dt.: Geschmack; Quarktyp. Es gibt 6 Flavours (Quarktypen): Up, Down, Strange, Charm, Bottom, Top.

Gammastrahlen (γ) Strahlen, die zunächst bei der Untersuchung von radioaktivem Material entdeckt wurden und sich später als Photonen mit sehr hoher Energie erwiesen.

Generation Leptonen und Quarks lassen sich in drei Gruppen zu je zwei Leptonen und zwei Quarks einteilen, den sogenannten Generationen. Die erste Generation besteht aus $(\mathrm{e}^-, \nu_\mathrm{e}; \mathrm{u}, \mathrm{d})$, die zweite aus $(\mu^-, \nu_\mu; \mathrm{c}, \mathrm{s})$, die dritte aus $(\tau^-, \nu_\tau; \mathrm{t}, \mathrm{b})$.

Gluon, Glueball Die Gluonen sind die masselosen Eichbosonen der QCD, die die Starke Farbkraft zwischen den Quarks übermitteln. Wegen der nicht-Abelschen Struktur der Theorie können Gluonen untereinander wechselwirken. Somit können sich Teilchen aus aneinander gebundenen Gluonen bilden. Der Nachweis von solchen *Glueballs* (engl.; Leimkugeln) steht noch aus.

Goldstone-Boson Masse- und spinloses Teilchen, das zusammen mit der spontanen Brechung von (kontinuierlichen) globalen Symmetrien auftaucht.

Graviton Masseloses Teilchen mit Spin 2, das hypothetische Quant des Gravitationsfeldes. Es übermittelt die Schwerkraft ähnlich wie die Spin-1-Bosonen (Photon, $\mathrm{W}^\pm$, Z^0, Gluonen) die anderen Kräfte übermitteln.

Gruppentheorie Zweig der Mathematik, der sich mit Symmetrien beschäftigt. Eine mathematische Gruppe $\mathcal{G}$ wird als Menge von Elementen $\{a, b, c, \ldots\}$ beschrieben, mit folgenden Eigenschaften:

(i) Sind a und b Elemente der Gruppe $\mathcal{G}$, dann ist auch ihr Produkt ab ein Element dieser Gruppe.

(ii) Es gibt ein Einheitselement e, für das $ae = a$ gilt, wenn a ein beliebiges Element der Gruppe $\mathcal{G}$ ist.

(iii) Jedes Element a besitzt ein Inverses a^{-1}, so daß $aa^{-1} = e$ gilt.

Die Rotationen eines (x, y)-Koordinatensystems um die z-Achse bilden eine Gruppe, denn zwei nacheinander ausgeführte Rotationen $\vartheta_1\vartheta_2$ sind mit einer einzigen Rotation ϑ_3 äquivalent. Diese Gruppe ist *kontinuierlich*, weil der Rotationswinkel kontinuierlich variieren kann.

Im allgemeinen werden die Elemente einer Gruppe durch Matrizen dargestellt. Man nennt diese daher *Darstellungen* der Gruppe. Darstellungen geben an, wie sich physikalische Systeme verändern, wenn Symmetrietransformationen angewendet werden. Besitzt ein System eine Symmetrie, die durch die Gruppe $\mathcal{G}$ gegeben wird (das heißt, daß die Gruppentransformationen die Bewegungsgleichungen invariant lassen), dann geben die Darstellungen die Symmetrieeigenschaften der diversen Freiheitsgrade an.

So scheinen Hadronen eine $SU(3)$-*Flavoursymmetrie* zu besitzen. Die grundlegende dreidimensionale Darstellung der $SU(3)$ enthält die drei Flavourfreiheitsgrade der Up-, Down- und Strange-Quarks: $\mathbf{3} = (\mathrm{u}, \mathrm{d}, \mathrm{s})$. Die achtdimensionale Darstellung **8** enthält ihrerseits die acht Flavourfreiheitsgrade der Meson- und Baryonoktetts (→ Abschnitt 10). Darüber hinaus legt eine Darstellung die Quantenzahlen der beteiligten Teilchen fest.

Gleiches gilt ebenfalls für lokale (dynamische) Eichsymmetrien. Zur QCD, zum Beispiel, gehört die lokale $SU(3)_C$-Farbsymmetrie. Die dreidimensionale Darstellung der $SU(3)_C$ enthält die drei Farbfreiheitsgrade der Farbladungen rot, grün und blau: $\mathbf{3} = (\mathrm{r}, \mathrm{g}, \mathrm{b})$. Die achtdimensionale Darstellung enthält die Farbfreiheitsgrade der Eichbosonen der QCD, der Gluonen.

Diskrete Gruppen haben eine endliche Anzahl von Elementen und stehen mit diskreten Symmetrien, wie der Parität, in Verbindung. So hat die diskrete Gruppe, die der Parität entspricht, nur zwei Elemente, nämlich p und $p^2 = e$.

Hadron Gattungsname für alle Teilchen, die der Starken Kernkraft unterliegen.

Helizität Projektion des Spins eines Teilchens entlang seiner Bewegungsrichtung. Die Helizität eines Teilchens ist entweder rechts- oder linkshändig, je nachdem ob die Projektion des Spins in die Richtung der Bewegung zeigt oder in die dazu entgegengesetzte (→ Bild 13.3).

Higgs-Boson Ein vermutetes, spinloses Teilchen, das eine wichtige Rolle im Modell der elektroschwachen Wechselwirkung von Glashow-Weinberg-Salam (und in anderen Theorien mit spontaner Symmetriebrechung, etwa den GvT) spielt.

Higgsscher Mechanismus Verfahren, durch das Eichbosonen über spontane Symmetriebrechung Masse erhalten. Im elektroschwachen Modell von Glashow-Weinberg-Salam, zum Beispiel, werden Higgs-Felder auf eichinvariante Art eingeführt. Der Zustand minimaler Energie jedoch bricht die lokale Eichinvarianz, gibt den $\mathrm{W}^{\pm}$- und Z^0-Bosonen Masse und erzeugt dadurch ein beobachtbares Teilchen, das Higgs-Boson ϕ'.

Hyperon Baryon mit Seltsamkeit.

Isospin Von Heisenberg 1932 eingeführtes Konzept, das die Ladungsunabhängigkeit der Starken Kernkraft erklären sollte. Da die Starke Kraft nicht zwischen Proton und Neutron zu unterscheiden vermag, sollten diese Teilchen, nach Heisenberg, als Zustände eines einzelnen Teilchens, des Nukleons, aufgefaßt werden. So erklärte er, daß das Nukleon in zwei Isospinzuständen existiert, wie das Elektron in zwei Spinzuständen. Isospin ist also eine dem Spin nachempfundene Eigenschaft, die durch die Starke Wechselwirkung erhalten wird. Das Nukleon ist ein Isospin-$\frac{1}{2}$-Teilchen: Seine dritte Komponente entscheidet, ob wir es mit einem Proton ($I_3 = \frac{1}{2}$) oder einem Neutron ($I_3 = -\frac{1}{2}$) zu tun haben.

Kaon Spinloses Meson mit Seltsamkeit.

Kelvin Einheit der absoluten Temperatur.

Kopplungskonstante Maß für die intrinsische Stärke einer Kraft. Die einer Kraft zugeordnete Kopplungskonstante bestimmt, wie stark ein Teilchen mit einem Feld wechselwirkt (koppelt). So gibt zum Beispiel $\alpha = e^2/\hbar c = 1/137$ die Kopplungsstärke eines (einfach) geladenen Teilchens an ein elektromagnetisches Feld an.

Kosmologische Konstante Glied, das Einstein seinen Feldgleichungen der allgemeinen Relativitätstheorie hinzufügte und das eine repulsive Antischwerkraft bei sehr großen Abständen produziert. Es entspricht einer Energie, die in der Raum-Zeit selbst enthalten ist. Es gibt zur Zeit keinen Hinweis auf die Existenz einer solchen Konstanten (obwohl es früher einen gegeben haben mag).

Kosmologisches Prinzip Annahme, daß das Weltall auf sehr großem Maßstab isotrop und homogen ist.

Lagrange-Funktion Mathematischer Ausdruck, der die Eigenschaften und Wechselwirkungen eines physikalischen Systems zusammenfaßt. Die Lagrange-Funktion gibt im Wesentlichen die Differenz von kinetischer und potenteieller Energie des Systems an. Darüberhinaus kann man aus ihr die dynamischen Bewegungsgleichungen des Systems direkt herleiten.

Lebensdauer Zeit, in der eine gegebene Anzahl von identischen Teilchen auf ein e-tel ($e = 2.718$) geschrumpft ist. Damit hängt die *Halbwertszeit* zusammen, die angibt, wann die ursprüngliche Anzahl halbiert ist. Die Halbwertszeit τ_h und die Lebensdauer τ hängen wie folgt zusammen: $\tau_h = \tau \ln 2 \approx 0.693\, \tau$.

Lepton Gattungsname für Spin-$\frac{1}{2}$-Teilchen, die nicht der Starken Kernkraft unterliegen. Sechs Leptonen sind bekannt: das Elektron, das Myon und das Tau, sowie die entsprechenden Neutrinos. Der Name sollte ursprünglich anzeigen, daß es sich um leichte Teilchen handelt.

Magnetischer Monopol Hypothetisches Teilchen, das einen einzelnen magnetischen Nord- oder Südpol trägt. Im Gegensatz dazu tragen Magnete immer beide Pole. Wenn es die magnetischen Monopole gibt, müssen es sehr schwere Teilchen sein.

Magnetisches Moment Ein physikalisches System (ein Atom, ein Kern, ein Teilchen, usw.) kann sich wie ein winziger Magnet verhalten. Das magnetische Moment gibt die Stärke des dem System entsprechenden Magneten an und wird normalerweise in Magnetonen $e\hbar/2mc$ gemessen.

Massenschale In der Quantenmechanik sind Energie und Impuls eines Teilchens im wesentlichen voneinander unabhängig. Ein Teilchen ist *auf der Massenschale*, wenn seine Energie und sein Impuls der Gleichung

$$E^2 = p^2c^2 + m_0^2c^4$$

aus der speziellen Relativitätstheorie genügt. Sonst nennt man das Teilchen *virtuell*.

Meson Gattungsname eines Teilchens, das stark wechselwirkt und dessen Spin ein ganzes Vielfaches von $\hbar$ ist, beispielsweise das Pion oder das Kaon.

Myon Lepton der zweiten Generation. Das μ ist im Wesentlichen ein schweres Elektron.

Natürliche Einheiten Einheiten der Länge, Zeit, Masse, etc., in denen die fundamentalen Konstanten c (die Lichtgeschwindigkeit), $\hbar$ (die Plancksche Konstante) und k_B (die

Boltzmannsche Konstante) gleich Eins gesetzt werden. Es ist also $c = \hbar = k_B = 1$. (Mißt man zum Beispiel die Länge in Lichtjahren und die Zeit in Jahren, so ist die Lichtgeschwindigkeit c gleich 1 Lichtjahr pro Jahr.) Benutzt man natürliche Einheiten, verschwinden diese Konstanten aus den mathematischen Formeln, was die Ausdrücke etwas vereinfacht. In natürlichen Einheiten ist $E = mc^2$ einfach $E = m$ und $E = k_B T$ ist $E = T$, so daß Masse und Temperatur die Einheit der Energie haben. (Um Ergebnisse in gängigen Einheiten zu erhalten, muß man am Ende der Rechnungen die korrekten numerischen Faktoren für c, $\hbar$ und k_B wieder einführen.)

Neutrale Ströme Schwache Prozesse, bei denen die stoßenden Teilchen keine elektrische Ladung austauschen, werden von neutralen Strömen verursacht. Die Entdeckung dieser Prozesse im Jahr 1973 gab den gerade entstehenden Eichtheorien der Schwachen Wechselwirkung starken Auftrieb. Heute wissen wir, daß diese Prozesse über den Austausch des neutralen Eichbosons, des Z^0, vonstatten gehen.

Neutrino Elektrisch neutrales, masseloses Spin-$\frac{1}{2}$-Teilchen, das nur der Schwachen Kraft und der Schwerkraft unterliegt. Pauli führte es erstmals 1930 ein, um die Energie- und Drehimpulserhaltung beim β-Zerfall zu gewährleisten. Man kennt drei Neutrinotypen, die je einem Lepton mit Masse zugeordnet sind: ν_e, ν_μ, ν_τ.

Neutron Einer der Bestandteile von Atomkernen; es wurde 1932 entdeckt. Im Kern wird es durch die Starke Kernkraft gebunden. Freie Neutronen zerfallen langsam durch die Schwache Kraft. Obwohl elektrisch ungeladen, besitzt das Neutron ein elektrisches Dipolmoment (als ob es aus positiven und negativen Ladungen bestünde, die eine Winzigkeit auseinanderliegen) und ein magnetsiches Moment, was auf eine innere Struktur hinweist.

Noethersches Theorem Mathematisches Theorem, demzufolge es für jede Symmetrie der Lagrange-Funktion eines physikalischen Systems (also für jede Gruppe von Transformationen, gegen die die Funktion sich nicht verändert) eine Größe gibt, die von der Dynamik des Systems nie verändert wird.

Nukleon Gattungsname für Proton und Neutron.

Nukleosynthese Prozeß, der in den ersten Minuten nach dem Urknall zur Entstehung der leichten Elemente (Deuterium, Helium, Lithium) führte (→ Abschnitt 42.3).

Parität Operation, die das Vorzeichen der Koordinatenachsen, die zur Beschreibung eines Systems benutzt werden, umkehrt; also: $(x, y, z) \rightarrow (-x, -y, -z)$.

Parton Gattungsname für alle Teilchen, die innerhalb eines Nukleons angetroffen werden können. Dazu gehören Quarks, Antiquarks und Gluonen.

Paulisches Ausschließungsprinzip Zwei identische Fermionen können nicht den gleichen Quantenzustand besetzen (sie können also nicht im gleichen Raumgebiet identische Werte für Ladung, Spin, Impuls, Quantenzahlen, usw. besitzen.)

Phase Zahl (gewöhnlich zwischen 0° und 360° begriffen), die eine Welle charakterisiert. Die Phase gibt die genaue Lage im Wellenzug (bezogen auf einen beliebigen Ausgangspunkt) an. Sie ist also ein Maß für die Entfernung zum nächten Wellenkamm oder -tal.

Photon Das Photon (γ) ist das Quant des elektromagnetischen Feldes und das masselose Eichboson der QED; es hat Spin 1. Virtuelle Photonen übermitteln die elektromagnetische Kraft zwischen geladenen Teilchen. Sie können, dem Heisenbergschen Unschärfeprinzip zufolge, für kurze Zeit auch eine Masse annehmen.

Plancksche Einheiten Fundamentale Einheiten der Länge, Zeit, Masse, Energie, usw., die die Planksche Konstante $\hbar$, die Newtonsche Gravitationskonstante G und die Lichtgeschwindigkeit c enthalten. Da sie sowohl die Konstanten der Quantenmechanik als auch der Relativitätstheorie beinhalten, spielen sie in den Theorien der Quantengravitation eine Schlüsselrolle (→ Tabelle 40.1).

Positron Das Antiteilchen zum Elektron wurde 1934 von Anderson entdeckt. Es hat die Masse und den Spin des Elektrons, aber entgegengesetze Ladung und magnetisches Moment.

Propagator Mathematischer Ausdruck, der die Fortpflanzung von virtuellen Teilchen in der Raum-Zeit beschreibt.

Proton Ein Bestandteil des Atomkerns mit Spin $\frac{1}{2}$ und positiver elektrischer Ladung. Das Proton ist das leichteste aller Baryonen und damit das Teilchen, in das letztlich alle anderen Baryonen zerfallen. Man glaubt, es sei absolut stabil, auch wenn einige Theorien (GvT) einen sehr, sehr langsamen Zerfall voraussagen.

Quantenchromodynamik (QCD) Quantenfeldtheorie, welche die Wechselwirkung von Quarks über die Starke *Farbkkraft* (mit den Gluonen als Quanten) beschreibt. Die QCD ist eine Eichtheorie mit der nicht-Abelschen Symmetriegruppe $SU(3)_C$.

Quantenelektrodynamik (QED) Quantenfeldtheorie, welche die Wechselwirkung von elektrisch geladenen Teilchen über das elektromagnetische Feld (mit den Photonen als Quanten) beschreibt. Die QED ist eine Eichtheorie mit der Abelschen Symmetriegruppe $U(1)$.

Quantenfeldtheorie Theorie zur Beschreibung der Physik der Elementarteilchen. Dieser Theorie zufolge sind die wesentlichen Größen die Quantenfelder. Teilchen sind bloß lokalisierte Quanten dieser Felder.

Quantenmechanische Amplitude Mathematische Größe der Quantenmechanik, deren Betragsquadrat die Wahrscheinlichkeit für das Stattfinden eines Prozesses gibt. (Symbol: M oder m.)

Quantentheorie Theorie, die physikalische Systeme mit sehr kleinen Abmessungen (bis zur Größe eines Atoms) beschreibt. Eine Eigenschaft dieser Theorie ist, daß einige Größen (wie die Energie, der Drehimpuls, das Licht) in diskreten Mengen, den Quanten, vorkommen.

Quark Spin-$\frac{1}{2}$-Teilchen mit nichtganzer elektrischer Ladung ($\frac{2}{3}$ oder $-\frac{1}{3}$). Baryonen bestehen aus drei (Valenz-)Quarks, die durch die Starke Farbkraft zusammengehalten werden. Mesonen sind gebundene Zustände eines Quarks und eines Antiquarks. Es gibt sechs Typen (Flavours) von Quarks (u, d, s, c, b, t) in je drei Farben (r, g, b).

Radiofrequenzfelder Elektromagnetische Wechselfelder mit der Frequenz von Radiowellen (bis 10^{10} Hz), mit denen geladene Teilchen beschleunigt werden können.

Renormierung Verfahren, das dafür sorgt, daß die grundlegenden Größen der Quantenfeldtheorien (z.B. das Photon, das Elektron und die elektrische Ladung in der QED) wohl definiert und nicht unendlich sind.

Resonanzen Hadronen, die nach einer äußerst kurzen Zeit (etwa 10^{-23} s) in andere Hadronen zerfallen.

Seltsamkeit Quantenzahl, die mit dem Strange-Quark zusammenhängt. Die Starke Kernkraft erhält die Seltsamkeit.

Singularität Raum-Zeit-Punkt, bei dem die Krümmung der Raum-Zeit und andere physikalische Größen unendlich werden und die physikalischen Gesetze ihre Gültigkeit verlieren.

Skalensymmetrie Von James Bjorken vorhergesagte Eigenschaft der tiefinelastischen Streuung, wenn die Strukturfunktionen, die das Nukleon beschreiben, nicht mehr von der Energie und vom Impuls, bei der eine Reaktion stattfindet, abhängt, sondern nur noch vom dimensionslosen Quotienten der beiden. Die Strukturfunktionen sind damit von dimensionsbehafteten Skalen unabhängig.

SLAC Das *Stanford Linear Accelerator Center* der Universität Stanford in Kalifornien, USA. Das SLAC besitzt einen über drei Kilometer langen Linearbeschleuniger für Elektronen und Positronen, die dann in Speicherringen, wie das PEP, einer 1980 gebauten e^+e^--Kollisionsmaschine, eingespeist werden. An den SPEAR-Ringen des SLAC wurden Mitte der 70er Jahre das J/ψ-Meson und das τ-Lepton erstmals gesehen. Die Attraktion unter den Maschinen des SLAC ist jedoch das neuartige SLC (Stanford Linear Collider), das die alten Linearbeschleuniger um zwei Kollisionsbögen erweitert hat.

Spin Intrinsischer Drehimpuls vieler Elementarteilchen. Man kann ihn sich bildlich vorstellen, als rotiere das Teilchen um eine imaginäre Achse. Anders als der Bahndrehimpuls kann der Spin ganze und halbganze Vielfache von $\hbar$ als Werte annehmen. Spin ist eine sehr fundamentale Eigenschaft und beschreibt das Verhalten der Quantenfelder gegen Transformationen der Speziellen Relativitätstheorie.

Spontane Symmetriebrechung In der Physik bezeichnet man damit die Situation, wenn der Grundzustand (d.h. der Zustand niedrigster Energie) eines Systems eine geringere Symmetrie als das System selber besitzt. So ist der Grundzustand eines Eisenmagnets der Zustand, bei dem alle atomaren Spins parallel stehen und ein magnetisches Feld erzeugen. Indem es eine Raumrichtung auszeichnet, bricht das Magnetfeld die Rotationsinvarianz. Wird die Energie des Systems angehoben, kann die Symmetrie wiedergewonnen werden (so hat z.B. die Erhitzung eines Magneten die Zerstörung des Magnetfelds und somit die Wiederherstellung der Rotationssymmetrie zur Folge).

Standardmodell Bezeichnet die erfolgreiche Theorie, die aus der QCD und dem Modell von Glashow-Weinberg-Salam besteht.

Wirkungsquerschnitt σ Grundlegendes Maß für die Wahrscheinlichkeit, daß eine gewisse Teilchenreaktion stattfindet. Er entspricht der effektiven Querschnittsfläche (in cm^2) einer Probe, wie sie das einlaufende Teilchen sieht. Man kann ihn aus der quantenmechanischen Wahrscheinlichkeit eines Prozesses gewinnen, indem man diese mit einigen Faktoren wie dem Fluß der einlaufenden Teilchen multipliziert. Die gebräuchlichste Einheit ist das *barn* (dt.: Scheune[ntor]), abgekürzt b: $1\,b = 10^{-24}\,cm^2$. Typische hadronische Wirkungsquerschnitte werden in Millibarn ($1\,mb = 10^{-27}\,cm^2$) gemessen. Neutrinoreaktionen haben einen noch geringeren Wirkungsquerschnitt: typischerweise um die $10^{-39}\,cm^2$.

Stringtheorie Theorie, in der die Grundbestandteile der Materie nicht Teilchen, sondern kleine eindimensionale Gebilde sind. Diese Saiten (*Strings*) sind so winzig (etwa 10^{-33} cm lang), daß sie sich bei den zur Zeit verfügbaren Energien wie Teilchen verhalten. Was wir *Elementarteilchen* nennen, beschreibt die Stringtheorie als kleine Saite, die in einer für das Teilchen charakteristischen Weise schwingt.

Supergravitation Supersymmetrische Theorie der Schwerkraft, in der zusätzlich zum Graviton noch ein Spin-$\frac{3}{2}$-*Gravitino* existiert. In der Supergravitation ist die Supersymmetrie eine lokale Eichtheorie.

Supersymmetrie Symmetrie, die Fermionen und Bosonen verbindet. Wenn die Supersymmetrie in der Natur realisiert ist, gehört zu jedem *gewöhnlichen* Teilchen ein *Superpartner*, der sich im Spin um eine halbe Einheit unterscheidet.

Top Sechster Quarktyp, 1994 entdeckt.

Urknalltheorie Das allgemein akzeptierte Modell für die Geburt des Universums. Danach ist das Universum vor etwa 10^{10} Jahren aus einem Raum-Zeit-Punkt mit unendlicher Energiedichte (einer sogenannten Singularität) entstanden. Die Expansion des Weltalls seit dieser Zeit kann man mit der Ausdehnung der *Oberfläche* eines aufgeblasenen Luftballons vergleichen: Jeder Punkt auf der Oberfläche des Ballons entfernt sich von jedem anderen. Ein Bakterium auf dem Ballon sieht also, wie sein zweidimensionales Universum expandiert, obwohl es keinen Mittelpunkt der Expansion gibt, und diese überall gleichmäßig ist.

Vakuum Grundzustand (Zustand geringster Energie) einer Quantentheorie, in dem keine reellen Teilchen vorhanden sind. Wegen des Heisenbergschen Unschärfeprinzips brodelt es im Vakuum von *virtuellen* Teilchen, die ständig entstehen, sich ein kleines Stück fortpflanzen und wieder verschwinden (→ Abschnitt 4.9).

Virtuelle Prozesse Quantenmechanischer Prozeß, der Energie und Impuls während mikroskopischer Zeitspannen nicht erhält, im Einklang mit dem Heisenbergschen Unschärfeprinzip. Diese Prozesse sind nicht beobachtbar.

Virtuelle Teilchen Teilchen, die an virtuellen Prozessen beteiligt sind. Man sagt, sie seien *weg von der Massenschale*, was bedeutet, daß für sie die Beziehung $E^2 = p^2c^2 + m_0^2c^4$ *nicht* gilt.

Wellenfuktion Mathematische Funktion, die das Verhalten eines Teilchens in der Quantenmechanik beschreibt. Die Wellenfunktion gehorcht der Schrödinger-Gleichung. Die Wahrscheinlichkeit, das Teilchen in einem bestimmten Gebiet vorzufinden, wird durch das Integral des Betragsquadrats der Wellenfunktion gegeben.

Register

Namensverzeichnis

Sachverzeichnis

Die *kursiv* gesetzten Stichwörter werden im Glossar (Abschnitt 47) behandelt.